PASSAUER SCHRIFTEN ZUR GEOGRAPHIE

Herbert Popp (Herausgeber)
Geographische Forschungen in der saharischen
Oase Figuig

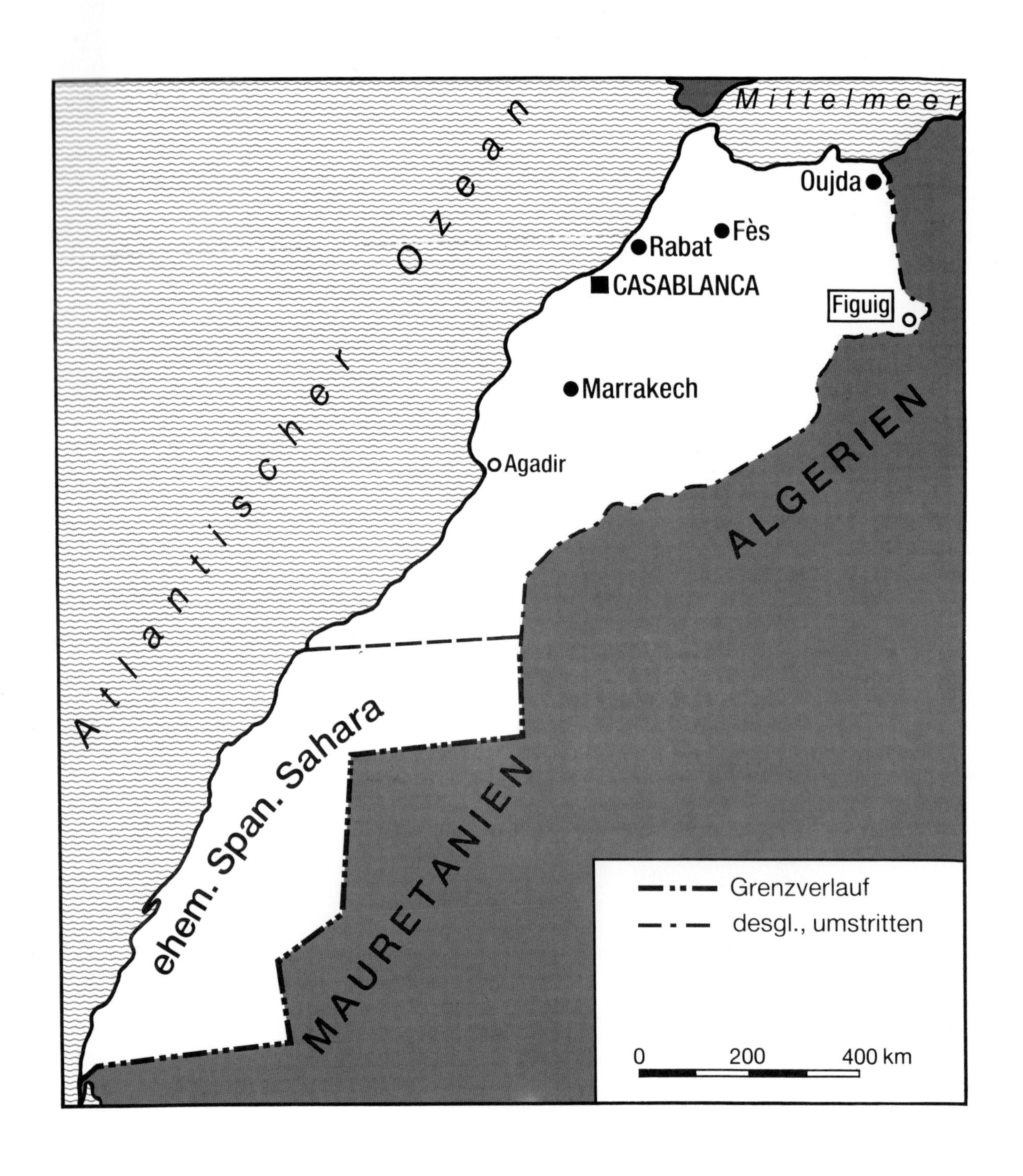
Mittelmeer
Atlantischer Ozean
Oujda
Fès
Rabat
CASABLANCA
Figuig
Marrakech
Agadir
ALGERIEN
ehem. Span. Sahara
MAURETANIEN
Grenzverlauf
desgl., umstritten
0
200
400 km

PASSAUER SCHRIFTEN ZUR GEOGRAPHIE

Herausgegeben von der Universität Passau durch Klaus Rother und Herbert Popp
Schriftleitung: Ernst Struck

Heft 10

Herbert Popp (Hrsg.)

Geographische Forschungen in der saharischen Oase Figuig

Beiträge zur Physischen Geographie und zur Wirtschafts- und Sozialgeographie einer traditionellen Bewässerungsinsel im Südosten Marokkos

Mit 73 Abbildungen, davon 18 Farbbeilagen,
14 Tabellen und 27 Bildern

1991
PASSAVIA UNIVERSITÄTSVERLAG PASSAU

Der Beitrag von A. BENCHERIFA & H. POPP ist die deutsche Fassung einer im Passavia Universitätsverlag erschienen Monographie „L'oasis de Figuig. Persistance et changement" (Passau 1990; = Passauer Mittelmeerstudien, Sonderreihe, H. 2). Die Drucklegung der französischen Fassung erfolgte mit Unterstützung durch die Deutsche Gesellschaft für Wirtschaftliche Zusammenarbeit (GTZ) in Eschborn

Titelbild:
Überblicksskizze zur großräumigen Lage der Oase Figuig im Südosten Marokkos, unmittelbar an der Grenze zu Algerien

Printed in Germany
Fotosatz: Fach Geographie der Universität Passau
Umschlag, Lithos und Produktion: Woiton Marketing & Werbung, Salzweg/Passau
Verlag: Passavia Universitätsverlag und -Druck GmbH, Passau

CIP-Titelaufnahme der Deutschen Bibliothek

Geographische Forschungen in der saharischen Oase Figuig
Herbert Popp (Hrsg.). — Passau: Passavia Universitäts-Verlag 1991
(Passauer Schriften zur Geographie; H. 10)

ISBN 3 – 922016 – 99 – 5
NE: GT

2 Zum Forschungsstand über die traditionelle Oasenwirtschaft im Maghreb

Um die soeben ausgebreiteten inhaltlichen Überlegungen zur Forschungsperspektive für unsere empirische Fallstudie Figuig in den größeren Rahmen der bisherigen Diskussion um saharische Oasen insgesamt einordnen zu können — insbesondere um einschätzen zu können, welche vom Forschungstrend abweichende Akzente wir setzen — ist es nachfolgend unerläßlich, den Forschungsstand in groben Zügen darzulegen.

2.1 Forschungen bis in die fünfziger Jahre (vorkoloniale und koloniale Phase)

Die Situation und die Entwicklung von traditionellen landwirtschaftlichen Bewässerungsystemen, und hierbei vor allem von Oasen, bilden das Kernstück unserer Studie. War unser Kenntnisstand über die saharischen Oasen bis ins 19. Jahrhundert eher bescheiden, so änderte sich diese Situation seither grundlegend im Gefolge der kolonialzeitlichen Penetration der Maghrebländer durch Frankreich (und in bescheidenerem Maße auch durch Spanien und Italien). Während die Forschungsreisen europäischer Wissenschaftler und Abenteurer bis in die achtziger Jahre des 19. Jahrhunderts vorwiegend unsystematisch gesammelte Eindrücke und Informationen betreffen (z.B. ROHLFS 1863 und 1868, DUVEYRIER 1864, SOLEILLET 1874 und 1877, LARGEAU 1877, MASQUERAY 1880) — die oft zudem unter dem Blickwinkel des Europäers in der Konfrontation mit einer als exotisch empfundenen Welt wiedergegeben werden —, bedeutet das gleichzeitig einsetzende Interesse der französischen Offiziere, Wissenschaftler und Verwaltungsbeamten an der Welt der maghrebinischen Oasen eine völlig neue Phase ihrer Erforschung.

Parallel zu der militärischen Eroberung des Maghreb durch die Franzosen — in Algerien beginnend und sich später auch auf Tunesien und Marokko ausdehnend — gibt es eine erstaunlich reiche Literaturproduktion über die Oasen des Maghreb. Während sich eine erste Gruppe von Recherchen in der Frühphase der kolonial motivierten Exploration von Ressourcen und dem Verständnis sozialer Organisationsformen vor dem Hintergrund ihrer Beherrschbarkeit zuwandte (z.B. BERBRUGGER 1851, DUBOCQ 1852, DUVAL 1867, JUS 1896, MARTIN 1908), finden wir daneben insbesondere in der ersten Hälfte des 20. Jahrhunderts zahlreiche Untersuchungen, die ohne derartige vordergründige Verwertungsinteressen im akademischen Sinne zu einer Vermehrung des Kenntnisstandes über Aspekte der Wassergenese, Bewässerungstechnik, Wasserrechte und Sozialstrukturen (sowie weiterer, hier nicht interessierender Aspekte) beigetragen haben.

Forschungen über maghrebinische Oasen wurden im 20. Jahrhundert dann sehr zahlreich und zudem vielseitig hinsichtlich der behandelten Aspekte. Das gilt vor allem für die am Nordrand der Sahara gelegenen Oasen, die (wie erwähnt) infolge des ehemaligen Kolonialstatus dieses Raumes bis in die fünfziger Jahre unseres Jahrhunderts vorwiegend von Franzosen untersucht wurden[14]. Ein ganz wichtiger Forschungsaspekt jener Arbeiten bezieht sich auf die Frage der Beziehungen zwischen den ökologischen Rahmenbedingungen, den Techniken zur Beschaffung und Verteilung des Bewässerungswassers, den landwirtschaftlichen Produktionsverhältnissen und den (materiellen und/oder symbolischen) Auswirkungen dieser Elemente auf die dahinterstehenden sozialen Organisationsformen — die allesamt in der Vergangenheit angelegt worden sind (und die oft bis in die Gegenwart noch wirksam bleiben)[15]. Diese Untersuchungen bestechen vor allen durch ihre informativen Details.

Trotz ihrer großen Zahl lassen sich die Publikationen über maghrebinische Oasen in der kolonialen Periode durch vier Defizite kennzeichen:

(a) Die Argumentation bleibt in der Mehrzahl der Fälle recht schematisch.

(b) Es überwiegt das Interesse an (unsystematischer) Information, und es fehlen zumeist theoretisch-konzeptionelle Ansprüche. In der Regel handelt es sich um deskriptive und idiographische Materialsammlungen[16].

---

14) Das zunehmende Interesse an den Oasen war naturgemäß in starkem Maße durch die koloniale Expansion Frankreichs in Nordafrika bewirkt worden. Offiziere, Verwaltungsbeamte und Wissenschaftler haben an der Erforschung mitgewirkt und zahlreiche Informationen zusammengetragen, die mehreren wissenschaftlichen Disziplinen zuzuordnen sind (Geschichte, Geographie, Ethnologie, Sprachwissenschaft, Rechtswissenschaft, Kultur- und Sozialanthropologie, Medizin).

15) An dieser Stelle sei auf die außerordentlich reichhaltigen Veröffentlichungen in den *Travaux de l'Institut de Recherches Sahariennes* (TIRS), die den Oasen eine ganz entscheidende Beachtung in den vorliegenden 27 Bänden der Jahre 1942 bis 1968 geschenkt haben, hingewiesen. Mittlerweile schon klassische Arbeiten sind in der Reihe der Monographien desselben Instituts (*Mémoires de l'IRS*) erschienen, so z.B. BATAILLON 1955, BISSON 1957, CAPOT-REY 1961. Auch die Oasen-Monographien in den *Archives de l'Institut Pasteur d'Algérie* seien erwähnt, die (auch wenn ihr Hauptinteresse medizinischen Sachverhalten gilt) ebenfalls historische und geographisache Fragen behandeln, wie in den Untertiteln jeweils deutlich wird (»Etude géographique, historique et médicale«); vgl. z.B. BOUCHAT 1956, PASSAGER & BARBANÇON 1956, CORNAND 1958.

16) Die großzügige Verwendung von wohlklingenden, aber oft nicht sehr präzisen Begriffen (wie z.B. »culture de l'eau«, »culture hydraulique«, »civilisation hydraulique«) zeigt, daß die Oasenforschung jener Periode in konzeptioneller Hinsicht zumindest anfänglich noch in den Kinderschuhen steckte. Die Parallelität der

(c) Die behandelten Oasen werden als individueller Sonderfall beschrieben, ohne daß generalisierende Charakteristika bemüht werden[17].
(d) In räumlicher Hinsicht behandeln diese Studien fast nur algerische Oasen.

Der Beitrag derartiger Studien zur Kenntnis spezieller Themenaspekte, etwa zur kulturgeographischen Leitfrage nach den Mensch-Umwelt-Beziehungen, ist insgesamt doch eher bescheiden. Aspekte einer kulturökologischen Betrachtungsweise werden nicht oder nur vereinzelt behandelt. Das gilt z.B. auch für die Beziehung zwischen den gegebenen ökologischen Bedingungen, der Art und Weise der nutzbaren natürlichen Ressourcen und den Prinzipien und der Rationalität ihrer Adaptation in Form der Bewässerungslandwirtschaft. Weiterhin fehlen Überlegungen zur Effizienz des intensiven landwirtschaftlichen Produktionssystems in Oasen oder auch zur Analyse der Beziehungen zwischen dem Ausmaß des demographischen Drucks und der Nutzungsintensität der natürlichen Ressourcen[18]. Doch wären gerade solche Aspekte von zentraler Bedeutung, um zu verstehen, weshalb diese Ökosysteme sich über Jahrhunderte hinweg erhalten konnten und heute in bestimmten Formen und Tendenzen eine Veränderung zeigen.

Eine ganz wichtige Ausnahme muß hier allerdings erwähnt werden: nämlich die Forschungsarbeit von CAPOT-REY und vor allem seine beiden Hauptwerke (CAPOT-REY 1944, 1953) über die maghrebinischen Oasen, die als Höhepunkt und Abschluß der kolonialzeitlichen Oasenforschung gesehen werden muß. Nicht nur, daß für ihn viele der erwähnten Kritikpunkte unberechtigt wären. Er hat mit als einer der ersten auch prospektiv erkannt, daß die Oasen in der Konfrontation mit einer technisierten Welt (vor allem im Zusammenhang mit der Erdöl- und Erdgasgewinnung in Algerien) einem fundamentalen Wandel unterliegen. „*Ainsi les nouvelles conditions de circulation, autant que les travaux hydrauliques en cours, sont en train de bouleverser l'organisation des oasis*“ (CAPOT-REY 1953, S. 365)[19].

2.2 Die These vom „Oasensterben“

Seit den fünfziger Jahren setzt sich in der Literatur immer stärker ein Bewertungs- und Analyseaspekt durch, der das Vorstellungsbild von den saharischen Oasen nachhaltig verändert hat und es bis in die Gegenwart hinein mitprägt. Die traditionellen Oasen werden nunmehr als in der Mehrzahl der Fälle von einem Niedergang betroffen gesehen: Begriffe wie »Oasensterben«, »Oasenflucht« oder »Oasen in der Krise« sind bereits zu gängigen Schlagworten geworden (vgl. z.B. SCHIFFERS 1951, ECHALLIER 1972, DESPOIS 1973)[20].

Diese Behauptung sei im folgenden anhand einiger Beispiele aus der deutschsprachigen Literatur über maghrebinische Saharaoasen[21] belegt:

- Der Wasserwirtschaftler ACHTNICH (1975) vertritt den Standpunkt, die Oasenwirtschaft habe nicht zuletzt wegen ihrer vorsintflutlichen Bewässerungstechniken keinerlei Überlebenschancen[22]. „*Uneffiziente Bewässerungstechnik, Wasserverschwendung und mangelhafte Kontrolle der Salzbewegung im Boden sind die Hauptgründe für den Niedergang des Landbaues in den Oasen*“ (S. 107). Er wagt aus seinen Beobachtungen die These, die Oasenwirtschaft sei wirtschaftlich künftig nicht besonders interessant; das von ihm postulierte Oasensterben gehe auch in Zukunft weiter.
- MENSCHING (1971) äußert sich aus geographischer Sicht zur Situation der Landwirtschaft in den Oasen des Maghreb[23]. Nach ihm hat sich parallel zur Krise des Nomadismus auch eine Krise der Oasen entwickelt, die nur durch eine stärkere Integration der dortigen Land-

(segmentären) Sozialorganisation und des Organisations- und Verteilungssystems des Wassers als deren räumliche Projektion wurde bereits recht früh erkannt, wenn auch in einer lediglich funktionalen Sicht. Erst WITTFOGEL (1957) entwickelte eine zusammenhängende Theorie mit den Schlüsselbegriffen »orientalischer Despotismus«, »asiatische Produktionsweise« und »hydraulische Zivilisation«.

17) Erwähnenswerte Ausnahmen von dieser Regel sind die Arbeiten von BRUNHES 1902, AUGIERAS 1925, MOULIAS 1927. Diese Arbeiten bemühen sich allesamt um eine Typologie der saharischen Oasen in Abhängigkeit von der Art und Weise der Wasserversorgung.

18) Da solche kulturökologischen Fragestellungen vorwiegend im angelsächsischen Bereich bearbeitet wurden (die von den französischen Autoren weitgehend unbeachtet bleiben) und der maghrebinische Bereich lange Zeit die fast ausschließliche Domäne der Franzosen war, wird das Vorherrschen der idiographischen Beiträge verständlich. Angelsächsische Untersuchungen haben sich zudem, von wenigen Ausnahmen abgesehen, kaum der Frage der Oasenwirtschaft zugewandt; hierbei ist die Studie von WILKINSON (1978) die wohl erwähnenswerteste Ausnahme (vgl. auch MAKTARI 1971).

19) Im einzelnen nennt CAPOT-REY für die Zeit um 1950: Veränderungen in der Bewirtschaftungsorganisation durch den nunmehrigen Ausfall der ehemaligen Negersklaven (*Harratin*), eine ineffiziente Nutzung des Wassers und die zunehmende Bedeutung von arbeitsmotivierter Abwanderung aus den Oasen. Doch beschreibt CAPOT-REY, sieht man von derartigen jungen und jüngsten Veränderungen einmal ab, noch das „klassische Oasensystem“ mit seinen ökologischen Bedingungen, wirtschaftlichen Aktivitäten und sozialen Organisationsformen.

20) Hierbei wird Veränderung nicht wertneutral im Sinne von „Ersetzen eines Produktionssystems durch ein anderes“ aufgefaßt, sondern normativ im Sinne von „nicht mehr funktionsgerechte, negative Entwicklung“ interpretiert. Somit geht diese Sehweise weit über CAPOT-REY hinaus, der zwar von einem Wandel, nicht aber von einem Niedergang spricht.

21) Die These vom »Oasensterben« ist in der deutschen Literatur besonders stark verbreitet, jedoch keineswegs auf sie beschränkt (vgl. z.B. auch DESPOIS 1973, WILKINSON 1978, PERENNES 1984). Für eine detaillierte Auseinandersetzung mit der Frage der Genese und Haltbarkeit dieser These vgl. auch POPP 1990a.

22) ACHTNICH stellt als Beispiele lediglich Oasen in Saudi-Arabien vor, thematisiert aber die Frage des Oasensterbens ganz generell.

23) MENSCHINGS Artikel »*Nomadismus und Oasenwirtschaft im Maghreb*« läßt erwarten, daß er über beide in der Überschrift erwähnten Themenbereiche breit referiert. Indes konzentriert sich der Beitrag vorwiegend auf den Nomadismus und behandelt die Oasenwirtschaft lediglich kursorisch und nur in ihrem Verhältnis zum Nomadismus.

wirtschaft in die jeweilige Volkswirtschaft der betreffenden Länder Marokko, Algerien und Tunesien gemildert werden kann. In einer erst kürzlich erschienen Veröffentlichung vertritt er die Auffassung, daß sich die Oasen des Maghreb derzeit durch eine verstärkte Arbeitsmigration entleerten, was zu „[...] *Verfallserscheinungen durch Vernachlässigung des arbeitsaufwendigen Bewässerungssystems*“ (MENSCHING/WIRTH 1989, S. 130) geführt habe[24].

● MECKELEIN (1980) sieht die Hauptgefährdung der saharischen Oasen im fortschreitenden Desertifikationsprozeß, der durch „*kulturgeographische Faktoren*“ bedingt sei. „*Das immer stärkere Eindringen moderner Technik und Wirtschaft sowie Umschichtungen in der Gesellschaft haben erhebliche Änderungen für die traditionellen Lebensgrundlagen der Oasen* [...] *bewirkt. Es ist nicht nur das symbiotische Verhältnis von Oasenbauern- und Nomadentum gestört, sondern die agrarische Tätigkeit in den Oasen wird vielerorts vernachlässigt oder gar abgelehnt.* [...] *Das Schicksal von zwei Millionen Oasenbewohnern in der Sahara* [...] *bedarf dringend der Beachtung und Hilfe.*“ (S. 174)

● SCHLIEPHAKE (1983) vertritt die Auffassung, es gebe eine Polarisierung der Oasen derart, daß die traditionellen Oasen marginalisiert würden und parallel dazu neue, innovative Oasentypen — meist auf der Basis einer Förderung von Tiefenwässern — entstünden. Während die „modernen Oasen“ des Typs Kufrah, Hassi Messaoud, In Amenas in Libyen und Algerien landwirtschaftlich interessante Erträge erbrächten, sei bei den „traditionellen Oasen“ nur noch die „*Kulisse der Dattelpalmenhaine vorhanden, z.T. als Parks von der Stadtverwaltung gepflegt*“ (S. 291).

Diese wenigen, etwas ausführlicher herangezogenen Aussagen stehen — pars pro toto — für eine recht einheitliche und bis heute dominierende Forschungsmeinung über maghrebinische Oasen. Danach seien diese Flächen ehemals bedeutender traditioneller Landwirtschaft inmitten einer wüstenhaften Umgebung bis zur Bedeutungslosigkeit abgesunken, so daß Wandlungen lediglich in Richtung auf einen natur- und sozialräumlichen Verfall verliefen. Auch im äußeren Erscheinungsbild zeigten sich zunehmend Hinweise auf eine Vernachlässigung und Aufgabe; zumindest gebe es keinerlei innovative, zukunftsträchtige Prozesse in der Oasenwirtschaft mehr.

Auch die Gründe für eine solch nachteilige Entwicklung tauchen bei den Autoren, wenn auch von Fall zu Fall etwas unterschiedlich betont, immer wieder in ähnlicher Weise auf. Die sieben wichtigsten Argumente sind:

1. Natürliche Klimaverschlechterung und Verringerung der (fossilen und erneuerbaren) Wasservorräte in den vergangenen Jahrhunderten.

2. Niedergang des transsaharischen Karawanenverkehrs und damit einhergehend erheblicher Funktionsverlust der Oasen als ehemalige Relaisstationen, vor allem durch das Verschwinden eines vormals existierenden Absatzmarktes.

3. Änderung der Lebens- und Ernährungsgewohnheiten seit der kolonialen Periode und damit zusammenhängend eine Extensivierung des Anbaus, insbesondere für Datteln.

4. Rückgang der Dattel als Leitkultur mitbewirkt durch die Ausbreitung der Gefäßkrankheit *Bayoud.*

5. Abwanderung der Oasenbewohner in außerlandwirtschaftliche Berufe, vor allem in die petroindustriellen Gebiete Algeriens und Libyens.,

6. Ineffiziente Bewässerungsmethoden mit zu hoher Arbeitsbelastung.

7. Veränderungen im Lebensraum der Nomaden, vor allem durch den Prozeß der Seßhaftwerdung, und damit Rückgang der wirtschaftlichen Beziehung Oasenbauer-Nomade.

Wenn dieses soeben referierte Bild der maghrebinischen Oasen tatsächlich zuträfe, wäre es nur noch möglich, eine Gesellschaft in der Agonie, einen landwirtschaftlichen Mikrokosmos im Untergang, Relikte und Survivals einer vergehenden Kultur zu erfassen. Vieles spricht indes dafür, daß die skizzierte Forschungsauffassung bereits zu einem Klischee erstarrt ist und — wichtiger — daß die Realität in den saharischen Oasen differenzierter und weit weniger pessimistisch gesehen werden kann.

Auch die staatlichen Institutionen in Marokko gehen — ohne hierbei den dramatisierenden Terminus des „Oasensterbens“ heranzuziehen — davon aus, daß die Oasen des Landes in eine marginale Position gerückt sind. Die Drei- und Fünfjahrespläne betrachten sie generell als von geringem wirtschaftlichen Nutzen angesichts ihres (bezogen auf die Gesamtproduktion des Landes) vernachlässigbaren Anteils an der landwirtschaftlichen Wertschöpfung. Sie werden indes nicht vollkommen vernachlässigt (wie das in Tunsien und Algerien der Fall ist), doch spielen sie eine sekundäre Rolle[25].

---

24) Ähnlich auch DESPOIS 1973, S. 168, für Libyen.

25) Zwar gibt es heute zwei der insgesamt neun landwirtschaftlichen Regionalämter (*Offices Régionaux de Mise en Valeur Agricole*, kurz: ORMVA), die ihre Planungsaufgaben zur großräumigen Bewässerungserschließung in Gebieten mit traditioneller Oasenwirtschaft betreiben (ORMVA des Tafilalet mit Sitz in Errachidia und ORMVA des Draâ mit Sitz in Ouarzazate; vgl. MÜLLER-HOHENSTEIN & POPP 1990, S. 102). Aber die in Angriff genommenen Planungsprojekte haben vor allem die Aufgabe, die bestehenden Oasen umzuformen und strukturell an neue Bedingungen anzupassen (z.B. durch eine Regulierung der Wasserzuflüsse, wodurch die oft sehr schwankenden Wassermengen für die Bewässerung ausgeglichener gestaltet werden sollen) sowie mit dazu beizutragen, den großen ökonomischen Rückstand dieser Gebiete, verglichen mit anderen Regionen, abzuschwächen. Deshalb kann man die beiden genannten ORMVA auch streng genommen nicht mit den übrigen sieben großen Bewässerungsgebieten im „nützlichen Marokko“ (*Maroc utile*) vergleichen, die ja zur wirtschaftlichen Entwicklung des Landes ganz generell durch intensive, marktorientierte Produktion für den marokkanischen Binnenmarkt beitragen sollen.

2.3 Eine sich abzeichnende Uminterpretation der Einschätzung saharischer Oasen in der jüngeren Forschung

Auch wenn das Bild der „sterbenden Oasen" das Vorstellungsbild der *scientific community* noch prägt, gibt es doch neuere Untersuchungen, die zeigen, daß es ein weiterhin unbeeinträchtigtes Funktionieren der Oasenwirtschaft durchaus gibt, ja daß sogar merkliche Innovationsprozesse auszumachen sind. Hierbei muß man wohl zwischen solchen Beiträgen unterscheiden, bei denen Veränderungen, die auf ein funktionierendes Weiterbestehen der Oasenwirtschaft hindeuten, eher randlich und beiläufig erwähnt werden, und solchen (an Zahl sehr geringen) Veröffentlichungen, die Innovationsprozesse in der Landwirtschaft saharischer Oasen zum Hauptthema machen.

2.3.1 Indirekte Informationen über den Fortbestand der Oasenwirtschaft

In die erste Gruppe von Studien sind vor allem einige französischsprachige Arbeiten seit den fünfziger Jahren zu stellen. Für Djanet wird uns z.B. berichtet, daß seit der „Pazifierung" der Grad an landwirtschaftlicher Selbstversorgung durch einen nunmehr erfolgenden Ausbau der Oase angestiegen ist (SIGWARTH 1947, S. 176). In der Oase Tamentit, südlich von Adrar, erfolgte eine Installation von mehreren Motorpumpen zur Förderung von Grundwasser. Neben dem Effekt einer erhöhten agrarischen Produktion ermöglichte dies auch für die Sozialgruppe der *Harratin* eine „soziale Emanzipation", da sie nun nicht mehr unbedingt auf eine Beschäftigung als Teilpächter angewiesen ist (CAPOT-REY & DAMADE 1962, S. 118). Für das Tafilalet, insbesondere für den Raum um Alnif und Taouz, wird von der wirtschaftlichen Bedeutung der Sonderkultur *Henna* auf dem regionalen Markt berichtet (GAUCHER 1948, S. 115). Für die Gourara-Oasen referiert BISSON (1960, S. 193 f.) am Ende der Kolonialzeit sogar über den Eindruck von landwirtschaftlicher Blüte: Verbesserung der Wasserbereitstellung, sozialstrukturelle Reformen und eine systematische Organisation der Arbeitsmigration werden als staatlicherseits erfolgende Hilfsmaßnahmen für die Oasen von ihm genannt. Für die R'hir-Oasen berichtet NESSON (1965) davon, daß einesteils die traditionelle Landwirtschaft weiterhin gut angepaßt an die natürlichen Potentiale fortbesteht, daß aber andererseits auch durch neue Technologien, insbesondere durch Grundwasserförderung aus Tiefbrunnen und getragen von französischen *Colons*, eine Flächenausweitung der Palmenhaine erfolgt ist. Erst durch das spekulative Verhalten der *Colons* sind dann auch Übernutzungserscheinungen aufgetreten (S. 125). Für Laghouat erfahren wir, daß die Oasenflur zwischen 1862 und 1962 in der Flächenerstreckung um über 50 % zugenommen hat. Lediglich das in der gleichen Phase noch stärkere Bevölkerungwachstum ist dafür verantwortlich, daß die Oasenwirtschaft an relativer Bedeutung verloren hat (ESTORGES 1964, S. 134).

Selbst ethnologische Oasenstudien, deren Interesse meist in besonderem Maße traditionsorientierten Strukturen gilt, kommen nicht umhin einzuräumen, daß gewisse neuere Impulse vorhanden sind. In Tabelbala, am Rande des Großen Westlichen Erg, (CHAMPAULT 1969), spielen z.B. die Gastarbeiterüberweisungen für viele Familien eine bedeutende Rolle (S. 38); es werden private Motorpumpen zur Wasserförderung installiert, was zu einer Einsparung der ohnehin knappen Arbeitskraft führt (S. 108); es werden neue Fruchtbäume und Kulturen (Aprikose, Weizen) angebaut, die zu einer qualitativen Verbesserung der Selbstversorgung beitragen (S. 120); ja es wird sogar etwas Tabak, Kif und Mohn auf Schmuggelwegen nach Marokko vermarktet, was gute Einnahmen erbringt (S. 121). Über die tunesische Nefzaoua-Oase Al Mansoura (BEDOUCHA 1987) wird berichtet, daß durch Bohrungen zusätzliche Wassermengen bereitgestellt werden konnten (S. 389) und daß *Harratin* mittlerweile erhebliche Anteile der landwirtschaftlichen Flur erworben haben (S. 372).

2.3.2 Neuere Forschungen zu Innovationsprozessen in der Oasenwirtschaft

Erst in den letzten zehn Jahren gibt es auch Studien, die bei der wissenschaftlichen Beschäftigung mit saharischen Oasen die dort ablaufenden innovativen Prozesse zur expliziten Forschungsthematik machen. Die behandelten Aspekte dieser Untersuchungen lassen sich zusammenfassen in die drei Themengruppen:

- Einfluß der Migrationen auf die Oasenwirtschaft;
- Veränderungen in der Sozialorganisation der Oasen;
- Produktionsveränderungen in den Oasen.

— *Einfluß der Migrationen auf die Oasenwirtschaft*

Der hohe Bevölkerungsdruck[26], der dazu geführt hat, daß viele Oasen mangels weiterer Wasserressourcen nicht mehr in der Lage sind, die wachsende Bevölkerungszahl zu ernähren, geschweige denn ausreichende landwirtschaftliche Arbeitsplätze zur Verfügung zu stellen, führte oft zu einem intensiven Abwanderungsprozeß. In den Oasen Djemna, Gleaâ und Negga des tunesischen Nefzaoua liegen die Abwanderungs-

26) Für die tunesische Oase El Guettar bei Gafsa berichtet BONNENFANT (1972, S. 138) von einem Bevölkerungswachstum von 900 % in der Phase von 1886 bis 1981. Die Bevölkerungszahl hat sich von 1.418 auf 11.200 erhöht, was einer jeweiligen Verdoppelung in weniger als dreißig Jahren entspricht.

raten der erwerbsfähigen männlichen Bevölkerung bei über 40 % (BADUEL 1980, S. 101). Eine Folge dieses Prozesses für die Oasenwirtschaft ist ein Mangel an landwirtschaftlichen Arbeitskräften, seien es nun Tagelöhner oder Teilpächter (KILANI 1987, S. 89, für El Ksar bei Gafsa).

Der Arbeitskräftemangel erfordert aber wiederum eine Extensivierung der Oasenwirtschaft. Vielfach werden deshalb die lichten Palmenhaine am Rand der bewässerten Flur, die *Ghaba*, nicht weiter bestäubt und allmählich vernachlässigt (BENCHERIFA 1990a). Der vielerorts feststellbare räumliche Konzentrationsprozeß der Anbauflächen in den Oasen ist somit in funktionaler Hinsicht ein Anpassungsprozeß an die veränderten Bedingungen des lokalen Arbeitsmarktes. Extensivierung in Teilen der Flur (vgl. PLETSCH 1971, S. 221) ist geradezu die Voraussetzung für den Fortbestand der Oasenwirtschaft und keineswegs automatisch ein Zeichen für einen Verfallsprozeß.

Besonders die Remigranten, also die zurückgekehrten Gastarbeiter (vor allem aus Europa), sind inzwischen in vielen Oasen von entscheidender Bedeutung als Innovatoren. Für die Todgha-Oase berichtet uns BÜCHNER (1986, S. 229), daß diese Remigranten in erheblichem Umfang Bewässerungsland und Wasserrechte aufkaufen[27]. Betrieblich spezialisieren sie sich auf den Anbau von Luzerne, die an das in Ställen gehaltene Kleinvieh verfüttert wird. Für die Verstärkung der viehwirtschaftlichen Komponente gibt es vor allem drei Gründe:

a) Viehzucht ist leichter „kapitalisierbar" als reiner Feldbau, d.h. Vieh ist bei Bedarf schnell zu verkaufen.

b) Die Viehversorgung ist traditionellerweise eine Aufgabe der Frauen, so daß auch bei Abwesenheit der Männer dieser Wirtschaftszweig betrieben werden kann, ohne daß Lohnarbeiter beschäftigt werden müssen.

c) Die aus der Viehhaltung resultierende verstärkte Produktion an Milch, Butter und Fleisch führt zu einem höheren Lebenstandard, wird dadurch doch die traditionelle Grundnahrung ergänzt.

Die Rückwirkungen der Arbeitsmigration auf die Oasenwirtschaft — und zwar keineswegs nur im negativen Sinne, sondern sogar durchaus als positiver Impuls — sind somit sicherlich ein wichtiger Aspekt, der noch stärker als bisher berücksichtigt werden muß.

— *Veränderungen in der Sozialorganisation der Oasen*

Für einige Sozialgruppen in den Oasen hat sich durch die erfolgten Wandlungen die wirtschaftliche Stellung verbessert. Besonders die bisher in der Sozialhierarchie weit unten rangierenden Teilpächter (*Khammès*) und Tagelöhner (die zugleich häufig *Harratin* waren) konnten ihre Stellung vielfach aufwerten. Weil der Faktor Arbeitskraft mittlerweile knapp ist, sind die gezahlten Löhne relativ hoch, wie wir z.B. für das Tal des Assif M'goun erfahren (AIT HAMZA 1987, S. 129). Bereits PLETSCH (1971) berichtet über Fälle in der Draâ-Oase, wo Migranten, ohne eine Pachtgebühr zu verlangen, ihren Besitz anderen zur Nutzung überlassen. „*Bei einer evtl. Rückkehr ist er* [= der Pächter] *verpflichtet, das Land wieder in dem Zustand zurückzugeben, wie er es erhalten hat*" (S. 220). Von den Teilpächtern im Nefzaoua wird berichtet, daß sie mittlerweile nur noch die Düngung und Bewässerung als ihre Aufgabe ansehen, während für die Bodenbearbeitung Tagelöhner zuständig sind. So können die Pächter mehrere Pachtverhältnisse eingehen und damit ihre Einkünfte erhöhen (BADUEL 1980, S. 107).

— *Produktionsveränderungen in den Oasen*

Mit der Ausweisung mehrerer algerischer Oasensiedlungen zu Verwaltungshauptorten (z.B. Ouargla, Ghardaïa, Timimoun) wanderte aus den Nordregionen eine neue Bevölkerungsschicht zu, die auch zu einer erhöhten Nachfrage nach agrarischen Produkten beitrug. Die nicht verstaatlichten Kleinoasen des Taghouzi (in der Umgebung von Timimoun) reagierten, indem sie sich auf die Produktion von Gemüse (insbesondere Tomaten) für den lokalen und regionalen Markt spezialisierten (BISSON 1983a, 1984). Auch in Ouargla erfolgte eine Umorientierung hin zum Futterpflanzen- und Gemüseanbau. Der Absatz der Gemüse, die ein breites Spektrum von Arten repräsentieren, erfolgt auf dem lokalen Markt (ROUVILLOIS-BRIGOL 1975, S. 228-230)[28].

27) Ähnlich AIT HAMZA (1987, S. 129) für das Tal des Assif M'goun.

28) Für Marokko sei auf die Arbeiten von BÜCHNER 1986, MOUNTASSIR 1986 und AIT HAMZA 1987 verwiesen.

3 Methodisches Vorgehen und empirische Datenbasis

Da die Forschungsziele der vorliegenden Studie sehr vielschichtig und recht differenziert sind, war von Anfang an klar, daß die methodische Vorgehensweise diesem Umstand Rechnung zu tragen hatte und somit ebenfalls recht breit angelegt werden mußte. Unsere zentralen Forschungsziele beziehen sich, wie eingangs bereits erwähnt, auf zwei empirische Bereiche: nämlich einerseits auf den Versuch einer Rekonstruktion und Entschleierung der traditionellen Oasenwirtschaft und andererseits auf die Beschreibung, Differenzierung und Begründung der Wandlungen, die dieses altüberkommene anthropogene Ökosystem in der jüngsten Phase bis zur Gegenwart betreffen. Parallel zu diesen zwei partiellen Forschungsanliegen haben wir auch zwei unterschiedliche methodische Zugangsweisen gewählt:

(a) ein eher dokumentierendes, kompilatorisches und synthetisierendes Vorgehen auf der Basis sekundärer Quellen, wobei allerdings die Ergebnisse immer durch Geländebefunde überprüft und rückgekoppelt wurden;

(b) ein streng empirisch-analytisches Vorgehen in Form einer primärstatistischen Feldforschung.

3.1 Der „archäologische" Analyseansatz und die sekundärstatistische Datenlage

In einer ersten Gruppe von methodischen Vorgehensweisen geht es darum, das Ökosystem der Oase Figuig in seiner Individualität und Spezifik zu erfassen und dabei vor allem die Strukturelemente und Funktionsweisen zu identifizieren, die historisch überkommen sind. Durch diese Recherchen soll nicht nur ein Bezugsrahmen geschaffen werden, in welchen die empirischen Fallstudien thematisch eingeordnet werden können. Zudem erscheint es als überaus sinnvoll, die sehr verstreut publizierten und teilweise in ihrer Aussage widersprüchlichen Beiträge zur Oasenwirtsachaft von Figuig unter dem heutigen Kenntnisstand neu zu sichten.

Über die Lektüre der vorliegenden Veröffentlichungen über die Oasen des Maghreb zum Zwecke der Übersicht hinaus konnten wir auf ein umfangreiches Schrifttum zurückgreifen, das speziell unsere Oase Figuig betrifft. Für diese Veröffentlichungen mußten wir bei einer Überprüfung ihrer Aussagen anhand von Geländebefunden schnell feststellen, daß nicht nur die Themenaspekte, die behandelt werden, sehr unterschiedlich und z.T. speziell sind, sondern daß auch viele publizierte Aussagen bei genauerer Überprüfung unvollständig, zusammenhanglos und auch falsch sind. Vor allem neuere arabischsprachige Veröffentlichungen, die in der Regel recht verläßlich sind, sind eine große Hilfe, um bislang unklare Aspekte historisch-genetischer Art zu verstehen, während die vorkoloniale oder frühkoloniale Literatur zu Vergleichszwecken und zur Vervollständigung des Bildes Verwendung fand. Insgesamt wurde praktisch die gesamte über Figuig publizierte Literatur in Arabisch und in den europäischen Sprachen, die sich ausschließlich oder teilweise auf diese Oase bezieht, berücksichtigt[29]. Im Literaturverzeichnis am Ende des Beitrages ist der gesamte Fundus an bibliographischen Nennungen über Figuig zusammengestellt, selbst wenn die Beiträge im einzelnen oft wenig ergiebig waren.

Der ermittelte und von uns rezipierte Literaturfundus über Figuig wurde in seinen Aussagen jeweils anhand von Geländebeobachtungen überprüft, die insofern gewissermaßen „archäologischen" Charakter haben, als es zahlreiche materielle Spuren zur jüngeren Vergangenheit der Oase gibt, die sichtbar und entschlüsselbar sind. Wir haben versucht, die historische Analyse anhand der sichtbaren Geländereste aus der Vergangenheit und unter Berücksichtigung ökologischer Argumente gegenüber dem bisherigen Forschungsstand zu modifizieren und zu klären (soweit möglich). Doch sind gerade hierzu weitere künftige Forschungen von Spezialisten vonnöten.

Eine Quelle von unschätzbarem Wert (deren Existenz wir nicht vermuteten und die als Zufallsfund bezeichnet werden muß) bildet ein Kartenwerk im Maßstab 1:1.000 für die gesamte Kernoase, das vermutlich im Rahmen einer Vorstudie zu einer geplanten Bewässerungserschließung und -umorganisation angefertigt wurde. Dieses akribisch genaue und höchst präzise Kartenwerk wurde von der französischen Kolonialverwaltung (*Génie Rural*, Provinz Oujda) vermutlich um 1950 erstellt[30]. Auf der Basis dieser Grundlage

---

29) Hierbei wollen wir nicht ausschließen, daß wir einzelne publizierte Titel übersehen haben. Vor allem war es uns leider nicht möglich, die Studie von DELAFOSSE (1932): »*Essai sur le régime juridique de l'eau à Figuig*« (unveröff. Mémoire, Archives DAI, Rabat), zitiert bei ROCHE 1965, S. 57, aufzufinden und zu verwenden.

30) Eine ganz präzise zeitliche Einordnung ist uns leider nicht möglich, da bei den übergeordneten Behörden total in Vergessenheit geraten ist, daß es solch eine detaillierte Erhebung für die Oase Figuig überhaupt gibt. Das gesamte Kadasterwerk umfaßt 24 Blätter im Maßstab 1.1.000, die in zwei thematischen Sätzen erstellt worden sind. Zum einen handelt es sich um die kartographische Darstellung der topographischen Situation (mit Nennung von Höhenpunkten und mit Isohypsenverlauf), zum anderen um die Lage sämtlicher Besitzparzellen in der Oasenflur (ausgenommen der hochgelegene Teil der Fluren von Loudaghir und Oulad Slimane sowie die Kleinoasen in der Umgebung), den Verlauf der *Foggaguir*, und *Souagui* sowie die Verbreitung der Wasserbecken. Ein Begleitheft, der *Etat parcellaire*, zu den Kadasterkarten konnte im Archiv der D.P.A. von Oujda gefunden werden. Dieses umfaßt, gegliedert nach den Fluren der einzelnen *Qsour*, pro Parzelle folgende Angaben: Parzellennummer (die in identischer Weise auf den Karten auftaucht), Nummer der Karte, Name des Besitzers der Parzelle und sein Wohnort, Fläche (in m^2), Art der betriebenen Bodendeckerkulturen, Anzahl der Fruchtbäume und Dattelpalmen, Name der Quelle, von welcher aus die Parzelle mit Wasser versorgt wird.

wurde unsere Analyse des überkommenen Organisationssystems der Oasenwirtschaft ganz wesentlich erleichtert. Mit ergänzender Hilfe durch eine neuere Luftbildserie aus dem Jahr 1983 und Geländebegehungen konnten die wichtigsten Elemente in der räumlichen Organisation des Bewässerungssystems der Oase flächendeckend als thematische Karten erarbeitet werden (vgl. *Beilagen 2 und 3*).

Schließlich bilden die kleinräumig aufbereiteten Ergebnisse der Volkszählung von 1982, obwohl diese Daten nun schon etwas älter sind, eine weitere sekundärstatistische Datenquelle. Mit Hilfe dieser Unterlagen wurde es möglich, in kleinräumiger Differenzierung ausgewählte Aspekte zur Demographie, zum Migrationsverhalten und zur Wirtschaftsstruktur der einzelnen *Qsour* in der Oase zu erfassen.

3.2 Primärstatistische Feldforschung

Die zweite Methodengruppe repräsentiert das wissenschaftliche Hauptanliegen der Studie: eine empirisch-analytische Untersuchung über die derzeitige Funktionsweise der Oase unter Einbeziehung jüngerer Wandlungen, ihrer Ursachen und Folgen. Zwei methodologische Annahmen gehen implizit in die empirische Erhebung ein:

(a) Zum ersten, daß mit der Analyse der Nutzungs- und Bewässerungsverhältnisse in der Oase (insbesondere der Nutzungsarten und Intensitätsstufen) Rückschlüsse auf die dahinterstehenden Entscheidungen und somit Beweggründe der Betroffenen erfolgen können. Anders ausgedrückt: Wir gehen von dem in der Geographie schon lange erfolgreich praktizierten Postulat aus, daß wirtschaftliche und soziale Wandlungen *auch* in materialisierter Form über die Bodennutzung erfaßt werden können.

(b) Zum zweiten, daß die kleinräumige, mikroanalytische Ebene des methodischen Zugangs (also die einzelne Parzelle, bei der sogar der einzelne Baum von Interesse sein kann, der einzelne Landbesitzer, der einzelne Pächter usw.) am ehesten gewährleistet, daß derartige Wandlungen empirisch erfaßbar werden, da zahlreiche Beobachtungen zu den einzelnen Oasengärten zur Verfügung stehen und systematische Befragungen diese Beobachtungen zu ergänzen in der Lage sind.

Um innerhalb der Oase möglichst zahlreiche Varianten des Funktionierens, der Organisation und des Wandels der Oasenwirtschaft zu berücksichtigen, wurden mehrere Beispielgebiete ausgewählt — weil aus Gründen der Kosten und der Arbeitsökonomie eine flächendeckende Analyse der Oase von vorneherein entfallen mußte. Diese jeweils klar abgegrenzten, insgesamt fünf Beispielgebiete (vgl. *Kapitel 4*) repräsentieren die wichtigsten Typen des Wandels in der Oase. Ihre Auswahl und Identifikation erfolgte erst zu einem Zeitpunkt, als wir bereits mit der Oase recht gut vertraut waren und sie zumindest grob in ihrer Gesamtheit kennengelernt hatten.

Für jedes der Beispielgebiete wurden zunächst in standardisierter (und damit uneingeschränkt vergleichbarer Form) die folgenden Themenaspekte erfaßt und in detaillierte thematische Karten (*Beilagen 4-18*), jeweils drei Karten pro Beispielgebiet, umgesetzt:

- Landwirtschaftliche Nutzung;
- Wasserverteilung, Wasserherkunft, Technologien des Wassertransports, Wasserrechte;
- pro Parzelle: Art der Bewirtschaftung durch den Besitzer, „Migrationsstatus" des Besitzers (Tätigkeit vor Ort, ehemaliger oder derzeitiger Arbeitsmigrant)[31].

Über die standardisierten Analyseaspekte hinaus wurden durch ausgewählte Tiefen- und Experteninterviews weitere Themenaspekte recherchiert. Dabei wurden vor allem die Angaben über Dritte durch unabhängiges Erfassen verschiedener Informanten in ihrer Verläßlichkeit abgesichert.

Die Untersuchung praktiziert, in der Terminologie der Empirischen Sozialforschung, einen Methodenmix, bestehend aus qualitativen und quantitativen Analysetechniken.

Dieser reiche dokumentarische Fund, dem unserer Kenntnis nach nichts Entsprechendes in anderen marokkanischen Oasen vergleichbar wäre und der von einem unermeßlichen historischen Wert ist, wurde per Zufall und in einem schlechten Erhaltungszustand entdeckt. Er wurde von uns notdürftig restauriert, in eine systematische Ordnung gebracht und den Agrarbehörden der Provinz Figuig wieder zur Verfügung gestellt.

31) Die Beobachtungen zur Nutzung und zum System der Wasserverteilung konnten durch persönliche Geländebegehung erfaßt werden. Die ergänzenden Befragungen wurden mit Hilfe eines Interviewerleitfadens erhoben, wobei als Adressaten die jeweiligen Besitzer und/oder Pächter angesprochen wurden und lediglich im Falle ihrer Absenz (z.B. als Arbeitsmigranten) über Gewährsleute (*Sraifi, Moqqadem*, ältere Notable im jeweiligen *Qsar*) indirekt erfaßt wurden.

Kapitel 2

Überblicksdarstellung der Oase Figuig

Naturräumliche Grundlagen, historische Entwicklung und heutige Strukturen

Mit dem Namen Figuig bezeichnet man die Ansammlung einiger kleiner Palmenhaine in Ostmarokko, die mehr oder weniger unmittelbar aneinander anschließen und insgesamt eine mittelgroße Oase von heute ungefähr 600 ha Bewässerungsland bilden[1]. Sie ist hinsichtlich ihrer Lage ein singulärer Sonderfall. Zum einen bildet sie eine der am weitesten nördlich gelegenen Oasen in Marokko überhaupt, zum anderen befindet sie sich unmittelbar benachbart zu der algerisch-marokkanischen Grenze[2] (*Abbildung 1* und *Foto 1*). Bedingt durch seine Lage besitzt Figuig enge Verwandtschaft mit dem saharischen Raum um den Großen Westlichen Erg; zusammen mit der heutigen Oase Beni Ounif (die, wie zu zeigen sein wird, historisch gesehen zu Figuig gehört) bildet es gewissermaßen die nordwestliche Verlängerung der Touat- und Gourara-Oasen. Hieraus resultiert auch seine unleugbare kulturelle und historische Zugehörigkeit zu diesem Gebiet[3].

Die Oase Figuig ist vor allem, in Anspielung auf eine Aussage von HERODOT, ein „Geschenk seiner Quellen". Ohne das wertvolle Wasser, das aus ihnen reichlich austritt, hätte selbstverständlich niemals ein Ort dieser Größenordnung unter saharischen Klimabedingungen entstehen können. Die vorhandenen Wasserressourcen sind wohl auch der Grund dafür, daß offenbar schon sehr lange mit einer menschlichen Ansiedlung an dieser Stelle zu rechnen ist und daß diese Lokalität der Schauplatz (oft blutiger) Streitigkeiten um

---

1) Der Name Figuig leitet sich wahrscheinlich aus einem arabischen Begriff ab: es handelt sich um die Pluralform des Wortes *Fejj*, welches in seiner Wortbildung (korrekt wäre »*Fijaaj*«) und Aussprache (die berberische Aussprache »g« hat das ursprüngliche »dsch« ersetzt) leicht abgewandelt erscheint. Dieses Wort bedeutet Paß, Schlucht, Verengung, und weißt damit auf einen strategisch wichtigen Durchlaß zwischen Bergen hin. Wenn man nach Figuig aus östlicher oder südöstlicher Richtung kommt (z.B. aus dem Gourara oder Touat), wie es bei verschiedenen arabischen Stämmen vom 11.-13. Jahrhundert der Fall war, tritt einem dieses Gebiet in der Tat als ein Kranz kleiner Oasengärten und kleiner Weiler entgegen, die über mehrere Durchlässe, welche die Gebirgserhebungen durchschneiden, wachend thronen. Es sind dies entlang einer West-Ostachse: der Paß von Mélias, der *Teniet* El Moujahidine, der Paß von Taghla und das Knie des Oued Zousfana. Wir glauben nicht an die Auffassung, wonach die Bezeichnung Figuig eine Modifikation von *Ifjij*, dem Diminutiv von *Fejj* sei, sondern daß es sich — wie erwähnt — um eine leichte Abwandlung der Pluralform von *Fejj* handelt.

Die Landschaft um Figuig ist somit ein „Gebiet der Pässe". Bei guter Sicht kann man vom Gipfel des Jebel Lahmeur nachvollziehen, was diese Bezeichnung zum Audruck bringen soll und worin eine spezifische Lageeigenschaft dieser Oase besteht: Man sieht im Hintergrund die erwähnten, sich weit öffnenden Durchlässe mit ihren Palmenbeständen, die sich gewissermaßen wie Antennen oder wie schmale, langgezogene Bänder in die Wüste hinaus ergießen; und im Vordergrund sieht man den Kernraum von Figuig: sechs *Qsour*, die sich auf der Höhe aufgereiht zusammendrängen, ergänzt durch den größten *Qsar* Zenaga mit seinen vier Minaretten im tieferen Teil. Vom gleichen Aussichtspunkt aus sieht man in Richtung Norden auch kleinere Oasen, die als „Filialen" ebenfalls zu Figuig gehören, nämlich El 'Arja und Edfilia.

Auch wenn der Begriff »Figuig« aus dem Arabischen abzuleiten ist, bedeutet dies keineswegs, daß die Oase in vorarabischer Zeit noch nicht existiert habe. Sie könnte auch lediglich andere Namensbezeichnungen getragen haben, die später dann nicht mehr verwendet wurden oder aber lediglich für die Bezeichnung kleinerer Gebietseinheiten überliefert sind. Was die letztgenannte Annahme betrifft, wissen wir, daß genau das Gegenteil zutrifft. Figuig ist nicht nur ein Ortsname, ein Gemarkungsname, der Name für einen *Qsar* oder einen Palmenhain, sondern eine Regionsbezeichnung, ein Ländchen, ein »pays« im geographischen Bedeutungssinn dieses französischen Wortes. So sprachen auch die Franzosen zu Beginn dieses Jahrhunderts vom „pays du Figuig" („das Figuig"); die übliche Schreibweise war „le Figuig".

2) Selbstverständlich ist die heutige Situation der Staatsgrenzen erst das Ergebnis einer relativ jungen Entwicklung (wobei der Grenzverlauf übrigens von marokkanischer Seite als noch nicht endgültig aufgefaßt wird). Für Figuig hat diese jüngere geopolitische Lage recht nachteilige Folgen: So wurde ihm z.B. ein Teil seiner ehemaligen Ressourcen (direkt oder indirekt) abgeschnitten (vgl. historisches Teilkapitel).

3) Diese Verwandtschaft bezieht sich auf ethnische wie auch kulturgeschichtliche Aspekte. Vergleichbar sind etwa die Bevölkerungsstruktur, die Art und Weise der Wasserverteilung oder die dieser zugrundeliegende Sozialorganisation. Es ist auch bekannt, daß beispielsweise die Bewässerungstechnik auf der Basis von *Foggaguir* (sing. *Foggara*) nördlich der Linie Aïn Sefra-Figuig-Aïn Chaïr nicht mehr anzutreffen ist. Es ist folglich anzunehmen, daß die Beziehungen innerhalb dieses Gebietes in der Vergangenheit recht intensiv gewesen sein müssen.

Abbildung 1: *Die Oase Figuig im Überblick.*

Links: Ausschnitt aus der amtlichen Topographischen Karte 1:100.000.

Rechts: Ausschnitt aus einem Luftbild von 1963

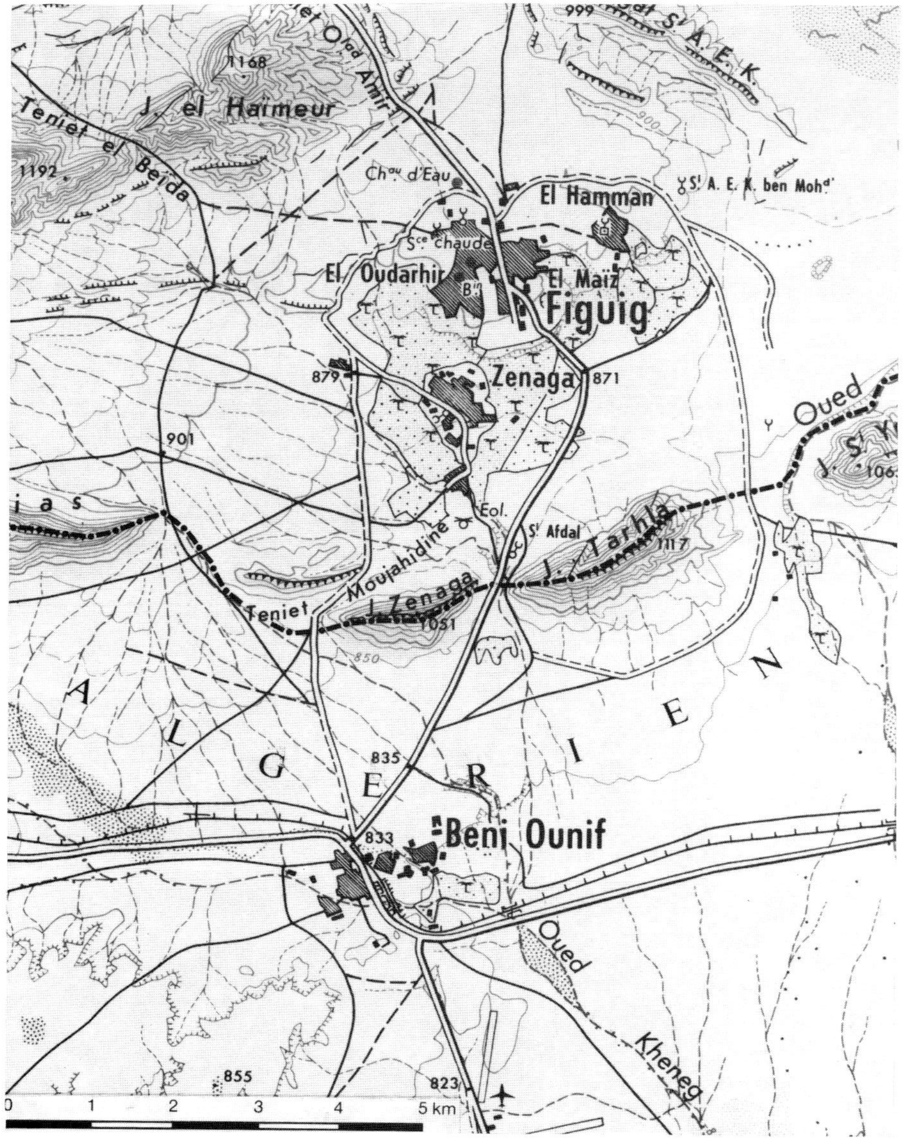

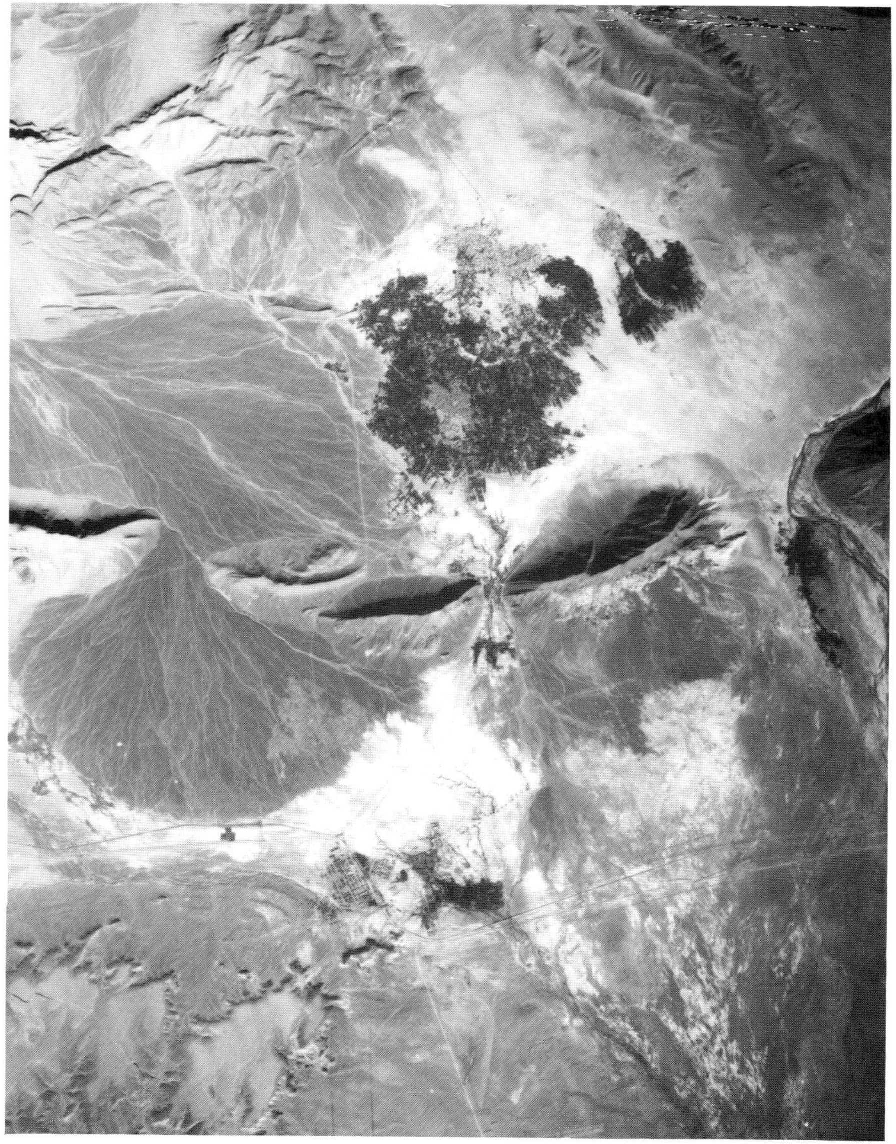

die knappe Ressource war — ein Zwist, der sich durch die Geschichte der Oase wie ein roter Faden zieht. Somit dürfte auch einleuchten, daß die heutigen sozialräumlichen Strukturen (die außerordentlich komplex sind) in engster Weise auf die Wasserressourcen und die mit ihnen verknüpfte, sehr bewegte Geschichte bezogen sind. In der Gegenwart prägen die Oase darüber hinaus vor allem die demographischen und wirtschaftlichen Veränderungen, deren wohl wichtigster Ausdruck seit dem Beginn des 20. Jahrhunderts eine intensive Arbeitsmigration ist, aus welcher heute der Löwenanteil der monetären Ressourcen Figuigs resultiert.

1 Naturräumliche Rahmenbedingungen und Wasserressourcen

Um die Wechselbeziehungen Mensch-Umwelt in dieser Wüstenlandschaft verstehen zu können, muß man zunächst die Beschränkungen und die Potentiale, die aus dem naturräumlichen Milieu abgeleitet werden können und die den Handlungsspielraum markieren, genau charakterisieren. Drei naturräumliche Elemente sind es vor allem, die für das Verständnis der historischen Entwicklung und der heutigen Erscheinung dieser Oase von Wichtigkeit sind:

- die kleinräumige topographische Differenzierung und die Grundzüge der geologischen Verhältnisse;
- das im Tages- wie Jahresgang sehr kontrastreiche saharische Klima, das für die Menschen und ihre Tätigkeiten erhebliche Beschränkungen, soweit es die Vegetationsentwicklung und ihre zeitliche und räumliche Differenzierung betrifft, zur Folge hat;
- dic Art und Weise, die Verfügbarkeit und die Inwertsetzung der Wasserressourcen, die ja die Voraussetzungen für das Bestehen der Oase sind.

1.1 Topographische und geologische Situation

In kleinräumiger Sicht liegen die *Qsour* und die Palmenfluren von Figuig in einem kreisförmigen Becken, das topographisch und strukturell zum östlichen Hohen Atlas gehört. Wir treffen hier auf eines der in jenem Bereich dieser Gebirgskette so zahlreichen Becken, die wiederum durch die zahlreichen tektonischen Störungen mitbedingt sind. Der anzutreffende Faltungstyp ist durch seine hohe Durchlässigkeit gekennzeichnet. Die Antiklinalkämme, die oft durch Verwerfungen verstellt sind, treten vielfach voneinander durch ausgedehnte Synklinaldepressionen getrennt auf. Das Becken von Figuig (das in einer Höhe von 930 m im Norden und 860 m im Süden bei einer N-S-Erstreckung von 2 km liegt) bildet eine dieser Synklinalachsen, die in ihrer Mitte von einer Verwerfung durchzogen wird, welche man auch landschaftlich leicht wahrnehmen kann.

Die Größe des Beckens ist insgesamt recht überschaubar. Die Entfernung vom Jebel Lahmeur[4] im Norden bis zum Jebel Taghla im Süden beträgt 7 km; die etwas längere Achse vom Oued Zousfana bis zum Jebel Mélias (NO/SW-Profil) weist eine Länge von 12 km auf. Die Gesamtfläche des Beckens beläuft sich auf etwa 50 bis 60 km^2. Sein orographisches Erscheinungsbild ist das eines in sich klar gegliederten Amphitheaters. Es wird von allen Seiten von Bergen und Höhenzügen umrahmt, ohne durch sie hermetisch abgeschlossen zu werden (*Abbildung 1* und *Foto 1*): Im NW erstreckt sich der Jebel Grouz (1.647 m) und sein östlicher Ausläufer, der Jebel Lahmeur (1.168 m); im NO treffen wir auf den Jebel El 'Arja (1.050 m) und die *Zerigat*[5] Sidi Abdelkader (1.000 m). Nach Süden zu wird seine Grenze durch eine Reihe von west-östlich verlaufenden Bergrücken markiert, und zwar: Jebel Mélias (1.128 m), Jebel Zenaga (1.051 m), Jebel Taghla (1.117 m), Jebel Sidi Youssef (1.065 m) und Jebel Jarmane (1.047 m). Im Osten geht die kleine, alluviale Ebene des Oued Zousfana[6] in Richtung SW über in die Ebene von Bagdad. Das Becken von Figuig hat über das Tal des Oued el-Hallouf (der ab Figuig die Bezeichnung Oued Zousfana trägt) eine direkte Verbindung zu der wichtigen Depression von Tisserfine, einer Synklinale, welche die Rücken des Jebel Maïz (1.854 m) und des Jebel Grouz/Jebel Lahmeur voneinander trennt.

In struktureller Hinsicht setzen sich die Gebirge im nördlichen Teil aus Massenkalken und Dolomiten des Lias (Jebel Grouz/Jebel Lahmeur und Jebel Maïz, wobei diese beiden Antiklinalachsen, wie zu zeigen sein wird, eine Schlüsselrolle für die Wasserschüttung der Quellen von Figuig spielen) oder des Dogger (Jebel El 'Arja, *Zerigat* Sidi Abdelkader) zusammen. Die südlichen Ketten sind dagegen aus Kalken und kontinentalen Sandsteinen des Mittleren Jura und der Kreide aufgebaut. An mehreren Stellen der nördlichen Antikli-

4) Auf der amtlichen Topographischen Karte 1:100.000, Blatt NI-30-V-2 Figuig, fälschlicherweise als Jebel Haïmeur bezeichnet.

5) Hier sei auf die Bedeutung der arabischen Ortsbezeichnungen hingewiesen: *Zerigat* (Höhen auf denen das blaue, kalkige Gestein des Lias zutage tritt), *Teniet* (kleiner Paß, topographische Tiefenlinie, die in einen Gebirgsrücken eingekerbt ist), *Figuig* (siehe Fußnote 1) usw. Diese Ortsbezeichnung muß man im Zusammenhang mit dem Auftauchen arabischer Nomaden seit dem 12. Jahrhundert sehen. Einige wurden zwar in Figuig seßhaft, die meisten betrieben aber wohl nomadische Viehwirtschaft in der Umgebung (z.B. im Falle der 'Ammor und vor allem der Beni Guil).

6) Der Oued Zousfana, der oberhalb von Figuig den Namen Oued el-Hallouf aufweist, nimmt auch die Wässer seines wichtigen Nebenflusses (des Oued Tisserfine) auf, bevor er im Bereich des Knies von Figuig auf algerisches Gebiet übertritt, um dann seinerseits einen wichtigen Zufluß des Oued Saoura zu bilden.

Foto 2: *Blick vom Jebel Taghla, im Süden von Figuig, auf die Oase. Die beiden Nutzungsplateaus, die durch den Jorf getrennt werden, sind deutlich zu erkennen.*

nalen streicht auch die Trias aus, die indes auf die Topographie keinerlei Auswirkungen hat. Doch ist ihr oberflächennahes Auftreten einer der Schlüssel, um das hydrogeologische System der Oase Figuig erklären zu können. Dieses gesamte hügelig-bergige Terrain ist insgesamt stark gefaltet.

Das eigentliche Becken von Figuig im engeren Sinn weist oberflächlich vor allem unterschiedliche terrestrische Quartärablagerungen auf, deren Mächtigkeit nach Süden zu abnimmt, außer entlang der Abflußleitlinien für Überschwemmungen in Ravinen, die aus den nördlichen Erhebungen stammen. Hierbei handelt es sich um Ablagerungen, die von Schwemmfächern herrühren oder Pedimente (»*glacis d'érosion*«) bilden, die in Form von Schuttkegeln oder aber durch Schichtfluten (*sheet-flood*), wie man sie im östlichen Teil vorfindet, akkumuliert worden sind. Diese Ablagerungen überdecken die darunter befindliche Struktur. Ihre mehr oder weniger grobe Zusammensetzung ist der Grund für die künstliche, manuelle „Bodenbildung" in den Oasengärten[7].

Unbedingt zu erwähnen ist ein wichtiges topographisches Element, dessen Existenz sowohl im Rahmen der historischen Entwicklung der Oase als auch der räumlichen Differenzierung der einzelnen Bewässerungsfluren von entscheidender Bedeutung ist: eine sich grob west-östlich erstreckende Steilkante, die in ihrem mittleren Abschnitt durch eine Ausbuchtung um bis zu 500 m nach Süden vorragt und als *Jorf* bezeichnet wird. Die Genese dieser Stufe hängt eng mit der Existenz derjenigen Verwerfung zusammen, die man entlang des schmalen Kamms der Takroumet, der, von Westen kommend, bis in die Flur von Laâbidate reicht, optisch recht gut erkennen kann. Die Stufe teilt das Becken von Figuig in zwei topographische Niveaus (*Foto 2*): ein oberes Plateau, das wir im folgenden das *Plateau von Loudaghir* nennen wollen, und ein unteres Plateau, das die Bezeichnung *Ebene von Bagdad* erhalten soll.

7) Die Böden in den bewässerten Oasengärten sind insgesamt nicht in erster Linie das Ergebnis einer natürlichen Bodenbildung, sondern „man-made" im wahrsten Sinn des Wortes. Die heutigen Böden sind das Resultat menschlicher Aufschüttung und Bearbeitung über einen langen Zeitraum hinweg, wobei durch das Sieben und Aussortieren der Ablagerungen (und damit einem Entfernen der gröbsten Kies- und Schotterbestandteile) nur die sandig-tonigen Fraktionen zurückbleiben. In dem Maße, in dem die Substrate für den Anbau verwendet werden, schreitet die Humifizierung voran. Es sei angemerkt, daß eine derartige Gewinnung neuer Böden sich bis noch heute so abspielt, wie das auch in der Vergangenheit der Fall war, wie man etwa in der Ebene von Berkoukess, südwestlich von Zenaga, beobachten kann.

Die Steilstufe hat eine Mächtigkeit von bis zu 25-30 m. Ihr Verlauf ist, wie bereits angedeutet, alles andere als geradlinig, was leicht verständlich wird, wenn man berücksichtigt, daß das obere Plateau aus zwei ganz unterschiedlichen, sich balkonartig ausbuchtenden Teilbereichen (dem Plateau um die *Qsour* Loudaghir und Oulad Slimane und jenem um die *Qsour* Hammam Foukani und Hammam Tahtani) besteht, die durch eine zurückspringende Einbuchtung voneinander getrennt sind. Die Genese dieser starken Einbuchtung ist nur zu einem untergeordneten Anteil durch erosive, sondern vielmehr vorrangig durch akkumulative Prozesse zu erklären. Die Lage des *Jorf* in der Nachbarschaft zu den wichtigsten Quellen (beide verlaufen in etwa parallel zueinander) und der Aufbau des gesamten oberen Plateaus aus Travertin weisen darauf hin, daß die Entstehung eng mit den warmen Quellen verbunden ist, die über Jahrtausende hinweg Kalkablagerungen zur Ausfällung brachten[8]. Der *Jorf* springt genau dort am weitesten nach Süden vor, wo die stärksten Quellen (das System von Zadderte und von Marni-Pouarjia im Westen und das System von Tajemmalt im Osten) austreten, während die Abschnitte, bei denen der *Jorf* zurückweicht, einen Bereich signalisieren, in dem die Quellschüttung deutlich schwächer ist und dementsprechend die Travertinablagerungen bescheidener ausgefallen sind.

Hinsichtlich seiner Lage und Erstreckung fällt dem *Jorf* eine grundlegende Bedeutung für die Entwicklung des Bewässerungssystems der Oase zu, da die Quellen, die zu seiner Bildung geführt haben, allesamt nördlich dieser Linie liegen, während sich die Bewässerungsflächen zum überwiegenden Teil unterhalb (und das heißt südlich davon) erstrecken. Zudem bestimmt der *Jorf* das Landschaftsbild der Oase sehr nachhaltig (vgl. *Foto 2*) und hat auch in der Sozialgeschichte Figuigs eine große Rolle gespielt.

1.2 Klimatische Bedingungen

Es soll hier auf die klimatischen Verhältnisse nur kursorisch eingegangen werden, da der Einfluß des saharischen Klimas auf die Oasenwirtschaft wohl evident ist. Sowohl hinsichtlich seiner Lage im Gradnetz (32°07' nördlicher Breite, 1°14' östlicher Länge) als auch seiner extremen Kontinentalität (das Mittelmeer ist im Norden etwa 450 km entfernt) gehört Figuig bereits uneingeschränkt zum saharischen Klimaregime. Die mittleren jährlichen Niederschläge liegen bei 128 mm, wobei die mittlere Anzahl der Regentage kaum 20 beträgt[9]. Die Kesssellage, die aus der topographischen Situation resultiert, verstärkt eher noch die Aridität im Becken von Figuig. Die Luftfeuchtigkeit liegt zumeist zwischen 20 % und 60 %. Der niederschlagsreichste Monat ist der Oktober, gefolgt von November und Dezember; demgegenüber ist der Juli der trockenste Monat. Von Oktober bis März betragen die mittleren monatlichen Niederschläge 15 mm. Doch ist die zeitliche Verteilung des Regenfalls insgesamt durch eine extreme Unregelmäßigkeit gekennzeichnet. Hinzu kommen von Zeit zu Zeit starke Gewitterschauer, die zu mächtigen Überschwemmungen führen und in den *Qsour* großen Schaden anrichten können[10].

In erster Linie bewirken die Temperaturen den saharischen Klimacharakter Figuigs, mit extrem heißen Sommertemperaturen (Juli-Mittel: 42°C, August-Mittel: 41°C) und kühlen Wintertemperaturen (mittleres Dezember-Minimum: 3°C). Die tages- und jahreszeitlichen Schwankungen verraten indes, daß das Klima von extremer Gegensätzlichkeit geprägt ist[11].

Zur Veranschaulichung sind in der nachfolgenden Tabelle einige wichtige Daten zu den Temperatur- und Niederschlagsverhältnissen in Figuig zusammengestellt (vgl. *Tabelle 1*).

Es läßt sich unschwer erkennen, daß die Klimabedingungen ausgesprochen extrem sind. Über den Bewässerungsfeldbau hinaus ist lediglich eine extensive viehwirtschaftliche Weidenutzung der Steppenvegetation, die in der Region um Figuig auftritt, möglich. Diese Art von Nutzung ist im übrigen seit Jahrhunderten üblich; die große Stammesföderation der Beni Guil betreibt sie noch heute. Deren Stämme frequentieren die Weidegründe bis vor die Tore der Oase. Die vorherrschende Steppenvegetation eignet sich gut für Ziegen-,

8) Nach Datierungen von E. Jungfer im Jahr 1988 ist das Alter der ältesten Travertinablagerungen etwa 200.000 Jahre (noch unveröffentlichtes Ergebnis; freundliche persönliche Mitteilung des Verfassers).

9) Alle Angaben zum Klima in diesem Abschnitt wurden auf der Basis von Wetterbeobachtungen im Zeitraum 1930-1967 berechnet. Diese Periode ist die einzige, für die fortlaufende und verläßliche Daten vorliegen. Die seither durchgeführten Wettermessungen erfolgen unregelmäßig und sind von unsicherer Validität.

10) Die Überschwemmungen ergießen sich vor allem in mehrere kleine Erosionsrinnen, so z.B. in die Ravine von Bou-Chelleken im zentralen Becken, in den aus dem Westen kommenden Oued Kheneg und in eine Ravine, die vom *Teniet* El Beïda im Westen ausgeht. Diese Rinnen werden allesamt aus den nördlich anschließenden Bergen der Umgebung gespeist und bedrohen die Wohnungen in den *Qsour*, insbesondere in Loudaghir und in Zenaga. Am 28. April 1975 haben Flutwellen z.B. zehn Häuser im *Qsar* Zenaga zerstört. Im Falle des Bou-Chelleken wurde seither ein Erdwall errichtet, um künftige Hochwässer in den östlichen Teil der Oasenflur umzulenken. Die Bewohner von Figuig (z.B. in Loudaghir) haben in der Vergangenheit eine originelle Lösung gefunden, um diese Überschwemmungen für Bewässerungszwecke zu nutzen. Sie lenkten die Wassermassen in die Galerien, aus denen die *Foggaguir* austreten, so daß das Hochwasser zusammen mit dem Quellwasser verteilt wurde. Aber bei besonders starken Hochwässern wurden solche Vorrichtungen zur Kanalisierung der Fluten zur Gefahr. In den *Qsour* hat man sich auf derartige »Hazards« eingestellt: die Grundmauern der Häuser werden bis zu einer Höhe von 80 cm aus Stein errichtet und nicht (wie der darüber befindliche Rest) aus ungebranntem Lehm.

11) Nach der Klassifikation von Thornthwaite ist die Oase Figuig als „*climat aride mésothermique sec à influence saharienne (El A' d b'4) dont l'indice global d'aridité et de -53,4*" einzuordnen (Breil et al. 1977, S. 154).

Tabelle 1: *Oase Figuig. Daten zu den Temperatur- und Niederschlagsverhältnissen (Mittel der Jahre 1930-1967)*

	Jan	Feb	Mar	Apr	Mai	Juni	Juli	Aug	Sep	Okt	Nov	Dez	Jahr
Durchschnitt der mittleren Temperaturmaxima (1937-1960)	16	19	23	26	32	35	42	41	36	28	21	16	27,9
Durchschnitt der mittleren Temperaturminima (1937-1960)	3	5	8	11	16	18	24	24	20	14	9	5	13,1
Mittlere monatliche Niederschläge in mm (1937-1967)	12	10	17	16	4	4	1	7	8	19	16	14	128,0
Mittlere Anzahl der Regentage (1937-1967)	1,8	1,4	2,1	2,2	1,2	0,8	0,4	1,0	2,1	2,6	2,2	2,5	20,2

Schaf- und Kamelherden. Es handelt sich um eine sehr artenreiche Steppe, was in folgenden Voraussetzungen begründet liegt: kleinräumige Topographie (Unterschiede zwischen den Senken, den Abflußbahnen und Überschwemmungsflächen sowie den Wasserscheiden), Höhenlage (auf den hohen Berghängen tritt Thuya-Vegetation auf, z.B. auf dem Jebel Grouz, und ab 1.200 m Höhe dominiert Halfagras auf den steinigen Böden), Gesteinsbeschaffenheit, Bodenbildungsformen usw. Insgesamt jedoch befindet sich Figuig südlich der eigentlichen Halfagras-Steppe (die von den Nomaden *Dahra* genannt wird). Hier herrscht eine Steppenvegetation mit überwiegend *Haloxylon scopiarium* vor, die sich in unterschiedlichen Stadien einer Degradierung befindet. Die Region Figuig wird vorwiegend im Winter und Frühjahr von den Beni Guil (und in zweiter Linie von den 'Ammor) aufgesucht, d.h. in jener Jahreszeit, in der die strenge Kälte die Nomaden der Hochplateaus um Tendrara zum Ausweichen zwingt. Im Sommer wird sie weniger häufig frequentiert infolge der Dürre und der Hitze.

1.3 Die Wasserressourcen von Figuig

In diesem Wüstenmilieu hat das Zusammenspiel mehrerer günstiger Faktoren das Auftreten mächtiger Wasserressourcen ermöglicht, von denen die bedeutendsten (aber beileibe nicht die einzigen) die artesischen Quellen sind. Deren Wässer, die uns zahlreiche Rätsel aufgeben (hinsichtlich ihrer hohen Temperaturen, ihrer chemischen Zusammensetzung, der relativen Konstanz ihrer Schüttung), waren der Gegenstand zahlreicher hydrogeologischer Untersuchungen mit dem Ziel, ihre Herkunft und die Gründe für ihren Austritt gerade im Becken von Figuig zu erforschen (GAUTIER 1905, 1917; RUSSO 1922, 1923b, 1947; STRETTA 1952; BREIL ET AL. 1977; JUNGFER 1990). Beim derzeitigen Kenntnistand über dieses Thema, scheinen einige Fragen mehr oder weniger geklärt zu sein, während andere immer noch offen bleiben (zum allerneuesten Forschungsstand hierzu siehe auch den Beitrag JUNGFER in diesem Band).

Zunächst muß man feststellen, daß die Art der Wasserressourcen in Figuig sehr unterschiedlich ist. Neben den durch *Foggaguir* abgeleiteten »Quellen«, die im nördlichen Teil der Oase auftreten und den Hauptanteil der Wasserressourcen ausmachen, gibt es einige natürliche Quellen, die — bedingt durch ihre Lage — heute so gut wie ungenutzt sind, weil sie auf algerischem Territorium oder entlang der Grenzlinie liegen (z.B. Taghla, Mélias) oder auch weil sie versiegt sind. Darüber hinaus gibt es im südlichen Teil des Beckens von Figuig (in der Ebene von Bagdad, südlich und südwestlich von Zenaga) einen oberflächennahen Grundwasserkörper, der heute intensiv mithilfe von Motorpumpen ausgebeutet wird, der aber gewisse Versalzungsprobleme mit sich bringt. Schließlich sind noch die oberflächlichen Abflüsse erwähnenswert, die trotz ihres nur episodischen Auftretens für die Landwirtschaft eine wichtige Rolle spielen könnten. Hierbei ist das beste Beispiel der Lauf des Oued Zousfana, dessen alluviale Ebene im Osten des Beckens ebenso wie mehrere *Maâder* weiter flußabwärts (und heute auf algerischem Boden gelegen) früher mit Palmen bestanden waren und auch Bewässerungsgärten aufwiesen.

1.3.1 Die »Quellen« von Figuig

Das, was man gemeinhin als die »Quellen von Figuig« bezeichnet, resultiert aus oberflächennahen Grundwässern, die fast ausnahmslos im Bereich des oberen Plateaus des Beckens zirkulieren (also im Bereich des Plateaus von Loudaghir, entlang der Linie, die durch die sechs dort errichteten *Qsour* markiert wird). Beim Austritt dieser Wässer an der Oberfläche für Bewässerungszwecke beträgt ihre Gesamtschüttung zwischen 175 und 220 Liter/Sekunde[12]. Doch deren genaue Analyse ist ein schwieriges Unterfangen, nicht zuletzt deshalb, weil wir es mit erheblichen menschlichen Eingriffen in das natürliche Schüttungssystem zu tun haben. Heute existieren etwa 30 Galeriestollen (*Foggaguir*), mit deren Hilfe das Wasser an die Oberfläche gelenkt wird, so daß die Bezeichnung »Quelle« für diese Art von Wasseraustritt recht irreführend sein kann (vgl. *Abbildung 4* und *Beilage 3* im Kapitel 3). Das Netz der *Foggaguir* verläuft außerordentlich kompliziert, was schon daraus erhellt, daß die derzeit in Funktion befindlichen Stollen nur einen Teil aller gegrabenen Stollen repräsentieren. Viele Reste alter *Foggaguir* sind in der Landschaft noch deutlich erkennbar[13]. Die Zahl der wirklich natürlich vorhandenen, unterirdischen »Quellfelder« (Grundwasserkörper), von denen dann das Wasser für die Bewässerung in den *Foggaguir* abgeleitet wird, ist nur sehr schwer genau angebbar. Es gibt nämlich keineswegs, wie man zunächst vermuten könnte, pro Quelle eine *Foggara* (und erst recht nicht gibt es eine ganz bestimmte Quelle, der eine ganz bestimmte *Foggara* zuzuordnen wäre). Vielmehr zapfen jeweils mehrere *Foggaguir* ein und denselben Grundwasserkörper an, wodurch natürlich die Wechselbeziehungen zwischen den einzelnen *Foggaguir* zustandekommen, die ihrerseits erklären, weshalb die *Qsour* mit Argusaugen darauf bedacht sind, ihre Wassergaben zu überwachen und zu sichern — in der Vergangenheit oft mit der Waffe in der Hand[14]. Somit ist die wirkliche Zahl der »Quellfelder« deutlich geringer als die der *Foggaguir* (und damit der künstlich geschaffenen »Quellaustritte«), ohne daß wir hierbei wesentlich präzisere Angaben machen können.

Daß es sich bei den »Quellen« um Tiefenwässer handelt und daß wir es mit einem leichten Artesianismus zu tun haben, steht außer Zweifel. Die recht hohen Wassertemperaturen sind hier nur *ein* Beleg. Die Temperaturen schwanken je nach Quelle zwischen 19°C und 34°C und erreichen im Falle der Quelle Tajemmalt (die Hammam Foukani und Hammam Tahtani gehört) sogar

12) Der immer noch aktuellste Forschungsstand über die Hydrogeologie der Quellen von Figuig findet sich bei BREIL ET AL. (1977) — wobei der in diesem Band publizierte Beitrag von JUNGFER nicht berücksichtigt ist. Die Schätzungen über die Schüttung der Quellen im Nordteil des Beckens, die seit Beginn unseres Jahrhunderts erfolgt sind, schwanken, je nach Autor, zwischen 150 und 500 l/s. Die Schüttungsmengen, wie sie im *Bulletin Officiel* (N° 3292, 1975) veröffentlicht wurden, ermöglichen es, diese Zahlen auf ca. 200-220 l/sec zu präzisieren (was bei etwa 600 ha Bewässerungsfläche für die gesamte Oase eine mittlere Wasserverfügbarkeit von 0,3 l/s/ha bedeutet, und das ist ein Wert, der dem vergleichbarer marokkanischer Oasen durchaus entspricht). Doch sind die im *Bulletin Officiel* getroffenen Angaben nicht unbedingt als die derzeitige real existierende Wassersituation zu interpretieren. Denn in vielen Fällen gibt es, verglichen mit jenen Werten, Veränderungen (meist Abnahmen), die möglicherweise mit dem schlechten Instandhaltungszustand einiger *Foggaguir* zu tun haben (vgl. Tabelle in *Beilage 3*). Tatsächlich kann die Wasserschüttung in Abhängigkeit vom Reinigungszustand der *Foggaguir*, die das Wasser ableiten, variieren. Hier haben wir es also nicht mit einer „natürlichen" Schüttung zu tun, sondern mit einer „erzeugten" oder „angezapften" Schüttung. Bekannt ist, daß die intra- und interannuellen Schwankungen gering sind, wobei allerdings im Sommer eine gewisse Abnahme der Schüttung von den Oasenbauern beklagt wird. Doch handelt es sich hier lediglich um eine Frage der Wahrnehmung; denn im Sommer braucht man zur Bewässerung derselben Fläche aufgrund der erhöhten Verdunstung natürlich mehr Wasser als im Winter und damit hat man in dieser Saison einen höheren Wasserbedarf. In der längerfristigen Perspektive mehrerer Jahre trat eine Schüttungsänderung nur dann auf, wenn es im Rahmen des Kampfes um das Wasser zu einer Umlenkung kam; doch in der Gesamtheit führte eine Erhöhung der Schüttung bei den einen zu einem Rückgang bei den anderen Quellen.

13) Es gibt eine Art „Übereinkunft des Schweigens" zur Frage der Länge und des Verlaufes der *Foggaguir* sowie zur Variabilität ihrer Schüttung. Das hat nichts mit irgendwelchen mythisch-symbolischen Werten zu tun, die man dem Wasser als Lebensquelle in der Wüste zuweist, sondern ganz nüchterne Gründe: Da die Wässer in den *Foggaguir* (wie noch zu zeigen sein wird) untereinander eng kommunizieren, gilt es zu vermeiden, daß die Kenntnis von der Existenz und dem Verlauf einer *Foggara* zu breit (vor allem im Nachbar-*Qsar*) gestreut wird. Denn jede *Foggara* zapft ja eine „Ader" an, deren Wasser sie in um so größerem Umfang nutzen kann, je besser das Geheimnis bewahrt wird.

Die dem Laien optisch als »Quellen« erscheinenden Wasseraustritte in den unterirdischen Röhrensystemen kann man betreten durch den Abstieg in sich hallenartig erweiternde Höhlen in unterschiedlicher Tiefe unter Flur. Früher waren diese Plätze vielfach wohl frei zugänglich; heute sind sie meist als zementierter Raum ausgebaut, hermetisch abgeriegelt und nur mit einem Schlüssel betretbar. Die Plätze wurden auch oft als *Hammam* für Männer, Frauen und Kinder oder als Wäscheplatz erschlossen. In mehreren Fällen verläuft das Wasser der *Foggaguir* direkt unter den Häusern hindurch, und es wurde in solchen Fällen für die Zwecke der Haushalte genutzt (denn die *Qsour* oberhalb des *Jorf* befinden sich über mehreren *Foggaguir*), doch wurde diese Verwendung des Wassers von den *Jema'a* der einzelnen *Qsour* untersagt. Seit die Häuser an die Trinkwasserversorgung angeschlossen sind und seit Verhaltensänderungen stattgefunden haben, sind die *Hammams* und Wäscheplätze zum überwiegenden Teil außer Gebrauchs geraten, doch gibt es noch Ausnahmen davon: die kollektiven *Hammams* von Oulad Slimane (Marni Loudarna), El Maïz (Pouarjia) und Hammam Tahtani (Tajemmalt). Die höhlenartig aufgeweiteten Röhren (*Iflane*, sing. *Ifli*) sind die Fortsetzung der *Foggara*-Stollen, die zumeist in Richtung Norden ansteigen und im Kontaktbereich mit dem Grundwasserkörper oft Gabelungen in ihrem Verlauf aufweisen.

Über die Länge der einzelnen *Foggaguir* gibt es keine verläßlichen Informationen. Da im obersten Teil der *Foggaguir* Luftschächte fehlen und die Wassertemperaturen dort hoch (bis zu 39°C) sind, ist wohl anzunehmen, daß ihre Länge nicht sehr erheblich ist. Die Tiefe der Galeriestollen unter Flur ist ganz unterschiedlich. Die größte Tiefe, die wir beobachten konnten, wird für die Quelle von Tajemmalt erreicht, wo man erst in 22 m Tiefe auf den Wasserfaden trifft. In den weiter westlich gelegen Quellen ist vor allem die anthropogen bewirkte Absenkung der Austrittsniveaus der *Foggaguir* (und somit des gesamten Grundwasserkörpers) ein entscheidendes Faktum; sie wird von Beginn des 19. Jahrhunderts bis ca. 1915 von GAUTIER (1917) auf mindestens 7 m geschätzt. Seither ist das Niveau des Wasserkörpers noch weiter leicht abgesunken.

14) Heute ist mit Gewißheit davon auszugehen, daß diese Wechselbeziehung besteht. Wie will man angesichts dieses Befundes die Wasserfördertechnologie verändern, ohne gleichzeitig Konflikte mit den Wasserechtlern der einzelnen *Qsour* vom Zaun zu brechen? Früher erfolgten derartige Veränderungen mit militärischer Gewalt. Der aktuelle Friedenszustand hat somit auch seinen Preis, nämlich den, daß der Status quo uneingeschränkt erhalten bleiben muß. Allerdings gibt es eine Ausnahme von dieser Regel: die Neuerschließung der Quellen von Loudaghir (vgl. weiter unten, Kapitel 4: Loudaghir-Ighounane).

Abbildung 2: *Strukturskizze der hydrogeologischen Situation für die Oase Figuig (nach: Ressources en eau du Maroc 1977, Bd. 3, S. 154)*

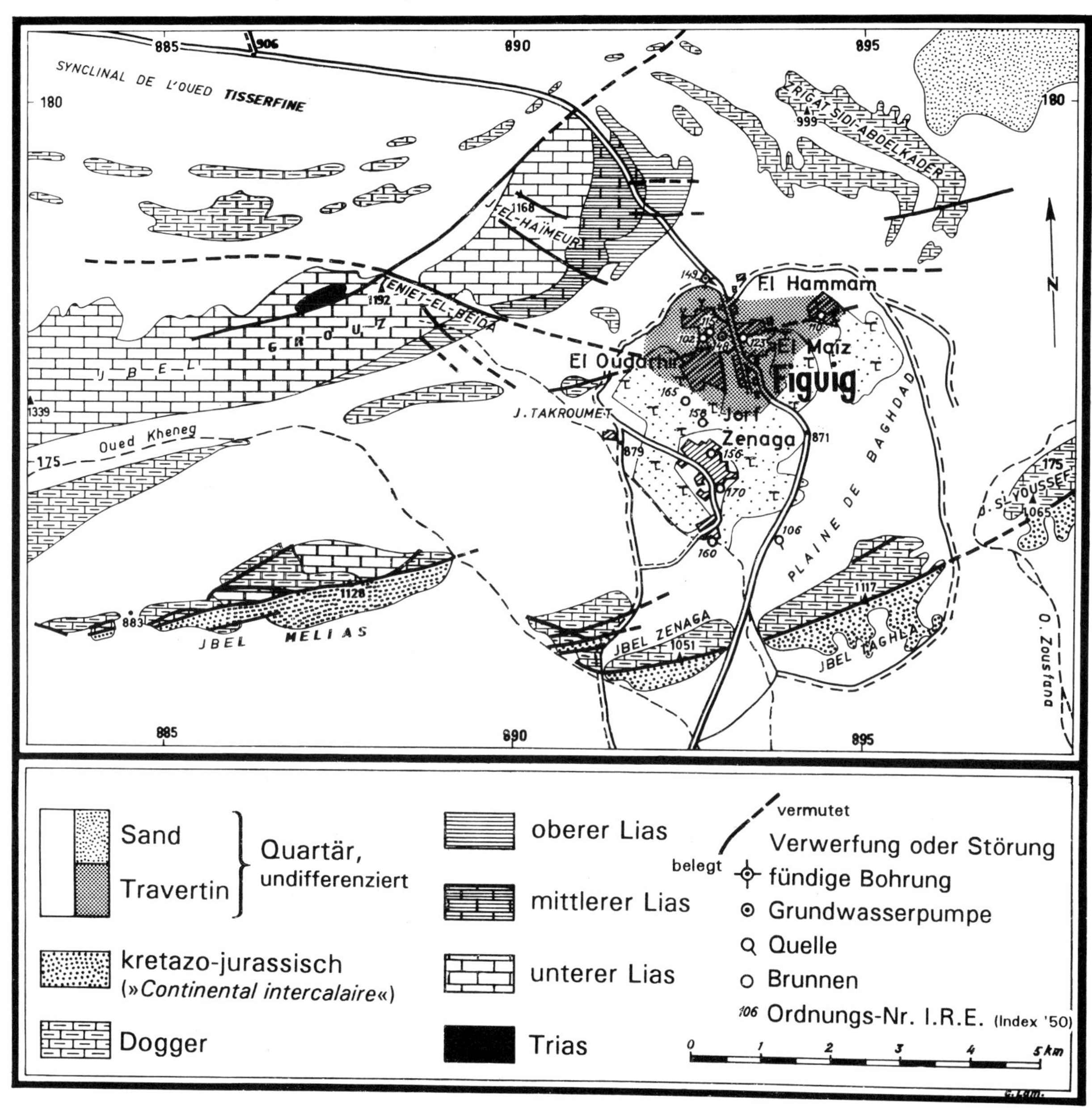

39°C[15]. Die große Wassermenge, die insgesamt zur Verfügung steht, und deren gleichmäßige Schüttung lassen eine lediglich lokale Genese dieser Wässer als ausgeschlossen erscheinen. Angesichts der geringen mittleren Niederschlagsmengen im Raum um Figuig, schätzt man, daß von einem Einzugsgebiet von mindestens 500 km^2 ausgegangen werden muß, um zu den in der Oase praktizierten Entnahmemengen zu gelangen. Folglich tauchte schon sehr frühzeitig der Gedanke einer weiter entfernten Grundwasserneubildung auf (GAUTIER 1905, 1917; RUSSO 1923b). Die sichtbare geologische Struktur hat diese Annahme gefördert; denn im Norden und im Zentrum der Oase trifft man auf eine Reihe komplizierter Verwerfungslinien, von denen man annahm, daß sie als natürliche Wasserbahnen für das weiter im Norden infiltrierte Wasser und schließlich als lithologische Barriere, entlang derer das Wasser in Figuig aufsteigen müsse, fungiere. Die zusammenfassende Forschungsmeinung von BREIL ET AL. (1977) nennt die zentralen Elemente dieses Vorgangs,

15) Nach unserer Kenntnis gibt es wenige Unterlagen über die durch die Behörden, die zu verschiedenen Ministerien gehören, veranlaßten Tiefbohrungen. Die Bohrung, die RUSSO (1934/ 1935) durchgeführt hat (Brunnen 149/50), unweit des *Qsar* Loudaghir (im System von Zadderte), wurde offenbar bei einer Tiefe von 347 m eingestellt, nachdem Auswirkungen auf die Schüttungen der *Foggaguir* den Protest der Bewohner des *Qsar* Loudaghir hervorgerufen hatte. Noch heute registrieren die Bewohner von Loudaghir einen Rückgang der Wassergaben, wenn die Pumpstation zu diesem Tiefbrunnen gerade fördert.

die viel Wahrscheinlichkeit für sich haben[16] (*Abbildung 2*); indes bedarf dieses Modell einiger Modifikationen (vgl. Beitrag JUNGFER in diesem Band).

Der Chemismus der Wässer aus den Quellen oberhalb des *Jorf* ist insgesamt sehr homogen[17], was darauf hinweist, daß sie in ein und demselben Gebiet gebildet worden sein müssen. Die Wasserqualität ist mittelmäßig: die elektrische Leitfähigkeit der Quellen beziffert sich auf zwischen 2.200 und 3.600 Mikrosiemens/cm (µS/cm) bei nahezu fehlenden zeitlichen Schwankungen (JUNGFER 1990) und bei Trockenrückständen von unter 2.000 mg/l (BREIL ET AL. 1977).

1.3.2 *Die Wasserressourcen in der Ebene von Bagdad*

Seit etwa vierzig Jahren, verstärkt jedoch in den letzten fünfzehn Jahren, erfolgt eine Expansion der Palmenflur von Zenaga im sogenannten Sektor Berkoukess. Dies wurde möglich durch die Förderung von flachlagerndem Grundwasser (mit einem Flurabstand von 10-20 m) aus niedergelassenen Brunnenstollen mit Hilfe von Motorpumpen. Heute werden in diesem Gebiet etwa 50 Brunnen betrieben. Doch ist der Salzgehalt dieser Wässer recht beträchtlich: zwischen 1987 und 1989 wurden elektrische Leitfähigkeitswerte von 5.000 bis 10.000 mS/cm mit einzelnen Extremwerten bis zu 19.000 mS/cm gemessen (JUNGFER 1990). Anfänglich war folgende Hypothese über die Genese dieser Wässer sehr verbreitet (BREIL ET AL. 1977): Sie ging davon aus, daß diese Wässer identisch mit jenen der Quellen weiter im Norden seien. Die Unterschiede in der Salzkonzentration (die in der Ebene von Bagdad deutlich über jener der Quellen liegt) und in der Wassertemperatur (19°C bis 22°C in der Ebene von Bagdad) wurden als Folge der Rückführung infiltrierten Bewässerungswassers in den Aquifer gedeutet[18]. Genauere Analysen zeigen jedoch, daß es sich bei dem Grundwasser um zwei völlig unterschiedliche Bestandteile handelt. Zum einen steigt die Salinität des Wassers mit der Tiefe an (so daß man davon ausgehen kann, daß sich eine Süßwasserlinse über einem Salzwasserkörper befindet) und zum anderen wächst die Salinität in gleichem Maße, in dem weitere neue Brunnen im Westen von Berkoukess niedergelassen werden und Grundwasser ziehen, was wiederum zeigt, woher die Süßwasserlinse, die dem natürlichen Gefälle folgt, stammt. Eine rezente Grundwasserneubildung aus westlicher Richtung ist damit wahrscheinlich, wie auch Wasserdatierungen (von 0 bis 4.000 Jahre) verdeutlichen. Die Salinität der tiefer-

16) Das Modell ist etwa wie folgt zu charakterisieren: Eine ost-nordöstlich/west-südwestlich verlaufende Verwerfungslinie, die sich parallel zur Antiklinale des Jebel Maïz und zur Synklinale des Oued Tisserfine erstreckt, ermöglichen den Abfluß der Wässer des kalkhaltigen Aquifers aus dem *Lias inférieur*. Die Störung des Jebel Lahmeur (in Richtung West-Nordwest/Ost-Südost bewirkt, daß das Wasser auch in das Becken von Figuig abströmen kann. Dort werden die grundwasserhaltigen Formationen des Unteren Jura durch die west-östlich verlaufende Verwerfungslinie von Takroumet senkrecht verstellt, und die Wässer treten durch eine Art unterirdischen Barriere-Effekt an der Oberfläche aus. Weshalb die Wassertemperaturen der einzelnen Quellen ganz unterschiedlich sind, konnten BREIL ET AL. (1977) nicht klären. Diesen Sachverhalt kann der Beitrag von JUNGFER in diesem Band auch in seiner geologischen Bedingtheit sehr viel schlüssiger ableiten. Ohne hier auf geologische Details einzugehen, sei darauf hingewiesen, daß bezüglich der Wasserherkunft und des Wasseraufstiegs drei Teilsysteme zu unterscheiden sind, die auch geologisch bedingt sein müssen:

- Eine einheitliche Genese müßte für die Gruppe derjenigen Wässer gelten, die die östlichen *Foggaguir* von Laâbidate mit ihrer geringen Schüttung (Aïn Dar, Aïn Caïd), die reicher schüttenden von Loudaghir (Tighzerte, Zadderte-Bahbouha, Boumesloute) und die große Quelle Zadderte des *Qsar* Zenaga umfassen. Dieses erste Quellfeld wollen wir im folgenden „System von Zadderte" nennen. Es umfaßt 60 % der in der gesamten Oase verfügbaren Wassermengen. Indizien, die eine Existenz dieses Systems belegen, gibt es in reicher Zahl: in der Vergangenheit (z.B. in Form der Konflikte zwischen Zenaga und Loudaghir) und in der Gegenwart (z.B. bei der heutigen Pumpstation von Tighzerte: Wenn die Pumpe läuft, fallen Bahbouha und Boumesloute vollkommen trocken, so daß diese drei heute funktional nur noch eine einzige Quelle bilden. Und ein weiteres Beispiel: Die Grundwasserbohrung, die Figuig mit Trinkwasser versorgt, führt beim Pumpvorgang zu einem Rückgang der Fördermenge von Tighzerte). Es besteht kein Zweifel darüber, daß diese *Foggaguir* aus derselben »Ader« versorgt werden. Aïn Dar und Aïn Caïd im Westen und Ifli n'Oulad Atmane im Osten haben, an den Rändern dieses Feldes gelegen, nur noch schwachen Kontakt zu diesem Grundwassersystem.
- Wenn man das Argument der wechselseitigen Beeinflussung der Quellen heranzieht, müßte es eine zweite Gruppe von einheitlich gebildeten Wässern geben, nämlich diejenigen, die über die *Foggaguir* der *Qsour* des zentralen Bereiches (Oulad Slimane und El Maïz) geleitet werden. Diese Einheit nennen wir das „System Marni-Pouarjia", wobei die beiden wichtigsten *Foggaguir* namengebend sind. Für die Interdependenz der Quellen gibt es keine ganz schlüssigen Beweise. Nicht einmal über Auseinandersetzungen in historischer Vergangenheit, die sich um das Wasser dieser Quellen ranken, haben wir mangels entsprechender Studien bisher Kenntnis. Festgestellt werden kann allerdings, daß die Wässer dieses vermuteten Systems alle etwa im gleichen Niveau austreten und daß die Quellen recht eng beieinander liegen, was die Hypothese natürlich nahelegt.
- Eine dritte Gruppe von Wässern, die eine einheitliche geologisch-tektonische Genese aufweisen müssen, treten schließlich im Bereich der zwei *Qsour* Hammam Tahtani und Hammam Foukani zutage; wir nennen es das „System Tajemmalt-Gaga" (wobei die *Foggara* von Gaga möglicherweise zum Teil eigenständig ist, was angesichts der weiten Entfernung von Tajemmalt denkbar wäre).

Persönliche Mitteilungen von E. JUNGFER ermöglichen uns eine Vorstellung über das Alter der Wässer, das bei etwa 10.000-12.000 Jahren liegt, wobei die Unterschiede zwischen den einzelnen *Foggaguir* nur gering sind.

17) Hierbei gibt es zwei Ausnahmen, die unwesentlich sind hinsichtlich ihrer Wasserschüttung, aber von entscheidender Wichtigkeit sind, um die hydrogeologischen Verhältnisse zu erhellen: **a)** Die Quelle von Tijjent Laâbidate (neben der von Oulad Mimoune gelegen), weist zwar eine geringe Schüttung von weniger als 0,1 l/s auf, aber sie ist stark salzhaltig. Das weist darauf hin, daß es auch Grundwasserkörper geben muß, die sich nicht auf Tiefenwässer stützen, und die zumindest teilweise mit den Formationen der Trias in Verbindung stehen. **b)** Die Quelle von Oussimane (südlich der Takroumet, wo mit ihrem Wasser ein kleines, isoliert gelegenes Areal bewässert wird), die zu Zenaga gehört, weist extrem gutes Wasser auf. Die hervorragende Wasserqualität mit einer elektrischen Leitfähigkeit von 710-850 µS/cm (JUNGFER 1990) ist den Bewohnern durchaus vorwissenschaftlich-lebensweltlich bekannt.

18) „*Il s'agit en fait du même type d'eau, mais les eaux de la palmeraie de Zenaga, irriguée à partir des «sources amont», sont recyclées et concentrées.*" (BREIL ET AL. 1977, S. 156).

liegenden Grundwasserstockwerke rührt vermutlich von einem Kontakt mit salzhaltigen Substraten[19].

1.3.3 Die Ressourcen an Oberflächenwasser

Die Oase Figuig verfügt daneben auch über oberflächliche Zuflüsse in mehreren *Oueds*, die sicherlich im Laufe der historischen Entwicklung der Bewässerungsfläche und auch für ihr Fortbestehen bis in die jüngere Vergangenheit hinein eine recht bedeutende Rolle gespielt haben. Allerdings sind diese Wasserressourcen aus geopolitischen Gründen[20] in der jüngeren Vergangenheit und in der Gegenwart zum größten Teil (im Bereich des Oued Zousfana) für die Oasenbewohner nicht zugänglich und damit auch nicht nutzbar.

2 Die Entwicklung der Oase Figuig — eine zusammenfassende historisch-genetische Skizze

So wie Figuig sich heute dem Betrachter darbietet, könnte man zunächst von der unzutreffenden Annahme ausgehen wollen, es handele sich um eine ethnisch-kulturelle Gemeinschaft großer physiognomischer und auch funktionaler Homogenität. Man ist zunächst geneigt zu glauben, daß die strukturellen Komponenten des landwirtschaftlichen Bewässerungssystems bereits seit langer Zeit zu einer gewissen Stabilität (einer Art Klimax-Stadium) ausgereift sind, was wiederum Ausdruck einer ausgewogenen historischen Entwicklung wäre. Ganz entgegen diesem provisorischen Eindruck, hat man es im Alltagsleben der Figuigi wie auch in der administrativen Organisation mit sieben *Qsour* zu tun, von denen jeder *Qsar* seine eigene Palmenflur besitzt, die sich in oft ganz grundlegender Hinsicht von der des Nachbardorfes unterscheidet. Im einzelnen gliedert sich die Oasensiedlung in sechs *Qsour*, die sich auf dem oberen Plateau des Beckens aneinanderreihen (es sind dies von Westen nach Osten: Laâbidate, Loudaghir, Oulad Slimane, El Maïz, Hammam Foukani und Hammam Tahtani), und einen besonders ausgedehnten *Qsar* in der Ebene von Bagdad, unterhalb des *Jorf* gelegen: Zenaga. Das räumliche Nebeneinander dieser sieben *Qsour* ist ein unleugbares Faktum.

Auch wenn es so etwas wie ein gemeinsames kulturökologisches Modell der Oase Figuig zweifellos gibt (das, wie noch zu zeigen sein wird, im Vergleich mit anderen marokkanischen Oasen viele individuelle Spezifika aufweist), ist die soziale Realität in den einzelnen *Qsour* recht unterschiedlich, jedenfalls weniger einheitlich und weniger friedlich, als es vielleicht zunächst den Anschein hat. Jeder *Qsar* hat sein eigenes Bewußtsein entwickelt, mit dem er sich scharf von den übrigen *Qsour* abgrenzt. Dieser „Separatismus" spiegelt zum einen die historische Entwicklung bis zum Eintritt der Franzosen wieder. Doch haben dann die französischen Kolonialbehörden die von ihnen vorgefundene Situation, zu der es erst recht kurz vor ihrer Ankunft gekommen ist, gewissermaßen „eingefroren". Die gleiche Politik betreiben im übrigen auch die marokkanischen Behörden seit der Unabhängigkeit des Landes. Betrachtet man lediglich die unterschiedliche Größe der heutigen *Qsour*, findet man keine ungewöhnlichen Ergebnisse vor: als größter *Qsar* weist Zenaga 5.000 Einwohner auf; Loudaghir umfaßt etwa 2.000 Einwohner, Laâbidate hat dagegen nur wenige Hunderte von Einwohnern. Die strukturellen Bedingungen in der Oase sind allerdings wesentlich komplexer als es die Ruhe und der Frieden in der Gegenwart zu vermitteln in der Lage sind. Und die soziale Organisation der als *Qsar* bezeichneten Gebilde ist alles andere als homogen und zudem von *Qsar* zu *Qsar* ganz unterschiedlich.

Einer der Schlüssel zum Verständnis tieferliegender Schichten, die weit über oberflächliche Erscheinungsformen hinausgehen, ist die Rekonstruktion der Wirtschafts- und Sozialgeschichte dieses räumlich-kulturellen Komplexes Figuig. Denn solche historisch angelegten Strukturen prägen die Oase in den verzweigtesten Bereichen, vor allem hinsichtlich ihrer materiellen Kultur, der ethnisch-demographischen Struktur, des Bewässerungssystems, der räumlichen Lage, Ausbreitung und Gliederung der Bewässerungsfluren bis in die Gegenwart. Doch sind wir mit dem Paradoxon konfrontiert, daß der historische Kenntnisstand über Figuig trotz seiner Wichtigkeit für das Verständnis der Gegenwart noch äußerst bescheiden ist — obwohl, rein quantitativ, eine größere Zahl von Veröffentlichungen vorliegt[21].

---

19) Wahrscheinlich mit der Trias. Die Quelle von Tijjente Laâbidate, die oberhalb des *Jorf* liegt, aber stark versalzen ist, liefert den Beweis dafür, daß die Quellwässer des oberen Stockwerkes von ihrer Herkunft nicht identisch sind mit jenen, die man in der Ebene von Bagdad findet.

20) Es war uns nicht möglich (Zugangsverbot in der Grenzzone zu Algerien), diese Gebiete aufzusuchen.

21) Gerade diese reiche Zahl von Publikationen läßt die Lücken unseres Kenntnisstandes um so klarer zutage treten. Die wichtigste Publikation für historische Phasen in Figuig vor dem 19. Jahrhundert ist sicherlich die Sammlung mündlicher Überlieferungen und Informationen, wie sie zu Beginn unseres Jahrhunderts El Hachemi, ein Übersetzer, der zunächst in Beni Ounif und später in Figuig tätig war, zusammengestellt und publiziert hat. Dieser Mann hatte offenbar Beziehungen zu einem (oder zu mehreren) besonders gut beschlagenen Informanten, der aller Wahrscheinlichkeit nach auch über schriftliche Dokumente verfügte, von denen man allerdings bis heute nichts Genaueres weiß. Angesichts des außerordentlich hoch entwickelten intellektuellen Niveaus im Leben dieser Oase wäre eine derartige Dokumenta-

Die bislang in der Literatur gefällten historischen Aussagen sind teilweise nicht nur weit davon entfernt, unwiderlegbar und endgültig zu sein. Zudem sind die wichtigsten kulturökologischen Fragen, die die Entwicklung der Oase erhellen könnten, und Aussagen zu den Fragen wann, wie und warum sich alles zur heutigen Situation hin entwickelt hat, so gut wie unbearbeitet oder sind nur sehr kursorisch behandelt worden. Diese Lücke ist besonders schmerzlich zu verspüren bei unserem rudimentären Wissensstand über die Phasen der Besiedlung und Erschließung des Kulturlandes im Gebiet der heutigen Oase und insbesondere über die Einführung der Bewässerungstechnologie der *Foggaguir* — ein Aspekt, der noch absolut ungeklärt ist hinsichtlich der Frage der räumlichen Herkunft und dem Zeitpunkt ihrer Einführung in der Region Figuig (vgl. auch Kapitel 3). Eine zweite große Wissenslücke zu historischen Sachverhalten betrifft den großen *Qsar* von Zenaga (siehe *Foto 3*), der ca. 40 % der gesamten Oasenbevölkerung (und einen entsprechenden Anteil an den Wasserressourcen) umfaßt, der aber hinsichtlich der historischen Dokumentation mit alten Manuskripten, trotz seines unleugbaren historischen Gewichtes in Figuig, nur sehr mager vertreten ist[22].

tion alles andere als überraschend. Sowohl HILALI (1981) als auch BENALI (1988) versichern, daß sie existiere. Die Frage ist also nicht, *ob* es eine solche Quellendokumentation gibt, sondern vielmehr *wo* sie sich befindet (vgl. EL HACHEMI 1907).

HILALI (1981) hat eine Sammlung unveröffentlichter Dokumente publiziert, die durch einen kurzen, aber durchaus zuverlässigen historischen Essay ergänzt werden. Darin werden vor allem mehrere Sachverhalte für die Phase vor dem 19. Jahrhundert, wie sie bei EL HACHEMI dargelegt werden, ergänzt und präzisiert. Erst kürzlich wurden zwei weitere Arbeiten verfaßt, die eher dem akademischen Bereich zuzuordnen sind: MAZIANE 1988 (von dessen *Thèse de 3e Cycle* ein maschinenschriftliches Exemplar seit 1985 bei der *Faculté des Lettres et des Sciences Humaines* der Universität Rabat vorliegt) und BENALI 1987. MAZIANE liefert eine brauchbare Zusammenfassung vor allem zur Geschichte des 19. Jahrhunderts, doch weist die Studie auch erhebliche Lücken auf. So beschränkt sich die Untersuchung z.B. fast nur auf Loudaghir, während der größte *Qsar*, Zenaga, nahezu unberücksichtigt bleibt. Die Arbeit von BENALI ist nicht zuletzt deswegen nützlich, weil der Autor einige unveröffentlichte Manuskripte aus der Zeit seit dem 16. Jahrhundert einbezieht, die er mit anregenden, aber nicht immer zutreffenden Kommentaren anreichert.

Die Bibliographie am Ende unserer Studie umfaßt eine Zusammenstellung nahezu der gesamten französischen Literatur, die vor allem zu Beginn des 20. Jahrhunderts sehr umfangreich war. Wenn man einmal von ethnographisch-deskriptiven Aspekten (die zumeist auf der Basis singulärer Beobachtungen Dinge berücksichtigten, die man damals für interessant hielt) absieht, umfaßt diese umfangreiche Literatur kaum etwas zur Geschichte der Oase Figuig.

22) Es ist wirklich überraschend, in welchem Ausmaß Zenaga fast bei der gesamten Quellenpräsentation in den Arbeiten von HILALI (1981), MAZIANE (1988) und BENALI (1987) fehlt. Es wäre sicherlich unlogisch, das mit einem Fehlen entsprechender Quellen in Zenaga zu erklären. Wesentlich wahrscheinlicher ist es, davon auszugehen, daß derartige Quellen uns bisher unzugänglich sind, und zwar aus folgenden Gründen heraus:
(a) Wir haben es mit einer geschichtlichen Vergangenheit zu tun, deren Spuren noch zu stark präsent sind, um Zugang zu Dokumenten zu erhalten, die sich von Fall zu Fall als „Munition" bei der Frage der ständig andauernden Streitigkeiten und erbitterten Kämpfe um die Wasserressourcen der Oase erweisen könnten.
(b) Die bisherigen Versuche von Autoren, historische Quellen (zumeist Manuskripte) zur Geschichte von Figuig zu präsentieren, sind allesamt dadurch gekennzeichnet, daß sich der jeweilige Bearbeiter nicht von seiner Zugehörigkeit zu einem der *Qsour* lösen wollte oder konnte (diejenigen *Qsour*, mit denen ihr eigener *Qsar* früher in Konflikt lag, ließen auch eventuell die Bereitschaft zur Hilfe fehlen): HILALI (1981) und MAZIANE (1988) stammen aus Loudaghir, BENALI (1987) aus El Maïz. Somit bleibt zu hoffen, daß ein Zenagui eines Tages seine Version der Geschichte der Oase präsentieren wird. Leider scheinen zu Beginn der Unabhängigkeit unveröffentlichte, handschriftliche Quellen unter ungeklärten Umständen verschwunden zu sein (vor allem Quellen, die sich in der berühmten Bibliothek der *Zaouïa* Sidi Abdeljabbar in El Maïz befanden).

Angesichts dieses Forschungsstandes wird es im folgenden bei der Frage der Beziehungen zwischen dem Menschen und den wirkenden Kräften des kulturökologischen Systems in der Vergangenheit oft nur möglich sein, hypothetische Aussagen zu wagen — ja vielfach sogar eher gedankliche Szenarios zu entwerfen denn nachprüfbare Fakten zu präsentieren. Nachfolgend soll eine knappe und sicherlich unvollständige historische Synthese erfolgen, wobei natürlich diejenigen Elemente, die bis in die Gegenwart die Erschließung des landwirtschaftlichen Bewässerungssystems der Oase betreffen, besonders betont werden[23].

2.1 Die Phase vor Einführung der *Foggara*-Technologie[23]

Vor allem dank der durch EL HACHEMI (1907) gesammelten Informationen ist es möglich, mit einiger Wahrscheinlichkeit Aussagen über die Entwicklung von Figuig seit frühislamischer Zeit zu machen. Zu vermuten ist, daß der heutige Bereich der Oase bereits außerordentlich früh besiedelt wurde, weil ja reichlich Wasser zur Verfügung steht — doch wissen wir über diese frühen Anfänge noch nichts Verläßliches[24].

In islamischer Zeit hat dann vermutlich berberische Bevölkerung aus der Gruppe der Zeneta den Raum um das Becken von Figuig besiedelt[25]. Zwar finden wir

23) Diese Bewässerungstechnologie iranischer Herkunft mit ihren zahlreichen Bezeichnungen (*Foggara*, *Qanat*, *Karez*, *Falaj*, *Khettara*) brachte nach unserer Auffassung in der Geschichte Figuigs eine der entscheidendsten Wenden. Wir vermuten — ohne konkrete Belege zu besitzen —, daß sie zwischen dem 11. und 13. Jahrhundert eingeführt wurde (vgl. GOBLOT 1979, BEAUMONT ET AL. 1989) und wollen weiter unten versuchen, diese Frage mit einigen historischen Entwicklungen jener Zeit in Figuig zu korrelieren.

24) Für die vorislamische Zeit ist man gezwungen, sich in Vermutungen zu verlieren, was uns hier nicht weiterhilft. Auch die Felszeichnungen am Jebel Zenaga (an seinem Südhang, auf algerischer Seite, den wir leider nicht besuchen konnten) und der angebliche Kult des alten Pharaos von Theben, Ammon-Ra, den man mit diesen in Verbindung bringen wollte, ist ungewiß (vgl. hierzu FROBENIUS & OBERMAIER 1925, BROCHAT 1956, S. 575-671). Auch über eine christliche und jüdische Bevölkerung, die bis zur Einführung des Islam vorherrschend gewesen sein soll, wissen wir so gut wie nichts (vgl. HILALI 1981). All diese rudimentären Hypothesen lassen sich bislang weder bestätigen noch widerlegen.

25) Es muß darauf hingewiesen werden, daß der Raum Figuig unterschiedlich aufgefaßt werden muß, je nachdem ob man in historischer oder in aktualistischer Perspektive vorgeht. Die bereits erwähnte Region Figuig (*le pays du Figuig*) erstreckte sich früher über einen Raum, der ca. 40 km weiter nach Süden und Nordwesten über die heutige Begrenzung der Palmenhaine hinausreichte.

Foto 3: *Blick vom Jorf auf den größten Qsar der Oase Figuig, auf Zenaga mit seinen vier Minaretten. Im Hintergrund ist der Jebel Zenaga zu erkennen, der die marokkanisch-algerische Grenzlinie bildet.*

in den vor-handenen Quellen keine expliziten Bemerkungen über ihre Siedlungen, doch ist wohl davon auszugehen, daß diese als kleine, verstreut gelegene Weiler ausgebildet waren, deren Namen uns als die Bezeichnungen der Lineages bekannt sind. Sie lagen vermutlich im Bereich solcher Kerben, in denen das episodisch auftretende Oberflächenwasser gebündelt wurde und somit eine Bewässerung des klassischen *Séguia*-Typs ermöglichte. Damit entspräche die Lage der Siedlungen voll dem Typ der *Foum*, wie er in Marokko sehr häufig auftritt. Dieser Nutzungstyp ist z.B. für das Gebiet entlang des Oued el-Hallouf/Oued Zousfana, die Pässe von Taghla und Mélias sowie die Fläche vom Jebel Zenaga bis zum heutigen *Qsar* Beni Ounif (der in Algerien liegt) wahrscheinlich. Weiterhin kann man davon ausgehen, daß sich Siedlungen an den artesischen Quellen orientiert haben, die über den *Jorf* auf natürliche Weise nach Süden abgeflossen sind oder aber bereits in *Souagui* kanalisiert wurden (und darunter waren vermutlich auch die Wässer des heutigen Zadderte-Systems). Jedoch kann man für jene Phase, in der die Technologie der *Foggaguir* (die wohl den entscheidenden Intensivierungsprozeß hin zur heutigen Oase mitbewirkt hat) noch nicht bekannt war, nicht genau angeben ob, wie und in welchem Ausmaß eine Nutzung des Quellwassers erfolgte. Es ist wahrscheinlich, daß das obere Plateau, auf dem sich heute sechs der sieben *Qsour* befinden, damals nur sehr gering bevölkert war. Auch der Name Figuig[26] ist ein Hinweis darauf, daß die Bevölkerung, die in genau jenem Teil der Oase so etwas wie einen „Heimathafen" im Rahmen einer Völkerwanderung fand, nomadischer Herkunft war, so daß wir

26) Lange Zeit glaubte man, daß die erste Erwähnung des Namen »Figuig« aus dem 14. Jahrhundert stammt (Ibn Khaldoun). Maziane (1988) und Benali (1987) weisen indes darauf hin, daß er bereits in einem Manuskripot des 12. Jahrhunderts erwähnt ist. Damit ist dies die derzeitig älteste, uns bekannte Erwähnung, die in einer anonymen Handschrift mit der Bezeichnung *Alistibsar fi Ajaib el Amçar*, S. 179, erfolgt: „[...] *das Gebiet von Figuig, ein fruchtbares Land, umfaßt viele Palmen und ist von einer großen Anzahl von Menschen bewohnt*". Daß das arabische Wort »Figuig« erst im 12. Jahrhundert nachweisbar ist, läßt sich durchaus plausibel machen. Es taucht zu dem Zeitpunkt auf, als sich die arabischen Nomadenstämme der Hilalier mit Macht in diesem Gebiet bemerkbar machen und die Siedlungsdichte zunimmt, was Figuig eine ganz neue, in der Landschaft sichtbare Bedeutung verleiht (für den Handel, als Kreuzungspunkt von Wegen usw.). Die älteren Bezeichnungen der Zenata für diese Region sind in Vergessenheit geraten.

Die ältesten erwähnten Siedlungsplätze auf dem oberen Plateau betreffen kleine Dörfer, die sich etwa im Gebiet der heutigen *Qsour* El Maïz/Oulad Slimane/Loudaghir befanden. Deren Namen sind z.B. Beni Kerimen, Beni Djernit, Loudarna, Taousserte, Oulad Jerrar; wahrscheinlich handelte es sich um Zeneta-Gruppen (El Hachemi 1907). Eine offene Frage ist, ob es damals noch oberflächlich austretende, artesische Quellen gab (während sie heute in den *Foggaguir* kanalisiert werden), die als Grundlage für das Entstehen der Weiler auf dem oberen Plateau zu deuten wären.

wohl kaum von einer rein seßhaften Bevölkerung ausgehen können. Diese Bevölkerungsgruppen sind vielmehr dem Bereich der Wanderweidewirtschaft zuzuordnen, sei es, daß wir mit Voll- oder Halbnomaden rechnen müssen, sei es, daß intensive Beziehungen verwandtschaftlicher und/oder wirtschaftlicher Art zu Nomaden bestanden haben.

2.2 Eine wechselhafte Phase in der Entwicklung Figuigs (11. bis 16. Jahrhundert)

In die hier ausgegliederte Phase scheinen mehrere Ereignisse zu stellen zu sein, die in entscheidender Weise mit dazu beigetragen haben, daß am Ende der Entwicklung schließlich die Struktur einer Oasenflur stand, wie sie seither mehr oder weniger stabil blieb. Im 11. und 12. Jahrhundert vor allem traten mehrere Geschehnisse auf, die die Entwicklung von Figuig nachhaltig beeinflussen sollten. Es wurde nun eine Bevölkerung bedeutend, die sich um die Familie eines idrissidischen Scherifen (des *Cheikh* Aïssa Ben Abderrahmane) rankt, die aus Fès im 10. Jahrhundert geflohen war, nachdem die Abkömmlinge dieser bedeutenden scherifischen Dynastie das Ziel systematischer Verfolgungen geworden waren[27]. Offenbar gelang es dieser vornehmen Familie auf ihrer langen Odyssee, eine Koalition unter zahlreichen konföderierten nomadischen Gruppen (meist, wenn auch nicht auschließlich Zenata in dieser Region) zu stiften, wobei sicherlich ihre genealogische Wertschätzung als *Chorfa* förderlich gewesen ist. EL HACHEMI (1907, S. 245) ist wohl beizupflichten, wenn er die Koalition als einen echten Stamm (im kulturanthropologischen Sinn) bezeichnet, der später den Namen Loudaghir tragen sollte. Die Gruppe betrieb über eine gewisse Zeit eine Lebensform auf der Basis nomadisierender Viehweidewirtschaft, die allerdings durch die Ressourcen der Oase ergänzt wurde. Wir finden hier eine Handlungsstrategie, die bei den Viehhaltern über die Zeitläufte hinweg als charakteristisch gelten kann und die noch heute in der Gegend auftritt. Die ersten, mündlich überlieferten Belege für die Oasenentwicklung auf dieser agropastoralen Wirtschaftsgrundlage betreffen das Gebiet um das heutige Beni Ounif[28] und den *Qsar* Ta'azzabet, der in der Folgezeit nach seiner Zerstörung durch die Sanhadja von der Bildfläche verschwandt und der am Fuß des *Jorf* lag, wo es immer noch eine Stelle mit dem Namen Ta'azzabet gibt. Jedoch erfolgte der wichtigste Anteil der Oasenerschließung durch jenen Stamm dann in verschiedenen Etappen im Bereich des heutigen *Qsar* Loudaghir.

Unsere Vermutung geht dahin, daß die Technologie der *Foggaguir* in jener Phase im Bereich um das heutige Loudaghir eingeführt worden ist, weil anderenfalls nicht zu erklären wäre, weshalb in zunehmendem Maße Bevölkerungsgruppen, die zu den Loudaghir gehören, sich im oberen Teil des Plateaus ansiedelten[29]. Wahrscheinlich ermöglichte die neue Wasserfördertechnologie den Zugang zu den unterirdischen artesischen Wässern oder die Erhöhung der Fördermenge der Wässer. Somit wären die *Foggaguir* der Grund für die Oasenentwicklung im Bereich den oberen Plateaus. In der gleichen Phase drangen auch Gruppen mit einer anderen ethnischen Herkunft, nämlich Sanhadja-Berber, ein (das berberische »dsch«, ausgesprochen als »g«, führt dann zu der Bezeichnung Zenaga (oder Iznaguen oder Iznayen) für die neue Lokalität). War es vielleicht diese Gruppe, in deren Gefolge die neue Technologie eingeführt worden ist[30]? Wie dem auch sei, die Sanhadja-Gruppen der Beni Darit, Oulad Hakkou, Ilahianen und Ifenzaren haben jedenfalls das untere Plateau intensiv besiedelt. Dabei handelt es sich um die gleichen Gruppen, die man auch heute noch vorfindet und die sich später zu dem großen *Qsar* von Zenaga entwickelt haben. Nachdem in diesem Bereich der Ebene von Bagdad kein oberflächlich austretendes Wasser vorhanden ist, muß man wohl annehmen, daß sich der *Qsar* und seine Palmemflur an ihrer heutigen Stelle entwickeln konnten, weil die Bevölkerung in der Lage war, Wasser vom oberen Plateau (mithilfe einer oder mehreren *Foggaguir*?) abzuleiten.

27) HILALI (1981, S. 31-35) berichtet über einige Einzelheiten dieser Geschichte. Demnach wäre Loudaghir nichts anderes als eine leichte Modifikation von Ourtadghir, dem Namen eines Stammes in der Region des Oued Sebou (in der Nähe von Fès), der die allererste Anhängerschaft des flüchtenden idrissidischen Scherifen gebildet haben soll.

28) Ein Friedhof mit diesen ersten Loudaghir und das Grabmal von Aïssa Ben Abderrahmane sollen sich immer noch in Beni Ounif befinden, was als Belege für dieses historische Ereignis gelten könnte.

29) Das Hochwandern der Gruppen der Loudaghir an ihren heutigen Standort hat sich offenbar auf Kosten eines zenetischen *Qsar* abgespielt, dessen Name in der oralen Überlieferung erhalten geblieben ist: Oulad Jerrar.

30) Die Übernahme der *Foggara*-Technologie im Rahmen eines sich aus dem Osten ausbreitenden Diffusionsprozesses hat als Vermutung die höchste Wahrscheinlichkeit für sich (vgl. GOBLOT 1979, BEAUMONT ET AL. 1989). Demgemäß würde Figuig zum gleichen kulturellen Einflußbereich gehören wie die Oasen des Großen Westlichen Erg (Touat, Gourara, Tidikelt), deren spektakuläre Entwicklung zeitlich parallel zu der Ausbreitung der iranischen Qanate zu sehen ist (CAPOT-REY 1953, SUTER 1956, BISSON 1957, GRANDGUILLAUME 1973, ROUVILLOIS-BRIGOL 1975).

Es bleibt allerdings eine wichtige Frage linguistischer Art offen. Der arabische Begriff *Foggara*, der in den westsaharischen Oasen gebräuchlich ist, ist in Figuig so gut wie unbekannt. Dort verwendet man für den gleichen Sachverhalt vielmehr die berberische Bezeichnung *Ifli* (plur. *Iflane*). Nun ist eine Region, wo die *Foggaguir* ganz entsprechend die Bezeichnung *Ifli* aufweisen der Hoggar (DE FOUCAULD 1951, Bd. 2, S. 317; CAPOT-REY 1953, S. 327; GOBLOT 1979, S. 167). Und einige Autoren vermuten, daß die Sanhadja-Gruppen von Figuig (Beni Darit, Oulad Hakkou, Ilahianen, Ifenzaren) eben aus dem Hoggar-Bereich gekommen sind (EL HACHEMI 1907, S. 246). Handelt es sich hier um eine nur zufällige Gleichzeitigkeit? Oder finden wir in dieser Koinzidenz den Schlüssel für die Entwicklung der Oase Figuig in jener Zeit? Es scheint uns angebracht, diese beiden alternativen Hypothesen so lange nicht weiter spekulativ zu vertiefen, so lange die Quellenlage weder die eine noch die andere Position unterstützt.

Vermutlich ist damals auch der Keim für den seither permanent währenden Konflikt um die Beherrschung der Wasserressourcen zwischen den Gruppen der Zenagui auf der einen Seite und der Loudaghir auf der anderen Seite gelegt worden. Doch läßt sich angesichts der Quellenlage nicht sagen, wer sich von beiden als erster niedergelassen hat und wer folglich dem anderen „das Wasser abgegraben" hat, wer also die wertvollen Grundwasserressourcen abgeleitet hat (das waren die Erstankömmlinge) und wer sie angezapft hat (das waren die später Hinzugekommenen). Es läßt sich jedenfalls klar erkennen, wie die morphologisch-hydrologischen Bedingungen und die Etappen zur technischen Wassererschließung für Bewässerung die weitere Geschichte der Oase mit beeinflussen: denn die permanenten Konflikte zwischen den beiden Gruppen, die Bildung von Allianzen und Gegenallianzen, die Zerstörung ehemaliger und die Errichtung neuer *Qsour* (und damit eine kontinuierliche Neuverteilung der Bevölkerungsgruppen) prägen seither die Geschichte Figuigs — und sie haben allesamt mit dieser exzeptionellen Wassersituation zu tun[31].

31) Wir können hier nicht auf die Einzelheiten dieser Konflikte eingehen. Zum einen sind diese historisch zurückliegenden Ereignisse in den Grundzügen unumstritten (wobei es allerdings im Detail noch Spielräume für die Interpretation der historischen Fakten gibt); zum anderen sind diese Konflikte so umfangreich, daß ihre Berücksichtigung den Rahmen der vorliegenden Studie sprengen würde.

In aller Kürze soll hier nur auf die wesentlichen Punkte hingewisen werden: Die Leute von Zenaga haben sich in der westlichen Hälfte der Ebene von Bagdad durchgesetzt und schließlich die Loudaghir so gut wie vollständig auf das obere Plateau zurückgedrängt und bedroht. Diese versuchten, das Quellfeld von Zadderte zu behaupten, indem sie Bündnisse eingingen, wobei ihnen zustatten kam, daß sie als Abkömmlinge idrissidischer Scherifen hohes Ansehen genossen (so z.B. mit den hilalischen Nomadenstämmen der Oulad Ameur, die im 13. Jahrhundert aufgetaucht sind und über deren Geschichte die mündliche Überlieferung noch einige Spuren gesichert hat). Die Loudaghir arrangierten sich auch mit den Almohaden, die sich damals bemühten, einen gewissen Einfluß des *Makhzen* in diesem Raum zu etablieren — und seit jener Zeit ist in der Tat der *Makhzen* mehr oder weniger präsent. Die Almohaden sandten eine Gruppe von *Guich* nach Figuig: die Oulad Jaber (die auch als Jouabeur bezeichnet werden), die sich im Quellbereich von Zadderte niederließen und einen *Qsar* errichteten (HILALI 1981, S. 36). Die Ruinen dieses im 18. Jahrhundert im Rahmen einer Koalition zwischen Zenaga und Loudaghir zerstörten *Qsar* sind noch heute im Gelände sichtbar.

Auch wenn im Erwerbsleben Figuigs seit jener Zeit die viehweidewirtschaftliche Ergänzungskomponente nicht vollkommen abstreift wurde, so kristallisierte sich doch in immer stärkerem Maße eine Betonung der Oasenwirtschaft heraus. Das Interesse am Wasser und an den Palmen wurde damals so übermächtig, daß die Umorientierung hin zur (fast) reinen Oasenwirtschaft die konsequente Folge war. Neue, nomadische Bevölkerungsgruppen kamen aus dem Osten im 15. und 16. Jahrhundert hinzu, so daß der damit bewirkte zunehmende Druck auf die Wasserressourcen des oberen Plateaus die Konflikte verstärkte. Zum einen kündigten sich immer neue Wellen viehwirtschaftlich orientierter arabischer Gruppen an (die 'Ammor, die Doui Meni', die Oulad Jerir und die dann im 18. Jahrhundert die Konföderation der Beni Guil bildenden Nomaden). Zum anderen tauchten neue berberische Gruppen (Zeneta und Sanhadja) in der Region auf, von denen einige unter im einzelnen unklaren Bedingungen in das politische und soziale Leben der Oase integriert worden sind.

2.3 Die Herausbildung des für Figuig typischen Bewässerungssystems und hiermit verknüpfte Konflikte (17. bis 19. Jahrhundert)

Bis zum Anfang des 17. Jahrhunderts hat sich in physiognomischer Hinsicht wohl der Zustand ausgebildet, wie er in großen Zügen auch noch heute anzutreffen ist, und zwar in mehrfacher Hinsicht: Damals bereits war die Bevölkerungszahl etwa so groß wie heute; damals entwickelte sich das heutige Bewässerungssystem (wobei sich allerdings die Anzahl der *Foggaguir*, ihre Länge und ihr Verlauf seither noch änderten); und auch die räumliche Differenzierung der Gebietszugehörigkeit und der Bewässerungsfluren zu jedem der *Qsour* wurde in jener Zeit schon angelegt[32].

Die verschiedenen Gruppen von Sanhadja-Berbern, die in mehreren Schüben und in unterschiedlichen Phasen aufgetreten sind, haben den westlichen Bereich des unteren Plateaus von Figuig schließlich nahezu konkurrenzlos eingenommen. Sie dominierten in ethnischer und politischer Hinsicht dieses Gebiet und kontrollierten auch die Wasserressourcen. Im einzelnen haben sie sich entlang der Pässe und Engstellen zwischen den Bergrücken (Taghla, Mzougha, Foum Lekhneg), in den Fußflächen (Mélias) und in den tiefglegenen Alluvialebenen (Tasra, Maghrour, Beni Ounif) niedergelassen. Vor allem aber entwickelte sich die Ebene von Bagdad als der Kernraum ihrer Bewässerungsfluren, wo die sichersten und reichlichsten Wassermengen für den Bewässerungsfeldbau zur Verfügung standen. Mitten in dieser Ebene bildete sich nach und nach durch das bauliche Zusammenwachsen und durch den organisatorischen Zusammenschluß mehrerer Weiler von Sanhadja-Berbern ein *Qsar* riesigen Ausmaßes aus: Zenaga. Erstaunlicherweise haben wir nur wenige Informationen über diesen *Qsar*, obwohl gerade die historischen Hintergründe für die Frage nach dem Warum dieses Zusammenwachsens besonders interessant wären[33]. Wichtig zu erwähnen ist, daß diese Hegemonie der Sanhadja-Berber im Bereich des unteren Plateaus mit einer immer stärker werdenden Konzentration auf die Wasserressourcen, die sich oberhalb des *Jorf* befinden, (und somit einem wachsenden auf sie Angewiesensein) einhergeht. Die Wechselbeziehungen zwischen

32) In den durch die Arbeiten von HILALI (1981), MAZIANE (1988) und BENALI (1987) publizierten alten Manuskripten erhält man bereits erste Hinweise auf Bestandteile oder Organisationselemente des heutigen Bewässerungssystems von Figuig: so z.B. bei den Namen der Quellen, der Angabe der Maßeinheiten für das Wasser (durch Verkaufsurkunden) und den Anbauprodukten der Oase. Am Ende des 16. Jahrhunderts entstand somit in den groben Zügen diejenige Organisationsstruktur des gesamten Bewässerungssystems, wie sie sich heute noch darbietet.

33) Eigenartigerweise sind uns aber im Rahmen der Rivalitäten unter den einzelnen Gruppen jener Zeit Dokumente über diejenigen *Qsour* oberhalb des *Jorf*, die mit Zenaga paktierten, überliefert: dabei handelt es sich um Familien der Oulad Jaber, aus dem *Qsar* der Oulad Zeggoun (auch „Große Zaouïa" genannt), der Takroumet, der Oulad Mahraz.

der topographischen Situation, den hydrologischen Bedingungen und den Technologien zur Wasserförderung bestimmen in der Tat die weitere Entwicklung Figuigs. Man kann behaupten, daß die Sanhadja darauf bedacht sein mußten, daß ihnen die *Qsour* oberhalb des *Jorf* (d.h. die Bevölkerung von Oulad Jaber und von Loudaghir, die die Quellen im großen und ganzen kontrollierten, da sie ihre *Qsour* direkt auf oder neben sie errichtet hatten) „den Wasserhahn nicht abdrehten", und sie waren darum bemüht, ihren Anteil am verfügbaren Wasser zu erhöhen. Über Jahrhunderte hinweg war für die Verfügbarkeit über die Wasserressourcen militärische Macht (und das heißt Waffengewalt) der entscheidende Faktor — und vielleicht ist dies auch die Erklärung dafür, daß sich die Sanhadja-Berber zu einem einzigen *Qsar* zusammengeschlossen haben: um Wasserrechte sichern zu können, muß man in der Lage sein, sie zu verteidigen.

Neben den im unteren Plateau konzentrierten Sanhadja trifft man auf dem oberen Plateau, von wenigen Ausnahmen abgesehen, in jener Phase bereits auf die Kerne der heutigen *Qsour*. Hier sind zunächst die Loudaghir (die sich wahrscheinlich aus sechs Lineages mit engen genealogischen Gemeinsamkeiten zusammensetzen) zu erwähnen. Sie bildeten anfänglich wohl in der Tat sechs *Qsour*, die räumlich und funktional voneinander getrennt waren. Erst gemeinsame Interessen oder auch Konflikte und Machtkämpfe unter ihnen führten dazu, daß sie sich (in ähnlicher Weise wie im Falle Zenagas) zu einem einzigen *Qsar* zusammenschlossen[34]: die Oulad Ziane, Beni Jimal, Oulad Makhlouf, Oulad Sidi Abdelouafi, Oulad Mahraz und Beni Haroun. Westlich anschließend an den *Qsar* Loudaghir gab es einen weiteren *Qsar*, von dessen Existenz nur noch die mündliche Überlieferung und Ruinenflächen im Gelände Zeugnis ablegen: dort wohnten die Nachkommen der Oulad Jaber (auch Jouabeur genannt, von denen bereits im Zusammenhang mit den almohadischen *Guich*-Gruppen die Rede war). Der *Qsar* der Oulad Jaber hatte seine Funktion mit dem Niedergang der Almohaden verloren und wurde im folgenden zum wichtigsten Streitpunkt des sozio-politischen Lebens in Figuig. Der *Qsar* geriet in die Schußlinie von Konflikten und Wasseransprüchen innerhalb der Oase. Er versuchte seinerseits natürlich, seine Wasserressourcen zu erhöhen oder zumindest die vorhandenen zu verteidigen, um die Bewässerung für die eigenen Bedürfnisse gewährleisten zu können[35]. Östlich anschließend an

Foto 4: *Der alte Graben (La'adel), der etwa 1865 gegraben worden ist, um die Wassereinflußbereiche von Loudaghir und Zenaga zu regeln*

Loudaghir befand sich eine Gruppe von kleinen Weilern in ständigem Konflikt untereinander, aus denen später die zwei *Qsour* von Oulad Slimane[36] und von El Maïz[37] unter nicht genauer bekannten Umständen her-

34) Es gibt Belege, wonach Viertel des heutigen Loudaghir selbständige *Qsour* waren: so z.B. im Fall der *Zaouïa* Sidi Abdelouafi und des *Qsar* der Haroun (MAZIANE 1988, HILALI 1981). Es ist uns nicht bekannt, wann und unter welchen Begleitumständen der Zusammenschluß der Loudaghir zu einem einzigen *Qsar* erfolgte.

35) Im 17. Jahrhundert wird in den schriftlichen Quellen eine *Zaouïa* mit Namen Oulad Zeggoun erwähnt, die wahrscheinlich als *Qsar* mit Palmenflur und Wasserressourcen ausgebildet war, und im äußersten westlichen Teil des oberen Plateaus, vermutlich neben dem derzeitigen *Qsar* Laâbidate, lag. An diese Siedlung erinnern heute noch der Name ihrer *Ifli* (*Foggara*) mit Namen Ifli n'Oulad Zeggoun (die interessanterweise heute die *Foggara* von Zadderte mitversorgt), die Flurwüstung ihrer terrassierten Gärten und einiger Wasserspeicherbecken sowie ein ausgedehnter, nur noch schwer als solcher zu erkennender, alter Friedhof. Die verfügbaren schriftlichen Quellen informieren uns recht ungenau über die Zusammenhänge ihrer Zerstörung unter der Regentschaft von Moulay Ismaïl zwischen 1690 und 1707. Moulay Ismaïl wollte zweifellos nicht, daß eine mächtige *Zaouïa* für ihn eine mögliche politische Gefahr darstellen könnte. Der Zeitpunkt der Zerstörung (oder der verschiedenen Phasen der Zerstörung) des *Qsar* der Oulad Zeggoun sind in den drei verfügbaren Quellen unterschiedlich angegeben (HILALI 1981, S. 43-45; MAZIANE 1988, S. 112; BENALI 1987, S. 49-50).

36) Im Bereich des heutigen Oulad Slimane gab es eine dort altansässige zenetische Gruppe, die Loudarna, die einen Ort mit Namen Taousserte (bereits vor dem 10. Jahrhundert?) bewohnte. Ein Teil der Gruppen der Loudaghir, die im 16. Jahrhundert aus dem Raum Beni Ounif durch die Sanhadja verdrängt worden sind, siedelte sich hier an und bildete den *Qsar* der Oulad Slimane, wobei die Bezeichnung der Gruppe, die hier siegreich war, namengebend wurde.

37) Von dem *Qsar* El Maïz war bereits einmal die Rede. An dieser Siedlungsstelle gibt es zwei Gruppen, die schon sehr lange hier ansässig sind: die Beni Kerimen und die Beni Djarnit. Etwa im 14. Jahrhundert tauchte hier ein heiliger Mann namens Ahmed

vorgehen sollten. Noch weiter östlich findet man den Kern der beiden *Qsour* mit Namen Hammam (Foukani und Tahtani), von denen man ebenfalls nicht mit Gewißheit weiß, wie diese beiden entstanden sind[38]. Die Technologie der *Foggaguir* schien somit insgesamt schon recht weit verbreitet gewesen zu sein, hatte doch jeder *Qsar* Verfügung über seine eigenen Wasserquellen[39].

Mit dieser neuen Verteilung der *Qsour*, ihrer Wasserressourcen und ihrer Bewässerungsfluren finden wir im 17. und vor allem im 18. Jahrhundert in der Oase Figuig auch eine neue Konstellation von Faktoren, die den Keim für eine Wirtschafts- und Sozialgeschichte bilden sollte, die durch unaufhörliche Konflikte gekennzeichnet war und die Region und ihre Gesellschaft nachhaltig prägte. Die historische Überlieferungen darüber, die zuvor so vereinzelt waren, werden nun sehr zahlreich. Wieder ranken sich die Konflikte um die Frage des Besitzes der Quellen und — wie schon in der Vergangenheit — handelte es sich um Konflikte zwischen den *Qsour*, aber auch innerhalb von Fraktionen derselben. Der demographische Druck, der nicht zuletzt durch die Lage der Region Figuig als „Endpunkt" der Beweidungsmöglichkeiten für zahlreiche viehhaltende Gruppen zustandekam, wurde allmählich beängstigend angesichts der beschränkt vorhandenen Wasserressourcen. Zudem wanderten weitere Gruppen von Sanhadja-Berbern zu (MAZIANE 1988, S. 79). Die wichtigsten Auswirkungen der schwelenden Konflikte waren vor allem folgende[40]:

a. Zerstörung des *Qsar* der Oulad Jaber im Jahr 1782 nach einem Interessenzusammenschluß von Loudaghir und Zenaga[41].

b. Nach der Beseitigung des *Qsar* der Oulad Jaber gerieten nun Loudaghir und Zenaga unmittelbar in einen Konflikt, der im 19. Jahrhundert ungeheuere Ausmaße annahm. Das größere Zenaga, das seine Oasenfluren unterhalb des *Jorf* hatte, vermochte es, den Löwenanteil des Wassers für sich zu sichern, indem es immer tiefere *Foggaguir* anlegte und damit das Niveau der Quellfelder absenkte, wodurch ein erheblicher Teil der Bewässerungsfluren von Loudaghir nicht mehr auf gravitativem Wege mit Wasser versorgt werden konnte. Die Spuren und die Auswirkungen dieses Kampfs um das Wasser wirken bis heute nach (vgl. Kapitel 4.4 und *Foto 4*)[42]. Man kann geradezu sagen, daß die Gruppen der Loudaghir ein „Opfer der Topographie" geworden sind.

c. Konflikte ganz ähnlicher Art haben auch einige weitere *Qsour* in erbitterte Gegnerschaft zueinander gebracht, ja auch Fraktionen in ein und demselben *Qsar* miteinander verfeindet: Oulad Slimane im Streit mit El Maïz, Hammam Foukani im Streit mit Hammam Tahtani (für nähere Einzelheiten siehe BENALI 1987 und MAZIANE 1988). Auch hier läßt sich das gleiche Phänomen eines „Hinabwanderns" der Bewässerungsparzellen, die die Oasenflur bilden, in südliche Richtung beobachten — Folge des Absenkens des Austrittsniveaus der Quellen durch die ständig verlängerten bzw. vertieft angelegten *Foggaguir*.

Somit treffen wir in Figuig insgesamt auf ein geradezu klassisches Beispiel für ein kulturelles Ökosystem, das durch direkte Einflüsse des Menschen ge-

---

Ben Moussa Elberzouzi auf und gründete eine *Zaouïa* (die außerordentlich berühmt wurde; vgl. BENALI 1987). Ihm und seinen Nachfolgern gelang es, ein Zusammenleben beider Gruppen zu bewirken; sie gaben auch dem *Qsar*, der das Ergebnis ihres Zusammenschlusses wurde, den Namen (HILALI 1981, S. 38; MAZIANE 1988, S. 78; BENALI 1987, S. 72).

38) Der Name *Hammam* (Bad) bezieht sich auf die hohen Temperaturen der Quellen in diesem Bereich der Oase. Die erste Erwähnung einer Gründung des *Qsar* Hammam geht auf das 14. Jahrhundert zurück. Bei der Gründung waren unterschiedliche arabische und zenetische Gruppen beteiligt. Die relativ späte Gründung ist ein Hinweis auf eine Oasenexpansion mit Hilfe der Technologie der *Foggaguir*. Die Siedlung Hammam basiert auf Wasserressourcen, die zu einem tiefer gelegenen und wärmeren Quellfeld als dem von Zadderte gehören, und zwar dem artesischen Quellfeld Tajemmalt-Gaga.

39) Vgl. auch die Beschreibung Figuigs im 16. Jahrhundert durch LEO AFRICANUS.

40) Nähere Einzelheiten sind nachzulesen bei MAZIANE 1988, S. 111-118 und 277-303. Dabei ist die Präsentation der historischen Fakten wesentlich zuverlässiger als die vom Autor gegebene Interpretation.

41) Über Einzelheiten dieses Ereignisses vgl. GAUTIER 1917. Dieser Autor bezieht sich auf eine extrem ausführliche „oral history", wie sie ihm durch einen gut informierten älteren Bewohner aus Loudaghir vermittelt wurde. Die Oulad Jaber hatten ihren *Qsar* über dem am reichsten schüttenden Quellfeld von Zadderte errichtet. Sie wurden beseitigt von denjenigen, die von ihrem Verschwinden am meisten profitieren konnten: Loudaghir und Zenaga. Eigenartigerweise berichtet MAZIANE (1988, S. 115), daß der *Qsar* Loudaghir nicht in die kämpferischen Auseinandersetzungen verwickelt war, doch sind seine hierbei genannten Argumente wenig überzeugend.

42) Dieser Konflikt ist ein Beweis dafür, daß (wie weiter oben erwähnt) die Quellen des Aquifers miteinander kommunizieren. Es gibt im Rahmen dieser Auseinandersetzungen einen großen Verlierer, der in den historischen Quellen infolge seiner geringeren Bedeutung fast übersehen wird: es handelt sich um die Bewohner des *Qsar* Laâbidate, deren Wasser vermutlich zu einem Gutteil ins untere Plateau nach Zenaga umgelenkt worden ist. Loudaghir und Zenaga, die zwei *Qsour*, deren Palmenhaine aus dem gleichen artesischen Feld versorgt werden, waren im Rahmen des Konflikts zunächst von ihrer Waffenstärke her annähernd gleich. Die topographischen Verhältnisse sind es, die schließlich ausschlaggebend für den Sieger dieses Kampfes wurden. Zugleich ist daraus ersichtlich, daß es nicht ausreichend war, die Quellen nur zeitlich früher zu besetzen. Die Konflikte, die beide *Qsour* in unerbittliche Gegnerschaft zueinander führten, waren auch zweimal für die sultanische Zentralgewalt Anlaß einzuschreiten (1865 und 1877). Der *Makhzen* hat sogar versucht in der Vermittlung zwischen den beiden Kontrahenten eine „salomonische Lösung" durch das Ausheben eines Grabens zu erreichen, der die vermuteten Einzugsbereiche der Quellfelder beider *Qsour* als eine Art Trennungslinie voneinander abgrenzen sollte — ein Graben mit Namen *La'adel*, der heute noch in der Landschaft erkennbar ist (vgl. *Foto 4*). Doch diese gut gemeinte Maßnahme konnte ein weiteres Absenken des Grundwasserniveaus nicht verhindern, so daß sie zu einem Fehlschlag wurde. GAUTIER (1917) hat um 1912 die Absenkung des Aquifers innerhalb eines Jahrhunderts mit 7 m geschätzt. Mit Frankreichs Vordringen in die Region Figuig wurde auch dem Wasserkrieg der *Foggaguir* ein Ende gesetzt und die damals anzutreffende Situation gewissermaßen festgeschrieben. Die *Abbildung 3* vermittelt eine Vorstellung von dieser außergewöhnlichen Landschaft, die heute als sichelförmig erscheinende Flur auftritt, dabei aber im Rahmen ihrer vielfältigen historischen Entwicklung die Lage und Ausdehnung der Siedlungen und Fluren schon mehrfach verändert hat.

Abbildung 3: *Luftbild von der „Kampfzone" im Bereich des Quellfeldes von Zadderte (Ajdir). Im Norden erkennt man die Qsour von Laâbidate und Loudaghir. Im Süden treten deutlich das neue Becken, in das das von der Quelle von Tighzerte hochgepumpte Wasser geleitet wird, und ein Teil der Oasenflur von Loudaghir zutage. Westlich des Grabens (La'adel) findet man die Ruinen einer alten Moschee und eines ehemaligen Qsar.*

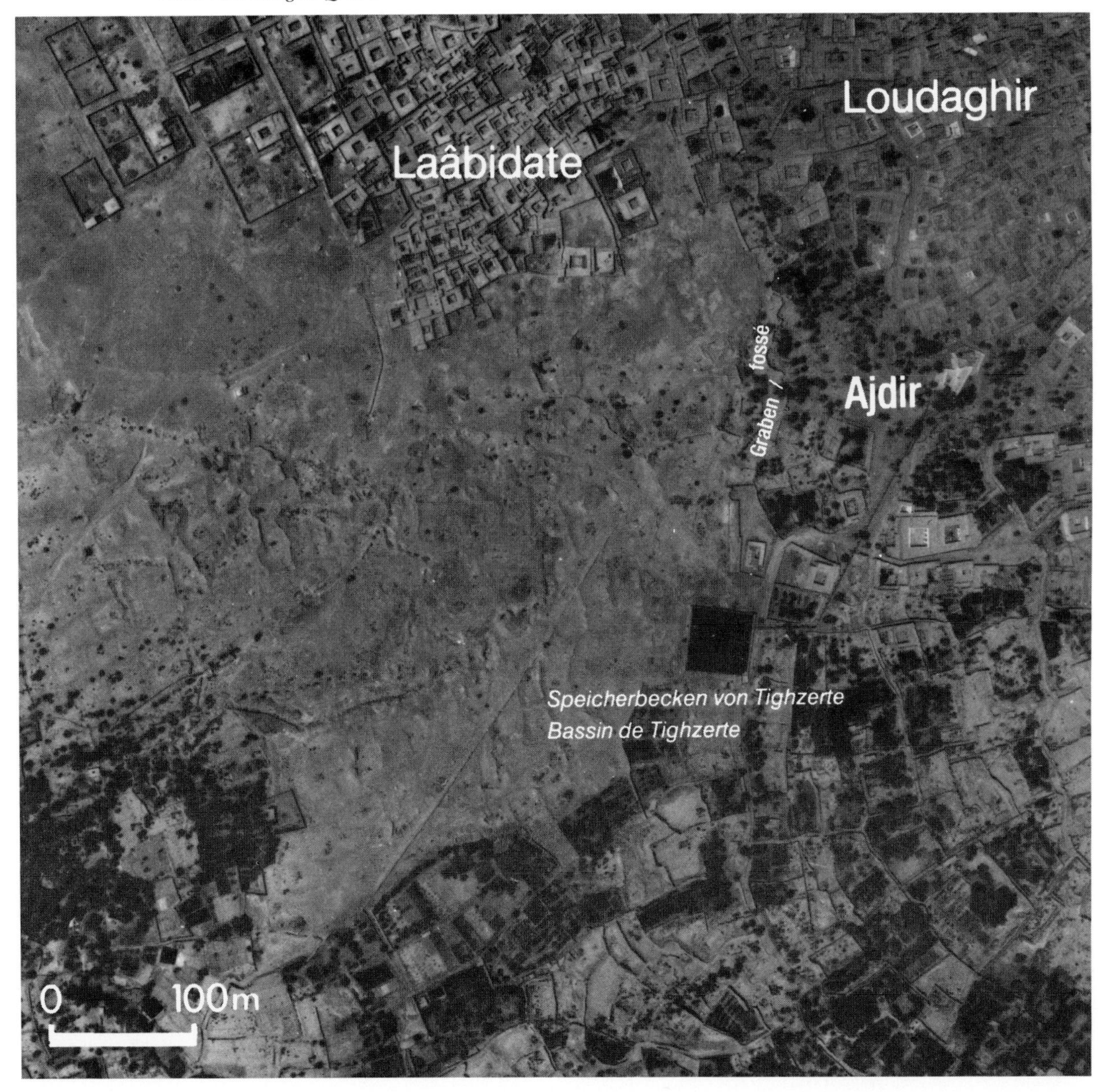

schaffen wurde und am Leben erhalten wird. Eine geradezu revolutionäre Technologie (*Foggaguir*) prägt die Geschichte sowie die Erstreckung und Größe der Oasenflur; durch sie wird Gewalt (im Sinne von Kampf ums Überleben) zu einer der wichtigsten Triebfedern der Entwicklung. Es ist dieser Aspekt, der den befestigten Charakter der *Qsour* und der Palmenhaine erklärt und für Beobachter zunächst als ungewöhnlich erscheint. Und dieser historische Strang von „Gewalt" hat bis auf den heutigen Tag seine Auswirkungen im Verhalten der Bewohner Figuigs[43].

43) Sehr zutreffend schildert GAUTIER (1917, S. 458) diesen Sachverhalt: „*Voici les ksour de Figuig* [...]. *Ce sont sept villages, sept éléments indépendants* [...]. *Un homme né à Ouled-Sliman connaîtra dans les moindres recoins la partie de la palmeraie qui appartient à Ouled-Sliman, mais tout le reste, même les jardins immédiatement voisins, il aura passé toute sa vie sans y mettre les pieds. Notez qu'il aura dû s'en abstenir sous peine de mort* [...]. *Entre ces territoires, la frontière est un mur continu, sans portes, sans fenêtres, parfaitement aveugle.* [...] *Ces murs aveugles sont flanqués de hautes tours* [...]".

3 Die gegenwärtige Oase Figuig: Marginalisierung, Urbanisierung, Arbeitsmigration

Die derzeitigen sieben *Qsour*, aus denen sich Figuig zusammensetzt (sechs oberhalb des *Jorf*, einer unterhalb davon), prägen auch in der Gegenwart das Siedlungsbild der Oase. Wir finden somit eine historisch überkommene Siedlungsstruktur, so wie sie vor allem in der bewegten Geschichte des 19. Jahrhunderts geworden ist, ergänzt durch das neue Verwaltungs- und Geschäftsviertel, das unmittelbar nach der Einführung der Protektoratsherrschaft durch die Franzosen entstanden ist und sich seit der Unabhängigkeit infolge neuer Verwaltungsfunktionen ausgedehnt hat. Dieses Viertel entstand unter Umwandlung randlich gelegener alter Palmenhaine, die vor allem zu Loudaghir und (teilweise) zu Oulad Slimane und El Maïz gehören[44]. Durch das erhebliche bauliche Wachstum der Gegenwart (das einhergeht mit neuen Funktionen und neuen wirtschaftlichen Aktivitäten) macht Figuig in physiognomischer Hinsicht heute schließlich den Eindruck einer urbanisierten Siedlung, insbesondere dann, wenn man den Ort auf den geteerten Straßen quert. Wenn man allerdings die befestigten Straßen verläßt, findet man noch das mit Leben erfüllte überkommene Erscheinungsbild der saharischen Oasen: die *Qsour* mit ihren engen, verwinkelten und beschatteten Gassen und mit ihren aus ungebranntem Lehm errichteten Häusern; die kleinen, von Schutzmauern umgebenen Oasengärten mit ihrem mehrstöckigen Anbau der Kulturen und mit ihren Bewässerungskanälen, in denen man fast überall Wasser fließen sieht. Die Siedlungserweiterung[45] ist zweifellos ein besonders deutlicher Hinweis auf neuere Veränderungen (*Abbildung 4*), die in der Oase stattgefunden haben. Sie betreffen vor allem die Bevölkerungsentwicklung und neue ökonomische Grundlagen für die Bewohner und für die Oasenwirtschaft.

Zu Beginn des 20. Jahrhunderts wurde Figuig sehr frühzeitig und nachhaltig durch die französische Protektoratsherrschaft (die sich ja schon fünfzig Jahre vorher anbahnte) betroffen. Durch sie erlebte Figuig (ähnlich wie Marokko als ganzes) eine Phase tiefgreifender Wandlungen. Auch wenn das Bild der Tradition immer noch in zahlreichen Varianten deutlich wird, haben doch diese Wandlungen nahezu alle Lebensbereiche erfaßt. Sie wirken sich in der Sachkultur, in der Bevölkerungsstruktur und -bewegung, in sozio-kultureller Hinsicht und im Verhalten aus. Vor dem Hintergrund der Zielsetzung unserer Studie wollen wir vor allem auf zwei aufeinander bezogene Aspekte zu sprechen kommen, die direkt oder indirekt Auswirkungen auf die Organisations- und Funktionsweise des kulturellen Ökosystems der Oase haben: den gegenwärtigen **Bevölkerungsdruck** und das **Wanderungsverhalten**, das hieraus resultiert[46].

3.1 Die Bevölkerungsentwicklung von Figuig

Die sieben *Qsour*, aus denen sich Figuig zusammensetzt, waren lange Zeit die bedeutendste Ballung von Menschen in der gesamten nordwestmaghrebinischen Sahara (d.h. des Raumes um den Großen Erg und die Hammadas bis ins Touat, Gourara und Tidikelt im Süden) und waren auch größer als Siedlungen auf den weiten Steppen-Ebenen der ostmarokkanischen Hochplateaus. Auch wenn unsere historischen Kenntnisse über die Bevölkerungsstruktur Figuigs von der Frühphase bis ins 19. Jahrhundert bescheiden sind, ist doch eine Schätzung der Bevölkerungszahl möglich, die eine gewisse Seriosität beanspruchen kann[47].

---

44) Es handelt sich hierbei um ein oberhalb des *Jorf* gelegenes Gebiet, unmittelbar an den südlichen Ortsrand der drei *Qsour* anschließend. Dabei ist das Viertel keineswegs so entstanden, daß ein wichtiger Teil der Bewässerungsflur verdrängt worden wäre. Denn die früher tatsächlich in diesem Bereich gewesene Oasenflur war zum überwiegenden Teil im Rahmen der Konflikte zwischen den *Qsour* und dem mit ihnen verknüpften Absinken des Quellniveaus im 19. Jahrhundert bereits trocken gefallen und zur Flurwüstung geworden. Eine Ausdehnung der Siedlungsfläche auf Kosten von Bewässerungsland hat sich in jüngerer Vergangenheit lediglich am Siedlungsrand von Zenaga abgespielt; im Falle dieses *Qsar* ist lediglich das Viertel Bagdad außerhalb der Bewässerungsflur errichtet worden. Aber Zenaga besitzt auch ein eigenes kleines Geschäftsgebiet um seine alte „Agora": Tacherraft.

45) Die Siedlungserweiterung in Figuig hat nur teilweise etwas mit der anderswo vollkommen aus den alten *Qsour* herauswandernden Wohnfunktion etwas zu tun, wodurch nur eine kleinräumige Verlagerung von einem „traditionellen" in einen „modernen" Wohnplatz erfolgt. Mit Ausnahme einiger *Qsour*, die in der Tat schon recht stark verfallen sind (z.B. El Maïz, Hammam Tahtani), beherbergen die alten *Qsour* auch weiterhin einen erheblichen Anteil der Bevölkerung (vgl. hierzu *Beilage 1* zu Hammam Foukani und Hammam Tahtani). Die neuen Gebäude außerhalb der *Qsour* beherbergen zumeist keine alteingesessenen Figuigui, sondern werden von zugezogenen Neubürgern bewohnt.

46) Auch andere Aspekte, in denen sich die sozialräumlichen Veränderungen zeigen, wären zweifellos eine Untersuchung wert. Aber sie zu berücksichtigen, hieße den Rahmen der vorliegenden Studie sprengen.

47) Eine der ältesten Schätzungen ist die von DE CASTRIES (1882). Er kalkulierte seine Ziffern auf der Basis der Anzahl der wehrfähigen Männer in jedem *Qsar*, die er mit insgesamt 3.020 Personen angibt. Bei der Multiplikation dieses Wertes mit einem realistischen Koeffizienten gelangt er zu einer Gesamteinwohnerzahl von 11.000 bis 13.000 Personen. DE LA MARTINIERE & LACROIX (1896) haben für das Ende des 19. Jahrhunderts die Einwohnerzahl Figuigs auf 12.800 geschätzt. RUSSO (1923a, S. 389 und 471) kommt zu einer Schätzung von 16.000 Personen; er berichtet auch von einer durch PARIEL (dem französischen *Contrôleur civil* in Figuig) im Jahr 1911 durchgeführten Zählung, die insgesamt 1.653 Haushalte ergab, was (wenn man einen mittleren Haushalt mit sieben Personen beziffert) insgesamt 11.500 Personen ergibt (PARIEL 1912). MAZIANE (1988, S. 43-50) nimmt eine in ihrer Größenordnung ähnliche Bevölkerungszahl für das 19. Jahrhundert an.

Abbildung 4: *Die Siedlungsfläche von Hammam Foukani und Hammam Tahtani (1983). An den traditionellen Baubestand der beiden Qsour gliedern sich ausgedehnte Erweiterungsflächen, vor allem im Nordwesten, an.*

Auf der Basis solcher Schätzungen und der drei letzten Volkszählungen in Marokko läßt sich erschließen, daß zu Beginn des 20. Jahrhunderts die Gesamtbevölkerung Figuigs, die wirklich dauerhaft im Bereich der Oase lebte[48], zwischen 10.000 und 12.000 betragen haben muß. Davon gehörten mindestens 40 % zu Zenaga und weitere 16-20 % zum *Qsar* Loudaghir. Wenn wir die verfügbaren Wasserressourcen berücksichtigen, bezeichnet diese Zahl wirklich die Obergrenze der agraren Tragfähigkeit der Oase. Sie ist auch ein Hinweis auf die permanente Krise, in der sich die Oase angesichts des sehr latenten Gleichgewichts zwischen agrarischer Produktionsleistung und Bevölkerungszahl befand[49].

48) Vermutlich gab es zu allen Zeiten Bevölkerungsgruppen, die aus dem einen oder anderen Grund abwandern mußten. Solche Abwanderungen konnten als kollektive Migration recht bedeutend sein, so z.B. im Gefolge der kriegerischen Wasserkonflikte oder großer Dürrekatastrophen, die zu Lebensmittelknappheit und Hunger führten (wie sie im 19. Jahrhundert recht häufig auftraten; vgl. MAZIANE 1988). Abwanderungen konnten natürlich auch selektiven Charakter aufweisen, z.B. dann, wenn die ökonomisch besonders benachteiligten und verarmten Gruppen die Oase verließen. Als Ökosystem mit recht genau definierbaren und nicht vermehrbaren Wasserressourcen mußte Figuig in seiner geschichtlichen Vergangenheit zweifellos „Spielregeln" entwickelt haben, wie denn seine Bevölkerungszahl angesichts beschränkter Ressourcen gesteuert werden konnte.

49) Es wäre sehr gewagt, diese Relation Bevölkerung-Ressourcen zu quantifizieren. In Figuig wäre dies neben den sonstigen methodischen Schwierigkeiten zusätzlich dadurch verkompliziert, daß ein Teil der Ressourcen, über die es früher verfügte, heute aus geopolitischen Gründen (wie bereits weiter oben erwähnt) nicht genutzt werden kann und deren Anteil nur schwer einzuordnen ist. Mitte unseres Jahrhunderts verfügte jeder Haushalt (von 7 Personen im Schnitt) über 0,3 ha Bewässerungsland und 50-100 Bäume. Dieser Wert bezeugt, daß bereits damals die landwirtschaftliche Basis nicht ausreichend sein konnte, insbesondere wenn man die ungleiche Verteilung der Wasserressourcen berücksichtigt.

Unsere Kenntnis der Bevölkerungszahl hat sich verbessert seit die ersten zuverlässigen Volkszählungen in der Mitte unseres Jahrhundert durchgeführt wurden[50]. Die folgenden Zahlen geben einige Etappen der Bevölkerungsentwicklung wieder. Zu berücksichtigen ist allerdings, daß die Zahlen vor 1960 nur bedingt verläßlich sind (siehe *Tabelle 2*).

Tabelle 2: *Bevölkerungsentwicklung von Figuig im Zeitraum 1921-1982*

1921:	8.810 Einw.	1949:	12.652 Einw.
1926:	9.126 Einw.	1952:	9.082 Einw.
1936:	10.191 Einw.	1960:	12.108 Einw.
1943:	11.368 Einw.	1971:	13.657 Einw.
1945:	12.002 Einw.	1982:	14.280 Einw.

Quelle: BONNEFOUS 1953 (für den Zeitraum 1926-1952); *Recensements de la Population et de l'Habitat* (für 1960, 1971 und 1982).

Aus den Zahlen läßt sich erkennen, daß die Bevölkerung von Figuig — ganz im Gegensatz zum sonstigen ländlichen Marokko, wo sich die Bevölkerungszahl seit Beginn unseres Jahrhunderts verdreifacht hat — nur ganz gering angestiegen ist. Man kann sogar davon ausgehen, daß das Bevölkerungswachstum bei Null liegt; denn der schwache Bevölkerungsanstieg seit 1960 kommt nur durch die Zuwanderung des Verwaltungs- und Militärpersonals zustande[51], weniger durch ein natürliches Wachstum. So werden in den Volkszählungsergebnissen von 1982 15,2 % der Haushaltsvorstände als außerhalb Figuigs geboren genannt[52]. Damit ist auch zum Ausdruck gebracht, daß die Wanderungen heute in Figuig eine erhebliche Rolle spielen.

50) Die jüngsten Volkszählungen von 1960, 1971 und 1982 sind am zuverlässigsten. Allerdings wurden sie in einer Phase durchgeführt, als die temporäre oder definitive Abwanderung ein hohes Ausmaß erreichte. Die erhebliche Zahl der temporären Abwanderer ist (ausgenommen im Fall 1982) bei den Volkszählungen unberücksichtigt geblieben. Man kann deshalb davon ausgehen, daß das extrem schwache Bevölkerungswachstum, das diese Zahlen suggerieren, in Wirklichkeit darauf zurückzuführen ist, daß die Bevölkerungsgruppe der temporären Migranten unberücksichtigt blieb (vgl. auch nächstes Teilkapitel 3.2).

51) Figuig ist zunächst einmal Verwaltungssitz eines *Cercle* und eines *Caïdat*. Darüber hinaus hat es aber eine Sonderstellung, weil fast alle Verwaltungsdienste, die den einzelnen Ministerien zuzuordnen sind, vertreten sind, eine erhebliche Anzahl von Lehrern für seine verschiedenen Primar- und Sekundarschulen vorhanden ist, eine Militärgarnison, eine Polizei- und Gendarmeriestation existieren. Für alle diese Behörden brauchte man natürlich Personal, was zu einer Verstädterung im Wirtschaftsleben beigetragen hat.

52) Die kleinräumige Detailauswertung der Volkszählungsergebnisse von 1982 auf der Basis der Haushaltsbögen wurde für die sieben *Qsour* von Figuig als 25%ige Stichprobe von der Studentin LATIFA OUAN'IM durchgeführt.

3.2 Wanderungsverhalten

Für Mitte unseres Jahrhunderts besitzen wir eine bemerkenswerte Studie zur Bevölkerungsstruktur und zur Bevölkerungsentwicklung von Figuig (BONNEFOUS 1953, S. 15-33), die auch den großen Umfang der Abwanderungsbewegungen berücksichtigt — was ja der Grund dafür ist, daß das Bevölkerungswachstum sehr bescheiden blieb. Dieser Abwanderungsstrom war bereits in den zwanziger Jahren sehr stark und umfaßt alle Formen der Migration (saisonal, temporär, permanent; Binnen- und Auswanderung). Der Wanderungsprozeß lief selektiv ab, so daß er auch die heutige Bevölkerungsstruktur mitprägt. Der größte Teil der aus Figuig abstammenden Bevölkerung lebt heute außerhalb der Oase, sei es im Rahmen einer permanenten oder temporären Abwanderung[53].

Die Abwanderung hat in Figuig sehr frühzeitig eingesetzt, nämlich noch vor Beginn des Ersten Weltkrieges. Das ist ein Zeichen für die latente Krise, die aus dem Errreichen der Tragfähigkeitsgrenze der Oase resultiert, die sich aber erst (durch Abwanderung) entspannen konnte, als sich wirtschaftliche Alternativen abzeichneten, die durch die unmittelbare Lage an der algerischen Grenze sicherlich erleichtert worden sind. Diese Abwanderung tritt vor allem in zwei Varianten auf. Es gibt zum einen die **permanente Abwanderung**, bei der die gesamte Familie von der Migration betroffen ist (meist junge Familien in der lebenszyklischen Phase des Wachstums). Dieser Typ von Abwanderung umfaßte wohl in erster Linie Gruppen ohne Wasserrechte oder mit nur sehr unzureichenden Wasserrechten. Bis 1950 belief sich ihre Zahl auf etwa 4.000 (d.h. 750 Haushalte mit durchschnittlich 3,5 Personen pro abwanderndem Haushalt). Mehr als die Hälfte dieser Haushalte ist zwischen 1930 und 1950 abgewandert (BONNEFOUS 1953, S. 37 und 47). Nach der Unabhängigkeit nahm die Zahl der permanenten Abwanderungen wohl eher noch zu. Dies ist jedenfalls die einzige plausible Erklärung für die Stagnation der Bevölkerungszahl in den jüngeren Statistiken.

In ihren Auswirkungen auf die Oasenwirtschaft ist allerdings die **temporäre Abwanderung** bedeutender. In diesem Fall bleibt die Familie zurück; der Arbeitsmigrant kommt in mehr oder weniger regelmäßigen Abständen wieder zurück. Vor allem werden auch die extern erwirtschafteten Gelder zu einem erheblichen Anteil in der Oase investiert (vgl. z.B. *Foto 5*), und der Migrant behält das Verfügungsrecht über seine Bewässerungsgärten. Auch das Phänomen der temporären Migration ist recht alt. Um 1930 gab es bereits ca. 1.000 temporärer Abwanderer (BONNEFOUS 1953, S. 38). Die Volkszählungsergebnisse von 1951 wiesen insgesamt etwa 1.500 temporäre Migranten aus (*Tabelle 3*), *was*

53) Die Folgen dieses Migrationsprozesses betreffen auch die bewässerte Oasenflur; vgl. vor allem die Strukturverhältnisse in den Beispielgebieten von Kapitel 4.

Foto 5: *Moderne Villa in der Siedlungserweiterungszone von Zenaga in Bagdad: ein sichtbarer Beleg für den ökonomischen Erfolg der ehemaligen Arbeitsmigranten*

Tabelle 3: *Strukturmerkmale der Arbeitsmigranten (innerhalb Marokkos und im Ausland) in Abhängigkeit vom Zielgebiet ihrer Wanderung und der ausgeübten Berufstätigkeit (1951)*

	Migranten insgesamt	Zielgebiet der Wanderung			ausgeübte Berufstätigkeit		
		Marokko	Algerien	Frankreich	Handel	Handwerk Industrie Bergbau	sonstige
Laâbidate	58 *100 %*	26 *44,8 %*	24 *41,4 %*	8 *13,8 %*	7 *12,0 %*	50 *86,2 %*	1 *1,7 %*
Loudaghir	237 *100 %*	74 *31,2 %*	104 *43,9 %*	59 *24,9 %*	30 *12,6 %*	204 *86,0 %*	3 *1,3 %*
O. Slimane	120 *100 %*	71 *59,1 %*	29 *24,1 %*	20 *16,7 %*	14 *11,7 %*	104 *86,6 %*	2 *1,7 %*
El Maïz	85 *100 %*	34 *40,0 %*	43 *50,6 %*	8 *9,4 %*	12 *14,1 %*	72 *84,7 %*	1 *1,2 %*
H. Tahtani	125 *100 %*	51 *40,8 %*	36 *28,8 %*	38 *30,4 %*	17 *13,6 %*	108 *86,4 %*	0 *0,0 %*
H. Foukani	120 *100 %*	16 *13,6 %*	70 *58,3 %*	34 *28,3 %*	2 *1,6 %*	115 *95,8 %*	3 *2,5 %*
Zenaga	736 *100 %*	171 *23,2 %*	501 *68,1 %*	74 *10,0 %*	85 *11,5 %*	620 *84,2 %*	31 *4,2 %*
Figuig gesamt	1.481 *100 %*	443 *29,9 %*	807 *54,5 %*	241 *16,3 %*	167 *11,3 %*	1.273 *85,9 %*	41 *2,7 %*

Quelle: BONNEFOUS 1953, S. 40 und 42

etwa 46 % der männlichen Bevölkerung im Alter zwischen 15 und 60 Jahren entspricht (BONNEFOUS 1953, S. 38). Ungefähr drei Viertel aller Haushalte waren von dieser Art von Migration betroffen[54]!

Die temporären Migranten hatten von Anfang an das Ziel, eine Beschäftigung zu finden, mit deren Hilfe sie in kurzer Zeit ein möglichst hohes Einkommen erreichen konnte: 70 % der Migranten gingen ins Ausland (Frankreich oder Algerien); mehr als vier Fünftel waren in der Industrie und im Bergbau beschäftigt, und nur ein geringerer Anteil im Handel[55].

Die Tradition der temporären Arbeitsmigration spielt bis auf den heutigen Tag eine wichtige Rolle; so waren noch 1982 13 % der Haushaltsvorstände temporäre Arbeitsmigranten (vgl. *Abbildung 5*). Da in dieser Zahl allerdings alle jene, die kein Haushaltsvorstand sind, unberücksichtigt bleiben, wir deren Zahl indes nicht kennen, muß das Migrationsphänomen noch wesentlich umfangreicher sein, als es diese Zahlen ausdrücken.

Abbildung 5 ermöglicht es uns, das Phänomen der temporären Arbeitsmigration genauer zu erfassen. Nur 2,5 % der Haushaltsvorstände in Figuig waren nie als Migranten absent! 43 % der Haushaltsvorstände waren in einer früheren Phase ihres Lebens aus beruflichen Gründen abwesend, sind also heute Remigranten. Die Datenunterlagen zeigen auch, daß alle *Qsour* noch heute von der temporären Arbeitsmigration erfaßt sind, wenn auch in unterschiedlichem Ausmaß. Loudaghir und Oulad Slimane sind nur in bescheidenem Umfang betroffen; doch für ersteres verbirgt sich hinter den aktuellen Zahlen der absenten Migranten eine sehr frühzeitige Abwanderung (fast 60 % der Haushaltsvorstände in Loudaghir sind Remigranten), für letzteres geht der ermittelte Wert einher mit einer starken permanenten Abwanderung, auf die bereits weiter oben hingewiesen wurde (BONNEFOUS 1953, S. 47-48)[56]. Vor allem die *Abbildung 6* gibt eine Vorstellung von der enormen Bedeutung des Remigrationsphänomens in unserer Oase.

Die früheren Zielgebiete der zurückgekehrten Migranten (Remigranten) sind, wie auch schon in der Vergangenheit, einesteils marokkanische Städte, andererseits das Ausland (und zwar heute fast ausschließlich Frankreich). Insgesamt sind beide Zielregionen etwa gleich stark vertreten, wenn man die gesamte Oase heranzieht, doch finden sich auf der Ebene des einzelnen *Qsar* deutliche Abweichungen hiervon: Eine Dominanz der Binnenwanderung ist im Falle von Oulad Slimane (92 %) und von Loudaghir (91,4 %) zu konstatieren. Demgegenüber dominiert die Arbeitsemigration in Hammam Tahtani (63,6 %), Hammam Foukani (66,6 %) und Zenaga (68 %). Es ist sehr schwer, die Gründe für diese Unterschiede bei jedem einzelnen *Qsar* zu bestimmen. Wie auch anderswo in Marokko ist dieses Phänomen wohl vor allem auf die (zufälligen) Zielorte der allerersten Migranten zu beziehen, die dann über ihre persönlichen und verwandtschaftlichen Kontakte weitere Migranten nachgeholt haben.

3.3 Generelle Ursachen und Folgen der Wanderungen

Um die Gründe für dieses erhebliche Abwanderungsphänomen zu begreifen, muß man zunächst sicherlich auf die Wandlungen, die sich in Figuig während der Protektoratszeit und danach in der Phase der Unabhängigkeit abspielten, zurückkommen. Wir haben weiter oben behauptet, daß mit dem Eindringen der französischen Kolonisation das traditionelle Bewässerungssystem der Oase festgeschrieben wurde. Das bedeutet, daß die koloniale Befriedung den endogenen Veränderungsprozessen in der Oase ein Ende bereitet hat — Prozessen, die auf der Gewalt als entscheidendem Faktor einer (andauernden) Umverteilung der lebenswichtigen Wasserressourcen, die begrenzt vorhanden sind und nicht vergrößert werden können, beruhten. So wurde in der Vergangenheit jede Überbevölkerung mit Gewalt oder durch freiwilligen Verzicht verhindert. Man könnte aber auch sagen, daß trotz der Blockierung der früheren autochthonen Dynamik sie auf modifizierte Weise doch noch als Wandel zum Tragen kommt. Denn als Folge dieser Blockierung kommen neue Anpassungsprozesse als Reaktion hierauf zum Tragen (die nach der Öffnung Figuigs für den Weltmarkt möglich geworden sind). Die massive Arbeitsmigration (also die Suche nach externen Erwerbsquellen) ist hierbei sicherlich der wichtigste Sachverhalt, der in seinem Ausmaß unvergleichlich groß ist und als Spezifikum gerade von Figuig gesehen werden muß.

Zwei weitere wichtige Faktoren bilden die notwendige Voraussetzung für das dramatische Ausmaß dieser Arbeitsmigration. Zum einen wurde die verfügbare Fläche (und wurden die verfügbaren Ressourcen) der Oase Figuig durch jüngere geopolitische Veränderungen an der Grenze zu Algerien kleiner. Figuig wurde im Rahmen der politischen Meinungsverschiedenhei-

54) Allein für das Jahr 1950 belegt BONNEFOUS (1953, S. 48) eine Abwanderung von 177 Haushalten (ca. 400 Personen), von denen zwei Drittel aus Zenaga stammen. Die von BONNEFOUS genannten Zahlen müssen sicherlich als Mindestwerte interpretiert werden, da die tatsächliche Zahl der Aufbrüche größer war als die der statistisch erfaßten. Viele Figuigis behaupten, auf einen Bewohner, der vor Ort bleibt, müsse man drei rechnen, die sich außerhalb aufhalten. Diese Schätzung ist glaubwürdig, wenn man das demographische Wachstum der abgewanderten Personen mitberücksichtigt, wenn also auch die Nachkommen der Abwanderer als Figuigui eingestuft werden.

55) Wichtig ist der Hinweis, daß kein einziger Migrant in der Landwirtschaft tätig war und ebenso niemand sich dem Militärdienst anschloß.

56) „*Dans certains ksour, il y a autant, sinon plus, d'émigrés définitifs et temporaires que de gens restés sur la terre natale ; c'est le cas pour Ouled-Slimane et Hammam-Tahtani*" (BONNEFOUS 1953, S. 47).

Abbildung 5: *Oase Figuig. „Migrationsstatus“ des männlichen Haushaltsvorstandes*

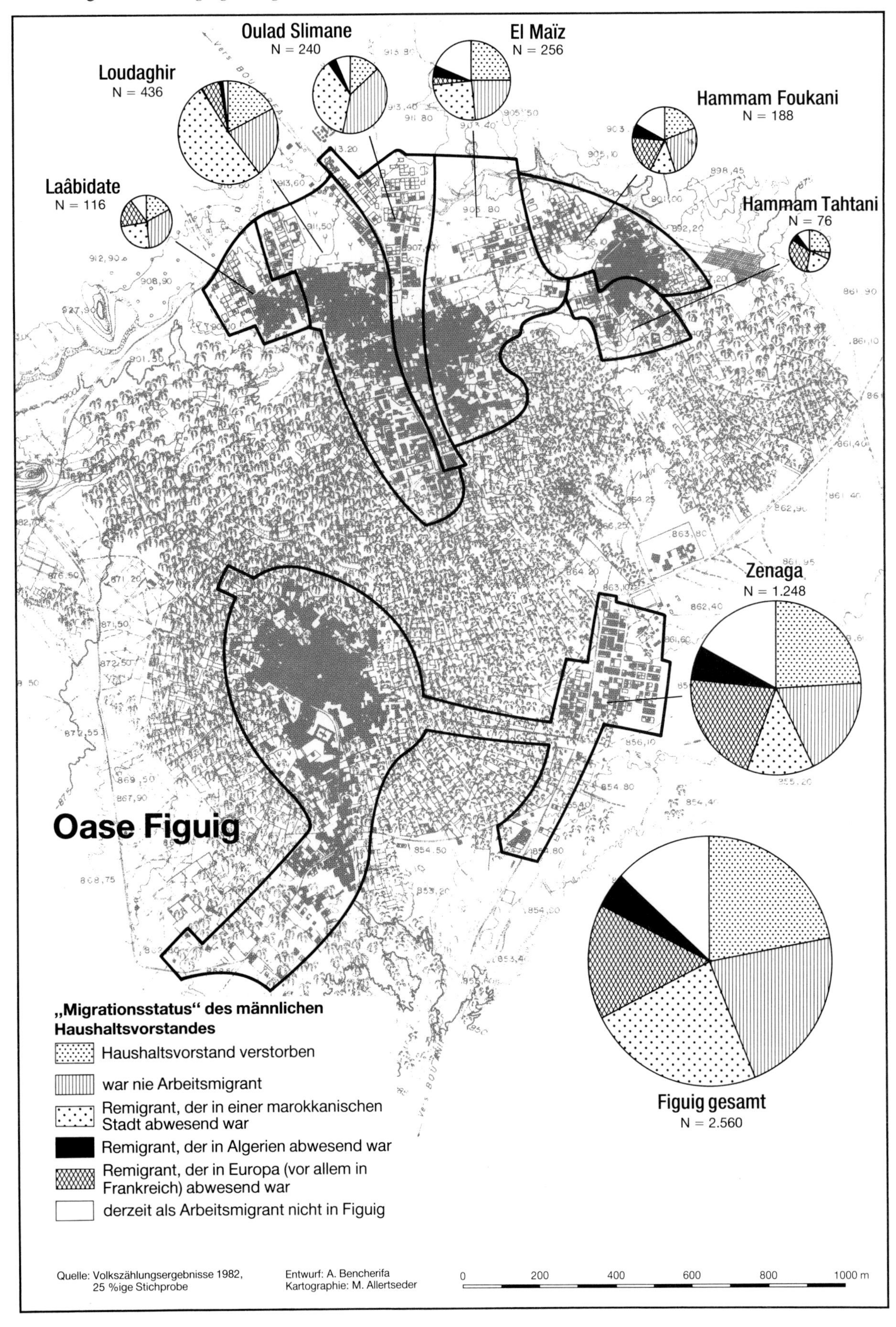

Abbildung 6: *Oase Figuig. Dauer der Arbeitsmigration und Ziel der arbeitsorientierten Wanderung der Remigranten (1982)*

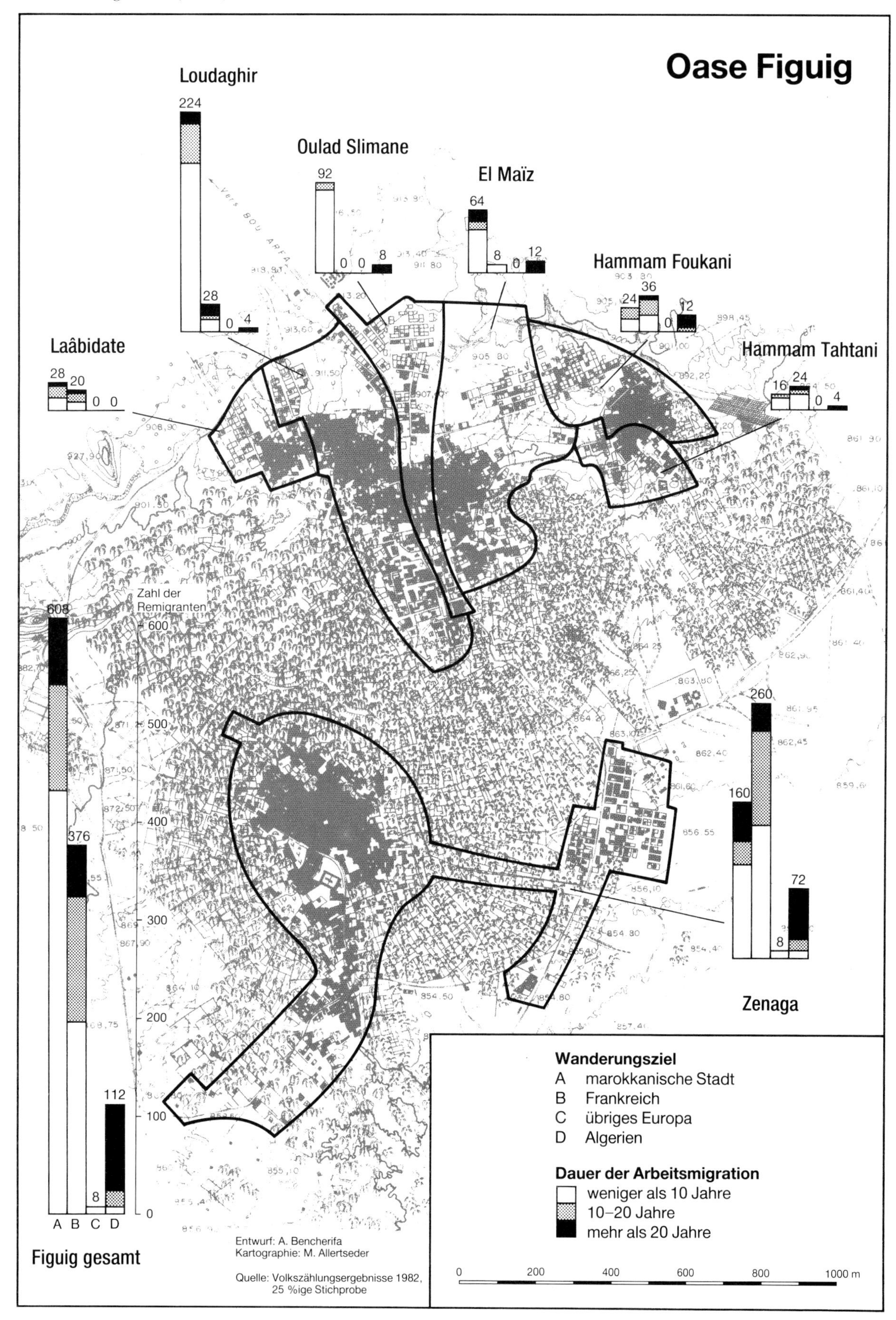

Tabelle 4: *Ausgewählte Strukturmerkmale zur Landwirtschaft in der Oase Figuig um 1950*

	Gesamtzahl der einzelnen Oasengärten[1]	Bewässerte Fläche[2] (in ha)	Gesamtzahl der Palmen[3]	Gesamtzahl der anderen Fruchtbäume	Mittlere Zahl der Palmen pro ha	Mittlere Zahl der Bäume pro ha
Laâbidate	294	27,0	3.033	444	112,2	125,1
Loudaghir	638	59,0	8.626	1.673	146,0	174,3
Oulad Slimane	382	40,5	4.614	802	113,9	133,7
El Maïz	673	62,7	6.859	1.176	109,3	128,1
Hammam Tahtani	422	34,3	4.247	607	123,8	141,5
Hammam Foukani	566	50,0	11.852	1.638	237,0	269,7
Zenaga[4]	1.309	235,0	19.882	12.364	84,6	137,1
Figuig gesamt	4.284	508,5	59.113	18.704	116,0	152,7

1) Es handelt sich hier nicht um die Anzahl der Besitzer; denn ein Besitzer kann mehrere Oasengärten besitzen.

2) Auf dem Plateau von Loudaghir bleiben die Parzellen, die zu jener Zeit mit *Souagui* nicht zu versorgen waren, unberücksichtigt.

3) In dieser Zahl ist weder ihr Pflegezustand noch ihre Produktionsleistung berücksichtigt.

4) Ein erheblicher Anteil der Flächen und der Palmenhaine von Zenaga befindet sich im unmittelbaren Grenzbereich oder jenseits davon und ist hier unberücksichtigt.

Quelle: eigene Auswertung der Daten des *Etat parcellaire* von ca. 1950

ten und Rivalitäten zwischen Algerien und Marokko von einem Teil seines natürlichen und historisch gewachsenen Hinterlandes abgeschnitten[57], da die Staatsgrenze nun undurchlässig wurde — eine Situation, die kaum einen zweiten marokkanischen Ort derart stark beeinträchtigte.

Diese Verringerung der Ressourcen wurde zum anderen als um so einschneidender empfunden, als sie mit einem starkem Bevölkerungswachstum und einem qualitativen und quantitativen Anstieg der Lebensbedürfnisse einherging. Die Ressourcen der Oase waren nicht mehr ausreichend, um diese erhöhten Bedürfnisse zu befriedigen. Denn Figuig hat (wie schon weiter oben ausgeführt) bereits sehr früh seine agrare Tragfähigkeitsgrenze erreicht, was ja auch die unaufhörlichen Konflikte in der Vergangenheit bezeugen — ein Beleg für einen starken Stress. Die Zahlen der *Tabelle 4* geben das faktisch genutzte Potential für die Bewässerungslandwirtschaft der Oase etwa um 1950 an[58].

Damals registrierte man nur etwa 510 Hektar (etwas mehr, wenn man einige in dieser Erhebung unberücksichtigte Sektoren hinzurechnet) und ca. 80.000 Bäume, davon mehr als zwei Drittel Dattelpalmen, das

57) Die historischen Phasen eines Prozesses, der wirklich als Beschneidung eines Teiles der Wasserressourcen der Region um Figuig aufgefaßt werden kann (und gleichzeitig eine Abtrennung von marokkanischem Staatsgebiet bedeutet), sind in vielen Untersuchungen behandelt worden (als gute Zusammenfassung dieser Aspekte siehe MAZIANE 1988, S. 420-555). Es sei hier lediglich daran erinnert, daß die französische Präsenz in Algerien als immerwährend konzipiert war. Somit versuchte Frankreich die marokkanisch-algerischen Grenze zu seinem Gunsten festzulegen, also zweifelhafte Gebiete zu Algerien zu schlagen. Der Vertrag von Lalla Maghnia aus dem Jahr 1845 wurde ganz in diesem Sinn von den Franzosen interpretiert. Im Vertrag wurden Figuig und Iche explizit als zu Marokko gehörig benannt. Doch anstatt die jeweiligen umgebenden Gebiete, wo sich die Wasser- und Weideressourcen befinden, die von der Bevölkerung der sieben *Qsour* von Figuig genutzt wurden (darunter auch die Palmenhaine von Beni Ounif und anderer Kleinoasen), zu den Kernorten zu rechnen, haben die Franzosen unter Figuig lediglich das enge Becken verstanden, in dem sich die bewohnten *Qsour* und die unmittelbar anschließenden, intensiv genutzten Palmengärten befinden. Wir stoßen hier wieder auf das Problem der Mehrdeutigkeit des Begriffes »Figuig«: Einesteils steht er für einen Ortsnamen (also die sieben *Qsour* und ihre Bewässerungsfluren — das ist aber eine sehr restriktiven Auffassung). Andererseits steht er für eine recht ausgedehnte Region, die von den natürlichen Restriktionen einer Nutzung unter saharischen Klimabedingungen betroffen ist und von den dort wohnenden Menschen genutzt wird (doch diese Bedeutung des Begriffes Figuig haben die Franzosen weitgehend ignoriert). Frankreich hat auch später aus dieser semantischen Doppeldeutigkeit seinen Nutzen gezogen, so daß jüngere Verträge jeweils versuchten, die Fakten der bereits erfolgten Abtrennung zu legitimieren. Das gilt speziell für die Verträge von 1901 und 1902, als Frankreich seine Präsenz soweit gefestigt hatte, daß es Figuig förmlich einkreiste und die saharische Eisenbahn weiterbaute mit dem Bahnhof »Beni Ounif de Figuig«.

Die restriktive Auffassung einer Oase Figuig hat sich somit politisch durchgesetzt. Man hat den Bewohnern der sieben *Qsour* das Recht einer besitzrechtlichen Aneignung der von ihren Vorfahren ererbten Gebiete untersagt, wobei allerdings das Nutzungsrecht auf den Flächen jenseits der neu festgelegten Staatsgrenze durchaus weiterhin zugestanden wurde. Aber dieses „Privileg“ wurde nach und nach eingeschränkt. Mitte der siebziger Jahre (als Folge des Konfliktes zwischen Algerien und Marokko um die Westsahara, d.h. Séguiet El Hamra und Oued Eddahab), wurde den Bewohnern von Figuig auch das Nutzungsrecht auf ihren Palmenhainen jenseits der Grenze untersagt.

Durch diese Entwicklung sind die Bewohner von Zenaga in besonders starkem Maße betroffen worden, weil sie historisch die umfangreichsten Rechte jenseits der heutigen Staatsgrenze haben.

58) BONNEFOUS (1953, S. 40) berichtet auch von einem eher anekdotenhaften Detail. 1949 wurde in Figuig eine Liste für freiwillige Auswanderer nach Neukaledonien ausgelegt. 40 Personen haben sich eingeschrieben und Figuig dorthin verlassen. Es war allerdings ein seither nicht wiederkehrender Einzelfall.

Abbildung 7: *Oase Figuig. Wichtigste berufliche Tätigkeit des männlichen Haushaltsvorstandes*

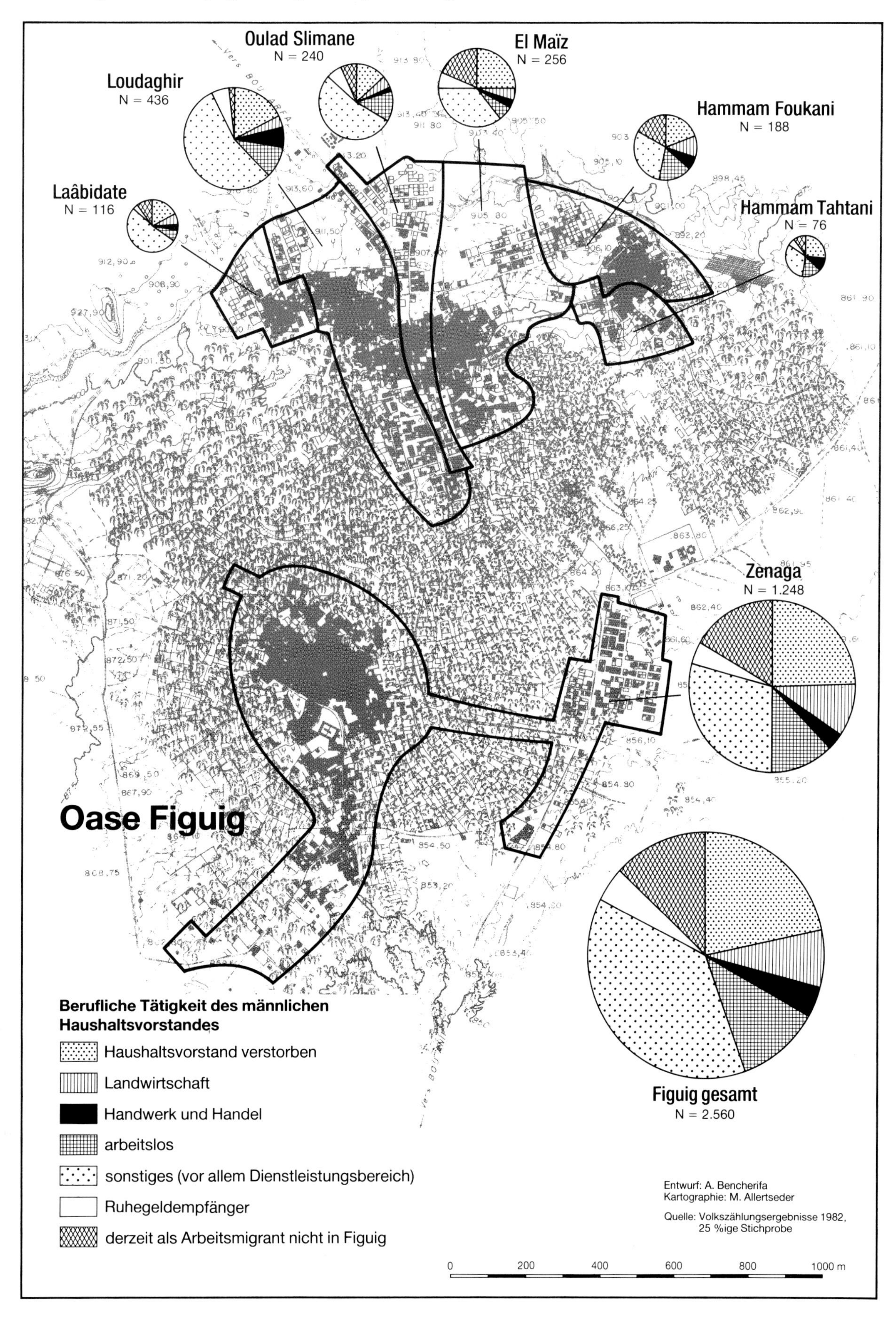

Abbildung 8: *Oase Figuig. Alters- und Geschlechtsgliederung 1982*

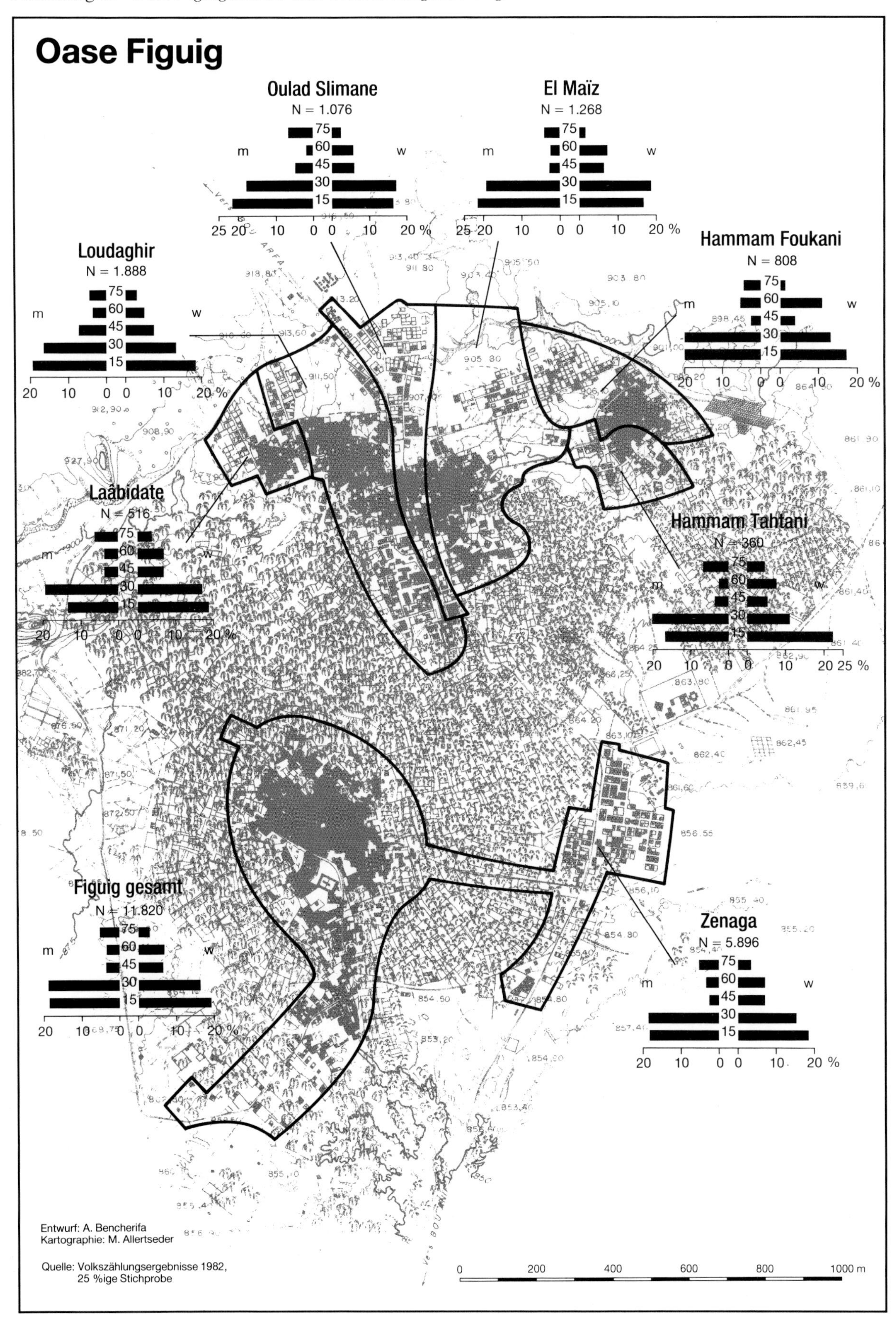

faktisch genutzte Potential der Oase[59]. Die nur eng begrenzten Bewässerungsflächen (deren Größe vor allem durch die Menge des verfügbaren Wassers bestimmt wird) ist eindeutig unzureichend für die hohe Anzahl der aus diesem Potential zu ernährenden Haushalte. Eine Abwanderung wird damit geradezu zu einer Notwendigkeit.

Die *Abbildung 7* ist ein klarer Beleg für die nur untergeordnete Wichtigkeit der Landwirtschaft als Einkommensbasis, was unsere These von der abnehmenden und ständig an Bedeutung verlierenden Rolle der Oasenwirtschaft stützt. Die Kapitalströme von außen sind dagegen zahlreich und laufen über verschiedene Kanäle, individuelle wie auch organisierte[62].

3.3.1 Die wirtschaftlichen Folgen

Die Folgen der umfangreichen Abwanderungen sind vielfältig, und auf einige spezielle Auswirkungen werden wir im Kapitel 4 zurückkommen. Die permanente Abwanderung hat dazu beigetragen, die Relation Bevölkerungszahl – landwirtschaftliches Bewässerungspotential wieder ins Lot zu bringen, aber sie wirkt sich nur unwesentlich auf die Form und Funktionsweise der Oasenwirtschaft aus, außer in jenen Fällen, in denen sie übermächtige Ausmaße erreicht hat[60].

Ganz im Gegenteil hierzu ist die temporäre Abwanderung von entscheidender Wichtigkeit, um die wirkenden Einflüsse und Veränderungen in der heutigen Oase zu verstehen, und zwar vor allem über die beträchtlichen finanziellen Einkünfte, die in sie zurückfließen. Während wir das frühere Figuig eingangs metaphorisch als „Geschenk" seiner Quellen« bezeichneten, müßte man die Metapher heute so umformulieren, daß Figuig mittlerweile ein „Geschenk der Rimessen der temporären Arbeitsmigranten" aus dieser Oase geworden ist. Auch wenn es nicht möglich ist, den Beitrag des Phänomens der temporären Arbeitsmigration für das Erwerbsleben quantitativ genau anzugeben, kann man ihn doch indirekt über die Landwirtschaft erschließen. Sie spielt mittlerweile nur noch eine recht untergeordnete Rolle, bildet sie doch für kaum einen Haushalt in Figuig die Haupteinnahmequelle mehr (vgl. *Abbildung 7*)[61].

3.3.2 Die demographischen Folgen

Ein letzter Punkt muß hier noch kurz erwähnt werden: nämlich die Frage nach den Folgen der Wanderungsprozesse für die Bevölkerungsstruktur. Wir verfügen über keine neueren und verläßlichen Daten zur Geburten- und Sterberate in der Oase. Doch können wir das geschlechter- und altersspezifische Ungleichgewicht anhand von Bevölkerungspyramiden recht deutlich aufzeigen. Die Abweichungen vom „Normalfall" hängen in erster Linie mit der Beteiligung der erwerbsfähigen männlichen Bewohner am temporären Arbeitsmigrationsprozeß zusammen (vgl. *Abbildung 8*). Denn die Altersklassen zwischen 30 und 60 Jahren bei den Männern sind durchwegs schwächer vertreten als es für die entsprechenden Altersklassen bei den Frauen der Fall ist.

59) Die Gesamtzahl der Palmen wurde von verschiedenen Autoren geschätzt, die Zahlen zwischen 500.000 und 100.000 nennen. Die hier von uns genannten Zahlen betreffen nur die besonders intensiv genutzte Kernoase, zu welcher man noch einige kleinere Palmenhaine im Bereich der Pässe (50.000 Palmen?) und auf dem oberen Plateau in der Gemarkung Loudaghir (ca. 10.000-15.000 Bäume) hinzurechnen muß. Die wesentlich höheren Angaben einiger Schätzungen können dadurch zustande kommen, daß auch die heute auf algerischem Territorium befindlichen Palmenhaine hinzugezählt wurden. Die Angabe von 500.000 Bäumen ist aber in jedem Fall überhöht. Zu erwähnen sind natürlich auch die schlimmen Folgen der Gefäßkrankhreit *Bayoud* für einen deutlichen Rückgang der Zahl der Dattelpalmen.

60) Was BONNEFOUS (1953, S. 37) zu der Bemerkung veranlaßt: „*Figuig se meurt d'hémorragie démographique.*"

61) Zur Erläuterung der *Abbildung 7* sei darauf hingewiesen, daß sich die Angaben auf den Haushaltsvorstand beziehen. Damit bleiben alle jenen (recht zahlreichen) Migranten unberücksichtigt, die noch nicht diesen Status aufweisen. Der Anteil der Kategorie „sonstiges (vor allem Dienstleistungsbereich)", der ungewöhnlich stark ausgebildet ist, hängt mit der Zuwanderung nach Figuig zusammen. In Loudaghir und El Maïz ist die Kategorie „sonstiges" nämlich deswegen so stark vertreten, weil beide *Qsour* das Siedlungszentrum umfassen, in dem die meisten zugewanderten, nicht aus Figuig stammenden Haushalte wohnen, die hierher gekommen sind, um im staatlichen Dienstleistungsbereich beschäftigt zu werden.

62) Es gibt z.B. auch Zusammenschlüsse von Freundeskreisen aus Figuig Abgewanderter in mehreren Orten Marokkos und des Auslandes. In diesen Gruppen finden sich temporäre wie auch permanente Abwanderer zusammen, wobei sie organisatorisch oft immer noch auf einzelne *Qsour* bezogen bleiben (vor allem Loudaghir und Zenaga). Diese Vereinigungen haben noch starken Einfluß auf das soziale und politische Leben der Herkunftsoase, und zwar in erster Linie durch ihre finanziellen Zuwendungen.

4 Folgerungen

Einige allgemeine Grundzüge lassen sich aus dem bisher Gesagten in diesem Kapitel herausarbeiten. Ganz zentrale Charakteristika sind der Kontrast, die Spannweite und der scheinbare Widerspruch zwischen dem aufwendigen landwirtschaftlichen Bewässerungssystem der Oase (das sich als Ergebnis langwieriger Investition an Arbeitskraft über Jahrhunderte hinweg entwickelt hat) und der insgesamt lediglich sekundären Funktion der heutigen Oasenwirtschaft (als Folge der abgelaufenen Migrationsprozesse). In den folgenden Kapiteln sollen genau die unterschiedlichen Varianten und Spielarten dieses Spannungsfeldes dargestellt werden, wobei die Betrachtungsweise in erster Linie auf die Bewässerungslandwirtschaft beschränkt bleibt.

Kapitel 3

Charakteristika des traditionellen Oasen-Ökosystems

Das traditionelle Oasen-Ökosystem ist ein kleinräumig differenzierter und komplizierter, künstlicher (da von Menschenhand geschaffener) Mikrokosmos[1]. Er hat stets auf Außenstehende eine gewisse Faszination ausgeübt, weil in seinem Fall auf engster Fläche (oft auf nur wenigen hundert Hektar) alle kulturellen, sozialen und ökonomischen Ausdrucksformen in ein Organisationssystem einbezogen worden sind, welches einesteils das wirtschaftliche Ziel einer Ausnutzung und Inwertsetzung der natürlichen Ressourcen sowie andererseits der Ermöglichung eines intensiven sozialen und geistigen Lebens hat. Wenn man sich diesem komplexen, in der Lebenswelt der Oasenbewohner ganzheitlich zu sehenden Oasen-Ökosystem empirisch-analytisch zuwendet, wird man stets zu berücksichtigen haben, daß die Existenz der Oase, ihre sichtbare Infrastruktur und ihre sozialen und rechtlichen Organisationsformen unmittelbar auf das für Bewässerungszwecke verwandte Wasser ausgerichtet ist. Oder anders ausgedrückt: Alles dreht sich um die Ressource Wasser. Somit sind die Technik der Wasserförderung, des Wassertransports und der Entwässerung, die Regeln der Wasserverteilung in zeitlicher und räumlicher Differenzierung, die Aufteilung des Wassers unter den Besitz- und Nutzungsrechtlern, die sozialen Organisationsformen seiner Verwaltung und Kontrolle allesamt Bestandteile, die zur Eigenart des landwirtschaftlichen Oasen-Ökosystems gehören. In Figuig sind einige dieser Charakteristika individuelle Spezifika, die anderswo so nicht auftreten; andere sind dagegen in den Kanon der als typisch bekannten Organisationselemente von Oasen einzuordnen.

Während wir uns bisher den natürräumlichen Rahmenbedingungen und historischen Einflußfaktoren der Oase Figuig zugewandt haben, soll im folgenden danach gefragt werden, wie die Oase denn eigentlich „funktioniert". Hierbei sind vor allem zwei Teilfragen zu berücksichtigen: Wie erfolgt die technische und rechtliche Organisation der Bewässerung? und: Welche agrarwirtschaftlichen Elemente prägen die Oasenflur?

1 Zur Organisation des Bewässerungssystems

Auch wenn Figuig hinsichtlich der Art und Weise, in welcher sein Wasser für die Landwirtschaft verfügbar ist, zu den Quelloasen, die leicht artesisch gespannt sind, zu rechnen ist, trifft man heute so gut wie keinen einzigen Quelltopf mehr *in situ* an. Vielmehr erscheint die Oase in ihrer heutigen Wasserbereitstellung — wie schon mehrfach erwähnt — als eine *Foggara*-Oase[2], sieht man doch im Gelände allerorten (vor allem nördlich des *Jorf*) noch intakte oder verfallene Aushub-

1) Mit Oasen-Ökosystem wollen wir zum Ausdruck bringen, daß es sich um ein vernetztes, interdependentes System handelt, nämlich das »landwirtschaftliche Bewässerungssystem«, in das sowohl naturökologische Elemente (z.B. Wasser, Klima, Böden, Topographie) als auch kulturökologische Elemente einfließen (z.B. Bewässerungstechniken, Anbauorientierungen, Rechtsordnung).

2) Die Bezeichnung als *Foggara*-Oase kann im Falle Figuigs leicht zu Mißverständnissen führen, da es sich lediglich um eine formale Konvergenz mit dem Wasserzuführungsprinzip auf der Basis von unterirdischen Galeriestollen (*Karez, Khanat, Khettara*) handelt, jedoch keineswegs ein Grundwasserkörper angeschnitten wird, der ansonsten oberflächlich überhaupt nicht austräte. Die Definition von GOBLOT (1979, S. 27), wonach es sich dabei um „[...] *une technique de caractère minier qui consiste à exploiter des nappes d'eau souterraines au moyen de galeries drainantes*" handele, trifft jedenfalls für Figuig nicht zu. Die *»Foggaguir«* von Figuig haben lediglich die Funktion, die Schüttungsmenge

trichter weit verzweigter unterirdischer Galeriestollen und — entscheidender — sämtliche Wasseraustritte an den Endpunkten solcher *Foggaguir*. Erst unterhalb der Stellen, an denen das Wasser ans Tageslicht tritt, wird es in einem Netz von *Souagui* weitergeleitet und auf gravitativem Wege bis auf das einzelne Feld, die *Gammoun*[3], gelenkt.

1.1 Die Wasserzuführung über das Netz der *Foggaguir*

Wir haben bereits darauf hingewiesen, daß die heutige *foggara*-artige Technik der Wasserförderung erst das Resultat eines Entwicklungsprozesses ist, der in den vergangenen Jahrhunderten durch Menschenhand bewirkt wurde. Auch wenn wir keinerlei genaue Anhaltspunkte dafür besitzen, wann eigentlich präzise die *Foggaguir* als technische Innovation nach Figuig gelangt sind[4], müssen wir doch wohl davon ausgehen, daß die Quellen ursprünglich, vor der Beeinflussung durch den Menschen, entlang der Verwerfungslinie der Takroumet oberflächlich auf dem Travertinkissen ausgetreten sind.

Erst in Kenntnis der Technologie der *Foggaguir*, bei einer Konkurrenz einzelner *Qsour* untereinander und getrieben von dem Wunsch, das für den eigenen *Qsar* verfügbare Wasser für Zwecke einer Bewässerung zu erhöhen, erfolgte das Graben der *Foggaguir*. Hiermit wurde, wohlgemerkt, nicht die Gesamtschüttung aller Quellen erhöht — diese blieb vielmehr weitgehend konstant —, sondern nur ein interner Umverteilungskampf eingeleitet. Die heutige Differenzierung der Quellen nach dem Besitz pro *Qsar* und nach der Schüttungsmenge ist somit lediglich der Endpunkt eines insgesamt sehr wechselhaften Prozesses.

Es mag zunächst überraschen, daß heute nicht nur im Falle der umkämpften Quellbereiche unterirdische Stollen (*Foggaguir*) anzutreffen sind, sondern auch dort, wo uns zumindest keinerlei Querelen bekannt sind (so z.B. für *Ifli* Oulad Mimoune, Aïn Dar oder Aïn Pouarjia); ja es gibt mittlerweile keinen Quellaustritt oberhalb des *Jorf* mehr, der nicht zumindest für eine kurze Strecke als *Foggara* geführt würde (vgl. *Beilage 2*). Man geht wohl Recht in der Annahme, daß dies keineswegs mit der bloßen Nachahmung im Rahmen eines Innovations-Diffusions-Prozesses zu deuten ist (es sich also gewissermaßen um eine Mode handelt), sondern daß die einzelnen Quellpunkte entlang der Verwerfung von Takroumet so stark untereinander kommunizieren, daß sich die Absenkung eines Quellaustritts an einer bestimmten Stelle in einer rückläufigen Schüttung zumindest der benachbart gelegenen Quellpunkte auswirkt. Um die Schüttungsmenge der eigenen Quellen einigermaßen zu gewährleisten, sahen sich die *Qsour* folglich gezwungen, ihrerseits *Foggaguir* zu graben, zu verlängern bzw. zu vertiefen.

Das heutige, äußerst labile Gleichgewicht der Wasserschüttung unter den einzelnen Quellen ist somit nur als eine Momentaufnahme zu interpretieren, allerdings auf einem um mehrere Meter abgesenkten Niveau im Vergleich zu historisch weiter zurückliegenden Phasen. Im Luftbild erkennbare, aufgelassene ehemalige Bewässerungsfluren am Nordrand der Oase (insbesondere zwischen der heutigen Nordgrenze der Fluren von Laâbidate und Loudaghir und der Umgehungsstraße) und Aussagen älterer Männer aus den beiden *Qsour*, wonach die Flur in ihrer Jugend deutlich weiter nach Norden gereicht habe, belegen, daß gerade in den vergangenen fünfzig Jahren Teile der früheren Oase nicht mehr auf gravitativem Wege mit Wasser versorgt werden konnten. Diese nunmehr oberhalb des rezenten Quellaustrittniveaus gelegenen Flächen sind zu Flurwüstungen geworden. Im Rahmen der Rivalitäten um das

---

artesischer Quellen in Konkurrenz zu Nachbarquellen zu erhöhen. Es würde somit auch ohne die Anlage von *Foggaguir* Wasser oberflächlich austreten, was bei den klassischen *Foggaguir* ja nicht der Fall ist.

Wie schon erwähnt, wird im lokalen Sprachgebrauch vor allem die Bezeichnung *Ifli* verwendet, die wir im folgenden nicht übernehmen wollen, weil sie bislang in der Fachliteratur (und im übrigen auch außerhalb von Figuig) unüblich ist. Aus pragmatischen Gründen wollen wir den Begriff *Foggara* beibehalten, die getroffenen Einschränkungen jedoch nicht aus den Augen verlieren.

Die Bezeichnung *Foggara* für unterirdische Galeriestollen ist in Marokko eigentlich unüblich. Vielmehr dominiert die Bezeichnung *Khettara* (vgl. PASCON 1977), die ihren Ausgangspunkt im Haouz von Marrakech hat. Das gilt allerdings nicht für Figuig; doch trifft es ebenfalls nicht zu, wenn GOBLOT behauptet, die Bevölkerung von Figuig folge bereits dem algerischen Sprachgebrauch: „[...] *au Maroc, c'est seulement dans l'oasis de Figuig que l'on emploie ce mot* [= *Foggara*], *mais cette oasis appartient géographiquement à la zone algérienne du Touat et de la Saoura bien plus qu'au Tafilalet et à l'état marocain*“ (GOBLOT 1979, S. 158).

3) RUSSO (1923a, S. 428) beschreibt die *Guemamine* recht anschaulich folgendermaßen: „*Chaque espace ensemancé est partagé en petits rectangles d'un mètre et demi de large sur une longueur de quatre à cinq mètres séparés par des talus de vingt centimètres de haut environ faits simplement en terre. Ces rectangles portent le nom de guemoun (plur.: guemamin).*“

4) Es gibt nicht näher belegte Auffassungen, wonach die Technik der *Foggaguir* in den Bereich der westlichen Sahara bereits vor 2.000 Jahren durch Juden oder Berber aus der Cyrenaica gekommen sei (GOBLOT 1979, S. 125). Die *Khettaras* von Marrakech, die wahrscheinlich keinen Einfluß auf Figuig hatten, sind für das 12. Jahrhundert als aus Andalusien übernommene Technik bezeugt (GOBLOT 1979, S. 151; vgl. auch PASCON 1977, S. 376). MAROUF (1980, S. 264 f.) nimmt die Einführung der *Foggaguir* in den räumlich benachbarten Touat-Oasen für die Almoravidenzeit (11. Jahrhundert) durch die aus dem Machrek eingewanderten Barmaka an, die er als „*détenteurs du secret des «qanât» iraniens*“ bezeichnet. Wesentlich unpräziser äußert sich LAMBTON (1989, S. 5); er behauptet: „*In the 4th/10th century they spread to southern Algeria, where they are called foggara (fakkara)*“.

Sind diese Angaben schon vage genug für das Aufkommen der *Foggaguir* im Maghreb ganz generell, so erfahren wir speziell für Figuig diesbezüglich überhaupt nichts. Somit bleibt uns nichts anderes übrig als ganz lapidar festzustellen, daß der *Terminus ante quem* für das Auftreten der *Foggaguir* von Figuig das 18. Jahrhundert ist. Doch haben wir in einer Indizienkette versucht wahrscheinlich zu machen, daß in Figuig das Auftreten der *Foggaguir* etwa in des 12. Jahrhundert zu stellen sein dürfte.

Wasser zwischen den einzelnen *Qsour* sind uns vor allem die Zwistigkeiten zwischen Zenaga und Loudaghir, wie ausführlich erwähnt, bekannt (vgl. GAUTIER 1917)[5].

1.2 Wasserverteilung nach dem Austritt aus den *Foggaguir*

Beginnend mit dem Austritt der *Foggaguir* an der Oberfläche erstreckt sich ein ausgedehntes Netz von offenen Bewässerungsrinnen (*Séguia*, pl. *Souagui*), in welchen das Wasser auf gravitativem Weg bis zur Parzelle geführt wird. Diese *Souagui* differenzieren sich in Hauptkanäle[6] und (von ihnen abzweigend) Kanäle zweiter Ordnung (*Mesref*). Dem natürlichen Gefälle folgend, verlaufen die *Souagui* vorwiegend in einer Nord-Süd-Erstreckung (zuweilen aufgrund der Topographie modifiziert in eine NO-SW- bzw. NW-SO-Richtung; vgl. auch *Beilage 2*). Von den Hauptkanälen sind mittlerweile die meisten betoniert[7], um keine Wasserverluste beim Transport bis zum einzelnen Feld zu erleiden. In manchen Fällen handelt es sich allerdings noch um Erdrinnen, von denen entlang der *Séguia* angeordnete Palmen profitieren, die nicht eigens bewässert werden, sondern sich ihren Bedarf selbst durch das Sickerwasser sichern, was deutlich macht, daß das infiltrierende Wasser gar nicht ungenutzt verloren geht[8].

Die von stärkeren Quellen gespeisten *Souagui* weisen innerhalb des Verteilungsnetzes Stellen auf, von denen das Wasser wie bei einer Weiche in mehrere abzweigende Kanäle aufgeteilt wird, die man als *Iqoudass* bezeichnet. Der wohl eindrucksvollste dieser *Iqoudass* ist jener der Quelle von Zadderte, der sich unmittelbar an den Austritt der *Foggara* an der Oberfläche in einem überdachten Becken (das von der Bevölkerung von Zenaga von Fall zu Fall als Bad, also als *Hammam*, genutzt wird; vgl. *Foto 6*) anschließt. Das Wasser tritt durch insgesamt vier gleich große rechenartige Schleusen (vergleichbar dem Prinzip der *Kasria* in den Gourara-Oasen)[9] in Rinnen ein, die nach einem extrem komplizierten Verzweigungsknoten (bei dem jeder Ast in jede der abgehenden fünf *Souagui* „geschaltet" werden kann) beginnen (vgl. *Foto 7*). Die Besonderheit dieses *Iqoudass* besteht darin, daß er dem Postulat der Gleichheit, wie es in dieser Gesellschaft eine zentrale Rolle spielt, bei der Verteilung der wertvollen Ressource in vollem Maße Rechnung trägt. Anstelle vier annähernd gleiche Verteilungsäste, die jeweils eine bestimmte Gruppe von Wasserrechtlern versorgen, ein für alle Mal (und damit permanent) festzulegen, treffen wir auf ein kompliziertes und zugleich flexibles Verteilungssystem (vgl. *Abbildung 9*), das es ermöglicht, jeden der vier Verteilungsäste mit jeder der abgehenden *Souagui* nach einem Rotationsprinzip immer wieder neu zu verbinden. Damit wird natürlich jeder Verdacht vermieden, einer der Verzweigungsäste könne hinsichtlich seiner Schüttungsmenge bevorzugt oder benachteiligt sein. Mit dieser technischen Anlage kann somit die theoretische Gesamtschüttung der Quelle von Zadderte von 88 l/s, einesteils natürlich in vier gleich große Einheiten von je 22 l/s aufgeteilt werden (was den heutigen Regelfall bildet), aber durchaus auch jede andere Zuleitung in jede beliebige der *Souagui* geschaltet werden[10]. Infolge der Schlüsselfunktion des *Iqoudass* von Zadderte für die Wasserverteilung in Zenaga ist es verständlich, wenn dieser ummauert und stets abgeschlossen ist, um jeden Mißbrauch zu vermeiden.

Auch wenn der *Iqoudass* von Zadderte ungeheuer eindrucksvoll ist, bildet er doch, da es sich um eine Wasserweiche handelt, von der *permanent* in *alle* abzweigenden *Souagui* Wasser abgeführt wird, um eine Ausnahme in Figuig. Denn sehr viel zahlreicher sind solche *Iqoudass*, bei denen (je nach zugrundeliegenden Wasserrechten) das zugeführte Wasser jeweils nur in eine der abführenden *Souagui* gelenkt wird. Es muß wohl nicht eigens betont werden, daß die *Iqoudass* als

5) Doch sind die Rivalitäten auch anderswo nicht unüblich So berichten z.B. DE LA MARTINIERE & LACROIX (1896, S. 471) über die Bewohner von Hammam Tahtani folgendermaßen: „*Ils sont dans les plus mauvais termes avec leurs voisins d'El Hammam foukani qu'ils accusent de leur voler l'eau servant à irriguer les jardins, ce qui donne lieu à des rixes continuelles.*"

6) In der *Beilage 2* sind lediglich die *Souagui*, d.h. die Kanäle erster Ordnung, dargestellt. Rein optisch ist es im Gelände kaum möglich, aufgrund der bloßen Breite oder des Ausbauzustandes der Kanäle zwischen *Séguia* (Kanal erster Ordnung) und *Mesref* (Kanal zweiter Ordnung) zu unterscheiden, wie das ja bei Verteilungsnetzen, die auf Oberflächenwasser (z.B. *Oueds*) basieren, durchaus zu leisten ist. Der Grund dafür ist, daß aufgrund des noch näher zu beschreibenden Verteilungssystems der *Kharrouba* jede *Séguia* bzw. *Mesref* jederzeit die Gesamtschüttung der *Foggara* bewältigen können muß. Somit manifestiert sich der Unterschied zwischen *Séguia* und *Mesref* nicht in der Breite des Kanals, sondern in der Häufigkeit, in der Wasser über diesen Kanal transportiert wird: häufiger in der *Séguia* und seltener in der *Mesref*.

7) Neben der Ausmauerung der Luftschächte in den *Foggaguir* und einer statischen Renovierung dieser Galeriestollen selbst gehört die Betonierung der *Souagui* zu den wichtigsten bisher erfolgten Formen einer staatlichen Unterstützung für die Oasenwirtschaft in Figuig. Diese Unterstützung erfolgt durch die *Direction Provinciale de l'Agriculture* oder durch das örtliche *Centre de Travaux*.

8) Die alten Gewohnheitsrechte auf die Durchquerung einer Erd-*Séguia* durch ein Areal (wobei das Sickerwasser Palmem versorgen kann, ohne daß Wasserrechte bestünden) scheinen nicht mehr respektiert zu werden. Wenn dennoch unbetonierte *Souagui* einen Palmengarten durchqueren, so hat das eher mit irgendwelchen Restriktionen als mit anderen Argumenten zu tun.

9) Im *Iqoudass* von Zadderte treten vier Zuflüsse vom *Hammam* her ein, verlassen aber fünf *Souagui* die Weiche (vgl. *Abbildung 9*). Entscheidend ist hier nicht die Anzahl der *Souagui*, sondern das organisatorische Verteilungsprinzip: Auch wenn fünf *Souagui* abzweigen, ist das Wasser von Zadderte doch organisatorisch nur in vier gleichgroße Teilmengen untergliedert, die insgesamt 1.920 *Kharrouba* (= 4 x 480 *Kharrouba*) umfassen.

10) Von diesen vier *Souagui* waren nach RUSSO früher lediglich drei permanent in Funktion; die vierte war nur in Betrieb „[...] *les jours où par la suite d'une convention spéciale, El Abib dérive sur le bassin de Thaddert* [= Zadderte], *l'eau de la source d'Ifli N'Taddert*" (RUSSO 1923a, S. 424). Über die drei weiteren *Souagui* berichtet RUSSO, daß deren Wasser in zwei Fällen Privateigentum sei und im dritten Fall der *Jema'a* gehöre.

Foto 6: *Der Austritt der Foggara von Zadderte an der Oberfläche wurde als ein überdachtes Wasserbecken gefaßt, das die Bewohner von Zenaga auch als Hammam benutzen*

Foto 7: *Der Wasserhauptverteiler (Iqoudass) der Foggara von Zadderte, der sich unmittelbar an das Hamman von Foto 6 anschließt*

Abbildung 9: *Schemaskizze des Wasserhauptverteilers (Iqoudass) der Foggara von Zadderte. Der sehr komplizierte Verlauf der einzelnen Rinnen bis zum Austritt in fünf Haupt-Souagui ist gut zu erkennen.*

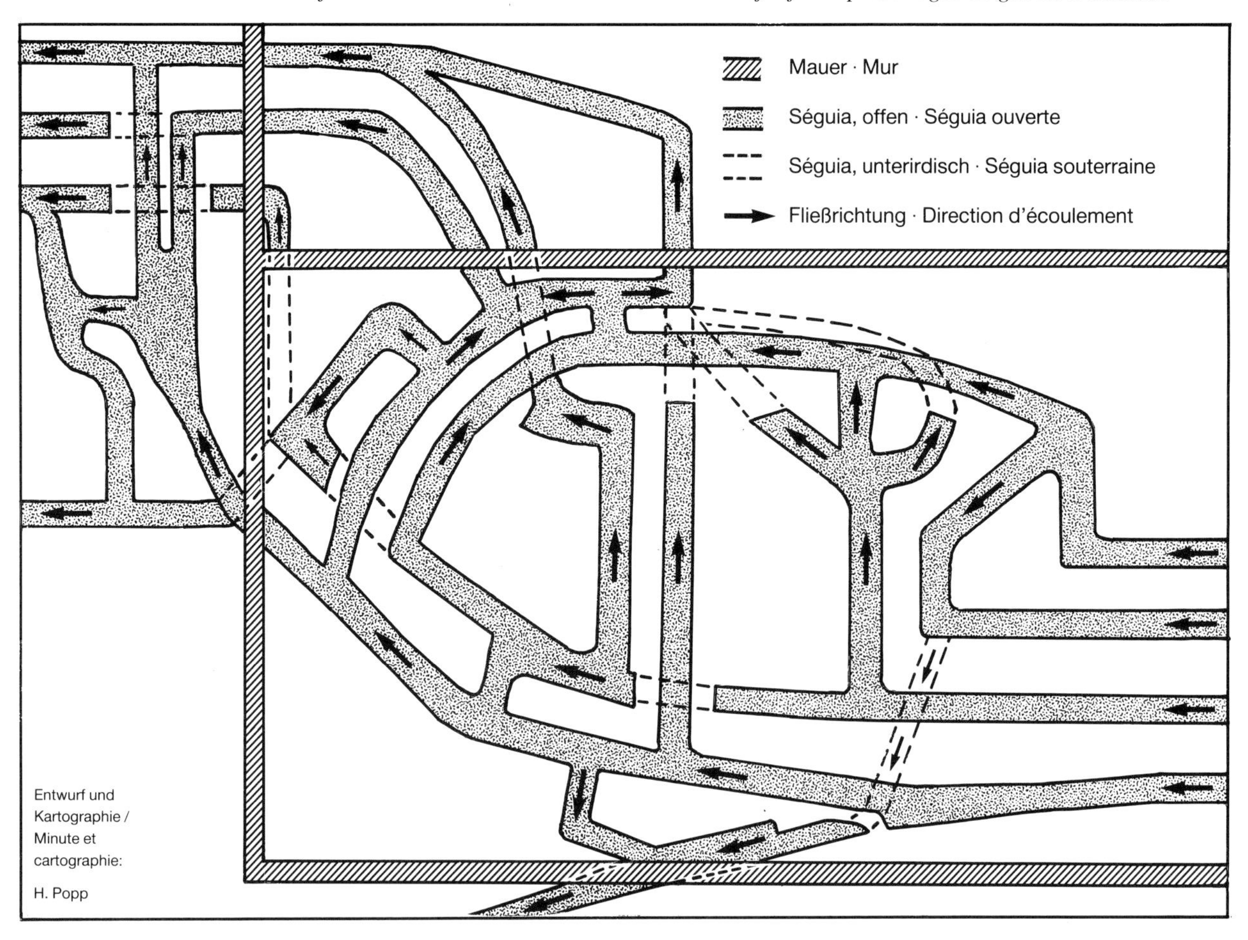

entscheidende Elemente im Wasserverteilungssystem öffentliche Orte sind, denen eine besondere Aufmerksamkeit gilt. Jeder hat ständig die Möglichkeit, sich davon zu überzeugen, daß die Wasserverteilung auch korrekt, d.h. gemäß den zugrundeliegenden Wasserrechten, erfolgt.

Nach einer amtlichen Erfassung aus dem Jahr 1975 (*Bulletin Officiel* N° 3292 vom 3.12.1975) schütten die über die verschiedenen *Foggaguir* austretenden »Quellen« insgesamt etwas über 200 Liter/Sekunde (l/s). Der *Qsar* Laâbidate verfügt zwar über die meisten Quellen (9), doch ist deren Schüttung durchwegs bescheiden, so daß ihm insgesamt nur knapp 8 l/s zur Verfügung stehen. Zenaga besitzt demgegenüber nur vier Quellen, doch befindet sich darunter die mächtigste Quelle der gesamten Oase, Zadderte mit 88 l/s, so daß die vier zusammen ca. 97 l/s ergeben (vgl. *Abbildung 10* und *Beilage 2*).

Die insgesamt etwa dreißig Quellen, die heute in Figuig für die landwirtschaftliche Bewässerung dienen, sind in den meisten Fällen im individuellen Besitz von Personen nur jeweils eines bestimmten *Qsar*. Es gibt jedoch einige Ausnahmen von dieser Regel, und zwar die folgenden:

- Das Wasser der *Foggara* von Tajemmalt wird sowohl von Berechtigten aus Hammam Tahtani (40 % der Schüttung) wie aus Hammam Foukani (60 % der Schüttung) genutzt. Durch einen als verschlossener Raum ausgebauten *Iqoudass* (der mit zwei Schlössern verriegelt ist, von denen jeder *Qsar* einen Schlüssel besitzt, also nur durch beide *Qsour* gemeinsam betreten werden kann) unterhalb der beiden Siedlungen wird das Wasser in die entsprechenden Anteile aufgegliedert.
- Wasserrechte an der *Foggara* von Marni Oulad Slimane haben sowohl Personen aus dem gleichnamigen *Qsar* als auch aus Zenaga. Erst in jüngerer Vergangenheit haben auch einige Personen aus El Maïz Rechte an der Quelle erworben (vgl. *Beilage 3*)[11].

11) Die in *Beilage 3* wiedergegebene Situation um 1950, als (von den genannten Ausnahmen abgesehen) die Felder, die mit Wasser einer bestimmten Quelle versorgt wurden, auch in der zum jeweiligen *Qsar* gehörigen Flur lagen, gilt *cum grano salis* auch noch für die Gegenwart, allerdings mit gewissen Modifikationen, auf die noch zurückzukommen sein wird.

Abbildung 10: *Oase Figuig. Überblicksskizze zur inneren Differenzierung der Oasenflur und der Foggaguir der sieben Qsour (vgl. auch Beilage 2)*

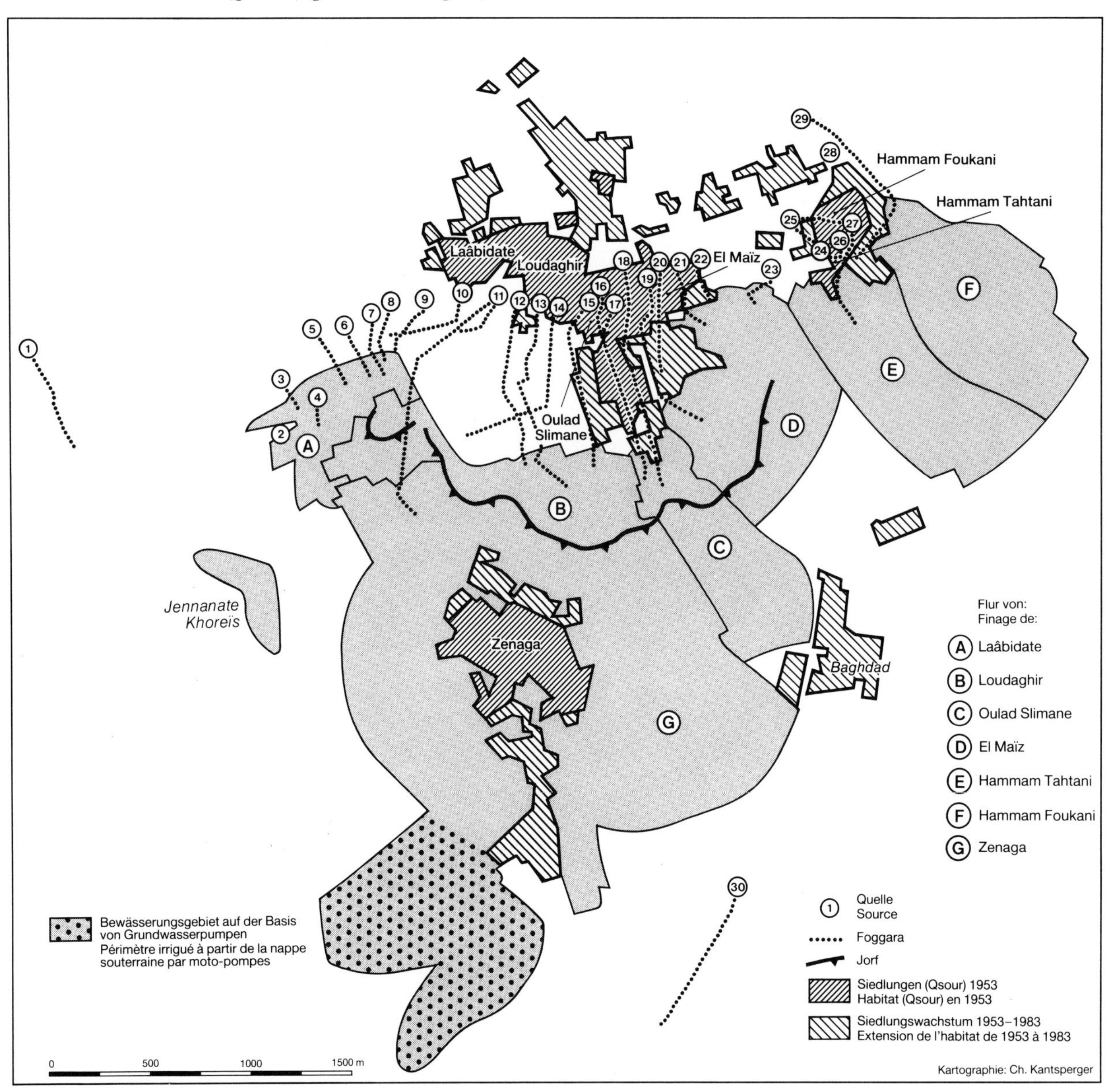

1.3 Innere Gliederung der Wasserversorgung nach *Qsour*

Es läßt sich eine detaillierte innere Differenzierung der Oasenflur nach der Herkunft des verwendeten Wassers erfassen (vgl. *Beilage 3*), mit Hilfe derer auch bereits erste Aussagen über die mittlere Wasserverfügbarkeit (und damit die Intensität der Nutzung) möglich sind. Dazu kann in einer sehr groben statistischen Zuordnung die mittlere Wasserverfügbarkeit pro Hektar und Sekunde herangezogen werden. Es braucht nicht eigens betont zu werden, daß so zustandekommende Maßzahlen höchst hypothetisch sind, da in ihnen keinerlei Aussagen über die detaillierten Wasserrechte gemacht werden, somit auch die innere Differenzierung der Wasserverfügbarkeit pro Fläche, die von einer bestimmten Quelle versorgt wird, unberücksichtigt bleibt. Dennoch lassen sich auf der Basis solcher Faustzahlen erste grobe Unterschiede in der Oase identifizieren.

Bei dieser schematischen Zuordnung der bewässerten Flächen von 1950 und der Quellschüttung von 1975 ergibt sich für die gesamte Oase eine mittlere Wasserverfügbarkeit von 0,4 l/s/ha[12] — und dieser

12) Leider stehen uns lediglich für diese beiden weit auseinanderliegenden Zeitpunkte die notwendigen Informationen flächendeckend zur Verfügung. Obwohl damit streng genommen jede korrelative Rechenoperation unzulässig ist (die beiden Datensätze

Foto 8: *Der Versammlungsplatz für die Jema'a, die gewählten Vertreter des Dorfparlamentes, von Hammam Foukani (mit darüber befindlichem Büro)*

Wert entspricht ziemlich genau auch dem Mittel für die mittlere Wasserverfügbarkeit jener Fläche, die mit Wasser aus der *Foggara* von Zadderte bewässert wird.

Die höchste Wassermenge pro Flächeneinheit ergibt sich mit weitem Abstand für die Fluren, die mit Wasser von Gaga, das zu Hammam Foukani gehört (1,2 l/s/ha), und der kleinen *Foggara* von Ifli n'Oulad Atmane (1,1 l/s/ha) versorgt werden. Es folgen als Quellen mit einer mittleren „Wasserversorgungsdichte" die *Foggaguir* von El Maïz (Pouarjia, Ifli Jdid, Beni Kerimen, Ali ou 'Amar und Tijjent) mit 0,5 l/s/ ha. Am anderen Ende der Skala liegen mit je 0,1 l/s/ha diejenigen Flächen, die Wasser von Aïn Elkhil und Aïn Oulad Dahmane erhalten und mit 0,2 l/s/ha die Flächen, die mit Wasser von Aïn Dar versorgt werden. Die extreme Benachteiligung des *Qsar* Laâbidate wird daraus ohne weiteres ersichtlich. Für die Quellen von Loudaghir (Bahbouha, Boumesloute und Tighzerte)[13] ergibt sich ebenfalls ein Wert von 0,2 l/s/ha[14].

Über die genannten Beispiele hinaus ist es für alle weiteren Quellen nicht möglich, Angaben wie die soeben getroffenen zu machen. Denn manche Gebiete werden mit Wasser aus mehreren Quellen versorgt, während unsere Unterlagen keine Auskunft darüber geben, wie hoch der Anteil jeder dieser Quellen an der Gesamtversorgung ist. Die Bezugseinheiten überlagern sich so sehr, daß auch jede nur approximative Korrelation unseriös wäre.

Insgesamt dominiert von der bewässerten Fläche her erwartungsgemäß das im Süden der Oase gelegene Areal von Zenaga, das mit Wasser von Zadderte versorgt wird (*Beilage 3*). Trotz der soeben gemachten Einschränkungen hinsichtlich der mittleren Wasserverfügbarkeit ist es sicherlich nicht überraschend, wenn wir ganz generell feststellen können, daß diejenigen

liegen 25 Jahre auseinander), kann man davon ausgehen, daß die eingetretenen Veränderungen der Wasserschüttung von 1950 bis 1975 so gering waren (mit Ausnahme der Quellen von Loudaghir durch die Pumpförderung aus der Quelle von Tighzerte, siehe Kapitel 4), daß diese für 1950 zurückprojiziert werden können. Als grobe Orientierungswerte für 1950 eignen sich die Maßzahlen also durchaus; einen weitergehenden Anspruch erheben sie nicht.

13) Die seit 1965 erfolgende Pumpbewässerung von 20-30 l/sec aus der Quelle von Tighzerte ist hierbei unberücksichtigt geblieben.

14) Die für Loudaghir errechnete Zahl ergibt allerdings wenig Sinn. Die Daten von 1975 wurden zehn Jahre nachdem die Pumpförderung von Tighzerte begonnen wurde (die die gesamte Wasserschüttung völlig veränderte) veröffentlicht. Das, was im *Bulletin Officiel* angegeben ist, respräsentiert weniger den faktischen Zustand als vielmehr die Situation der Wasserrechte.

Quellen, die besonders reich schütten, meist auch die größten Flächen zu bewässern ermöglichen, nämlich Zadderte, Pouarjia, Bahbouha und Tajemmalt (wobei diese Regel für Gaga sicherlich nicht zutrifft).

1.4 Organisation der Wasserrechte

Innerhalb des jeweiligen *Qsar* sind die Wasserrechte zumeist nicht auf einzelne Lineages beschränkt, sondern reichen über diese Sozialkategorien hinaus. Ein Beleg dafür ist, daß die organisatorische Einheit, welche über die korrekte Umsetzung der Wasserrechte wacht, das Dorfparlament, die *Jemâa*, ist (vgl. *Foto 8*). In Figuig sind die Anteile pro Berechtigtem an der Gesamtwasserschüttung (wie in den meisten anderen Saharaoasen auch) in Form von Zeiteinheiten der faktischen Wasserschüttung geregelt. Der Gesamtumlauf an Zeit, nach dessen Ablauf man als Berechtigter wieder für eine genau festgelegte Phase über das Wasser einer Quelle verfügen darf, die *Nouba* (Wasserumlauf), beträgt in Figuig 14-16 Tage[15]. Dieses Zeitintervall ist untergliedert in Einheiten von je 45 Minuten, welche *Kharrouba* genannt werden[16]. Wenn jemand an einer Quelle mit einer *Nouba* von 14 Tagen ein Wasserrecht von 3 *Kharrouba* besitzt, so heißt das, daß er vierzehntägig in einer genau festgelegten Reihenfolge für dreimal 45 Minuten, somit für 135 Minuten, über das Wasser aus der Quelle verfügen darf.

Um auch eine genaue und korrekte Wasserverteilung gemäß den bestehenden Wasserrechten zu gewährleisten haben einige *Qsour* der Oase, nämlich Zenaga, Oulad Slimane und El Maïz, die Institution der Wasserwächter als Vertrauenspersonen eingeführt, der sog. *Sraïfi*[17]. Deren Aufgabe ist es, darüber zu wachen, daß die dem einzelnen zustehenden Zeiten einer Wasserableitung auch korrekt eingehalten werden und daß er für genau jene Phase über das Netz der *Souagui*, beginnend bei einer Wasserweiche (*Iqoudass*), den Wasserstrom auf seine Felder gelenkt erhält.

Die artesischen Quellen von Figuig, deren Genese vor dem Austritt durch einen Transport über weite Entfernungen gekennzeichnet ist und dabei auch in erhebliche Tiefen abgetaucht sein muß (wofür ihr thermischer Charakter ein Beweis ist), weisen nahezu ganzjährig, wie bereits erwähnt, relativ konstante Schüt-

Foto 9: *Blick vom Jorf in Richtung Süden über einen Teil der Flur von Zenaga, wo eines der so typischen Wasserspeicherbecken (Sehrij) zu erkennen ist*

15) Eine Umlaufzeit von 14 Tagen (448 *Kharrouba*) weisen z.B. die Quellen von Aïn Dar, Aïn Oulad Mimoune und Ali ou 'Amar auf; 15 Tage (480 *Kharrouba*) beträgt die *Nouba* u.a. für die Quellen von Oulad Atmane, Aïn Chiblachi und Tighzerte; 16 Tage (512 *Kharrouba*) schließlich beträgt die Rotationszeit eines Umlaufes für die im östlichen Teil der Oase gelegenen Quellen von Tijjent Hammam Foukani, Tajemmalt und Tafraoute. Die mächtige Quelle von Zadderte besitzt eine *Nouba* von 15 Tagen, doch wird sie durch einen *Iqoudass* unmittelbar nach ihrem Austritt in vier gleichgroße Anteile von je 22 l/sec aufgefächert, so daß aus ihr insgesamt 1.920 *Kharrouba* hervorgehen (vgl. *Bulletin Officiel* N° 3292 vom 3.12. 1975).

16) Heute wird die Zeiteinheit der *Kharrouba* natürlich mit der Uhr gemessen. In früheren Zeiten wurde zur Bestimmung der Zeiteinheit einer *Kharrouba* ein Gefäß herangezogen, das ebenfalls den Namen *Kharrouba* aufweist. Dabei handelt es sich um eine hohle Halbkugel aus Kupfer, die auf ihrer Unterseite eine ganz kleine Öffnung aufweist. Wie ein kleines Schiffchen wird diese Halbkugel auf eine stehende Wasserfläche gesetzt. Wenn sie untergeht, ist der Zeitraum von einer *Kharrouba* verstrichen; die Nutzungsberechtigten wissen, daß nun eine *Séguia* zu schließen ist, um das Wasser zum nächsten Berechtigen zu lenken (siehe auch Skizze bei Russo 1923, S. 430). Schon de Castries (1882, S. 406) beschreibt diesen Vorgang akribisch genau: „*La mesure de la kharrouba s'obtient en faisant flotter dans un bassin un récipient de un litre et demi dont le fond est percé d'un trou excessivement petit. Quand le récipient est rempli, le seraïfi (contrôleur de l'eau) compte une kharrouba et coupe l'eau*". Ähnlich auch bei de la Martiniere & Lacroix 1896, S. 505.

17) Russo (1923a, S. 424) weist mit Nachdruck darauf hin, daß die übrigen *Qsour* der Oase (Laâbidate, Loudaghir, Hammam Foukani und Hammam Tahtani) nie die Institution eines *Sraïfi* besaßen. Für sie gilt, daß „[...] *il n'y a pas de personnage officiel chargé de la distribution des eaux, le rôle de seraïf est rempli par les intéressés eux-mêmes*". Über diese Feststellung kann man jedoch geteilter Meinung sein. So hat z.B. Loudaghir heute sehr wohl einen *Sraïfi*.

Foto 10: *Ein Sraïfi neben seinem Speicherbecken beim Messen der entnommenen Wassermenge mit Hilfe einer Meßlatte (Akhdour n-Ou'allam)*

Foto 11: *Sraïfi beim Ablesen der entnommenen Wassermenge mit Hilfe seines geeichten Lineals (Tighirte)*

tungsmengen auf[18]. Da zudem innerhalb der Oase ein erhebliches Relief von den Quellen bis zu den Feldern festzustellen ist, hat man dies organisatorisch in außerordentlich erfinderischer Weise genutzt und — verglichen mit anderen saharischen Oasen — zwei Spezifika, die für Figuig charakteristisch sind, eingeführt:

● Das Wasser wird in der Mehrzahl der Fälle nicht während der jeweiligen *Kharrouba*, die gerade bedient wird, auch gleich über das Netz der *Souagui* unmittelbar auf die Felder geleitet, sondern zunächst in einem Speicherbecken (*Sehrij*; vgl. *Foto 9*) „zwischengelagert". Die große Anzahl derartiger Speicherbecken ist in Figuig nicht zu übersehen (*Beilage 2*): es gibt deren Hunderte. Dadurch wird die Wasserverteilung für den einzelnen Berechtigten flexibler und auch bequemer. Das Wasser von Rechten des nächtlichen Halbtages (der sog. kleinen *Tanita*) muß nicht direkt so abgeleitet werden, daß es sofort die Felder erreicht, um nicht verlustig zu gehen; es wird einfach „auf Vorrat" gespeichert und dann erst tagsüber (oder auch erst Tage später) verteilt. Die ansonsten bei den Oasenbauern nicht sehr beliebten Wasserrechte während der nächtlichen *Tanita* (müssen sie dann doch vor Ort präsent sein) sind derart in Figuig in gleicher Weise nutzbar wie die der Tages-*Tanita*: der nächtliche Schlaf des *Sraïfi* bzw. Nutzungsberechtigten wird nicht durch solche Pflichten unterbrochen. Durch die Zwischenschaltung der Speicherbecken erfolgt die eigentliche Wasserverteilung nicht mehr von den *Foggaguir* aus, sondern beginnt bei den Becken. Die Zwischenspeicherung in Becken hat übrigens eine lange Tradition; sie ist keineswegs eine Innovation der Protektoratszeit. Schon die ersten Forschungsreisenden und Militärs des 19. Jahrhunderts und zu Beginn des 20. Jahrhunderts berichten von diesen Wasserspeicherbecken. Sie sind mit Zement ausge-

18) Dies gilt für die schwächeren Quellen des *Qsar* Laâbidate nur mit Einschränkungen; jedenfalls berichten die Bewohner dort von einer gewissen Variabilität der Wasserspende im Jahresgang. Es war uns nicht möglich, im Rahmen unserer Forschungen diesen Aspekt zu überprüfen.

kleidet, umfassen in der Regel eine Fläche von 50 bis 150 m^2 und besitzen eine Tiefe von bis zu 4 m[19].

- Mit Hilfe dieser Becken kann man organisatorisch die Zeiteinheiten der *Kharrouba* — nachdem ja die Schüttungsmengen annähernd konstant sind — de facto wie Volumeneinheiten behandelt, die den Namen *Tighirte* aufweisen. Dabei handelt es sich um nichts anderes als eine Substitution der Zeiteinheit *Kharrouba* durch die Volumeneinheit *Tighirte*. Im Falle der Quelle von Zadderte beispielsweise entspricht eine *Kharrouba* (eine Schüttungsmenge von 45 Minuten) einem Wasservolumen von 34 m^3. Die *Sraïfis* haben für ihr Speicherbecken die „Übersetzung" von der *Kharrouba* zum *Tighirte* so vorgenommen, daß die Höhe des Wasserstandes im Becken geeicht wurde. Wenn Wasser abgelassen wird, mag beispielsweise eine Erniedrigung des Wasserstandes um 10 cm einer *Kharrouba* entsprechen. Der *Sraïfi* mißt zu Beginn und am Ende jeder Wasserableitung zu einem Wasserrechtler mit einem senkrecht eingetauchten Meßstab (meist ein Dattelpalmenast) den Wasserstand (vgl. *Foto 10*) und markiert ihn mit einer Schnur, einer Kerbe oder einem Bleistiftstrich. Die Differenz zwischen beiden Meßpunkten wird nun gemessen mithilfe eines linealartigen Meßgerätes, das ebenfalls *Tighirte* heißt und die Einheiten von einer ganzen, einer halben und einer Viertel-*Kharrouba* verzeichnet (vgl. *Foto 11*). Dieses Meßsystem besticht durch seine Einfachheit, die doch zugleich außerordentlich funktional ist, und ermöglichte der Oase Figuig eine effiziente, leicht zu organisierende und zugleich flexible Wasserverteilung.

2 Elemente der landwirtschaftlichen Oasenproduktion

1 Die Dattelpalme als Leitkultur

Während die Wasserverfügbarkeit und die Wasserverteilung die Voraussetzung für die Existenz einer[19]Oase sind, dominiert (wie in den meisten übrigen Saharaoasen auch) bei der Nutzung auch in Figuig die Dattelpalme als Charakterpflanze. Es handelt sich um eine der am weitesten nördlich gelegenen Dattelpalmenoasen in Marokko und im ganzen Maghreb überhaupt; die nördliche Verbreitungsgrenze der Dattelpalme verläuft nur wenig nördlich von Figuig.

Die Dattelpalme bestimmt in physiognomischer Hinsicht die bewässerten Flächen und sie ist auch unter ökonomischen Aspekten die Leitkultur. Das überrascht nicht, ist doch für viele Autoren die Dominanz der Dattelpalme geradezu ein entscheidendes Definitionsmerkmal für eine Oase (vgl. SCHIFFERS 1970, S. 618). Und wahrscheinlich war es der Eindruck des imposanten Palmenmeeres, der DE CASTRIES zu der Aussage hinriß, Figuig sei „*la plus riche oasis de la région comprise entre Laghouat et le Tafilala*" (1886, S. 401).

Über die Anzahl der Dattelpalmen in der Oase Figuig gibt es höchst unterschiedliche Angaben, die dafür sprechen, daß zumeist eine grobe Schätzung, wenn nicht ausschließlich eine Spekulation, keinesfalls aber eine seriöse Zählung zugrundeliegt. RIVIERE (1907, S. 202) liegt mit seinen Angaben von 300.000 Palmen — sogar von 600.000 Palmen nach Informationen, die er von Notablen hat, - deutlich über der Realität [20]Demgegenüber nennt BERNARD (1911, S. 253) lediglich 100.000 Palmen, von denen er 48.000 in den algerischen Teil, also entlang des Oued Zousfana und nach Beni Ounif, stellt. Diese beiden Extremnennungen können durch eine ganze Palette weiterer Angaben ergänzt werden, die man hier wohl zum größten Teil nicht weiter ernst nehmen sollte[21], weil die Basis ihrer Angaben jeweils unerwähnt bleibt.

Schon eher Beachtung verdienen die Angaben von VAYSSIERE (1922, S. 13), der auf der Basis der Steuerabgaben (*Tertib*), die pro Palme 0,05-0,3 Francs betrug, zu insgesamt 219.421 Palmen gelangte, von denen ca. 152.000 *intra muros* (also in der Kernoase) bewässert wurden und weitere ca. 67.000 entweder unbewässert waren oder *extra muros*, und das heißt in gewisser Entfernung von der eigentlichen Oase, bewässert wurden. Diese Zahlen belegen, daß auch die räumlich von der Kernoase entfernt gelegenen Kulturflächen keinesfalls vernachlässigt werden dürfen. Wieder versorgt uns RUSSO mit besonders differenzierten Angaben, die (obwohl etwa zur gleichen Zeit wie die von VAYSSIERE zitierten erhoben) allerdings deutlich abweichen. Er gibt für die Kernoase („*enceinte*") 110.600 Palmen an und schätzt, daß etwa weitere 40.000 Palmen in verschiedenen Kleinoasen der Umgebung, die auch Leuten aus Figuig gehören, existieren

19) DE CASTRIES (1882, S. 406) erwähnt bereits Becken, in denen das Wasser gespeichert wird. Ebenso berichtet RIVIERE (1907, S. 234) darüber, daß zu jeder Quelle mindestens ein „*bassin de captage ou de réserve*" gehöre. Auch Artikel, die eher oberflächliche Impressionen wiedergeben, wie z.B. der von ARRIENS (1931, S. 210), beschreiben dieses physiognomisch unübersehbare Element: „*Vorbei an viereckigen Wasserbassins, in deren grünem Wasser sich die breitgewölbten Dattelpalmenkronen spiegeln*".

20) Diese Zahl von 300.000 Palmen übernehmen offenbar auch ARRIENS (1931), dessen Beitrag diese Zahl sogar im Titel erwähnt: „Figig, die Oase der 300000 Palmen" und GROMAND (1939, S. 90).

21) So z.B. bei EL HACHEMI (1907, S. 243): 250.000 Palmen; RUSSO (1922, S. 125): 200.000 Palmen; DELAFOSSE (1933, S. 90): 173.000 Palmen. Diese Zahlen können mit ein Hinweis darauf sein, daß neben dem Kernbereich der Oase auch die entfernter gelegenen Kleinoasen nicht unberücksichtigt bleiben sollten.

(1923a, S. 421 f.). Für die Kernoase erfahren wir sogar von einer Differenzierung in „gut bewässerte" und „schlecht bewässerte" Palmen: Demnach gibt es in Zenaga nur „gut bewässerte" Palmen; der Anteil der „schlecht bewässerten" Palmen ist für El Maïz 8 %, Loudaghir 35 %, Oulad Slimane 22 %, Hammam Foukani 22 %, Hammam Tahtani 16 % und Laâbidate 26 %. Die Gesamtzahl der Palmen von 110.600 differenziert sich nach der gleichen Quelle für das Jahr 1923 folgendermaßen nach *Qsour*: Zenaga 37 %, El Maïz 18 %, Loudaghir 15 %, Oulad Slimane 9 %, Hammam Foukani 8 %, Hammam Tahtani 7 % und Laâbidate 7 % des Bestandes der Oase.

Für die Kernoase (ohne die inzwischen nicht mehr bewässerten Flächen im Norden der Flur von Laâbidate und in weiten Bereichen der Flur von Loudaghir sowie ohne die südliche Erweiterungszone der Oase im Viertel Berkoukess, d.h. für das Verbreitungsgebiet der *Beilage 3*) nennt schließlich der *Etat parcellaire* von ca. 1950, in welchem die Palmen und Fruchtbäume pro Parzelle [sic!] angegeben sind, 59.113 Dattelpalmen, ergänzt durch weitere 18.704 Fruchtbäume (vgl. *Tabelle 4* in Kapitel 2)[22]. Demnach entfallen auf die Flur von Zenaga 34 % aller Palmen, auf Hammam Foukani 20 %, Hammam Tahtani 7 %, El Maïz 12 %, Loudaghir 15 %, Oulad Slimane 8 % und Laâbidate 5 %.

Die Unterschiede zwischen den beiden letztgenannten Datenquellen sind nicht nur durch den unterschiedlichen Zeitpunkt der Erhebung bedingt; es müssen auch prinzipielle Unstimmigkeiten zur Kenntnis genommen werden[23]. Indem wir eine weitere Schätzung wagen, gehen wir davon aus, daß die Kernoase von Figuig heute etwa 80.000-90.000 Dattelpalmen umfassen dürfte; doch ist auch dieser Wert nur in seiner Größenordnung zutreffend.

Die in Figuig üblichen Dattelsorten sind sehr zahlreich. RUSSO (1923a, S. 426) nennt zehn verschiedene Sorten und rangiert von der Qualität her die Sorte *Aziza* an vorletzter Stelle[24], was unzutreffend ist, da diese hinsichtlich ihrer Qualität oft mit der berühmten *Deglet Nour* verglichen wird[25]. Schon recht frühzeitig wurde Figuig von der Gefäßkrankheit *Bayoud* heimgesucht, die ja den Dattelpalmenbestand der westlichen Sahara in drastischer Weise dezimierte. Ab 1921 wurde *Bayoud* nachgewiesen; und bis in die Gegenwart ist diese Krankheit ein Problem, das nicht völlig ausgerottet worden ist[26].

2.2 Unterkulturen der Dattelpalmen

Neben der Dattelpalme gibt es in reicher Zahl Fruchtbäume, die als „mittleres Stockwerk" im Rahmen des auch in Figuig in weiten Gebieten verbreiteten Stockwerkbaus der Kulturen fungieren. Im wesentlichen handelt es sich um mediterrane Fruchtbäume (Granatäpfel, Ölbäume, Feigen; daneben auch vereinzelt Aprikosen, Pflaumen, Wein, Pfirsiche, Äpfel, Birnen und Quitten) — ein Spektrum, das bereits RUSSO (1923a, S. 427) beschreibt[27].

Schließlich fungiert als unterstes Stockwerk die Ebene der Bodendeckerpflanzen. In den bewässerten Gärten, die über reichlich Wasser verfügen und gut unterhalten werden, spielt der Gemüseanbau eine wichtige Rolle, wobei ein weites Spektrum von Pflanzen, die im mediterranen Gartenbau üblich sind, auftritt: von den Karotten zum Sellerie, von den Tomaten zu den Zwiebeln, von den Gurken zu den Wassermelonen. Daneben werden auch Futterpflanzen angebaut, vor allem Luzerne; neuerdings tritt auch der Mais als Futterpflanze hinzu. Von den Brotgetreidearten dominieren Gerste und Weizen; hinzu kommt ganz wenig Sorgho.

Im Falle des Stockwerkbaus schafft das Schattendach der Dattelpalmen ein Mikroklima, das es den Fruchtbäumen und z.T. auch den Bodendeckern ermöglicht, selbst unter den extrem ariden Bedingungen von Figuig gute Wachstumsbedingungen zu finden. Doch ist der Stockwerkbau nicht überall in der Oase anzutreffen. Je weniger Wasser zur Verfügung steht und je extensiver die Nutzung ausfällt, desto stärker tendiert sie zu einem Fortfall des mittleren Anbaustockwerkes, um schließlich überhaupt keine Unterkulturen mehr aufzuweisen. Dadurch entsteht in der inneren Differenzierung der Oase eine Art Nutzungsgradient: Stockwerkbau mit Dattelpalmen, Fruchtbäumen und Bodendeckern — reduzierter Stockwerkbau mit Dattelpalmen und Bodendeckern — nur noch Dattelpalmen.

Parallel zu der soeben beschriebenen Anbauintensität ist auch die Ummauerung der Anbauparzellen zu sehen. Während im Falle intensiver Bewässerung die Gärten stets hermetisch nach außen mit einer 2-3 m ho-

22) Diese Zahl entspricht grob den Angaben für den *Tertib* des Jahres 1948, wo für Figuig ca. 100.000 Palmen erwähnt werden (PEREAU-LEROY 1958, S. 4). In den Angaben des *Tertib* sind auch alle randlichen Kleinoasen einbezogen.

23) So kann wohl kaum der relative Anteil der Palmen von Hammam Foukani am Gesamtpalmenbestand der Oase zwischen 1923 und 1950 von 8 auf 20 % angestiegen sein (das entspricht einem Wachstum der absoluten Zahl von Dattelpalmen von 8.350 auf 11.852) bzw. der entsprechende Anteil von El Maïz von 18 auf 12 % zurückgegangen sein (von 19.800 auf 6.859 Dattelpalmen).

24) RUSSO nennt im einzelnen nach der Qualität folgende Rangordnung: 1. *Aghrass*, 2. *Feroughen*, 3. *Feggous*, 4. *Ossian*, 5. *Zizan Bouzid*, 6. *Taberchant*, 7. *Taâbdout*, 8. *Afloughen Tijjint*, 9. *Azziza* und 10. *Tlazouaght*. Eigens erwähnt er, daß die Sorte *Azziza* sehr süß sei und in Figuig große Wertschätzung erfahre.

25) Bei PEREAU-LEROY (1958) wird von den in Figuig üblichen Sorten lediglich *Aziza* bei der Präsentation der wichtigsten Varietäten Marokkos berücksichtigt.

26) PINOY (1925, S. 137) berichtet, daß einzelne Varietäten bisher gänzlich oder größtenteils resistent gegen die Gefäßkrankheit *Bayoud* seien, so vor allem *Ossian* und insbesondere *Taâbdout*.

27) RUSSO (1923, S. 427) erwähnt auch durch die französische Verwaltung unter Colonel PARIEL initiierte Versuche mit dem Anbau von Baumwolle, die sich offenbar nicht bewährt haben. Jedenfalls gibt es einen solchen Anbau heute nicht mehr.

hen Lehmmauer abgeschlossen und mit einem Schloß verriegelt sind, weisen die extensiver genutzten Flurteile meist keine Ummauerung mehr auf, sondern sind offen zugängliche Flächen.

2.3 Die Viehzucht

Daß in Figuig auch die Viehzucht eine wichtige, funktional mit dem Anbau verknüpfte Rolle spielt, ist physiognomisch nicht erkennbar oder lediglich über die Luzerneflächen erschließbar. Es handelt sich ausschließlich um Stallhaltung[28]; die Anzahl der gehaltenen Tiere ist zumeist sehr gering. Es ist kaum möglich, sich ein verläßliches Bild vom quantitativen Stellenwert der Viehhaltung im Rahmen der Oasenwirtschaft in der Vergangenheit zu machen. In Form der Stallhaltung (also durch Futterproduktion auf den Feldern) kann sie nie eine wesentlich größere Rolle als heute gespielt haben. Wie für den Anbau so gilt auch für die Viehhaltung, daß es sich ganz überwiegend um eine Produktion für den Eigenbedarf handelt. Meist wird nur eine einzige Kuh gehalten, und daneben gibt es mehrere Schafe und Ziegen. Bei den Ziegen dominiert die Rasse *Barbi*[29], die als ökologisch gut angepaßt gelten muß und als Milch- wie auch Fleischlieferant gute Leistungen erbringt.

Der Stallmist wird als Dünger (in Form von Häcksel) auf die Felder gebracht und dient damit zu einer Ertragssteigerung für die Gemüse[30]. Somit ist die Stallviehhaltung innerhalb des gesamten landwirtschaftlichen Bewässerungssystems der Oase ein integrales Glied, das zu einer Intensitätssteigerung der Produktion beitragen kann.

Die wichtigsten landwirtschaftlichen Produkte der Oase bildeten in der Vergangenheit zugleich auch die nahezu ausschließliche Ernährungsquellen für die Bewohner: Datteln, Brot, *Couscous*, *Lebben* (eine Art Buttermilch) und zunehmend auch Gemüse sowie manchmal Fleisch.

2.4 Interdependenzen im traditionellen Oasen-Ökosystem

Das traditionelle Oasen-Ökosystem hängt somit in entscheidender Weise vom verfügbaren Wasser ab. Mit seiner Hilfe werden Anbaubedingungen geschaffen, die außerordentlich intensiv sein können und als Gartenbau zu bezeichnen sind: Es werden mehrere (meist zwei) Ernten pro Jahr für die Bodendeckerkulturen möglich; der Stockwerkbau ermöglicht den synchronen Anbau mehrerer Früchte zugleich auf derselben Fläche; das künstlich geschaffene Mikroklima fördert die Wachstumsbedingungen des mittleren und unteren Anbaustockwerkes.

Durch den zweiten Produktionszweig, die Viehzucht in Stallhaltung, erfolgt nicht nur eine Veredelungswirtschaft; der anfallende Mist trägt in entscheidender Weise dazu bei, daß die Erträge erhöht werden und der künstlich vermehrte pflanzenverfügbare Mineralgehalt die Bodeneigenschaften verbessert und erhält. Beide Produktionszweige, Anbau und Viehhaltung, münden in eine Selbstversorgung der einzelnen Haushalte, ohne freilich zumeist eine komplette Selbstversorgung gewährleisten zu können.

Das außerordentlich komplexe Ineinander und Miteinander der verschiedenen Produktionszweige gewährleistet ein hochintensives Landwirtschaftssystem, das indes infolge seiner Komplexität auch sehr anfällig ist. Wenn nur eine der Input-Größen ausfällt oder auch nur in veränderter Weise auftritt, so hat das auch auf die anderen Produktionszweige Auswirkungen. Nimmt z.B. die Wasserverfügbarkeit ab, dann sinkt die Anbauintensität; fällt dadurch die Luzerne als Anbaufrucht aus, so kann der Kleinviehbestand nicht mehr ernährt werden; damit kann aber die Milch- und Fleischproduktion nicht mehr aufrecht erhalten werden; in der Flur treten schließlich Verfallserscheinungen auf. Die Oasenwirtschaft von Figuig war in der Vergangenheit somit (was ihre landwirtschaftlichen Bestandteile angeht) in erster Linie ein geschlossenes funktionales System, das wenig Außenbeziehungen aufwies[31]. Diese funktionale Isolation hatte für die Erhaltung des Produktionssystems Vor- und Nachteile.

28) Dies schließt nicht aus, daß einzelne Haushalte auch Herden halten, die auf von Figuig weiter entfernten Weiden ernährt werden, sei es in eigener Regie, sei es als Pensionsvieh bei Nomaden der näheren Umgebung. Doch ist dieser Fall sehr selten, und zudem hat die Haltung funktional keine unmittelbare Beziehung zur Oasenwirtschaft.

29) Mit dem Namen *Barbi* wird vermutlich die gleiche Ziegenrasse bezeichnet, wie die im Tafilalet *Dmane* genannte. Sie weißt ungewöhnlich günstige zootechnische Eigenschaften auf: „[...] *désaisonnement (une mise bas tous les six mois-dix jours), prolificité élevée voisine de 200 % en conditions locales d'élevage*" (DOLLE 1986, S. 72).

30) In der Vergangenheit gab es darüber hinaus in Figuig, insbesondere in Zenaga, die Tradition, auch den menschlichen Kot zunächst in öffentlichen Trockenlatrinen dörren zu lassen, um ihn ebenfalls als Dünger zu verwenden (vgl. RUSSO 1923a, S. 433 f.).

31) Von DELAFOSSE (1933, S. 90) erfahren wir, daß um 1930 von den in Figuig jährlich produzierten 2.000 t der Löwenanteil, nämlich 1.640 t (= 82 %), für den Export verwendet wurde. In der Gegenwart dürfte demgegenüber der Anteil der aus der Oase heraus vermarkteten Datteln nur einen geringen Anteil ausmachen; mittlerweile dominiert die Selbstversorgung, ja die Versorgung von außen nimmt einen hohen Stellenwert ein.

Kapitel 4

Die aktuellen Wandlungen in der Oasenwirtschaft anhand von Fallstudien

1 Auswahl der Untersuchungsgebiete

Auch wenn es das Ziel der bisherigen Ausführungen war, Figuig vor allem in seinen generellen und allgemein gültigen Organisationsprinzipien zu präsentieren, mußten wir doch immer wieder darauf hinweisen, daß bestimmte Merkmale, welche die Funktionsweise und Morphologie betreffen, nur in Teilgebieten der Oase auftauchen bzw. daß bestimmte Prozesse und Strukturmerkmale in ihren Anteilen innerhalb der Oase stark variieren. Bei allen unleugbaren Gemeinsamkeiten ist somit die Oase Figuig auch durch eine kleinräumig außerordentlich differenzierte Vielfalt zu charakterisieren, und sie ist in der Konstellation der bestimmenden Faktoren durch eine recht unterschiedliche Ausprägung der einzelnen empirischen Sachverhalte gekennzeichnet.

Diese kleinräumige Vielfalt ist ein deutlicher Hinweis darauf, daß gegenwärtig ganz unterschiedliche Kräfte und Faktoren die Produktionsbedingungen der Oase beeinflussen und prägen. Es ist deshalb von entscheidender Wichtigkeit, dem auch empirisch Rechnung zu tragen, indem mehrere kleinräumige Beispielgebiete ausführlicher untersucht werden sollen, um so das ganze Spektrum der Handlungssituationen gebührend zu berücksichtigen.

Insgesamt ist unsere Wahl auf fünf Beispielgebiete gefallen. Sie sind keineswegs willkürlich ausgewählt worden, sondern repräsentieren die wichtigsten Struktur- und Entwicklungstypen der Oase Figuig. Wenn die Beispielgebiete als „Typen“ angesprochen werden, so ist damit zugleich zum Ausdruck gebracht, daß keine Repräsentativität dieser Ausschnitte im statistischen Sinne für die Gesamtoase angestrebt wird. Allerdings wird der Anspruch erhoben, bei der getroffenen Auswahl damit die wichtigsten ablaufenden wirtschafts- und sozialgeographischen Prozesse, die zugleich auch räumlich differenziert auftreten, in qualitativer Hinsicht zu berücksichtigen. Mehrere der ausgewählten Beispielgebiete wären somit auch durch die Auswahl anderer Teilräume der Oase ersetzbar gewesen; einige sind indes nur singuläre Erscheinungen.

Bereits die räumliche Lage der fünf Beispielgebiete innerhalb der Oase (vgl. *Abbildung 11*) verdeutlicht, daß mit deren Auswahl die ganze Variationsbreite der Erscheinungen innerhalb der Flur von Figuig berücksichtigt werden soll. Im einzelnen repräsentieren unsere fünf Fallstudien folgende Typen:

1. Das **Beispielgebiet Laâbidate-West** steht stellvertretend für jene Oasenteile, die in der Gegenwart durch zunehmenden Wassermangel wie auch durch interne soziale Probleme in die Krise geraten sind. Eine derartige Situation findet man heute in der gesamten Flur von Laâbidate (also auch in den weiter östlich an unser Beispielgebiet anschließenden Gärten) sowie (wenn auch anders, nämlich vor allem durch Sandverwehung verursacht) am Nordrand der Fluren von El Maïz und Hammam Foukani.

2. Das **Beispielgebiet Oulad Slimane-Marni Loudarna** repräsentiert diejenigen Flurteile, die neben gewissen Degradierungserscheinungen auch noch voll funktionsfähige Bewässerungsparzellen aufweisen. Das enge räumliche Nebeneinander von Dynamik und Stagnation, von Verfall und Innovationen kennzeichnet viele ältere Bereiche der Palmenflur von Figuig (ausge-

Abbildung 11: *Räumliche Lage der untersuchten Beispielgebiete*

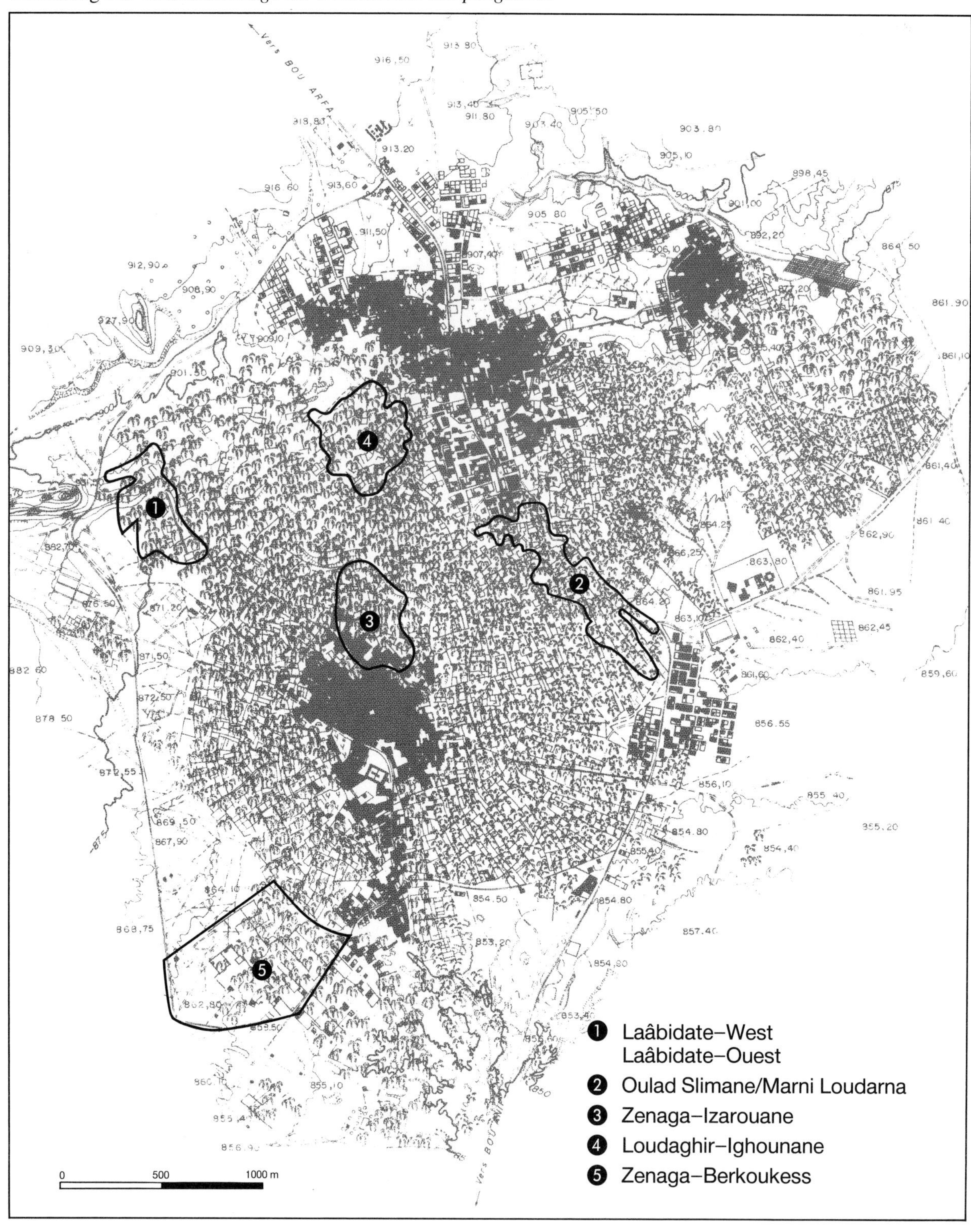

nommen die Flur von Zenaga): nämlich Teile der Bewässerungsflächen von Loudaghir, El Maïz, Hammam Foukani, Hammam Tahtani und natürlich die gesamte Flur von Oulad Slimane. Daneben entspricht das Beispielgebiet, das in der Wasserversorgung einen historisch älteren, oberhalb und einen jüngeren, unterhalb des *Jorf* gelegenen Teil aufweist (also eine Art kulturökologische Catena durch die Oase im Nord-Süd-Profil ermöglicht), diesbezüglich den Fluren von Oulad Slimane-Marni Oulad Slimane und von El Maïz.

3. Das **Beispielgebiet Zenaga-Izarouane** gibt die Situation in der Flur von Zenaga in charakteristischer Weise wieder. Mit seiner Wasserversorgung aus der berühmten *Foggara* von Zadderte, der wasserreichsten

Quelle von Figuig, verkörpert Izarouane[1] den besonders wichtigen, da von der Flächenerstreckung her sehr bedeutenden Typ der Oasengärten des dominierenden *Qsar* Zenaga. Das Beispielgebiet befindet sich am Fuß des *Jorf* und repräsentiert in Physiognomie und Struktur eine Palmenflur, die dem Idealtyp der Oase recht nahekommt, und damit auch als blühend sowie relativ gut intakt erscheint.

4. Das **Beispielgebiet Loudaghir-Ighounane** bildet bisher in Figuig eine Singularität: ein bereits vollkommen degradierter und weitgehend wüstgefallener Flurteil (infolge des Absinkens des Austrittsniveaus der *Foggaguir* im Gefolge des Kampfes der *Qsour* um das Wasser) erlebt seit ca. 25 Jahren durch einen technologischen Eingriff in die Wasserförderung mit Hilfe von Motorpumpen eine Wiederbelebung. Allerdings beschränken sich die aufzuzeigenden Entwicklungsprozesse nicht nur auf das enge Untersuchungsgebiet, sondern auch auf weitere Teile der so gut wie vollständig oberhalb des *Jorf* gelegenen Flur von Loudaghir.

5. Das **Beispielgebiet Zenaga-Berkoukess** schließlich steht für den ebenfalls nur als Singularität in Figuig auftretenden Typ einer völlig neu erschlossenen Oasenflur. Diese wird nicht, wie in der übrigen Oase, mit Wasser aus den *Foggaguir* versorgt, sondern durch Grundwasserressourcen, die mittels moderner Motorpumpen gefördert werden. Neben seiner Rolle als Innovationsträger der wirtschaftlichen Entwicklung in der Oase kann man diesen Sektor auch als Ausdruck des endogenen Versuches, selbst die letzten noch verfügbaren Wasserressourcen zu nutzen, sehen. Indes wird dieses Bemühen gebremst durch ökologische Restriktionen, vor allem durch den starken Salzgehalt der Wässer.

Zusammenfassend geben die Beispielgebiete 1. bis 3. Flächen wieder, die durch eine traditionelle Wasserversorgung gekennzeichnet sind, aber heute in unterschiedlichem Ausmaß noch funktionieren („eine Flur im Verfall", „eine Flur in der beginnenden Krise", „eine blühende Flur"). Demgegenüber handelt es sich beim 4. Beispielgebiet um ein traditionelles, zeitweise vom Verfall gekennzeichnetes, aber durch technologische Modernisierung umgewandeltes Gebiet, somit um ein Gebiet, in dem traditionelle und moderne Elemente eine neue Vergesellschaftung eingehen. Das Beispielgebiet 5. ist schließlich, ohne jede traditionelle Vorprägung in der Vergangenheit, ein wirklich der Wüste abgerungenes Erschließungsgebiet: ein moderner, gänzlich anders strukturierter Bewässerungssektor. Die beiden letztgenannten Beispielgebiete zeigen also, wie der Einsatz von moderner Technologie die Oasenwirtschaft verändern kann.

2 Oasenflur im Niedergang: Laâbidate-West

Ganz im Nordwesten der Oase Figuig liegt die Flur des *Qsar* Laâbidate, deren westlicher Teil eines unserer fünf Beispielgebiete darstellt (vgl. *Abbildung 12*). Diese Flur ist dadurch gekennzeichnet, daß sie sich an einem in Richtung Süden abdachenden Hang erstreckt; am nördlichen Rand liegt der Gebietsausschnitt etwa 880 m, am südlichen Rand 860 m über N.N.. Damit beträgt das mittlere Gefälle 4 %. In das Beispielgebiet ragt von Westen her der Riedel der Antiklinale von Takroumet als Sporn, der dann (beginnend am Ostrand des Perimeters) untertaucht. In der Parzellenstruktur (vgl. *Beilagen 4-6*) ist der Sporn von Takroumet daran zu erkennen, daß im nördlichen Teil eine platzartige Erweiterung ohne individuelle Besitzzuordnung auftritt[2].

2.1 Extensive, aber kleinräumig differenzierte Anbauverhältnisse

Hinsichtlich ihrer landwirtschaftlichen Nutzung wird die Flur von Laâbidate-West durch Dattelpalmen dominiert (vgl. *Beilage 4*). Deren Dichte ist (sieht man einmal vom östlichsten Teil ab) durchaus beträchtlich, so daß zunächst der Eindruck einer „blühenden Oase" aufkommen könnte. Doch muß über den bloßen Verbreitungssachverhalt hinaus erwähnt werden, daß sich viele dieser Palmen in einem mäßigen bis schlechten Erhaltungs- und Pflegezustand befinden. Daß die Nutzung deutlich extensiver als der „Idealtyp" einer Oase mit ihrem dreigliedrigen Stockwerkbau ist, zeigen vor allem die recht wenigen Fruchtbäume, von denen der Ölbaum am häufigsten auftritt, stärker aber noch das Fehlen von Bodendeckerkulturen für weiteste Teile der Flur (*Beilage 4*). Auf den Parzellen, auf denen Bodendeckerpflanzen auftreten, findet man ganz überwiegend Getreide und Luzerne; demgegenüber sind Gemüse nur vereinzelt anzutreffen.

Bei der Begehung der Flur muß man zudem feststellen, daß eine Ummauerung der Besitzparzellen entweder nie gegeben war oder (an Relikten erkennbar)

1) *Izarouane* ist die Pluralform von *Azrou* und bedeutet Steilstufe.

2) Der Nord- und Westrand des Beispielgebietes bildet zugleich auch die Außenränder der gesamten Kernoase von Figuig. Umgekehrt heißt das, daß sich im Süden und Osten weitere Flurteile anschließen.

Abbildung 12: *Luftbild des Beispielgebietes Laâbidate-West (Stand: 1983)*

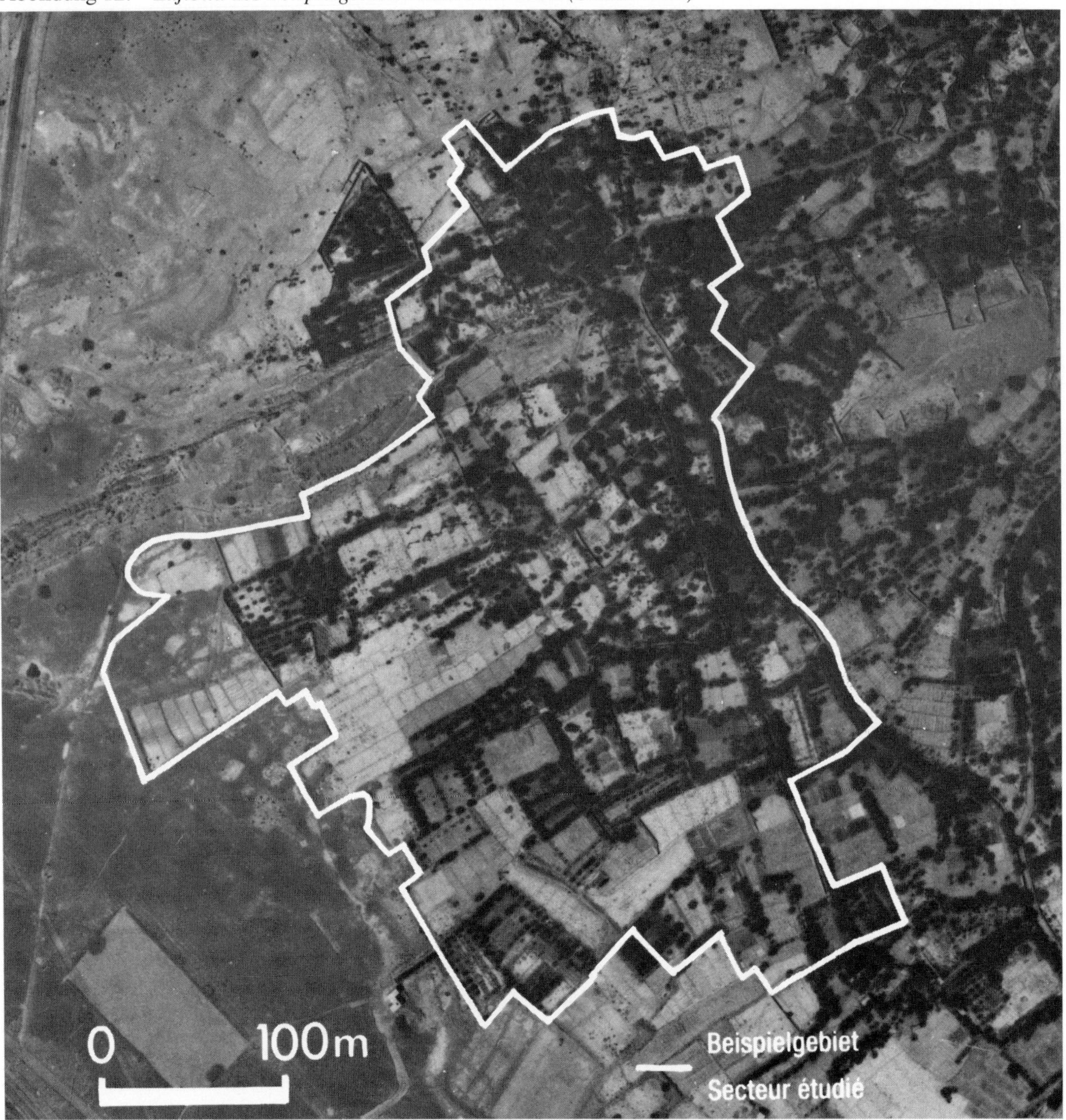

sich in baufälligem, rudimentärem und nicht erneuertem Zustand befindet. Lediglich mehrere Parzellen im Norden und Osten des Beispielgebietes sind fest umhegte Feldeinheiten. Der provisorische physiognomische Eindruck, der durch die Nutzungskartierung weitgehend gestützt wird, ist der einer extensiv genutzten, im Niedergang begriffenen Oase.

In kleinräumiger innerer Differenzierung treten der Bereich zwischen den beiden nord-südlich verlaufenden Wegen (am Ostrand der Karte) und ein Cluster im Südwesten deutlich als etwas intensiver genutzte Gebiete hervor. Ebenfalls überdurchschnittlich intensiv genutzt sind die Parzellen um die beiden im Norden gelegenen Wasserbecken (oberhalb der Linie von Takroumet). Demgegenüber treffen wir auf eine ganze Reihe von Parzellen, die offenbar überhaupt nicht landwirtschaftlich genutzt sind oder allenfalls einige wenige Dattelpalmen umfassen. Die Zone südlich der platzartigen Erweiterung und vor allem die ganz im Westen gelegenen Parzellen sind hierzu zu rechnen (vgl. *Beilage 4*).

2.2 Geringe und zudem abnehmende Wasserverfügbarkeit

Diese recht beklagenswerte Situation der Nutzung im Ausschnitt Laâbidate-West hängt in entscheidender

Weise mit der Wasserversorgungssituation zusammen. Das Beispielgebiet wird von insgesamt drei Quellen versorgt: Aïn Oulad Mimoune, Aïn Elkhil und Aïn Tijjent Laâbidate[3] (vgl. *Beilage 5*); die Abgrenzung des Gebietes wurde sogar anhand der räumlichen Verbreitung der Wasserrechte an den Quellen von Oulad Mimoune und Elkhil vorgenommen. Alle drei Quellen weisen eine recht geringe Schüttung auf; im *Bulletin Officiel* von 1975 wird für Aïn Mimoune ein Wert von 1,97 l/sec und für Aïn Elkhil von 0, 28 l/sec genannt (S. 1416); die Quelle von Aïn Tijjent Laâbidate ist in dieser Publikation überhaupt nicht erwähnt. Aktualisierte Messungen der Quellschüttungen haben für 1987 ergeben[4], daß mittlerweile geringere Werte anzunehmen sind: für Aïn Oulad Mimoune (vgl. *Foto 12*) konnten wir lediglich 1,3 l/sec feststellen, für Aïn Elkhil mit 0,26 l/sec in etwa eine Konstanz der Schüttung nachweisen. Auch die Quelle von Tijjent nahm in ihrer Schüttung ab: brachte sie 1987 noch 0,1 l/sec zutage, war sie 1989 mit 0,05 l/sec so gut wie versiegt[5]. Die Quelle von Tijjent ist deshalb weitgehend vernachlässigbar hinsichtlich ihrer Bedeutung für die agrarische Nutzung.

Es handelt sich somit nicht nur um eine ganz generell bereits geringe Wasserschüttung (mit insgesamt ca. 1,7 l/sec für 8,7 ha Fläche, d.h. von nur knapp 0,2 l/sec/ha), sondern diese ist zudem auch in der jüngeren Vergangenheit drastisch zurückgegangen und hat damit die Nutzungsmöglichkeiten noch weiter eingeschränkt. Der relativ dichte, sich heute aber in weiten Teilen in kläglichem Zustand befindende Dattelpalmenbestand ist hierfür ein Indiz: viele Palmen, die früher bewässert werden konnten, sind inzwischen nur noch Baumruinen oder zumindest sehr unzureichend mit Wasser versorgt (vgl. *Foto 13*). Allerorts trifft man in der Flur von Laâbidate-West und an sie anschließend auf Spuren von mittlerweile trockengefallenen, ehemaligen Bewässerungsparzellen.

Das gilt vor allem für das nördlich an das Beispielgebiet anschließende Gebiet (vgl. *Foto 14*). Dort findet man nicht nur Relikte von Dattelpalmenhainen entlang der etwas tiefer gelegenen Ravinen, sondern auch alte Parzellenumhegungen, Ackerterrassen und sogar trockengefallene Wasserspeicherbecken, die im Luftbild deutlich hervortreten (*Abbildung 12*). Die Flurwüstung nördlich unseres Beispielgebietes reicht bis fast an die heutige Umgehungsstraße heran, und damit erstreckte sich das ehemalige Bewässerungsgebiet nahezu 400 m weiter nach Norden als heute. All dies deutet darauf hin, daß im Falle Laâbidates der Quellpunkt um mehrere Meter abgesunken sein muß und darüber hinaus wohl auch darauf, daß die Schüttung der Quellen abgenommen hat. Ältere Bewohner des *Qsar* von Laâbidate berichten davon, daß noch ihre Väter Gärten im Bereich der jetzigen Flurwüstung nördlich des Untersuchungsgebietes bewässern konnten[6]. Dementsprechend muß der oberflächliche Austritt der Quellen ebenfalls weiter hangaufwärts erfolgt sein.

Foto 12: *Ausschnitt Laâbidate West. Austritt der Foggara von Oulad Mimoune an die Oberfläche*

Es stellt sich die Frage, weshalb gerade die Quellen des *Qsar* Laâbidate in ihrer Schüttung so starke Einbußen zu verzeichnen haben — denn Aïn Oulad Mi-

3) Weitere Quellen mit dem Namen »Tijjent« gibt es auch im Bereich der *Qsour* von El Maïz und von Hammam Foukani. Aus Gründen der Präzision und Eindeutigkeit der Zuordnung ist es deshalb notwendig, den jeweiligen Namen des *Qsar* mit anzugeben.

4) Für die Überlassung der nachfolgend genannten Werte zur Quellschüttung von Aïn Elkhil und Aïn Tijjent Laâbidate sowie deren Konduktivität danken wir E. JUNGFER (Erlangen).

5) Hinzu kommt, daß im Falle der Quelle von Tijjent die elektrische Leitfähigkeit bei 9.300 µS/cm (1987) liegt, das Wasser somit extrem versalzen ist und für eine landwirtschaftliche Nutzung kaum verwendet werden kann.

6) Der *Qsar* von Laâbidate wird bereits in älteren Publikationen als vom Niedergang geprägt gekennzeichnet. DE CASTRIES bezeichnet ihn als „*le plus petit et le plus misérable ksar de Figuig*" (1882, S. 408); DOUTTE behauptet, der *Qsar* sei „*presque entièrement ruiné*" (1903, S. 183). Diese Aussagen beziehen sich zwar streng genommen nur auf das Dorf, doch ist zu unterstellen, daß gewisse Relationen zur Situation der Bewässerungsflur wahrscheinlich sind. Demnach wäre Laâbidate schon seit mindestens einem Jahrhundert „in der Krise". Als Hypothese kann man formulieren, daß im Rahmen des Wasserkrieges zwischen Loudaghir und Zenaga der größte Verlierer (was zumeist völlig übersehen wird) der *Qsar* von Laâbidate ist.

Foto 13: *Ausschnitt Laâbidate-West. Blick über einen Teil der extensiven und ungepflegten Flur dieses Qsar in Richtung Südwesten*

Foto 14: *Nordrand des Ausschnittes Laâbidate-West. Blick über eine ehemalige Oasenflur, die heute wüstgefallen ist. Die Überreste eines alten Wasserspeicherbeckens sind deutlich zu erkennen.*

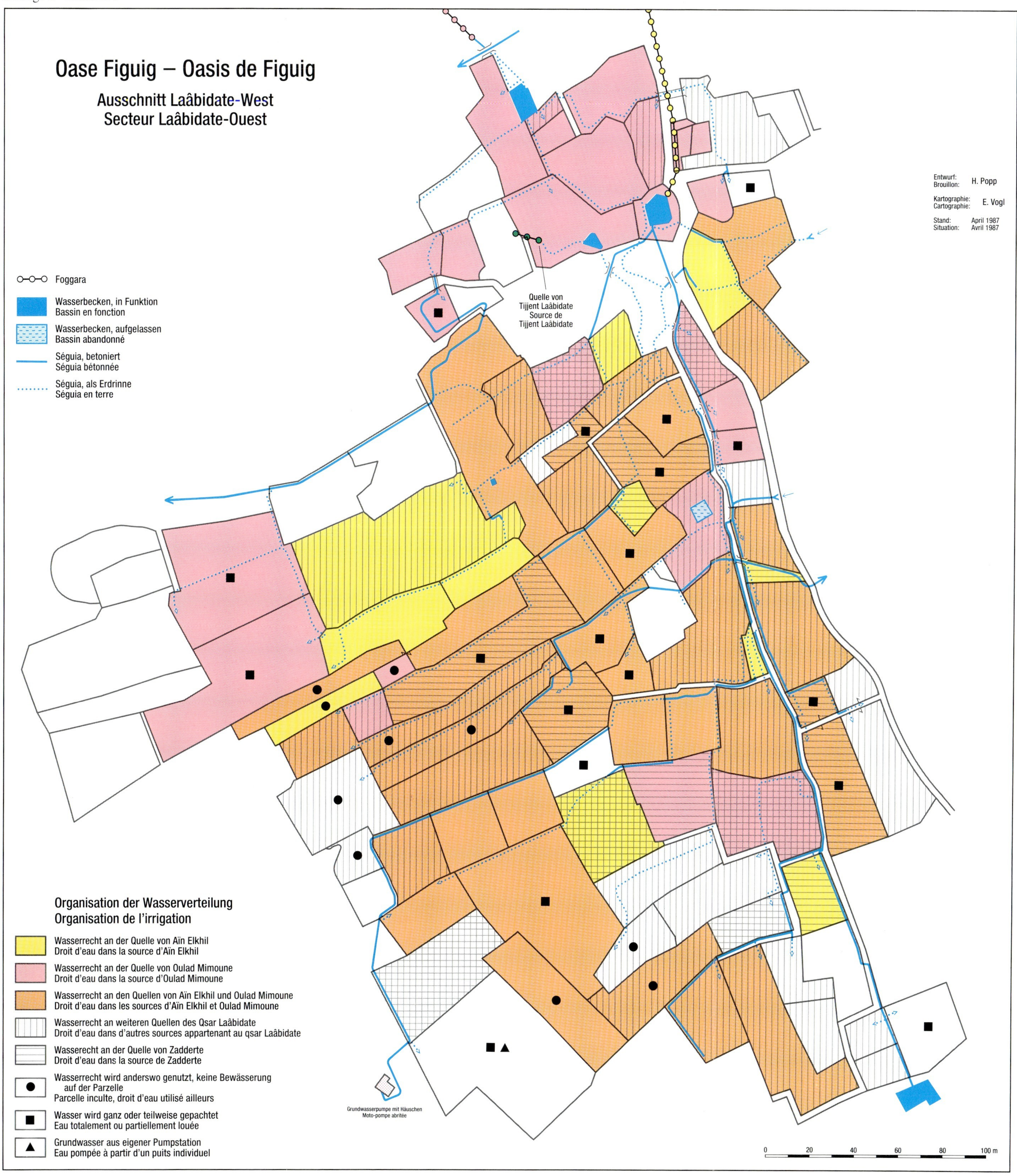
Oase Figuig – Oasis de Figuig
Ausschnitt Laâbidate-West
Secteur Laâbidate-Ouest
Entwurf: Brouillon: H. Popp
Kartographie: Cartographie: E. Vogl
Stand: Situation: April 1987 Avril 1987
Foggara
Wasserbecken, in Funktion
Bassin en fonction
Wasserbecken, aufgelassen
Bassin abandonné
Séguia, betoniert
Séguia bétonnée
Séguia, als Erdrinne
Séguia en terre
Quelle von Tijjent Laâbidate
Source de Tijjent Laâbidate
Organisation der Wasserverteilung
Organisation de l'irrigation
Wasserrecht an der Quelle von Aïn Elkhil
Droit d'eau dans la source d'Aïn Elkhil
Wasserrecht an der Quelle von Oulad Mimoune
Droit d'eau dans la source d'Oulad Mimoune
Wasserrecht an den Quellen von Aïn Elkhil und Oulad Mimoune
Droit d'eau dans les sources d'Aïn Elkhil et Oulad Mimoune
Wasserrecht an weiteren Quellen des Qsar Laâbidate
Droit d'eau dans d'autres sources appartenant au qsar Laâbidate
Wasserrecht an der Quelle von Zadderte
Droit d'eau dans la source de Zadderte
Wasserrecht wird anderswo genutzt, keine Bewässerung auf der Parzelle
Parcelle inculte, droit d'eau utilisé ailleurs
Wasser wird ganz oder teilweise gepachtet
Eau totalement ou partiellement louée
Grundwasser aus eigener Pumpstation
Eau pompée à partir d'un puits individuel
Grundwasserpumpe mit Häuschen
Moto-pompe abritée
0
20
40
60
80
100 m

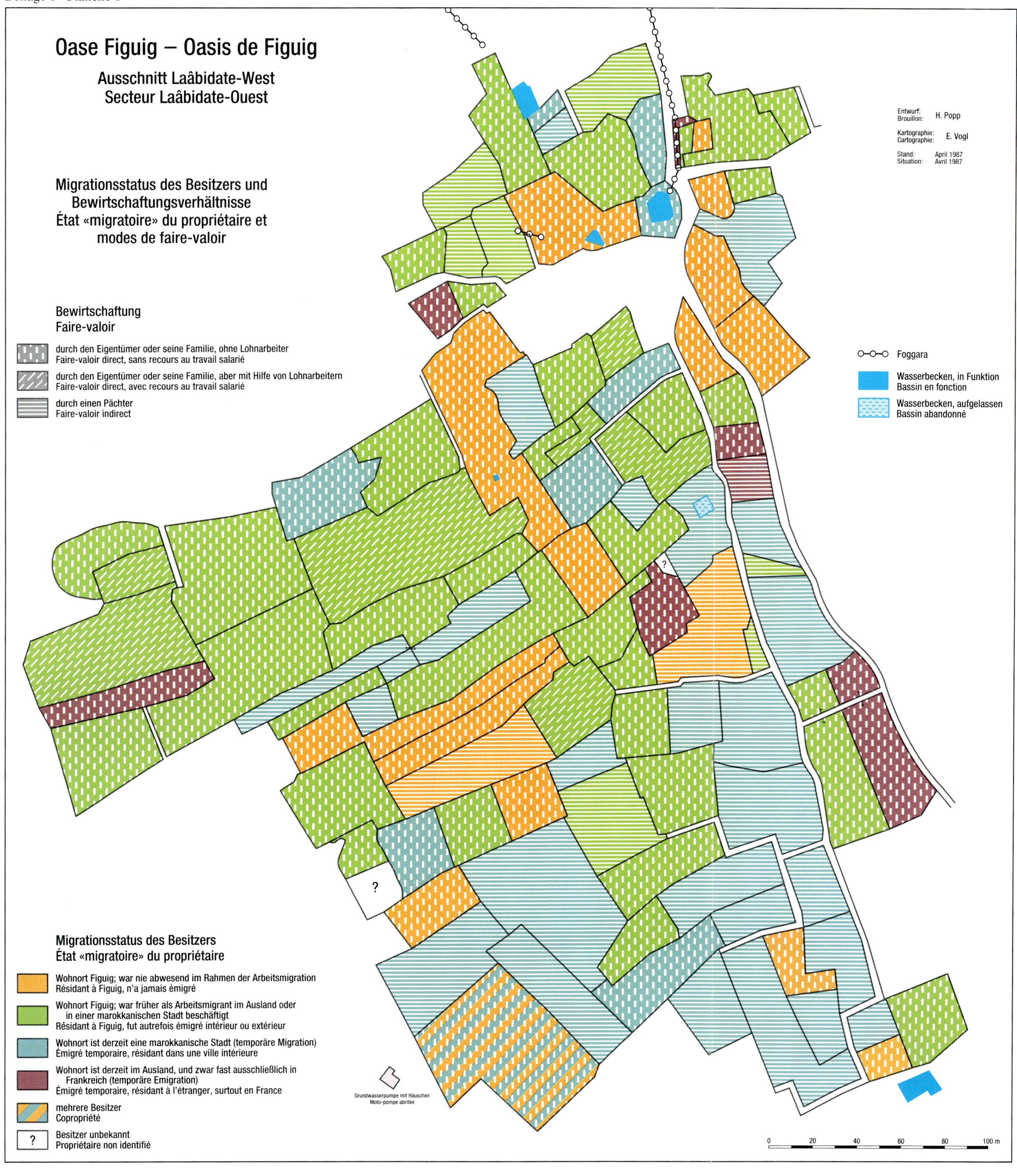
Oase Figuig – Oasis de Figuig
Ausschnitt Laâbidate-West
Secteur Laâbidate-Ouest
Entwurf: Brouillon: H. Popp
Kartographie: Cartographie: E. Vogl
Stand: Situation: April 1987 Avril 1987
Migrationsstatus des Besitzers und Bewirtschaftungsverhältnisse
État «migratoire» du propriétaire et modes de faire-valoir
Bewirtschaftung
Faire-valoir
durch den Eigentümer oder seine Familie, ohne Lohnarbeiter
Faire-valoir direct, sans recours au travail salarié
durch den Eigentümer oder seine Familie, aber mit Hilfe von Lohnarbeitern
Faire-valoir direct, avec recours au travail salarié
durch einen Pächter
Faire-valoir indirect
Foggara
Wasserbecken, in Funktion
Bassin en fonction
Wasserbecken, aufgelassen
Bassin abandonné
Migrationsstatus des Besitzers
État «migratoire» du propriétaire
Wohnort Figuig; war nie abwesend im Rahmen der Arbeitsmigration
Résidant à Figuig, n'a jamais émigré
Wohnort Figuig; war früher als Arbeitsmigrant im Ausland oder in einer marokkanischen Stadt beschäftigt
Résidant à Figuig, fut autrefois émigré intérieur ou extérieur
Wohnort ist derzeit eine marokkanische Stadt (temporäre Migration)
Émigré temporaire, résidant dans une ville intérieure
Wohnort ist derzeit im Ausland, und zwar fast ausschließlich in Frankreich (temporäre Emigration)
Émigré temporaire, résidant à l'étranger, surtout en France
mehrere Besitzer
Copropriété
?
Besitzer unbekannt
Propriétaire non identifié
Grundwasserpumpe mit Häuschen
Moto-pompe abritée
0 20 40 60 80 100 m

moune und Aïn Elkhil sind keineswegs die einzigen (vgl. *Beilage 3*). Mangels fachlicher Kompetenz sind wir nicht in der Lage, diese Frage gesichert zu beantworten. Es gibt jedoch einige Indizien, die hier Erwähnung finden können und zwei Vermutungen nahelegen. Eine erste Hypothese ist eher historischer Natur. Die Quellen des *Qsar* Laâbidate sind von den in der gesamten Oase auftretenden (und vor allem von jenen, die sich entlang der Linie von Takroumet erstrecken) die am höchsten gelegenen. Es war aber bereits mehrfach die Rede davon, daß im Rahmen des seit Jahrhunderten währenden Wasserkrieges um die Quellen von Zadderte durch das Graben neuer *Foggaguir* auch das Niveau der jeweiligen (unterirdisch gelegenen) Quellpunkte abgesenkt wurde — was selbstverständlich bei dem kommunizierenden System der artesischen Quellen entlang der Verwerfungslinie die am höchsten gelegenen in besonderem Maße betreffen mußte. Und anders als Loudaghir, das ja ebenfalls erhebliche Wassereinbußen erleiden mußte, besitzt Laâbidate offenbar nicht die Macht und Solidarität innerhalb der Kernoase, einen technischen Eingriff in die Wasserförderungsbedingungen zu beschließen und durchzusetzen, welcher der Pumpung aus der Quelle von Tighzerte entspräche. Die zweite Hypothese ist gegenwartsbezogen, aber keineswegs unabhängig von der ersten zu sehen. Die abnehmende Wasserverfügbarkeit ist — trotz der insgesamt geringen Wasserschüttung — sicherlich auch das Ergebnis einer mangelnden Instandhaltung der *Foggaguir* und des Wasserverteilungsnetzes. Es muß folglich auch wirtschaftliche und soziale Gründe geben, die das mangelnde Interesse an der Oasenwirtschaft erklären.

Foto 15: *Ausschnitt Laâbidate-West. Das Wasserspeicherbecken der Foggaguir Aïn Oulad Mimoune und Aïn Elkhil, das sich in einem verwahrlosten und teilweise zusedimentierten Zustand befindet.*

2.3 Bewässerungsnetz und Wasserrechte

Im Gelände kann man die rezenten Austritte der drei Quellen aus ihrem jeweiligen *Foggara*-Stollen genau identifizieren (vgl. *Foto 12*); alle drei Austritte liegen am Nordrand unseres Beispielgebietes (vgl. *Beilage 5*). Wie als Modell für die gesamte Oase Figuig beschrieben, mündet auch im Falle des Ausschnittes Laâbidate-West das Wasser zunächst in Speicherbecken und erst von dort aus weiter über ein Netz von *Souagui* bis aufs Feld. Das am weitesten nördlich gelegene Becken speichert Wasser aus der Quelle von Oulad Mimoune, das südöstlich sich anschließende (größere) Becken Wasser von Aïn Elkhil und Aïn Oulad Mimoune (vgl. *Foto 15*), das recht kleine Becken daneben schließlich nur Wasser aus der bescheidenen Quelle von Aïn Tijjent Laâbidate (*Beilage 5*). Das Netz der *Souagui* ist dadurch gekennzeichnet, daß ein relativ hoher Teil nicht betoniert ist, sondern nur als Erdrinnen verläuft[7]. Selbst wenn in Rechnung gestellt werden muß, daß ein Teil des so versickernden Wassers den Fruchtbäumen zugute kommt (und sogar entsprechende Wasserrechte existieren, so daß in manchen Abschnitten keine Betonierung vorgenommen werden darf), ist doch der Zustand der Bewässerungskanäle im Sinne einer effizienteren Nutzung des ohnehin zu knappen Wassers merklich verbesserbar. Zu diesem Ergebnis kommt auch eine amtliche Studie, die sowohl für die von Aïn Oulad Mimoune als auch von Aïn Elkhil abzweigenden *Souagui* eine Verbesserung der Wasserverteilung durch Neuerrichtung, Reinigung

7) Ungefähr am Austritt der *Foggara* von Aïn Oulad Mimoune quert eine *Séguia* in Ost-West-Richtung unser Beispielgebiet. In ihr wird Wasser aus der Quelle von Zadderte, das bereits an einer unterirdischen Abzweigung oberhalb des *Jorf* abgeleitet wird (in der sog. *Séguia* von Oulad Jouaber), bis nach Jennane el Khoreïs, einem Oasenteil, der früher lediglich mit Wasser aus der *Foggara* von Oussimane versorgt wurde, transportiert. Das Wasser kommt somit überwiegend nicht dem Beispielgebiet zugute, sondern durchquert es lediglich. Gleiches gilt auch für Wasser, das über dieselbe *Séguia* und durch das Becken von Aïn Oulad Mimoune nur hindurchgeleitet wird, um dann am Ostrand den Ausschnitt zu verlassen.

und Instandsetzung vorsieht (*Monographie de la palmeraie de Figuig* 1982, S. 27-28).

Über zwei *Souagui* wird auch Wasser von anderen Quellen (sei es auf der Basis von Wasserrechten, sei es in Form von gepachtetem Wasser) in das Beispielgebiet Laâbidate-West geleitet. Das Wasser stammt vor allem aus den Quellen von Aïn Oulad Dahmane, Aïn Anessisse und Aïn Zadderte. Wie gleich noch zu zeigen sein wird, spielt das von außerhalb über die zwei vom Osten kommenden *Souagui* zugeleitete Wasser eine entscheidende Rolle für die Wasserversorgung des Gebietsausschnittes.

Die meisten der Parzellen im Beispielgebiet weisen Wasserrechte sowohl aus der Quelle von Oulad Mimoune als auch jener von Elkhil auf. Lediglich im nördlichen Bereich sind (aus Gründen der zu geringen Austrittshöhe der Quelle von Aïn Elkhil) mehrere Parzellen nur mit Wasser von Aïn Oulad Momoune versorgt. Das Wasser der Quelle von Tijjent[8] wird lediglich in Mischung mit weiteren Wässern zur Versorgung von Palmen verwendet; andere Pflanzen würden dieses extrem versalzene Wasser ohnehin nicht tolerieren. Angesichts der geringen Schüttung von Aïn Elkhil überrascht es nicht, wenn diejenigen Parzellen, die lediglich auf der Basis von Wasserrechten dieser Quelle bewässert werden (*Beilage 5*, gelbe Flächenfarbe), sich in einem besonders extensiven Nutzungszustand befinden.

Jene Parzellen, die noch über Wasserrechte an anderen Quellen des *Qsar* Laâbidate oder an der Quelle von Zadderte verfügen, sind recht zahlreich. Weiterhin gibt es noch eine beträchtliche Zahl von Parzellen, auf welchen mit gepachtetem Wasser aus anderen Quellen bewässert wird (vgl. *Beilage 5*). Parallelisiert man die Parzellen, die über solche „zusätzlichen" Wassermengen verfügen, mit dem Anbaumuster, so ist die frappierende Kongruenz zwischen Flächen mit zusätzlich gegebener Wasserbereitstellung und relativ hoher Nutzungsintensität, vor allem mit Bodendeckerkulturen, auffällig (*Beilagen 4 und 5*). Dies aber wiederum ist ein deutlicher Hinweis darauf, daß die Wasserknappheit mittlerweile der entscheidende Minimumfaktor für den landwirtschaftlichen Anbau geworden ist. Man kann es sogar noch drastischer formulieren: Wenn nicht durch weitere Quellen außerhalb unseres Gebietes gewisse Wassermengen in die Flur von Laâbidate-West geführt würden, wäre die Nutzungssituation noch kläglicher, als sie es derzeit ohnehin schon ist. Laâbidate-West entspricht insofern dem eingangs skizzierten Klischee der „sterbenden Oase", als der Rückgang der Wasserschüttung seiner beiden Hauptquellen Oulad Mimoune und Elkhil in den letzten Jahrzehnten durch Wasserumlenkung oder Wasserpacht nur unzureichend kompensiert werden konnte. Auch der Versuch, eine private Grundwasserpumpe am Südrand des Beispielgebietes[9] niederzulassen, um die prekäre Wasserversorgungssituation zu verbessern, muß als mißlungen angesehen werden. Die 1977 installierte Pumpe fördert aus einer Tiefe von 25 m. Der Grundwasserstand erreicht im Brunnen eine Mächtigkeit von 5-6 m, der jedoch bei Abpumpen schnell absinkt, so daß täglich nur zwischen einer halben Stunde (Sommer) und zwei Stunden (Winter) gefördert werden kann; danach muß sich der abgesunkene Grundwassertrichter erst wieder regenerieren[10]. Die Fördermenge ist somit höchst unzureichend. Die Besitzer, fünf Brüder, sind sich zudem über die Nutzung nicht einig; Meinungsverschiedenheiten und Zwistigkeiten haben dazu geführt, daß die Pumpe mittlerweile überhaupt nicht mehr im Einsatz ist; auch ein über mehrere Jahre durch Pacht erworbenes Wasserrecht von Zadderte wurde in der Zwischenzeit gekündigt. Der sich unmittelbar an das Pumpenhäuschen anschließende Garten (der in der Vergangenheit mit dem Grundwasser bewässert worden ist) wirkt vernachlässigt; die Bäume (Dattelpalmen und Ölbäume) befinden sich in einem ungepflegten Zustand.

2.4 Mangelnde Organisation der Wasserverteilung

Aber auch das traditionelle System der Wasserverteilung liegt in Laâbidate-West mittlerweile im Argen. Die beiden größeren Speicherbecken im Norden des Beispielgebietes sind in einem kläglichen Zustand. Das Becken von Oulad Mimoune ist zwar betoniert, aber reparaturbedürftig. Es ist nahezu völlig zusedimentiert, so daß seine Speicherkapazität derzeit äußerst gering ist. Das zweite Becken am Austritt der *Foggara* von Aïn Elkhil ist lediglich ein Erdbassin. Auch dieses wirkt vernachlässigt (*Foto 15*). Der Sedimentationsprozeß im Becken ist bereits so alt und so weit fortgeschritten, daß sich schon eine Schilfvegetation entwickeln konnte. Offenbar gibt es unter den Nutzungsberechtigten keine effiziente Organisation der gemeinschaftlichen Dienste zur Erhaltung der Bewässerungsinfrastruktur mehr.

Nachdem es in Laâbidate nie einen *Sraïfi* gab, sind die Wasserrechtler selbst für die Wasserverteilung verantwortlich. Diese erfolgt z.B. aus dem Becken von Oulad Mimoune formal ganz analog wie weiter oben

8) Es handelt sich um vier Besitzer, von denen einer das Recht auf die Hälfte und die übrigen drei auf je ein Sechstel an der Quellschüttung haben.

9) Die folgenden Angaben über die Motorpumpe basieren auf Informationen, die uns freundlicherweise der *Moqqadem* von Laâbidate gab.

10) Nach Messungen von E. JUNGFER (Erlangen) ist die Wasserqualität des Brunnens indes recht gut (< 1.000 µS/cm). Doch kann nicht ausgeschlossen werden, daß dies damit zusammenhängt, daß dieser Grundwasseraquifer seit geraumer Zeit nicht mehr genutzt wird. Weiter südlich im Bereich von Berkoukess jedenfalls kam der Autor zu dem Ergebnis, daß ein wenig mächtiger Süßwasserkörper unterlagert wird von stark salzhaltigem Wasser (JUNGFER 1990). Träfe für den Standort unserer Motorpumpe ähnliches zu, wäre das gleichbedeutend mit einem Anstieg der Salinität bei Wasserentnahme durch die Pumpe.

beschrieben: das zeitlich definierte Wasserrecht der *Kharrouba* wird in das als Volumeneinheit definierte Recht des *Tighirte* transponiert. Diese Vorgehensweise führt aber im Falle von Laâbidate in der Gegenwart zu Konflikten. Zunächst schüttet die Quelle von Oulad Mimoune (zumindest in den vergangenen Jahrzehnten) keineswegs (mehr) konstant, sondern in einer erheblichen zeitlichen Variabilität. Mehrere Bewohner von Laâbidate berichteten davon, daß ihre Schüttung nach Niederschlagsereignissen deutlich ansteige; umgekehrt sei in Trockenperioden die Wasserspende deutlich reduziert. Bei schwankender Wasserspende ist aber natürlich eine Organisation der Wasserverteilung auf der Basis des *Tighirte* ganz prinzipiell höchst problematisch. Doch auch die Messung der Wasserentnahme aus dem Speicherbecken birgt den Keim zu Konflikten in sich. Es ist nicht der *Sraïfi*, der ein genau geeichtes Instrument zur korrekten Messung der Wasserverteilung heranzieht; jeder Nutzer selbst führt die Messung durch. Im Falle von Oulad Mimoune hat sich die *Jema'a* vor längerer Zeit einmal darauf geeinigt, daß eine *Kharrouba* derjenigen Volumenhöhe im Becken entspricht, die mit der Breite von vier Fingern einer Hand gemessen werden kann. Ein solches Maß ist aber höchst unpräzis, hängt es doch nicht zuletzt davon ab, ob jemand eine schmale oder breite Hand hat[11].

Offenbar gibt es innerhalb der Gruppe der Nutzungsberechtigten (und damit auch auf der Ebene der *Jema'a*) nicht mehr die notwendigen Initiativen, Reaktionen und Änderungen in der Organisation der Wasserverteilung, die notwendig wären, um auch unter der Bedingung einer zunehmenden Wasserknappheit das alte Wasserrecht fortzuschreiben. Zu sehr sind einzelne daran interessiert, ihren eigenen, persönlichen Vorteil über die Funktionstüchtigkeit des gesamten Verteilungssystems zu stellen. Daß die rechtliche Unsicherheit bei der Verteilung des knappen Wassers mittlerweile sehr groß ist — und daß sich vor allem einige Nutzer in einem rechtsfreien Raum von den verbleibenden Wasserressourcen einen möglichst hohen Anteil zu sichern versuchen —, mußten wir bei Befragungen der Betroffenen ständig verspüren. Ein extrem ausgeprägtes Mißtrauen, bewußte Fehlinformationen (die oft erst durch weitere Informanten berichtigt werden konnten) und ein Gefühl der Unzufriedenheit mit dem bestehenden Verteilungsmodus waren Elemente, die sich wie ein roter Faden durch die Erhebungen zogen. Folglich muß aber betont werden, daß — bedingt durch den drastischen Rückgang der Quellschüttungen — auch die rechtlichen und sozialen Organisationsformen in Laâbidate-West heute außer Rand und Band geraten sind. Gemeinschaftliches Bewußtsein und gemeinsames Handeln zur gerechten Verteilung der Wasserrechte sind mittlerweile nur noch in Relikten anzutreffen. Das kulturökologische System der Oase ist aus dem Gleichgewicht geraten.

11) Wir haben am Beispiel eines Nutzungsberechtigten, der uns das Verteilungssystem genau erläuterte, diese Unzulänglichkeit der Messung nachzuvollziehen versucht. Bei seiner Hand ergab die einer *Kharrouba* entsprechende Breite von vier Fingern 8 cm; bei einer Erstreckung des Wasserbeckens von 11,6 m x 9,0 m entspräche damit eine *Kharrouba* einer Wassermenge von 8,35 m^3. Bei der Zeitdauer einer *Kharrouba* von 45 Minuten würde dies eine Schüttungsmenge der Quelle von 3,1 l/sec bedeuten. Wie bereits genannt, beträgt aber die Schüttung heute nur noch etwa 1,3 l/sec. Der Nutzungsberechtigte entnimmt somit faktisch mehr Wasser als ihm zusteht — obwohl er sich formal korrekt verhält.

2.5 Zusammenhänge zwischen Anbauintensität und Migrationsstatus der Besitzer

In der betrieblichen Bewirtschaftung erkennt man einen hohen Anteil an Land, das auf der Basis eines Pachtverhältnisses bestellt wird; besonders im Süden und Osten des Beispielgebietes sind derartige Parzellen zahlreich (*Beilage 6*). Die verpachteten Parzellen gehören zumeist Personen, die als Arbeitsmigranten zwar außerhalb von Figuig, aber doch in Marokko tätig sind. Es fällt auf, daß ganz wenige Personen, die derzeit als Gastarbeiter in Europa sind, über Land verfügen. Das Phänomen der gegenwärtigen temporären Arbeitskräftewanderung beschränkt sich für Laâbidate-West offensichtlich vor allem auf die Binnenmigration.

Doch gibt es einen erheblichen Anteil von Besitzern, die als Remigranten früher eine Tätigkeit in Frankreich (18) oder in Marokko (Manganbergbau von Bouarfa, Phosphatbergbau Khouribga, Tanger) bzw. Algerien (11) praktizierten. Sie bewirtschaften ihre Felder fast ausnahmslos selbst (*Beilage 6*); da sie vor Ort sind, besteht auch keinerlei Veranlassung, das Land anderen zur Bestellung zu überlassen. Die Flächen der Remigranten sind nun ohne erkennbare Regelhaftigkeit sowohl durch relativ hohe als auch durch extrem extensive Nutzung gekennzeichnet. Anders ausgedrückt: im Falle von Laâbidate-West ist nicht zu erkennen, daß die Parzellen der Remigranten über- oder unterdurchschnittlich intensiv genutzt werden.

Auch auf den Pachtflächen finden wir in einem Nebeneinander von Anbauverhältnissen, das wohl unabhängig von dieser Form der Bewirtschaftung ist, sowohl extensivst als auch höchst intensiv genutzte Parzellen. Der insgesamt auf den Parzellen von Laâbidate-West recht geringe Anteil an Futterpflanzen korrespondiert mit einem sehr bescheidenen Viehbestand der Besitzer. Von den 23 Besitzern mit Stallviehhaltung weisen nur 8 davon eine Kuh auf; die übrigen verfügen lediglich über wenige Schafe (*Barbi*) und Ziegen.

So bleibt für Laâbidate-West die Feststellung, daß lediglich in jenen Fällen, in denen der Besitzer über reichlich Wasser durch Zupacht oder durch die Zuleitung aus anderen Quellen verfügt, die Nutzung intensive Formen aufweist. Dabei ist es von untergeordneter

Wichtigkeit, in welcher Bewirtschaftungsform diese Nutzung erfolgt. Mangels Wasserverfügbarkeit treten die Remigranten als Innovatoren in der Landwirtschaft so gut wie nicht in Erscheinung. Ihre Einschätzung der Zukunft des Perimeters scheint so pessimistisch zu sein, daß sie sich nicht durch Investitionen engagieren wollen. Man braucht in der Tat kein Prophet zu sein, um zu prognostizieren, daß die Bewässerungsflur von Laâbidate-West auch künftig vom Niedergang geprägt sein wird — es sei denn, die Wasserversorgungssituation würde sich grundlegend verbessern.

3 Beginnender Verfall einer Oasenflur: Oulad Slimane-Marni Loudarna

Mit der Präsentation dieses Beispielgebietes werden zwei generelle Ziele verfolgt. Zum einen sollen damit ausführlich einige spezielle Aspekte der Funktionsweise des traditionellen Oasen-Ökosystems Figuigs aufgezeigt werden, und zwar sowohl hinsichtlich der vererbten, persistenten Strukturen als auch der gegenwärtigen Wandlungen. Zum anderen dient die Analyse dieses Ausschnittes auch dem methodischen Ziel, einige Hypothesen zu den Ursachen für die unterschiedliche Anbauintensität in der Oase zu überprüfen. Besonders die Frage, ob wir im vorliegenden Fall von einer extensivierten Nutzung oder einem Verfall des Nutzungspotentials auszugehen haben, wird näher geprüft.

Um solche Fragen in den engeren räumlichen Kontext des Ausschnittes Oulad Slimane-Marni Loudarna einordnen zu können, ist zunächst der Hinweis notwendig, daß wir es mit einer recht alten Palmenflur zu tun haben, die bis Mitte der fünfziger Jahre[12] noch ziemlich intensiv bestellt und instand gehalten wurde und somit ein getreues Abbild des klassischen Oasenmodells darstellte. Heute sind in diesem Beispielgebiet Verfallserscheinungen anzutreffen, auch wenn sie zweifellos von geringerer Flächenausdehnung als im oben ausgeführten Beispielgebiet Laâbidate sind. Dort, wo sie auftreten, sind sie indes ähnlich weit fortgeschritten, auch wenn sie jüngeren Datums sind. Das überrascht, wenn man weiß, daß der Aspekt einer prekären Wasserknappheit hier nicht die zentrale Rolle wie im Falle von Laâbidate-West spielt.

Der Ausschnitt von Oulad Slimane-Marni Loudarna erstreckt sich über zwei topographische Niveaus, die durch die Steilstufe des *Jorf* (mit einer Sprunghöhe von 25-30 m) voneinander getrennt sind. Das Beispielgebiet ermöglichst somit auch einen Vergleich der Anbauverhältnisse, die in dieser Kombination ganz ähnlich in allen sechs *Qsour* oberhalb des *Jorf* auftreten, ganz besonders deutlich aber im Falle von Loudaghir, Oulad Slimane und El Maïz. Paradoxerweise muß man feststellen, daß derjenige Flurteil, der oberhalb des *Jorf* liegt, heute gerade von seiner Nähe zum modernen Verwaltungsviertel in Form hoher Bodenpreise und einer bevorzugten Lagerente profitiert, wohingegen er für landwirtschaftliche Bewässerung aufgrund seiner topographischen Lage mittlerweile benachteiligt ist infolge der historisch zurückreichenden Rivalitäten zwischen den *Qsour* und den Clans um die Verfügung über das Wasser aus den »Quellen«. Trotz seiner weiteren Entfernung zum *Qsar* ist der Flurteil unterhalb des *Jorf* als landwirtschaftliche Nutzfläche ungefährdet. Obwohl er weiter entfernt ist, weist er eine intensivere Nutzung auf, die allerdings kleinräumig sehr stark variiert (vgl. *Abbildung 13*).

Wie diese Ausführungen zeigen, verdienen vor allem die ganz unterschiedliche Nutzungsintensität innerhalb des Ausschnittes und die Frage eines teilweisen Verfalls der Flur unser besonderes Interesse. Daneben sind natürlich die sehr intensiv und sorgfältig bearbeiteten Parzellen (die dem entsprechen, was man im allgemeinen von einer Oase erwartet) ebenso zu erklären. Welche Oasenbauern sind es, die derartige Anbauverhältnisse bewirken? Was ist ihre dahinter stehende Handlungsstrategie? Zur Beantwortung dieses Fragenkreises sollen vor allem die folgenden Variablengruppen herangezogen werden:

- Aspekt der Wasserverfügbarkeit (Wasserrechte und de facto nutzbares Wasser in quantitativer Hinsicht);
- Charakteristika der räumlichen Lage der einzelnen Parzellen innerhalb unseres Ausschnittes;
- Parzellengröße (verbunden mit der Frage: Korreliert ein geringer Nutzungsgrad mit der Parzellengröße und falls ja: nach welcher Regel?) sowie vor allem,
- Beruflich-soziale Stellung und Migrationsstatus des Besitzers sowie Relationen zwischen diesen Merkmalen und den beobachtbaren Nutzungsverhältnissen.

Bevor wir auf diese Fragen näher eingehen, ist aber eine allgemeine Kurzcharakteristik des Ausschnittes Oulad Slimane-Marni Loudarna und seiner Besonderheiten vonnöten.

12) Nach Auskunft lokaler Informanten geht der derzeitige Degradierungsprzeß bis maximal dreißig Jahre zurück. Besonders dem *Moqqadem* von Oulad Slimane danken wir für diesbezügliche Hintergrundinformationen im Rahmen mehrerer Expertenbefragungen, die die Untersuchung entscheidend erleichtert haben.

Abbildung 13: *Luftbild des Beispielgebietes Oulad Slimane/Marni Loudarna (Stand: 1983)*

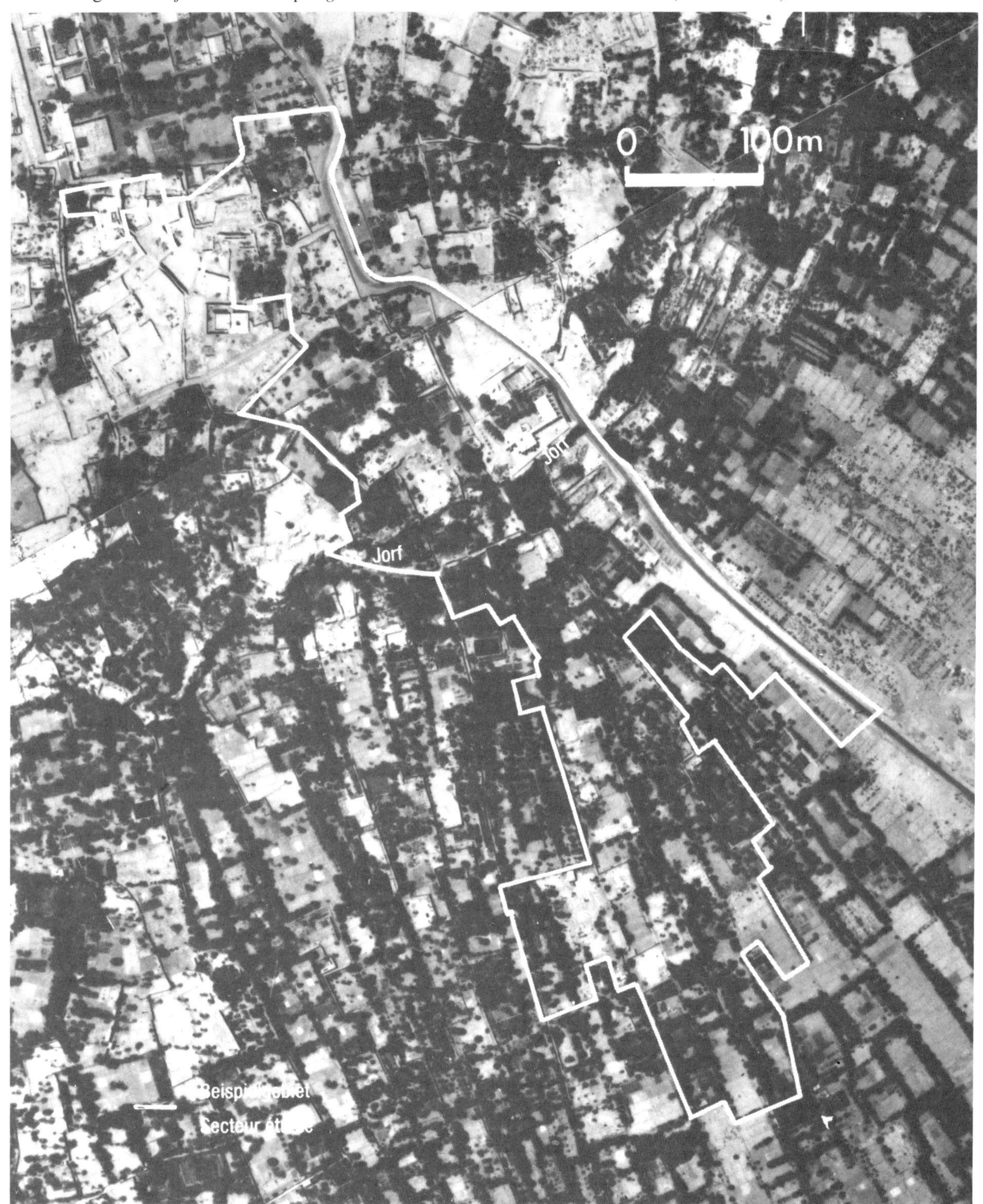

3.1 Allgemeine Beobachtungen und Strukturmerkmale

Der seit mehreren Jahrhunderten mit dem Namen Oulad Slimane bezeichnete *Qsar* bildet wahrscheinlich einen der wenigen Siedlungsplätze auf dem oberen Plateau der Oase Figuig, der auf eine recht lange Besiedlungsdauer zurückblicken kann. Speziell die Gruppe der Loudarna und ein Teil ihrer Palmemflur, die in unserem Beispielgebiet behandelt wird, sind mit einem alten *Qsar* namens Taousserte in Verbindung zu bringen. Von dessen Existenz berichtet die orale Überlieferung bereits zu einem Zeitpunkt, als er noch nicht zu dem größeren Siedlungskomplex, wie er sich dann im 16. oder 17. Jahrhundert ausbildete und heute Oulad Slimane heißt (vgl. EL HACHEMI 1907, S. 245, HILALI

1981, S. 31, MAZIANE 1988, S. 73 und 79-80), zusammengewachsen war. Aller Wahrscheinlichkeit nach hat die Gruppe der Loudarna, die in ihren Ursprüngen im wesentlichen aus zenetischen Berbern besteht, auch nach der Integration in den größeren Siedlungsverbund eines neuen *Qsar* eine deutliche Eigenständigkeit bewahrt. Mit der Eingliederung in den *Qsar* Oulad Slimane ist sicherlich der Verlust eines Teiles der alten Unabhängigkeit verbunden, auch wenn wir über die Einzelheiten des Integrationsprozesses nur sehr wenig wissen. Die Sonderstellung oder gar Isolierung der Loudarna ist dennoch an mehreren Beobachtungen festzumachen. So befindet sich das Wohngebiet der Loudarna am äußersten östlichen Rand des *Qsar*. Und auch ihre Flur und ihre Wasserressourcen, die sich im wesentlichen auf die wichtige *Foggara*, die ihren Namen trägt — Marni Loudarna —, beziehen, liegen ebenfalls am Rand der Flur von Oulad Slimane; dieser Oasenteil schließt sich unmittelbar an die Flur des benachbarten *Qsar* El Maïz an[13].

Die *Foggara* Marni Loudarna[14], die wichtigste Wasserader für die landwirtschaftliche Bewässserung im untersuchten Ausschnitt, besaß nach dem *Bulletin Officiel* N° 3292 von 1975 „offiziell" 6 l/s, mit denen eine Fläche von 8,39 ha bewässert wurden[15]. Tatsächlich war die Schüttung der *Foggara* im Jahr 1987 allerdings merklich kleiner, nämlich 4,9 l/s (woraus sich für die einzelne *Kharrouba* eine Wassermenge von 13,1 m^3 ergibt)[16]. Der Verlauf der *Foggara* war bis in die jüngere Vergangenheit etwas anders als derzeit, und er führte auch über eine längere Strecke als jetzt[17]; zudem war die Schüttungsmenge in der *Foggara* sehr viel geringer, als das heute der Fall ist. Deshalb wurde um 1956 die *Foggara* völlig neu errichtet[18].

Die Wasserrechte an der *Foggara* Marni Loudarna (insgesamt 480 *Kharrouba*) sind im Besitz von 72 Personen[19]. Wie auch anderswo in der Oase sind diese Rechte ziemlich ungleich verteilt. So verfügen z.B. 30,5 % der Besitzer nur über 4 % des verfügbaren Wassers (d.h. zwischen 0,5 und 2 *Kharrouba* pro Berechtigten), während andererseits 16,7 % der Berechtigten in ihren Händen 58 % der Wasserrechte konzentrieren[20].

Eine weitere Besonderheit des *Qsar* Oulad Slimane ist, daß er eines der wenigen Dörfer Figuigs ist, das die Person des *Sraïfi* (also des Wasserwächters des Typs *Amazzal* oder *Cheikh el Ma'a*) noch in seiner traditionellen Funktion erhalten konnte[21]. Ganz im Gegensatz zu anderen *Qsour* (etwa Loudaghir oder Zenaga), wo der *Sraïfi* ein kleiner Unternehmer ist, ein Wassermakler, der peinlich darauf bedacht ist, für seine Tätigkeit auch einen Gewinn zu erzielen, ist der *Sraïfi* von Oulad Slimane zuallererst einmal eine Vertrauensperson, der Vertreter eines noch wirksamen kollektiven Gedächtnisses und eine Persönlichkeit, an die man sich im Streitfall wendet, um seinem Schiedsspruch zu folgen. Er kümmert sich nicht um technische Dienste wie das Öffnen der *Souagui* oder das Messen der Wasseranteile dieses oder jenes Berechtigten; solche Tätigkeiten verrichtet jeder Berechtigte selbst und wacht auch darüber, daß er seine Wasserrechte korrekt zu dem ihm zustehenden Zeitpunkt wahrnehmen kann. Der *Sraïfi* von Oulad Slimane hat somit vor allem die Funktion der *Ultima ratio*, wenn er benötigt wird — eine Aufgabe,

13) Die ethnische und/oder segmentäre Separierung der Oasenflur der Loudarna ist in räumlicher Hinsicht heute zweifellos weit weniger markant ausgebildet, als das in der Frühphase der Ansiedlung der nomadischen Gruppen der Fall war, da mittlerweile zahlreiche Standortverlagerungen erfolgt sind. Aber das Faktum dieser Separierung ist nicht zu leugnen. Auch die Organisation der Loudarna als bis in jüngere Vergangenheit segmentär gegliederte Gruppe ist belegt.

14) Diese *Foggara* tritt aus einer Quelle aus, die mitten im Wohngebiet der Loudarna im *Qsar* Oulad Slimane liegt. Dorthin gelangt man über einen abgeschlossenen Treppenabgang, der bis zu einer Tiefe von etwa 10 m hinabreicht; hier trifft man auf einen Raum, der noch als *Hammam* genutzt wird.

15) Diese Zahlen ergeben einen theoretischen Wert von 0,72 l/s/ha, und damit eine sehr hohe Wasserversorgungsdichte. Weiter unten wird allerdings zu zeigen sein, daß die Realität nicht mit dieser konstruierten Ziffer übereinstimmt.

16) Diese Volumenmenge haben wir in einem der *Sehrij* selbst gemessen; sie wurde zudem von M. BENMOUMEN (siehe auch Fußnote 18) bestätigt. Damit ist nicht auszuschließen, daß die Schüttungsmenge vielleicht etwas höher gelegen hätte, wenn die Messung direkt an der Quelle vorgenommen worden wäre.

17) In den Karten vom Anfang der fünfziger Jahre wird noch diese alte Trasse wiedergegeben; vgl. auch *Beilage 2*.

18) Nach Informationen von M. BENMOUMEN, der die Wiederinstandsetzungstätigkeiten damals überwacht hatte. Nach seiner Auskunft waren 24 Personen drei Monate lang mit den Arbeiten beschäftigt. Durch diese Baumaßnahme wurde der Wasseraustritt der *Foggara* Marni Loudarna weiter nach Osten verlagert, d.h. näher an die Palmenflur der Loudarna (und nicht mehr in enger Nachbarschaft zum Austritt zur *Foggara* Marni Oulad Slimane geführt). Dadurch hat sich die Länge des Galeriestollens von 1.600 m auf unter 950 m verkürzt; zugleich gelang es, die *Foggara* in ihrer Schüttung wieder dadurch zu verbessern, daß die Sickerverluste wegen der ungehinderten Passage und der verkürzten Laufstrecke minimiert worden sind.

19) Im *Bulletin Officiel* N° 3292 vom 3.12.1975 ergeben sich bei der Aufsummierung lediglich 476,5 *Kharrouba*. Doch ist die Abweichung von den 480 *Kharrouba* derart minimal, daß man wohl im wesentlichen von Rundungsfehlern ausgehen kann. Dagegen ist die Zahlenangabe von 72 Nutzungsberechtigten ziemlich schematisch. Ein Berechtigter kann nämlich z.B. auch eine Erbengemeinschaft repräsentieren, die ihre Rechte intern regeln muß; außerdem beziehen sich die 72 Berechtigten auf eine Situation vor mehr als 15 Jahren, die sich seither verändert haben dürfte. Damit gibt uns diese Zahl lediglich einen groben Orientierungswert.

20) Die Verteilung der Wasserrechte nach den Unterlagen des *Bulletin Officiel* N° 3292 setzt sich folgendermaßen zusammen: 30,5 % der Berechtigten verfügen über weniger als 2 *Kharrouba* (was insgesamt 4 % der Wasserrechte ergibt); 30,6 % der Berechtigten besitzen 2 bis 5 *Kharrouba* (d.h. 14,2 % der Wasserrechte); 22,2 % haben 5 bis 10 *Kharrouba* (d.h. 23,9 % des Wassers); und schließlich nennen 16,7 % der Berechtigten 58 % der Wasserschüttung ihr eigen, indem sie je mehr als 10 *Kharrouba* besitzen.

Ergänzend zu dieser Differenzierung ist zu erwähnen, daß 10 % des verfügbaren Wassers den Besitzstatus *Habous* trägt. Dabei handelt es sich um alte Schenkungen im Erbfall, die für die Moscheen von El Maïz und von Zenaga dienen. Wir treffen hier auf einen wichtigen und immer wieder ähnlich anzutreffenden Charakterzug der Oase Figuig: nämlich daß ein beachtlicher Teil der Wasserressourcen dem *Habous* zuzurechnen sind. Diese Wasseranteile werden auf der Ebene des einzelnen *Qsar* verteilt und gehören somit zu den Einnahmeposten der Gemeinschaft. Über die neuen Funktionen des *Sraïfi* vgl. das nächste Teilkapitel 4 (Zenaga-Izarouane).

21) Der in der Gegenwart tätige *Sraïfi* (1989) erfüllt seine Aufgabe ohne Unterbrechung schon seit 1935.

die von eher randlicher Bedeutung zu sein scheint, die aber in Wirklichkeit ein zentrales Element in der traditionellen Verteilung der Wasserressourcen darstellt.

Der *Qsar* Oulad Slimane ist von einer schon längerwährenden Abwanderung betroffen, die zum überwiegenden Teil permanenter Art war. Nach einer Zusammenstellung des *Moqqadem* zählte man 1987 insgesamt 152 Haushalte, davon 17 Ruhegeldempfänger, die früher in Europa beschäftigt waren, 26 Arbeiter, die noch in Frankreich tätig sind, und 47 temporäre Migranten innerhalb Marokkos, die noch ausgedehnte Kontakte mit ihren zurückgebliebenen Familien pflegen. Gerade diese letztgenannte Gruppe hat auch, wie noch zu zeigen sein wird, unmittelbaren Einfluß auf die Entwicklung und Intensität der Wassernutzung für landwirtschaftliche Zwecke in Figuig.

Schließlich gilt für den *Qsar* Oulad Slimane anscheinend, daß seine Bewohner eine geringere Verbundenheit zu ihrem Herkunftsort und zu dem von den Vorfahren ererbten Wasserbesitz zeigen, sofern man auf positivistischer Basis überhaupt in der Lage ist, den Grad der Verbundenheit auf der Grundlage von qualitativen Indikatoren zu messen. Ein derartiger Indikator ist z.B. das Ausmaß der Verkäufe individueller Wasserrechte an Käufer aus anderen *Qsour*, vorwiegend Zenaga und in zweiter Linie auch El Maïz — ein neuer Trend, der in der Vergangenheit undenkbar gewesen wäre. Von den 17 Verkaufsverträgen über Wasserrechte, die von 1981 bis 1987 in der gesamten Oase Figuig festgehalten worden sind, beziehen sich allein 13 auf Rechte an den Quellen des *Qsar* Oulad Slimane[22] (9 auf Marni Oulad Slimane und 4 auf Marni Loudarna). Im Gefolge dieser Entwicklung kann man feststellen, daß heute zwei Drittel des Wassers der Quelle Marni Oulad Slimane, der am reichsten schüttenden Quelle des *Qsar*, Felder der Flur von Zenaga bewässern (dabei basiert etwa ein Drittel dieser Wasserzuführung auf alten historischen Rechten, das zweite Drittel dagegen auf jüngeren Verkaufs- oder Verpachtungsverträgen)[23]. Auf der Ebene des gesamten *Qsar* Oulad Slimane bedeuten diese jüngsten Transaktionen einen merklichen Wasser-„Verlust" für die Flur, was sich nicht zuletzt in physiognomischer Hinsicht zeigt: denn eine, wenn auch nur sehr vereinzelt auftretende Folge ist ein merklicher Verfall in Teilen der Flur. Dieses Phänomen beschränkt sich erstaunlicherweise nicht nur auf die oberhalb des *Jorf* gelegenen Felder (wo man ja ungünstige Voraussetzungen aufgrund der Topographie annehmen könnte), sondern tritt auch und vor allem unterhalb des *Jorf* auf. Im unteren Niveau der Flur von Oulad Slimane ist in der Tat ein merklicher Unterschied in der Nutzungsintensität beim Vergleich mit der unmittelbar anschließenden Flur des *Qsar* Zenaga festzustellen. Anders als im Falle von Laâbidate, wo die natürliche Wasserknappheit den Niedergang der Flur zu einem Gutteil erklären kann, spielt dieser Faktor hier (sofern er überhaupt auftritt) nicht die gleiche wichtige Rolle. Vor allem muß die Dimension „Wasserknappheit" stets als durch Entscheidungen der Oasenbauer mitbewirkte „man-made"-Einflußgröße (in Form von Verkauf oder Verpachtung von Wasserrechten an Ausmärker) gesehen werden.

3.2 Anbauverhältnisse und Organisation der Wasserverteilung

Der hier ausführlich behandelte Ausschnitt Oulad Slimane-Marni Loudarna ist ein Beispielgebiet, das durchaus als typisch für die Palmenflur dieses *Qsar* angesehen werden kann sowohl hinsichtlich der inneren Differenzierung als auch der Art und Weise, wie er wirtschaftlich funktioniert und von Veränderungen tangiert ist. Der Ausschnitt ist insbesondere mit der Palmenflur von El Maïz vergleichbar, die an ihn im Osten anschließt und eine mehr oder minder ähnliche Situation aufweist (vgl. *Foto 16*).

In seiner langgezogenen Erstreckung mit tendenziellem Nord-Süd-Verlauf gibt der untersuchte Ausschnitt ein realistisches Abbild der gesamten Oasenflur von Oulad Slimane. Die recht eingeengt gelegene Flur im nördlichen Teil weist im wesentlichen eine Ost-West-Erstreckung auf, während sie sich unterhalb des *Jorf* verbreitert und weit in die Ebene von Bagdad in einer Nord-Süd-Erstreckung verzweigt. Es handelt sich somit um einen Sektor, der teilweise hochgelegen innerhalb der Oase ist. Der untersuchte Ausschnitt umfaßt eine Gesamtfläche von 8,6 ha, die sich insgesamt in 85 Parzellen gliedert (wovon 29 oberhalb und 56 unterhalb des *Jorf* liegen)[24]. In physiognomischer Hinsicht lassen sich zunächst zwei Feststellungen über die Parzellen im untersuchten Ausschnitt treffen. Je nachdem, ob sie oberhalb oder unterhalb des *Jorf* liegen, sind ihre Form und ihre Fläche recht unterschiedlich (vgl. *Beilage 7*). Die Parzellen auf dem oberen Plateau haben eine kompakte Blockform, sind streng rechteckig oder auch unregelmäßig im Grundriß, aber nie langstreifig. Die Par-

22) Diese Verkaufsurkunden werden in den Amtsräumen der *Commune Rurale* von Figuig aufbewahrt; auf der dortigen Datenlage basieren auch unsere entsprechenden Auswertungen. Hiermit ist keineswegs auszuschließen, daß es weitere Verkäufe im beiderseitigen Einvernehmen gegeben hat, die nicht amtlich registriert worden sind. Dies ist indes nicht sehr wahrscheinlich angesichts der Risiken, die mit einer solchen Transaktion verbunden sind.

23) Freundliche Mitteilung von M. BENMOUMEN, die durch den *Sraïfi* von Oulad Slimane bestätigt wurde.

24) Genau genommen handelt es sich um 90 Parzellen. Aber in fünf Fällen besitzen Personen zwei Parzellen in geringer Entfernung zueinander. Für die Zwecke unserer Analyse wurden diese deshalb jeweils als eine einzige Parzelle aufgefaßt. Es sei auch darauf hingewiesen, daß zwei alte Parzellen, die heute anderen als landwirtschaftlichen Zwecken dienen (Freizeit bzw. Militär), im Rahmen unserer Auswertung unberücksichtigt geblieben sind.

Foto 16: *Ausschnitt Oulad Slimane/Marni Loudarna. Blick vom Jorf auf den unterhalb der Stufe gelegenen Flurteil*

zellen unterhalb des *Jorf* sind dagegen als nord-südlich verlaufende Langstreifen anzusprechen, die sich im südlichen Teil verzweigen. In ihrer Nord-Süd-Erstrekkung folgen sie dem natürlichen Gefälle und dem Netz der Bewässerungskanäle. Es ist außerordentlich schwierig, ohne die Kenntnis einer historisch orientierten Flurformenforschung zu besitzen, diese Unterschiedlichkeit zu interpretieren. Es läßt sich lediglich feststellen, daß es einen Zusammenhang zwischen diesen unterschiedlichen Parzellenformen und ihrer Lage oberhalb bzw. unterhalb des *Jorf* sowie dem Alter der Bewässerungserschließung (die ihrerseits wieder auf die Topographie bezogen ist) gibt. Die im oberen Bereich gelegenen Parzellen sind die ältesten, während diejenigen unterhalb des *Jorf* sehr viel jünger sind. Die Nutzung hat im nördlichen Teil begonnen, bevor durch ein Absinken der Wasseraustrittsstellen ein Hinabwandern des Bewässerungslandes in Richtung Süden eingesetzt hat[25]. Allerdings bleibt zu betonen, daß in unserem Sektor bis heute die Parzellen des oberen Nutzungsplateaus auf gravitativem Wege über die *Souagui* bewässert werden können. Im Vergleich mit den ältesten bewässerten Parzellen unmittelbar anschließend an den *Qsar*, die heute nicht mehr existieren, da sie mittlerweile von bebauter Fläche eingenommen werden, sind selbst die Flächen unseres Ausschnittes oberhalb des *Jorf* bereits relativ weitab von den Wasseraustrittsstellen gelegen. Außerdem ist mit der Neuanlage der *Foggara* von Marni Loudarna in den fünfziger Jahren auch die Tieferlegung vieler Bewässerungsflächen um maximal einen Meter erfolgt[26], so daß sie direkt erreicht werden konnten. Tatsächlich werden bis auf den heutigen Tag mehrere Parzellen ganz im Norden noch auf gravitativem Wege bewässert (vgl. *Beilage 8*).

Hinsichtlich ihrer Flächengröße unterscheiden sich die Parzellen ganz erheblich, wie aus *Tabelle 5* klar zu entnehmen ist. Mehr als zwei Drittel der Parzellen weisen eine Fläche von unter 0,1 ha auf, und nur

25) Über den Zusammenhang zwischen der Parzellenmorphologie und dem Alter ihrer Erschließung hinaus liefert uns dieser Parzellenbefund auch einige kulturökologische Lehren. Wir wissen heute, daß die Flächen, die die *Qsour* unmittelbar umgeben, im Norden wie im Süden, kollektiven Besitz repräsentieren (wo sich heute das Bauland erstreckt, das direkt von der *Jema'a* eines jeden *Qsar* ausgewiesen worden ist). Bei den schmalen Parzellenformen denkt man unwillkürlich an eine Aufteilung von Kollektivland, die von jeder *Jema'a* unter den verschiedenen Clans und Ligneages, die den *Qsar* ausmachen, in einer Art egalitären Neuverteilung (?) in nordsüdlich verlaufenden Langstreifen erfolgte.

26) Verglichen mit den teilweise gewaltigen Flächentieferlegungen bedeutet ein Meter relativ wenig. In manchen Gebieten der Flur von El Maïz wurden die Parzellen um bis zu acht Meter tiefergelegt!

Tabelle 5: *Ausschnitt Oulad Slimane/Marni Loudarna. Differenzierung der Parzellen nach ihrer Fläche*

	Parzellen		Fläche		Parameter		
	gesamt	in %	gesamt (in m²)	in %	$\bar{x}$ (m²)	Min. (m²)	Max. (m²)
< 500 m²	32	37,6	10.035	11,5	313,6	60	480
500-1.000 m²	28	32,9	19.375	22,3	692,0	500	950
1.000-1.500 m²	13	15,3	16.939	19,5	1.303,0	1.060	1.480
1.500-2.000 m²	3	3,5	5.220	6,0	1.740,0	1.530	1.990
2.000-3.000 m²	4	4,7	10.345	11,9	2.586,3	2.360	2.975
> 3.000 m²	5	5,9	25.160	28,9	6.290,0	3.875	6.445
Gesamt	85	100,0	86.074	100,0	1.024,4	60	6.445

10,6 % der Parzellen liegen bei über 0,2 ha (wobei sie allerdings etwa 40 % der Gesamtfläche einnehmen). Diese Parzellenstruktur im Ausschnitt Oulad Slimane-Marni Loudarna ist außerordentlich charakteristisch und in ihrer Grundtendenz auf die gesamte Oasenflur von Figuig übertragbar: in unmittelbarer räumlicher Nachbarschaft grenzen hinsichtlich ihrer Flächenerstreckung völlig heterogene Parzellen aneinander. Kleine und kleinste Oasengärten herrschen indes vor, wobei stets zu bedenken ist, daß nicht das Land selbst als limitierender Faktor fungiert, sondern daß die Wasserknappheit verhindert, daß Flächen in größerem Ausmaß bestellt werden. Auch wenn insgesamt das Parzellengefüge klein und engmaschig ist, heißt das natürlich für den Einzelfall noch recht wenig, da eine Vielfalt unterschiedlicher Parzellengrößen anzutreffen ist[27].

3.2.1 Die Anbaukulturen und ihr jeweiliger Stellenwert

Im Sektor Oulad Slimane-Marni Loudarna findet man die Bodendecker- und Baumkulturen zur Selbstversorgung der Oase in Verbindung mit den üblichen Unterkulturen ausgebildet. Die Dattelpalme ist dabei natürlich die wichtigste Anbaukultur und hat die Schlüsselfunktion für die gesamte Oasenwirtschaft. Tatsächlich ist die landwirtschaftliche Produktion so ausgerichtet, daß die Dattelproduktion möglichst hoch ausfällt — und eine derartige Produktionsstrategie erhält sogar eine neue Bestätigung unter den aktuellen, veränderten Rahmenbedingungen in der Oase.

27) Alleine schon in unserem untersuchten Ausschnitt gibt es fünf Fälle, in denen je zwei Parzellen dem gleichen Besitzer gehören. Darüber hinaus muß in vielen Fällen als die Regel herausgestellt werden, daß Besitzer auch noch weitere Parzellen außerhalb des untersuchten Ausschnittes ihr eigen nennen. In dieser Parzellengemengelage spiegeln sich die traditionelle Wasserverteilung über ein Bewässerungsnetz und die vorhandenen Wasserrechte als persistente Überbleibsel wider.

Zu den Dattelpalmen in unserem untersuchten Ausschnitt müssen einige generelle Bemerkungen vorweggeschickt werden. Wenn wir die Intensität des Anbaus erfassen wollen, eignet sich die Dattelpalme aufgrund der großen Zahl ihres Auftretens, ihres Pflegezustandes, ihrer räumlichen Verteilung innerhalb der Parzelle und aufgrund ihrer Funktion für die landwirtschaftliche Produktion besonders gut als Indikator für Intensivierungs- oder Extensivierungsprozesse. Da eine Dominanz der Dattelpalmen auf einer gut gepflegten Parzelle gewissermaßen die Regel ist, kann man im Umkehrschluß behaupten, daß ein Fehlen von Dattelpalmen das letzte Stadium eines Flurverfalls darstellt: nämlich dann, wenn sogar die verbliebenen Dattelpalmen aufgegeben werden. Aber vor diesem letzten und extremen Stadium kann man noch weitere Konstellationen beobachten: So gibt es z.B. einige Parzellen, auf denen sich nur wenige einzelstehende Dattelpalmen befinden, die auf eine frühere Periode mit einer besseren Wasserversorgung hinweisen, die allerdings heute nur mit Mühe am Leben gehalten werden können, insbesondere dann, wenn sie sich oberhalb des *Jorf* befinden (*Foto 17*). Demgegenüber profitieren die Dattelpalmen unterhalb des *Jorf*, auch wenn sie gar nicht eigens bewässert werden, von der Wasserinfiltration über die *Souagui* oder *Guemamine*. Daneben gibt es Parzellen, auf denen die Dattelpalmen als „Monokultur" betrieben werden: zwar nur wenige Bäume auf der Fläche, doch diese mehr oder weniger gut bewässert. Diesen Fall finden wir offenbar dann besonders oft, wenn eine äußerst knappe Wasserverfügbarkeit zu ganz präzisen Anbauentscheidungen zwingt. Und schließlich gibt es diejenigen Gärten, in denen die Dattelpalmen in Vergesellschaftung mit weiteren Baumkulturen sowie mit annuellen Bodendeckerpflanzen auftreten. In diesem Fall läßt sich der intensivere Nutzungszustand mit größeren verfügbaren Wassermengen erklären.

Die räumliche Verteilung von Dattelpalmen auf einer Parzelle und die Intensität ihrer Pflege sind natürlich, je nach Einzelfall, der Ausfluß mehrerer Kriterien — doch sind diese mehr oder weniger alle auf den Fak-

Foto 17: *Ausschnitt Oulad Slimane/Marni Loudarna. Verfallener Flurteil oberhalb des Jorf mit den Überresten eines alten Verteidigungsturms (im Hintergrund), der zu der ehemals die Gärten umgebenden Maueranlage gehört*

tor „Wasser" bezogen. Generell kann man sagen, daß im traditionellen Verständnis die beste Lage einer Dattelpalme sich entlang der *Souagui* (bzw. deren Sekundär- und Tertiärkanäle), die ja ursprünglich nur Erdrinnen waren, hinzog, egal ob diese Kanäle im Rahmen der generellen Wasserverteilung nur als Passierstrecke dienten oder ob sie für die Zuleitung in die betreffende Parzelle verwendet wurden. Daraus wird klar ersichtlich, daß sich der Zusammenhang zwischen der Existenz solcher Palmen und dem infiltrierenden Wasser unmittelbar ergibt. Versickerndes Wasser ist somit keineswegs verloren. Und es wird deutlich, daß der Vorgang eines Ausbetonierens der *Souagui* zur Verminderung der Sickerverluste zugleich auch eine Gefährdung gerade jener Palmen bedeutet, die ihre Existenz eben den Sickerwässern verdanken. In der traditionellen Auffassung ist eine weitere bevorzugte Lage für Dattelpalmen um die Wasserspeicherbecken herum gegeben. Wir wissen, daß die Zahl dieser Becken in der Oase Figuig außerordentlich hoch ist, und viele der Becken sind so undicht, daß ein Teil des Wassers ins Erdreich infiltriert[28]. Eine weitere bevorzugte Anordnung der Palmen innerhalb einer Parzelle ist die „Randverteilung". Fast wie in einer Art Rahmen ordnen sich die Palmen ringsherum an dem Außenrand der Parzelle. Die Palmen haben derart die Funktion einer Umhegung der Parzelle[29]. Der wichtigste Grund für die Anordnung der Palmen an den Rändern der Parzellen ist jedoch folgender: Indem sie an den Rändern angeordnet sind (und somit die Mitte der Parzelle frei lassen), wird im Zentrum der Anbau und das Wachstum von saisonalen Früchten, wie z.B. Getreide oder Gemüse möglich. Wie schon angedeutet, würde das Wachstum dieser einjährigen Pflanzen ohne diesen Freiraum beeinträchtigt sein.

Doch läßt sich als eine der derzeitigen Veränderungen im Anbau genau dieser Gesichtspunkt einer veränderten Position innerhalb der Parzelle für die Dattelpalmen beobachten. Es zeigt sich ein Trend dahingehend, daß richtiggehende moderne und regelhafte Dattelbaumwälder gepflanzt werden, die die gesamte Par-

28) Wir noch zu zeigen sein wird, erlauben die Besitzer von privaten Wasserspeicherbecken ihren Nachbarn ganz freiwillig die Benutzung ihres Beckens. Die kostenlose Überlassung wird gewissermaßen durch die Sickerwässer, welche die um das Becken befindlichen Bäume mit Wasser versorgen, aufgewogen.

29) Man könnte auch vermuten, daß durch diese Randverteilung der Palmen eine Art Barriere gegen den partiellen Verlust von Infiltrationswasser nach außen erfolgt, zumal die Wurzeln der Dattelpalmen sich nicht an die sichtbaren Parzellengrenzen halten und sich somit auch ihr Wasser von außerhalb der Parzelle holen!

zelle überziehen und in diesem Fall sämtliche annuellen Kulturen nur noch als untergeordnet erscheinen lassen oder sogar auf sie verzichten. Wie noch zu zeigen sein wird, markiert diese spekulative und monokulturelle Anbauorientierung eine Strategie hin zum Dattelverkauf für den Markt, wobei die investierte Arbeit möglichst gering gehalten werden soll.

Auch noch unter einem weiteren Aspekt zeigt die ganz unterschiedliche Dattelpalmendichte von Parzelle zu Parzelle, daß der bloße Bezug auf die Grundstücksgröße unzureichend ist. Wie schon erwähnt, ist es die Menge des verfügbaren Wassers für eine Parzelle, die über die Dichte der Fruchtbäume entscheidet. Wenn nun Wasser knapp ist, besteht eine denkbare Handlungsstrategie darin, das gesamte verfügbare Wasser auf nur eine Parzelle zu lenken und diese in einem gepflegten Zustand zu halten, demgegenüber aber alle anderen Parzellen aufzugeben.

Selbst wenn die Dattelpalme die bedeutendste Baumkultur ist, sind doch meist weitere Fruchtbäume (vor allem Aprikosenbaum, Ölbaum, Feigen- und Granatapfelbaum) vorhanden. Sie nehmen in der Regel nicht die Mitte der Parzelle ein, sondern ordnen sich entlang der Parzellenränder an. In den meisten Fällen trifft man sie entlang der *Souagui* oder an den Parzellenrändern in Vergesellschaftung mit den Dattelpalmen. In solchen Fällen bildet die Baumlandschaft gewissermaßen ein undurchdringliches Gestrüpp. Über die ökologische Beeinflussung zwischen Dattelpalmen und den anderen Fruchtbäumen gibt es unterschiedliche Auffassungen. Einige Oasenbauern halten die Vergesellschaftung für nachteilig und meiden sie deshalb; andere jedoch glauben an das genaue Gegenteil, für sie ist die Komplementarität dieser Bäume etwas, was sie systematisch anstreben[30].

Daneben bezieht sich die Nutzung im Ausschnitt Oulad Slimane-Marni Loudarna auch auf Bodendeckerpflanzen, und hierbei vor allem Getreide, Futterpflanzen, Blattgemüse und Hülsenfrüchte. Diese Kulturen haben zweifellos die wichtige Bedeutung verloren, die sie in der Vergangenheit eingenommen haben. Bei dem geringen Anteil von Bodendeckerkulturen ist es nicht überraschend zu hören, daß diese Kulturen kaum vermarktet werden, sondern lediglich der Selbstversorgung der Familien dienen[31]. In allen Fällen werden diese annuellen Kulturen in eigens angelegten Überstaubeeten (*Guemamine*, sing. *Gammoun*) gepflanzt. Zur Wasserversorgung der Gemüse findet man oft kleine private Speicherbecken, die eine kurzfristige Wasserversorgung ermöglichen. Für derartige Pflanzen wäre der Wasserumlauf einer *Nouba* von 15 Tagen ein Bewässerungshandicap, insbesondere in den Sommermonaten.

Es ist ein traditioneller Charakterzug, der bis heute andauert, daß die Mehrzahl der einjährigen Kulturen auf die Viehwirtschaft ausgerichtet ist. Indes ist für den untersuchten Ausschnitt festzustellen, daß die Bedeutung der Viehhaltung recht bescheiden ist, speziell was die Rinderhaltung betrifft. Lediglich acht Oasenbauern im untersuchten Sektor haben Rinder (und zwar nur ein oder zwei Tiere). Die Schafhaltung ist etwas umfangreicher: 49 Betriebe halten in der Regel zwischen 6 und 8 Tiere der Rasse *Barbi*. Daß mehrere Betriebe, obwohl sie überhaupt kein Vieh halten, dennoch Grünfutter anbauen, erklärt sich leicht dadurch, daß diese eben Grünfutter verkaufen.

Wenn man die völlig aufgelassenen Parzellen außer acht läßt, kann man für alle übrigen Parzellen auf der Basis der Anbauvergesellschaftungen, die ganz unterschiedliche Intensitätsstufen zum Ausdruck bringen, folgenden typologische Unterteilung treffen:

- Parzellen, die nur Palmen in mehr oder weniger gut unterhaltenem Zustand umfassen;
- Parzellen, auf denen eine Vergesellschaftung zwischen Dattelpalmen und Getreide existiert, wobei letzteres eine untergeordnete Bedeutung aufweist;
- Parzellen mit einem halbintensiven Nebeneinander von Dattelpalmen, Getreide und Grünfutter; und schließlich
- typische Oasengärten, d.h. die höchste landwirtschaftliche Intensitätsstufe. Hier handelt es sich um die kombinierte Nutzung der gesamten Fläche, um dichte Baumkulturbestände mit jung gepflanztem Nachwuchs, kleine Speicherbecken auf der Parzelle und eine große Vielfalt an Baum- sowie Bodendeckerkulturen.

3.2.2 Die Organisation der Wasserverteilung: Quellen und Bewässerungsnetz

Wir haben bereits angedeutet, daß das Beispielgebiet Oulad Slimane-Marni Loudarna von mehreren Besonderheiten in der Organisation der Wasserverteilung dieses Sektors geprägt wird, die einige physiognomische Befunde zumindest teilweise verständlich werden lassen. In der Wasserorganisation weist der Sektor neben dem nach wie vor dominierenden historischen Erbe auch einige Innovationen bescheidenen Ausmaßes auf, die allerdings zusammengenommen einen merklichen Einfluß auf den jüngeren Wandel dieses Oasenteils haben.

---

30) Wir können hier diesen Gesichtspunkt zur Beurteilung der traditionellen Gartenwirtschaft durch die Oasenbauern im Sinne einer lebensweltlichen Ökologie nur andeuten. Es ist gleichwohl überraschend, daß einige Praktiken gewissermaßen von allen durchgeführt werden, was Anlaß zu der Frage sein kann, ob sich derartige Praktiken in der empirischen Realität bewährt haben.

31) Leider stehen uns keinerlei Unterlagen zur Verfügung, die eine Einschätzung der Produktivität der annuellen Kulturen ermöglichen. Im Falle der Luzerne erfolgt mindestens einmal monatlich ein Schnitt, manchmal sogar noch häufiger. In einigen wenigen Fällen wurde der Verkauf von Grünfutter festgestellt. Die Gerste dient in erster Linie der Verfütterung ans Vieh. Der Hausgemüsegarten findet dementsprechend für den Haushaltsbedarf Verwendung.

— *Die Herkunft der Wasserressourcen*

Das Wasser, das für die Bewässerung der Parzellen in unserem Beispielgebiet zur Verteilung gelangt, stammt zum überwiegenden Teil von der Quelle Marni Loudarna, deren Austritt an der Oberfläche deutlich im Norden der Karte zu erkennen ist (*Beilage 8*)[32]. Seit Jahrhunderten wird die Bewässerung in jenem Bereich durch das Wasser von Marni Loudarna geprägt. Heute allerdings gibt es die Tendenz zur Ausbildung eines Wassermarktes, so daß der untersuchte Ausschnitt sein Wasser teilweise auch von der Quelle Marni Oulad Slimane erhält, deren Austritt sich im äußersten Nordwesten der Karte befindet[33]. Dieser interdependente Wassermarkt zwischen den *Foggaguir* von Marni Oulad Slimane und Marni Loudarna wird im Verlauf des Bewässerungsnetzes sichtbar. Beide Sektoren sind miteinander verbunden, und die Wässer für diese Gebiete fließen in den gleichen *Souagui*. Dennoch ist die technische Möglichkeit einer individuellen Wasserumlenkung im Falle von Marni Oulad Slimane weiter entwickelt als für Marni Loudarna. Das Wasser von Marni Loudarna, das im Nordosten austritt, stößt auf ein topographisches Hindernis, das seinen Transport in Richtung Westen erschwert. Dagegen läßt sich das Wasser von Marni Oulad Slimane viel einfacher auch nach Westen lenken. Allerdings stellt Marni Loudarna sein Wasser weiter im Norden (und d.h. an einem höheren Austrittpunkt) zur Verfügung als Marni Oulad Slimane, was mitbedingt ist durch die Umleitungsarbeiten des Jahres 1956[34]. Das Wasser von Marni Loudarna läßt sich sogar in die Flur von El Maïz leiten[35]. Das ist ein deutlicher Hinweis darauf, daß sich tatsächlich mittlerweile, wie behauptet, ein Wassermarkt ausgebildet hat.

Innerhalb unseres Ausschnittes Oulad Slimane-Marni Loudarna wird die überwiegende Mehrzahl der Parzellen (36 von 46) ausschließlich auf der Basis von Wasser der Quelle Marni Loudarna bewässert; 7 Parzellen beziehen ihr Wasser lediglich von Marni Oulad Slimane, und nur 3 verfügen über Wasserechte an beiden Quellen. Das bedeutet aber, daß trotz jüngerer Einflüsse die historischen Strukturen noch von entscheidender Wichtigkeit sind, läßt sich doch eine Persistenz hinsichtlich der Wasserherkunft nachweisen.

— *Das Verteilungsnetz des Bewässerungswassers*

Das Wasserverteilungsnetz im Sektor Oulad Slimane-Marni Loudarna läßt sich durch drei grundlegende Elemente charakterisieren, die im folgenden ausführlich dargelegt werden sollen:

● Das Netz der *Souagui*: Ganz deutlich tritt die generelle Hauptverteilungsrichtung der *Souagui* zutage, die unterhalb des *Jorf* (wo sich zahlreiche Speicherbecken konzentrieren) in einem sich nord-südlich erstreckenden Netz paralleler Kanäle der natürlichen Abdachung folgen; neben diesen *Souagui* findet man zugleich auch die wichtigsten Wege durch die Oasenflur. Im untersuchten Beispielgebiet bilden die ganz westlich gelegenen Parzellen direkt unterhalb des *Jorf* zugleich jene Flächen, die gerade noch aus der Quelle von Marni Loudarna aufgrund der topographischen Gegebenheiten versorgt werden können. Doch sind die Wasser von Marni Oulad Slimane mit dem Bewässerungsnetz von Marni Loudarna auf das intensivste verknüpft, so daß deren Dominanz in dem Gesamtnetz möglich wird. Es überrascht die außerordentliche Dichte der *Souagui*, ja stärker noch ihre scheinbare Überzahl. In einzelnen Fällen findet man bis zu vier *Souagui* unmittelbar parallel nebeneinander, was zunächst durch nichts begründet erscheint. Abgesehen von der bereits erwähnten Verknüpfung der beiden Bewässerungsnetze von Marni Loudarna und Marni Oulad Slimane, sind dafür zwei jüngere Determinanten ausschlaggebend. Zum einen sind mit Betonierungsarbeiten der *Souagui* auch Konflikte aufgetreten. Das Durchflußrecht durch eine Parzelle wurde mißachtet, wenn Berechtigte entschieden, eine Betonierung vorzunehmen, um die Wassermenge zu erhöhen, die auf der Basis ihrer Anteilsrechte auf ihre Felder gelangt. Sie waren aber damit auch gezwungen, neue *Souagui* individuell anzulegen. Zum anderen hängt die hohe Dichte der *Souagui* auch mit den in den siebziger Jahren neu entstandenen Brunnen zusammen.

● Im untersuchten Beispielgebiet oder unmittelbar an seinen Rändern gibt es mittlerweile fünf Brunnen, von denen zwei ohne große Bedeutung sind und inzwischen wieder aufgelassen worden[36]. Für deren Erschließung

32) Anders als z.B. im Falle von Marni Oulad Slimane (oder auch als Marni Tanoute bezeichnet), tritt nach dem Austritt der Quelle von Marni Loudarna an die Oberfläche kein *Iqoudass* im strengen Sinn des Wortes auf. Marni Loudarna umfaßt lediglich 480 *Kharrouba*, und d.h., daß die Schüttungsmenge durch die Berechtigten nacheinander in Anspruch genommen wird. Allerdings besteht die Möglichkeit, das Wasser beim Austritt an die Oberfläche in bestimmte *Souagui* zu lenken.

33) Der Kartenausschnitt ist so bemessen, daß ihre Lage nicht mehr ganz verzeichnet ist. Hierzu vgl. deshalb *Beilage 8*.

34) In der Bewässerungspraxis kann man behaupten, daß selbst im Falle Marni Oulad Slimanes ähnliches gilt. Infolge der Tieferlegung des topographischen Niveaus der Parzellen wurde es möglich, auch einige Felder oberhalb des *Jorf* zu bewässern, und zwar noch oberhalb des Wasseraustrittes in den *Iqoudass*, der deshalb notwendig ist, da es 960 *Kharrouba* (und nicht nur 480 *Kharrouba* wie im Falle Marni Loudarnas) zu verteilen gilt.

35) Die Bewohner von El Maïz besitzen heute etwa 84 *Kharrouba* der Quelle von Marni Loudarna. Diese Rechte stammen einesteils aus alten Schenkungen an die Nachkommen des *Marabout* Sidi Abdeljabbar oder an die Moscheen, daneben aber vor allem aus jüngeren Verkäufen oder Verpachtungen von Wasserrechten (freundliche mündliche Mitteilung des *Sraïfi* von Oulad Slimane).

36) Das Graben dieser Brunnenschächte, aus denen im allgemeinen nur wenig Grundwasser gefördert werden kann, geht auf eine Phase zurück, als in der gesamten Oase Figuig (vor allem jedoch in Zenaga) eine Art „Grabungsfieber" nachzuweisen ist. Damals glaubte man an nahezu unbeschränkte Wasservorräte. Dieser Optimismus ist inzwischen einer realistischeren Einschätzung gewichen: Man mußte bald erkennen, daß nicht nur die förderbaren Wassermengen unzureichend waren, sondern daß auch die Salinität der geförderten Wässer unerwartet hoch war.

Oase Figuig – Oasis de Figuig

Ausschnitt Oulad Slimane/Marni Loudarna
Secteur Oulad Slimane/Marni Loudarna

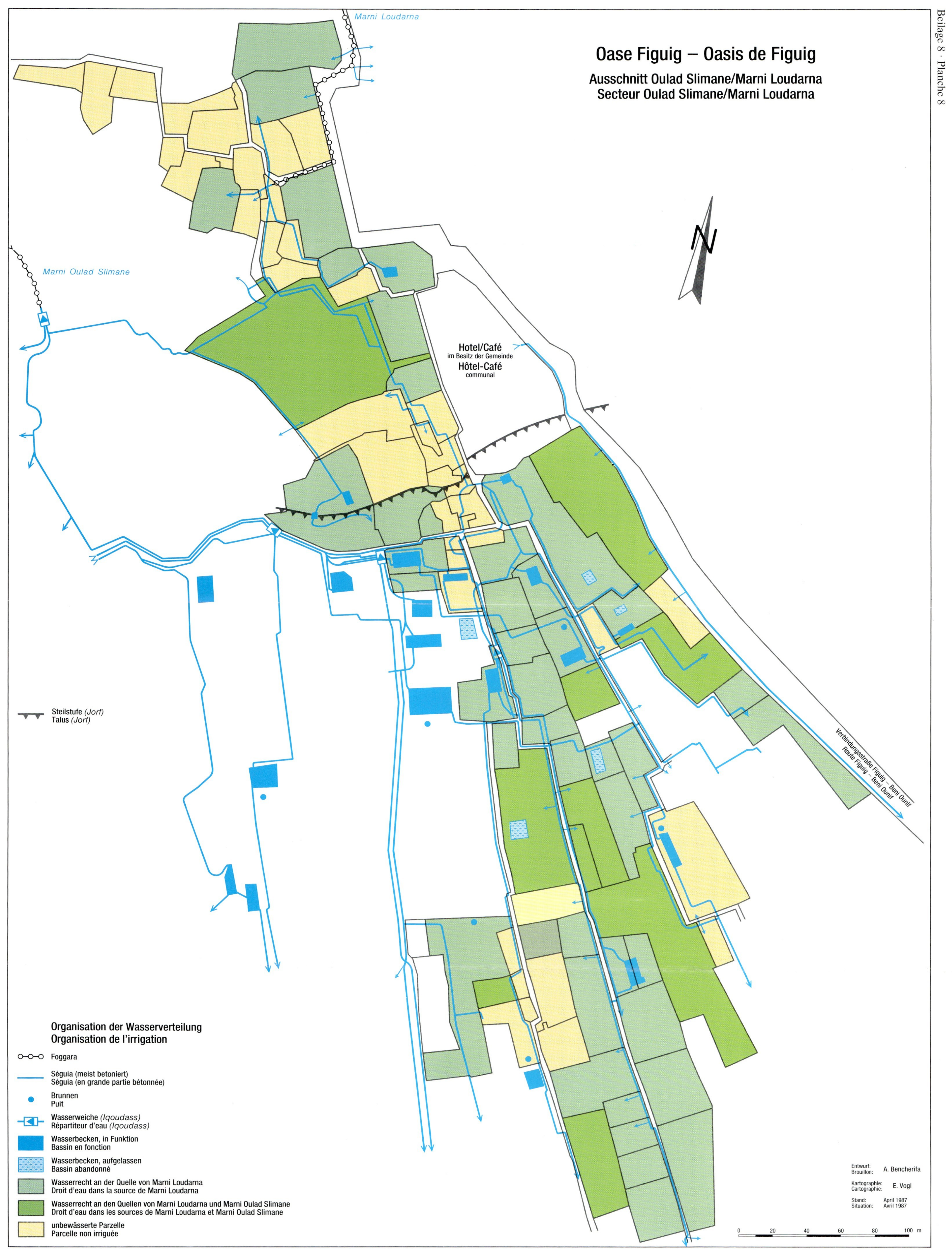

Oase Figuig – Oasis de Figuig
Ausschnitt Oulad Slimane/Marni Loudarna
Secteur Oulad Slimane/Marni Loudarna
N
Marni Loudarna
Marni Oulad Slimane
Hotel/Café
im Besitz der Gemeinde
Hôtel-Café
communal
Verbindungsstraße Figuig – Beni Ounif
Route Figuig – Beni Ounif
Steilstufe (Jorf)
Talus (Jorf)
Organisation der Wasserverteilung
Organisation de l'irrigation
Foggara
Séguia (meist betoniert)
Séguia (en grande partie bétonnée)
Brunnen
Puit
Wasserweiche (Iqoudass)
Répartiteur d'eau (Iqoudass)
Wasserbecken, in Funktion
Bassin en fonction
Wasserbecken, aufgelassen
Bassin abandonné
Wasserrecht an der Quelle von Marni Loudarna
Droit d'eau dans la source de Marni Loudarna
Wasserrecht an den Quellen von Marni Loudarna und Marni Oulad Slimane
Droit d'eau dans les sources de Marni Loudarna et Marni Oulad Slimane
unbewässerte Parzelle
Parcelle non irriguée
Entwurf: A. Bencherifa
Brouillon:
Kartographie: E. Vogl
Cartographie:
Stand: April 1987
Situation: Avril 1987
0 20 40 60 80 100 m

Oase Figuig – Oasis de Figuig

Ausschnitt Oulad Slimane/Marni Loudarna
Secteur Oulad Slimane/Marni Loudarna

Hotel/Café
im Besitz der Gemeinde
Hôtel-Café
communal

?

Verbindungsstraße Figuig – Beni Ounif
Route Figuig – Beni Ounif

Steilstufe *(Jorf)*
Talus *(Jorf)*

Wasserbecken, in Funktion
Bassin en fonction

Wasserbecken, aufgelassen
Bassin abandonné

Migrationsstatus des Besitzers und Bewirtschaftungsverhältnisse
État «migratoire» du propriétaire et modes de faire-valoir

Migrationsstatus des Besitzers
État «migratoire» du propriétaire

Wohnort Figuig; war nie abwesend im Rahmen der Arbeitsmigration
Résidant à Figuig, n'a jamais émigré

Wohnort Figuig; war früher als Arbeitsmigrant im Ausland oder in einer marokkanischen Stadt beschäftigt
Résidant à Figuig, fut autrefois émigré intérieur ou extérieur

Wohnort ist derzeit eine marokkanische Stadt (temporäre Migration)
Émigré temporaire, résidant dans une ville intérieure

Wohnort ist derzeit im Ausland, und zwar fast ausschließlich in Frankreich (temporäre Emigration)
Émigré temporaire, résidant à l'étranger, surtout en France

Parzelle im Gemeindebesitz
Propriété de la commune rurale

? Besitzer unbekannt
Propriété non identifié

Bewirtschaftung
Faire-valoir

durch den Eigentümer oder seine Familie, ohne Lohnarbeiter
Faire-valoir direct, sans recours au travail salarié

durch den Eigentümer oder seine Familie, aber mit Hilfe von Lohnarbeitern
Faire-valoir direct, avec recours au travail salarié

durch einen Pächter
Faire-valoir indirect

Entwurf: / Brouillon: A. Bencherifa
Kartographie: / Cartographie: E. Vogl
Stand: / Situation: April 1987 / Avril 1987

0 20 40 60 80 100 m

war es notwendig geworden, neue *Souagui* anzulegen, insbesondere im Bereich der Kreuzungspunkte des Wasserverteilungsnetzes, die an den wichtigsten nord-südlich verlaufenden Hauptwegen liegen. Die neuen Bewässerungsrinnen und Wasserweichen (*Iqoudass*) tragen zu dieser außerordentlichen Dichte bei (vgl. *Beilage 8*).

- Schließlich zeigt die Karte der Organisation der Wasserverteilung den hohen Stellenwert, der den Wasserspeicherbecken zukommt. Oulad Slimane gehört zu denjenigen *Qsour* der gesamten Oase, die die höchste Dichte an Wasserbecken aufweisen (wenn man ihre Zahl in Bezug setzt zu der bewässerten Fläche). Wie wir bereits ausgeführt haben, bilden diese Becken eines der typischen Elemente des Bewässerungssystems der Oase Figuig. Sie konzentrieren sich vor allem in einem sich westöstlich erstreckenden Band unmittelbar unterhalb des *Jorf*. Diese Lage ist ganz charakteristisch. Damit können die Becken angesichts der unterhalb immer noch gegebenen merklichen Abdachung gewährleisten, daß innerhalb eines relativ weiten Versorgungsbereiches das Wasser mit erheblicher Geschwindigkeit bis zu den entferntest gelegenen Parzellen gelenkt werden kann und somit in kürzester Zeit an sein Ziel gelangt. Die meisten dieser Becken weisen ein hohes Alter auf; sie stammen zumindest aus der Zeit vor 1950[37]. Zudem sind sie überwiegend in einem schlechten Erhaltungszustand. Hinsichtlich ihres Besitzstatus gibt es eine Zweiteilung. Einige gehören der *Jema'a*, dagegen ist die Mehrzahl in privatem Besitz (und zwar meist im Besitz der Nachkommen bedeutender Ligneages). Selbst im Falle der privaten Becken gibt es vielfach eine Nutzung durch Personen, die nicht zum *Qsar* Oulad Slimane gehören; einige Becken wurden von ihren Besitzern auch völlig aufgelassen. Nur die kleinen privaten Becken bilden hier eine Ausnahme. Sie haben natürlich für den Anbau auf der jeweiligen Parzelle einen wichtigen Stellenwert, wird es durch sie doch möglich, den Bewässerungszeitpunkt für die Gemüse sehr flexibel zu gestalten. Deshalb sind sie fast ausnahmslos in einem guten Erhaltungszustand.

3.3 Im Spannungsfeld von Intensivierung und Verfall: Sozialgeographische Aspekte der ablaufenden Prozesse

3.3.1 Die Variationsbreite der Nutzungsintensität

Die Oasenflur im Beispielgebiet Oulad Slimane-Marni Loudarna stellt sich somit als außerordentlich heterogen in den Formen und in der Intensität der Bewässerungsnutzung dar. Generalisierend lassen sich drei idealtypische Niveaus einer unterschiedlichen Intensität der Bewässerungsnutzung in einer groben Klassifikation unterscheiden, und zwar bezogen auf qualitative Kriterien wie Dichte und Pflegezustand der Dattelpalmen, Auftreten oder Fehlen von hermetisch nach außen abweisenden Ummauerungen um die Flurstücke und Stellenwert der einjährigen Kulturen:

- *Überhaupt keine Nutzung:* Dieser Zustand ist dann gegeben, wenn eine Parzelle für landwirtschaftliche Nutzung aufgegeben worden ist. Hierbei dürfen einige noch verbleibende Dattelpalmen in schlechtem Erhaltungszustand nicht darüber hinwegtäuschen, daß diese Bäume nur noch ein Überbleibsel sind. Häufig sind derartige Parzellen bereits soweit in Vergessenheit geraten, daß man in den *Qsour* zuweilen kaum mehr weiß, wer der jeweilige Besitzer ist. **[= ungenutzt]**
- *Geringe bis mittlere Nutzungsintensität:* Hier handelt es sich um eine Klasse, innerhalb derer das Spektrum der auftretenden Nutzungszustände recht groß ist, wenn man die gegebenen Möglichkeiten berücksichtigt. Diese Gruppe betrifft Parzellen, die nicht aufgelassen sind, in mehr oder weniger gutem Erhaltungszustand stehen und vielfach (außer mit Dattelpalmen) auch mit kleineren Flächen, auf denen Getreide angebaut wird, bestanden sind. Die Aufrechterhaltung der Produktivität der Dattelpalmen ist jedoch der zentrale Aspekt der landwirtschaftlichen Nutzung. **[= Dattelpalmen, z.T. auch Getreide]**
- *Mittlere bis hohe Nutzungsintensität:* Diese Klasse beschränkt sich auf solche Parzellen, auf denen eindeutige und sichtbare Hinweise auf eine hohe Produktivität hindeuten, auch wenn wir diesen Zustand lediglich qualitativ beschreiben können. Es handelt sich um eine größere Bestandsdichte und Diversität innerhalb der Fruchtbäume; einjährige Bodendeckerkulturen spielen eine wichtige Rolle und umfassen mehrere Pflanzenvarietäten; die Bewässerungsinfrastruktur ist voll intakt, was sich physiognomisch an erfolgten Investitionen zur Erhaltung von Umhegungsmauern, zum Bau von Wasserbecken, unterhaltenen und z.T. betonierten Bewässerungskanälen innerhalb der Parzelle, einer Schutzhütte zur Aufbewahrung der landwirtschaftlichen Geräte und ähnlichem ablesen läßt. **[= Dattelpalmen, Fruchtbäume und mindestens zwei Bodendeckerkulturen]**

Die Nutzungskartierung (*Beilage 7*) ermöglicht es zumindest in groben Zügen, die beschriebene klassifikatorische Dreigliederung nachzuvollziehen.

---

37) Wenn man einmal von Zenaga und Loudaghir absieht, dann ist der Bau neuer großer Wasserspeicherbecken mittlerweile so gut wie völlig zum Erliegen gekommen. Dagegen ist der Bau von kleinen, individuellen Becken für die Bewässerung der Gemüse auf dem Vormarsch. Ihre geringen Flächenausmaße haben dazu geführt, daß sie in der *Beilage 8* kartographisch unberücksichtigt geblieben sind.

3.3.2 Nutzung und Wasserverfügbarkeit

Ähnlich wie im vorhergehenden Beispielgebiet von Laâbidate-West wäre auch im vorliegenden Fall eine der Erklärungsmöglichkeiten für beobachtete Formen extensiver Nutzung in der Flur das unzureichende Verhältnis der Fläche der gesamten Bewässerungsflur des *Qsar* zu dem insgesamt verfügbaren Wasser — wobei in Laâbidate dieser Zusammenhang evident war. Eine Analyse der Wasserverfügbarkeit läßt indes keine Anzeichen eines dramatischen Wassermangels erkennen, obwohl natürlich die Verkäufe und Verpachtungen von Wasserrechten die Oasenflur zweifellos negativ beeinträchtigen mußten, wird doch Wasser, das bisher Oulad Slimane zugute kam, nun anderswohin geleitet. Auf der Basis statistischer Daten von Anfang der fünfziger Jahre umfaßte der *Qsar* Oulad Slimane insgesamt eine Bewässerungsfläche von 50,09 ha, bewässert auf der Basis der beiden Quellen Marni Loudarna und Marni Oulad Slimane. Davon wurden 20,4 ha mit Wasser aus beiden *Foggaguir* bewässert, ohne daß wir in der Lage wären, den Anteil jeder der beiden *Foggaguir* anzugeben. Wenn man diese Fläche von 50 ha als Ausgangsgröße heranzieht, um die heutigen tatsächlichen Wasserschüttungen damit in Bezug zu setzen, gelangt man nur zu einem arithmetischen Mittel von 0,272 l/s/ha[38], was selbstverständlich ein unzureichender Wert für eine intensive Bewässerung wäre. Es gibt unleugbar im Bereich des *Qsar* Oulad Slimane eine gewisse Wasserknappheit, wenn man das verfügbare Wasser auf die alte, überkommene Oasenflur bezieht.

Somit wäre die Aufgabe einer gewissen Zahl von Parzellen notwendig, um die Bewässerung für den Rest der Flur zu gewährleisten. Rein rechnerisch müßten mindestens 9 % der Fläche aufgegeben werden, um zu dem für Bewässerungszwecke oft herangezogenen Minimumwert von 0,3 l/s/ha zu gelangen. Diese abstrakt errechneten Zahlen scheinen sich durch die tatsächlich erfolgten Aufgaben von Oasenflächen zu bestätigen. Allerdings müssen wir hierbei zwei ganz grundsätzliche Vorbehalte anmelden:

— Zum ersten finden wir im Beispielgebiet Marni Loudarna 20,65 % der Flächen als aufgelassen vor, 32,09 % der Flächen sind nur extensiv genutzt (Intensitätsniveau 2 der vorhergehenden Klassifikation), der Rest (und damit fast die Hälfte) ist dagegen intensiv genutzt. Wassermangel kann somit vielleicht zum Teil eine gewisse Rolle spielen, er kann aber allein nicht das Ausmaß des Verfallsprozesses erklären.

— Zum zweiten kann man beobachten, daß (sofern der Wassermangel mehr oder weniger alle betrifft) Aufgabe oder extensive Nutzung nur sehr vereinzelt in der Parzellenflur nachzuweisen sind. Gerade innerhalb der Klasse der extensiv genutzten Parzellen gibt es zahlreiche, die sich in einem optimalen Erhaltungszustand befinden. Diese vermeintliche Widersprüchlichkeit bedarf einer Klärung.

3.3.3 Nutzungsintensität und Lage der Parzellen

Die Analyse der landwirtschaftlichen Nutzung zeigt zunächst einmal ganz unterschiedliche Intensitätsniveaus von einer Parzelle zur anderen. Eine erste ergiebige Korrelation ergibt sich zwischen der Nutzungsintensität (nach unserer Dreier-Klassifikation) und der Lage der Parzellen oberhalb oder unterhalb des *Jorf*. Abgesehen von wenigen Ausnahmen, ist die Mehrzahl der Parzellen oberhalb des *Jorf* aufgegeben oder zumindest lediglich sehr extensiv genutzt (vgl. *Tabelle 6*).

Dieser Zustand hängt mit der historischen Vergangenheit der Oase zusammen, vor allem mit jener Phase, in der die Absenkung des Austrittsniveaus der Quellen zu einer erheblichen Verlagerung der Palmenflur in Richtung Süden, d.h. in den Bereich unterhalb des *Jorf*, geführt hat. Aber das Faktum, daß einige wenige Parzellen oberhalb des *Jorf* noch bewässert werden (und sich unter ihnen sogar die am intensivsten im gesamten Ausschnitt genutzten Parzellen befinden) zeigt, daß diese historische Erklärung auf keinen Fall ausreichend ist. Es gäbe durchaus so etwas wie die Möglichkeit einer Revitalisierung der Oasenflur oberhalb des *Jorf*, und von Interesse sind die Umstände, die dies verhindern. Einer der Gründe ist, daß weiter südlich mittlerweile die Investition der Dattelpalmenpflanzung erfolgt ist. Es ist einfacher, diesen Bestand zu erhalten, als ihn oberhalb des *Jorf* neu zu pflanzen — und dabei mehrere Jahre auf die ersten Erträge warten zu müssen. Deshalb sind auch die Beispiele zu einer Verlagerung der Nutzung aus dem Bereich unterhalb in den Bereich oberhalb des *Jorf* selten.

Mittlerweile ist derjenige Teil des untersuchten Sektors, der oberhalb des *Jorf* liegt, durch einen neuen Gunstfaktor geprägt. Nicht nur, daß die dortigen Parzellen auch weiterhin bewässerbar sind; daneben führt auch die bauliche Expansion des Siedlungskörpers im Bereich des Verwaltungsviertels von Figuig dazu, daß die Bodenpreise dort stark angestiegen sind[39].

38) Zu diesem Wert sind wir gelangt, indem wir von einer Schüttung von 6 l/s für Marni Loudarna und einer Schüttung von 11,4 l/s für Marni Oulad Slimane ausgegangen sind, wovon die zwei Drittel Wassers abzuziehen waren, die nach Zenaga gehen. Ein Drittel der Wassermengen gehört bereits historisch-traditionell zu Zenaga; ein weiteres Drittel ist inzwischen durch Verkauf oder Pacht im Besitz dieses *Qsar*. Auf der Basis des verbleibenden Wassers ergibt sich der oben erwähnte Mittelwert.

39) Hier sollen einige Information des *Sraïfi* von Oulad Slimane, der in genau jenem Bereich wohnt, wiedergegeben werden. Nachdem er durch die Anlage einer Piste seine Flurparzelle mit Fahrzeugen erreichbar gemacht hat, ist der Quadratmeterpreis auf 28 DH/m^2 gestiegen, und er schätzt, daß der Preis heute bereits bei 50 DH/m^2 liegt. Der Fall des *Sraïfi* ist keineswegs eine Singularität in dem Beispielgebiet.

Tabelle 6: *Ausschnitt Oulad Slimane/Marni Loudarna. Beziehungen zwischen der Nutzungsintensität und der Lage der Parzellen (oberhalb oder unterhalb des Jorf)*

	Oberhalb des *Jorf*			Unterhalb des *Jorf*			Gesamt		
	Anzahl d. Parzellen	Fläche (in m²)	Fläche (in %)	Anzahl d. Parzellen	Fläche (in m²)	Fläche (in %)	Anzahl d. Parzellen	Fläche (in m²)	Fläche (in %)
Niveau 1*)	21	11.461	13,3	13	6.315	7,3	34	17.776	20,7
Niveau 2*)	4	4.780	5,6	21	22.832	26,5	25	27.612	32,1
Niveau 3*)	4	11.985	13,9	22	28.701	33,3	26	40.686	47,3
Gesamt	29	28.226	32,8	56	57.848	67,2	85	86.077	100,0

*) Niveau 1: aufgegeben; Niveau 2: geringe bis mittlere Nutzungsintensität; Niveau 3: gut in Schuß und sehr intensiv.

3.3.4 Nutzungsintensität und Parzellengröße

Eine weiterer wichtiger Hinweis, der indes ebenfalls isoliert genommen unzureichend ist, ist die sehr starke Beziehung, die sich zwischen der Nutzungsintensität und der Flächengröße der jeweiligen Parzelle feststellen läßt (vgl. *Tabelle 7*). Zunächst einmal erscheint dieser Zusammenhang als überraschend; bei näherer Betrachtung läßt sich aber sehr schnell zeigen, warum das so ist. Klar ist, daß im Falle einer Wasserknappheit nicht alle verfügbaren Parzellen bewässert werden können. Der Oasenbauer wird (vorausgesetzt, er besitzt mehrere Parzellen) dazu tendieren, das Wasser auf jene Parzellen zu leiten, die ihm für die Nutzung am geeignetsten erscheinen — und das sind in der Regel die größeren. Daraus folgt, daß eine Parzelle um so weniger Chancen hat, bewässert zu werden, je kleiner sie ist. Die Parzellen mit weniger als 1.000 m² sind in der Mehrzahl aufgegeben (31 von 60) oder nur schwach bis mittel genutzt (10 von 60).

3.3.5 Berufs- und Migrationsstatus des Besitzers, Art der Bewirtschaftung und Nutzungsintensität

Die vorgenommenen statistischen Auswertungsschritte verschleiern natürlich, daß in Wirklichkeit sehr spezifische soziale und verhaltensbezogene Charakteristika existieren. Durch die Erhellung derartiger Komponenten können die Entscheidungen über die Art und Weise der Nutzung der Wasserressourcen für Bewässerungszwecke in Figuig ganz generell und im Bereich des Beispielgebietes Marni Loudarna im speziellen direkt verständlich gemacht werden (vgl. hierzu *Beilage 9* und *Tabelle 8*).

Die heutige Agrarstruktur spiegelt vor allem die Migrationsverhältnisse in der Oase Figuig wider. Diese Behauptung läßt sich aus den vorhandenen Daten in eindeutiger Weise belegen. Die ganz unterschiedlichen Anbauverhältnisse in der Oasenflur verstehen zu wollen, heißt zuallererst danach zu fragen, wer denn als Bewirtschaftender diese Anbauverhältnisse bewirkt und welche Motive sich hinter seinen Entscheidungen verbergen. Die hierzu erhobenen Daten sprechen eine deutliche Sprache:

— Weniger als 5 % der Besitzer von Parzellen im Beispielgebiet (4 Fälle) sind ausschließlich im landwirtschaftlichen Bereich tätig. Sie waren zudem zu keiner Zeit Arbeitsmigranten. Von diesen hat nur ein einziger seine Parzelle aufgelassen, um sich auf eine andere, außerhalb des Ausschnittes gelegene zu konzentrieren.

— 19 Parzellen (d.h. 22,4 % aller Parzellen) gehören Personen, die nie als Arbeitsmigranten außerhalb Figuigs waren, die aber im Haupterwerb einer nichtlandwirtschaftlichen Tätigkeit nachgehen. 12 von 19 Parzellen werden noch landwirtschaftlich genutzt, hiervon befinden sich 7 in einem ausgezeichneten Pflegezustand.

— Die Sozialkategorie der Rückwanderer (Remigranten), die meist im Ruhestand befindliche Rentenempfänger umfaßt, weist zweifellos die in der Oasenwirtschaft am stärksten engagierten Personen auf; zumindest scheint es so zu sein. Tatsächlich sind von 18 diese Sozialkategorie betreffenden Parzellen 9 in sehr gutem Erhaltungszustand, während lediglich 6 ungenutzt sind.

— Die derzeit als Migranten abwesenden Personen haben eine gänzlich andere Beziehung zu ihren Nutzflächen, wobei wir nochmals unterscheiden wollen, ob sie in eine marokkanische Stadt abgewandert oder als Gastarbeiter in Frankreich tätig sind. Im Falle der Binnenwanderer handelt es sich in nahezu der Hälfte der Fälle um eine völlige Aufgabe der Nutzung; nur sehr gering ist die Zahl der Parzellen dieses Personenkreises, die sehr intensiv betrieben werden (7 von 38 Parzellen). Schwieriger ist es, die Auswirkungen der Gastarbeitertätigkeit abzuschätzen, weil die Zahl der einschlä-

Tabelle 7: *Ausschnitt Oulad Slimane/MarniLoudarna. Beziehungen zwischen der Nutzungsintensität und der Flächengröße der Parzelle*

	< 1.000 m²		1.000-2.000 m²		2.000 m²		Gesamt	
	Zahl der Parzellen	(in %)	Zahl der Parzellen	(in %)	Zahl der Parzellen	(in %)	Zahl der Parzellen	(in %)
Niveau 1*)	31	35,5	3	3,5	2	2,4	34	40,0
Niveau 2*)	16	18,8	5	5,9	2	2,4	25	29,9
Niveau 3*)	13	15,3	8	9,4	5	5,9	26	30,6
Gesamt	60	70,6	16	18,8	9	10,6	85	100,0

*) Niveau 1: aufgegeben; Niveau 2: geringe bis mittlere Nutzungsintensität; Niveau 3: gut in Schuß und sehr intensiv.
Chi² = 9,75 df = 4 Signifikant bei 0,449 %

Tabelle 8: *Ausschnitt Oulad Slimane/Marni Loudarna. Beziehungen zwischen der Nutzungsintensität und dem Migrations- und Berufsstatus des Besitzers*

	Vollerwerbs-landwirt		Migrant ins europ. Ausland		Migrant innerhalb Marokkos		Rentner, Ruhegeldempfänger		außerlandwirtliche Tätigkeit		Gesamt	
	Zahl d. Parz.	in %	Zahl d. Parz.	in %	Zahl d. Parz.	in %	Zahl d. Parz.	in %	Zahl d. Parz.	in %	Zahl d. Parz.	in %
Niveau 1*)	1	1,2	3	3,5	17	20,0	6	7,1	7	8,2	34	40,0
Niveau 2*)	2	2,4	1	1,2	14	16,5	3	3,5	5	5,9	25	29,9
Niveau 3*)	1	1,2	2	2,4	7	8,2	9	10,6	7	8,2	26	30,6
Gesamt	4	4,7	6	7,1	38	44,7	18	21,2	19	22,4	85	100,0

*) Niveau 1: aufgegeben; Niveau 2: geringe bis mittlere Nutzungsintensität; Niveau 3: gut in Schuß und sehr intensiv.

gigen Fälle zu gering ist. Von den 6 Parzellen, die Gastarbeitern gehören, sind drei aufgegeben, also in etwa der gleiche Anteil wie im Falle der Binnenwanderer.

Zusammengefaßt sind es vor allem zwei Sozialkategorien, die eine intensive Oasenwirtschaft betreiben: zum einen die Remigranten und zum anderen diejenigen Oasenbauern, die ihre landwirtschaftliche Tätigkeit im Vollerwerb betreiben oder nur einen geringen außerlandwirtschaftlichen Zuerwerb pflegen. Daraus läßt sich wohl folgern, daß die Oasenwirtschaft heute fast nur noch im Nebenerwerb (gewissermaßen im *part-time job*) bestehen und überleben kann. Bei Abwesenheit des Besitzers geht es in stärkerem Maße um die Erhaltung des Anbaus als um seine Intensivierung und Produktivitätssteigerung. Einer der Gründe dafür ist die Abneigung der Oasenbauern, selbst auch zusätzlich als Teilpächter zu fungieren. Das Ausmaß der Pachtverhältnisse (vgl. *Beilage 9*) ist recht beträchtlich. Die soziale Funktion der Teilpächter entspricht überhaupt nicht den klassischen Vorstellungen des *Khammessat*-Systems. Der Teilpächter (wenn man ihn überhaupt noch so nennen will) behält den größeren Teil der Ernte, wenn nicht das gesamte Erntegut. Seine Aufgabe besteht in erster Linie darin, den Baumbestand pfleglich zu erhalten für einen Besitzer, der selbst diese Aufgabe nicht leisten kann und somit auf den Teilpächter angewiesen ist. Die Ausführungen im folgenden Beispielgebiet von Zenaga-Izarouane werden diesen Aspekt noch ausführlicher darstellen.

3.4 Zusammenfassende Charakterisierung

All die aufgeführten Merkmale des Beispielgebietes Oulad Slimane-Marni Loudarna (topographische Lage der Parzellen, ihre Flächengröße, Wasserverfügbarkeit) und der sozio-ökonomischen Merkmale der Oasenbauern (Migrations- und Berufsstatus des Besitzers) wurden ausführlich ausgebreitet, um direkt oder indirekt auf ihre Eignung als Erklärungsvariablen für die Mechanismen, Formen und Intensitätsniveaus der landwirtschaftlichen Nutzung überprüft zu werden.

Aus den Ergebnissen für dieses Beispielgebiet lassen sich vor allem zwei Sachverhalte folgern, die für die gegenwärtige Dynamik des Sektors Marni Loudarna verantwortlich sind:

- Es gibt formal-technische Merkmale, die mit zu einer Erklärung der inneren Nutzungsdifferenzierung beitragen, so vor allem die räumliche Lage der Parzelle innerhalb des Sektors, ihre Flächengröße und die verfügbare Wassermenge.
- Doch sind vor allem individuelle entscheidungsbezogene Faktoren von Bedeutung. Hierbei ist ohne Zweifel das Hauptproblem die Frage: Kann die Oasenwirtschaft alleine das Überleben der Haushalte, die ihre Existenzbasis durch diese Erträge sichern, gewährleisten? Die Antwort hierauf ist eher negativ; aber die Oasenwirtschaft wird wiederum auch in erster Linie deshalb lediglich in einer eher extensiven Produktionsweise betrieben, weil sie im Rahmen der Gesamteinkünfte nur den zweiten Platz einnimmt. Vor allem die Remigranten und die Nebenerwerbslandwirte sind es, die die Oasenwirtschaft entweder in extensiver Weise bloß noch aufrechterhalten oder zu einer Intensivierung des Anbaus beitragen — um nur die beiden wichtigsten derzeitigen Trends anzuführen.

4 Eine Oasenflur in voller Blüte: Zenaga-Izarouane

Begrenzt durch die markante Stufe des *Jorf* im Norden und die Bebauung des *Qsar* von Zenaga im Süden sowie durch zwei wichtige nord-südlich verlaufende Wege im Osten und Westen erstreckt sich unser Beispielgebiet Zenaga-Izarouane (vgl. *Abbildung 14*). Es verkörpert denjenigen Typ der Oase innerhalb von Figuig, wie er in der Flur von Zenaga bei weitem dominiert: reichlich mit Wasser versorgt und unter sehr intensiver landwirtschaftlicher Nutzung.

Der Nordrand des Beispielgebietes ist zugleich auch die Grenze zu der (oberhalb des *Jorf* gelegenen) Nachbarflur des *Qsar* Loudaghir. Im Süden wurde der untersuchte Ausschnitt in den vergangenen zwanzig Jahren durch die bauliche Erweiterung des *Qsar* von Zenaga „angenagt". Der jüngere Baubestand ragt bereits in einen Bereich hinein, der ursprünglich landwirtschaftlich genutzt war (vgl. *Abbildung 14*). Auch wenn das Hauptwachstum von Zenaga räumlich von diesem *Qsar* getrennt, in Bagdad (östlich von Zenaga, entlang der Hauptstraße Figuig - Beni Ounif), abläuft, um nicht große Teile des wertvollen Kulturlandes zu zerstören, ist doch zu erwarten, daß das Siedlungswachstum von Zenaga künftig partiell auch unser Beispielgebiet betreffen wird[40] und folglich weiteres Kulturland verlustig zu gehen droht.

40) Nach einer Euphorie in den siebziger Jahren, im Rahmen derer als Zeichen von Modernität viele Zenagi, sofern sie über genügend Geld verfügten (meist handelt es sich um Gastarbeiter), ihr Wohngebäude in Form eines (vielfach recht stattlichen) Neubaues nach Zenaga-Bagdad verlegten, gilt mittlerweile die Attraktivität von Bagdad als nicht mehr sehr hoch. Man ist nicht nur (räumlich-distanziell) von den sozialen Netzwerken des *Qsar* abgeschnitten. Auch die kleinklimatische Unerträglichkeit der Neubauten von Bagdad in den Sommermonaten (Beton oder Kalksandstein, nicht aber ungebrannte Lehmziegeln; fehlende Kühlwirkung durch Ventilation, da sich kein Oasenland in der Umgebung erstreckt und durch die lichte Bebauung der Beschattungsgrad gering ist) verleiht dem *Qsar* von Zenaga eine neue Attraktivität.

4.1 Ein intensiv bewirtschafteter Oasenausschnitt

In seiner Anbausituation verkörpert Izarouane den klassischen Oasentyp mit einer extrem intensiven Nutzung. Natürlich sind auch hier die Dattelpalmen als „Charakterbaum" dominierend; insbesondere in physiognomischer Hinsicht fallen sie am stärksten auf. Das hängt nicht nur damit zusammen, daß sie das oberste Anbaustockwerk und somit auch das Schattendach der Oase bilden (also von überall her einsehbar sind), sondern auch damit, daß durch die ganz hermetische, übermannshohe Ummauerung der Parzellen mit ungebrannten Lehmziegeln der Einblick in die Gärten weitgehend verwehrt ist, somit der Außenstehende gar nicht erkennen kann, was sich in geringerer Höhe (auf dem Boden selbst, aber teilweise auch im Stockwerk der Fruchtbäume) an Nutzungen verbirgt. Nahezu alle Gärten sind zudem verschlossen und nur betretbar, wenn der jeweilige Besitzer anwesend ist[41]. Die Umhegung der Felder hat zur Folge, daß man bei einem Gang durch die Oase stets nur an Mauern vorbeiläuft, lediglich einige Palmen sieht und keine rechte Vorstellung davon hat, was sich hinter den Mauern an Nutzungen verbirgt.

Innerhalb der einzelnen Parzelle im Gebiet Zenaga-Izarouane bilden die Dattelpalmen in den meisten Fällen so etwas wie eine Umrahmung; an den Außenrändern, und damit entlang der Lehmmauern, reihen sie sich in der Mehrzahl der Fälle auf. Dadurch werden die schattenspendende Wirkung und das Entstehen des

41) Hierdurch wird auch die Nutzungskartierung erheblich erschwert. Nicht immer kann man warten, bis man schließlich den Besitzer in seinem Garten antrifft, so daß ein Besteigen der Mauern zuweilen unvermeidlich wird. Dieses „Fehlverhalten" im Dienste der Wissenschaft mögen uns die Zenagui nachträglich noch verzeihen.

Abbildung 14: *Luftbild des Beispielgebietes Zenaga-Izarouane (Stand: 1983)*

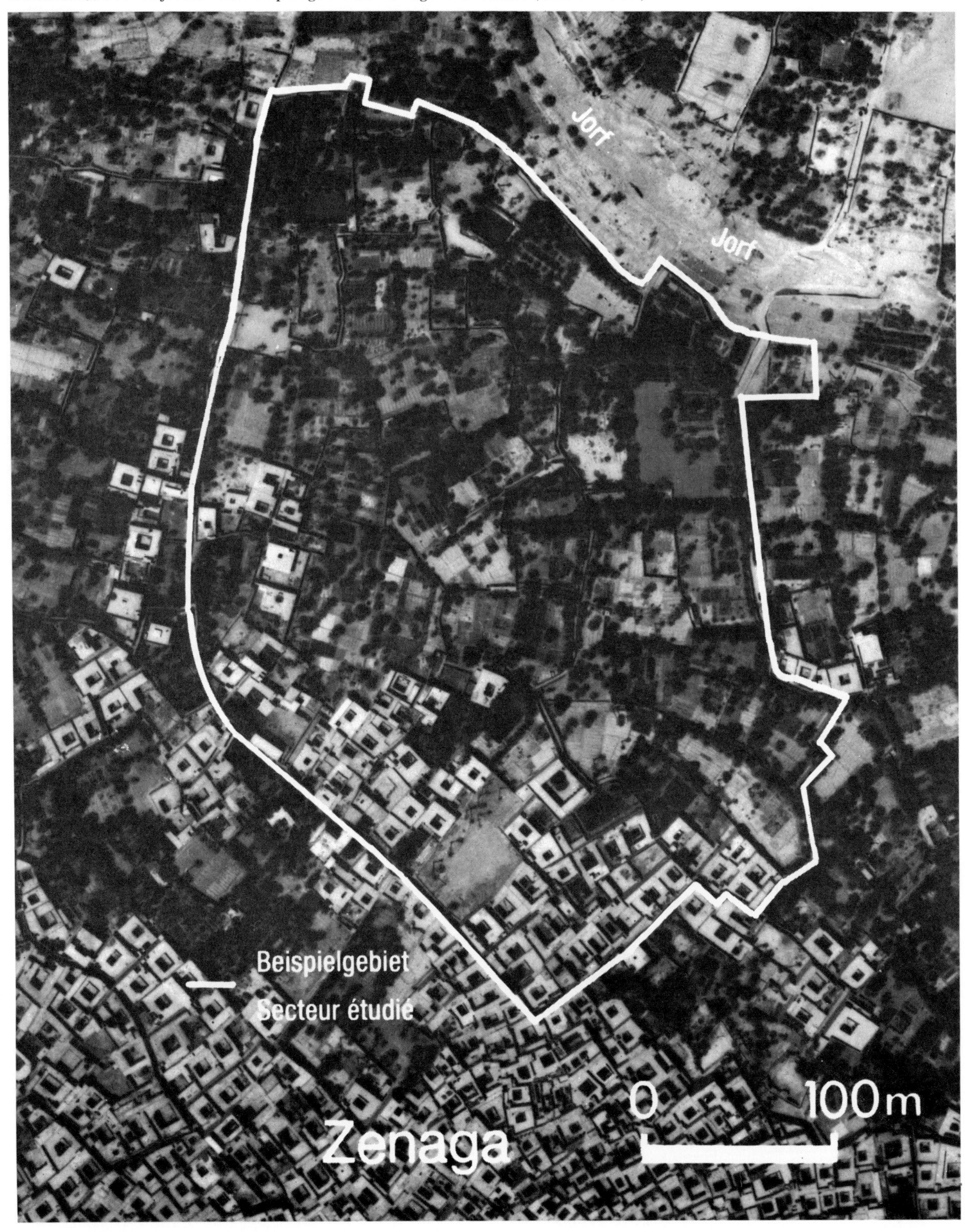

so charakteristischen Oasen-Mikroklimas gefördert, was insbesondere für die Fruchtbäume vorteilhaft ist. Unter dem Dach der Dattelpalmen, und damit auch überwiegend entlang der Mauern aufgereiht, finden wir die Fruchtbäume. Zwar gibt es durchaus Gärten, bei welchen auch im Zentrum der einzelnen Parzelle Palmen (und Fruchtbäume) vorzufinden sind — hier spielt sicherlich auch die Parzellengröße eine wichtige Rolle —, doch ist es häufiger, daß inmitten der Parzelle die Bodendeckerpflanzen überwiegen.

Die Fruchtbäume spielen in Zenaga-Izarouane zahlenmäßig eine untergeordnete Rolle. Dennoch trifft man auf einzelne Parzellen mit mehreren solchen Vertretern des „mittleren Anbaustockwerkes" (vgl. *Beilage 10*): überwiegend Ölbäume, daneben auch Granatäpfel und Feigen. Andere Fruchtbäume treten nur so vereinzelt auf, daß man sie weitgehend vernachlässigen kann (z.B. Aprikosen, Tafelweinstöcke).

Besonders im Kontrast zu Laâbidate und Oulad Slimane fällt der hohe Grad an Bodendeckerpflanzen, und hiervon wieder der merkliche Anteil an Gemüsen, auf. Weit mehr als die Hälfte des Untersuchungsgebietes sind als flächendeckende Kulturen in den Anbau einbezogen. Die mit Getreide bestellten Felder nehmen hier den größten Flächenanteil ein, gefolgt von Gemüse (und noch vor den Futterpflanzen) (vgl. *Beilage 10*). Die auffallend reichlich vertretenen Gemüseflächen setzen sich vornehmlich aus Zwiebeln, Knoblauch, Auberginen, Tomaten und Kohl zusammen. Hülsenfrüchte sind schließlich zwar hinsichtlich ihres Flächenanteils an letzter Stelle zu nennen, doch ist deren Auftreten deutlich häufiger als etwa in Laâbidate oder Oulad Slimane.

Die Anbausituation in Izarouane vermittelt das Bild einer blühenden Oasenwirtschaft (vgl. *Foto 18*). Es scheint, als ob die Zeit stehengeblieben wäre und wir es hier mit einer „Insel" zu tun haben, die vom einstigen Glanz der Oasenwirtschaft übriggeblieben ist. Trifft diese Vorstellung aber tatsächlich zu? Haben wir es mit einer (auch betriebsstrukurell) traditionellen und gleichzeitig noch funktionierenden Situation zu tun? Was sind die Gründe dafür, daß wir im vorliegenden Fall derartig intensive Anbauverhältnisse antreffen? Zur Beantwortung dieser Fragen müssen wir zunächst prüfen, wie die Wasserversorgungssituation einzuschätzen ist.

4.2 Die Wasserversorgungssituation und die Rolle der „modernen Sraïfis"

Nahezu das gesamte in Izarouane verwendete Wasser stammt aus einer der Haupt-*Souagui* der Quelle von Zadderte. Alle Besitzer unseres Beispielgebietes sind Wasserrechtler dieser Quelle, wenn auch die Anteilsrechte im einzelnen stark variieren können. Am nordwestlichen Rand der Kartierung tritt diese *Séguia* in das Gebiet von Izarouane ein, durchquert es in Richtung Südosten (um weiter östlich gelegene Gebiete mit Wasser zu versorgen), weist aber auch mehrere Abzweigungen zur Speisung unseres Beispielgebietes auf. Alles Wasser, das — entsprechend den Wasserrechten, die in *Kharrouba* ausgedrückt werden — aus der *Séguia* auf die einzelnen Felder zur Verteilung gelangt, wird zunächst in Becken zwischengespeichert; zwei derartige, noch heute in Funktion befindliche Becken (nämlich jenes von Brahim und das von Mekki) liegen in Izarouane selbst. Weitere Flächen des Gebietes werden zwar auch aus Becken mit Wasser versorgt, doch liegen diese außerhalb, und zwar weiter westlich. Zwei relativ große, heute aber nicht mehr verwendete Speicherbecken sind im nördlichen Teil zu erkennen (vgl. *Beilage 11*). Über mehrere Sekundärkanäle, die fast ausnahmslos betoniert und in gutem Wartungszustand sind, kann das Wasser bis auf die Nutzungsparzelle geleitet werden.

Eine Schlüsselfunktion für die Regelung der Wasserverteilung haben mehrere *Sraïfi*, die hierfür eigens zuständig sind, inne. In unserem Beispielgeiet werden insgesamt fünf *Sraïfi* bemüht: Brahim, Mekki, Larbi, Boudi und Boutkhil, von denen die ersten beiden am häufigsten beauftragt werden (vgl. *Beilage 11*). In Zenaga ist in der Regel das Becken das Eigentum und Betriebskapital des *Sraïfi*; die beiden derzeit genutzten Speicherbecken am Nordrand der Kartierung gehören Brahim bzw. Mekki. Auch die beiden heute ungenutzten Becken gehörten ehemaligen *Sraïfi*; deren Nachkommen konnten sich nach dem Tod der alten Wasserverwalter nicht das notwendige Vertrauen bei den Wassereignern erwerben, um mit der Wasserverteilungsaufgabe betraut zu werden; neue *Sraïfi* traten an ihre Stelle, die alten Wasserbecken fielen wüst.

Hieraus wird zunächst ersichtlich, daß ein Wassereigner seinem *Sraïfi* sehr wohl das Mandat der Wasserverteilung entziehen kann; er wird dies in der Regel aber nur dann tun, wenn er Grund hat, mit ihm unzufrieden zu sein. Für seine Dienste darf der *Sraïfi* pro *Kharrouba* „fünf Minuten" für sich selbst behalten (d.h. fünf von 45 Minuten, somit ein Neuntel). Dieses Neuntel zieht der *Sraïfi* bereits bei der Wasserverteilung ab; der Wasserrechtler bekommt also faktisach nur 8/9. seiner *Kharrouba*-Anteile. Der *Sraïfi* seinerseits kann das ihm zustehende Wasser entweder selbst für Bewässerungszwecke verwenden oder aber frei verkaufen. Für den Kauf einer *Kharrouba* Wassers muß man pro Wasserumlauf (*Nouba*) DH 15,-- an den *Sraïfi* entrichten[42].

Bei der konkreten Umsetzung der Wasserrechte der einzelnen Oasenbauern in einen Wasserverteilungsmodus wird das bereits weiter oben erwähnte Prinzip der Transponierung der Zeiteinheit der *Kharrouba* (von 45 Minuten pro *Nouba* von 15 Tagen) in die Volumeneinheit des *Tighirte* praktiziert. Die Wassermenge von etwa 34 m^3 entspricht in Izarouane einer *Kharrouba*[43].

---

42) Der Pachtpreis für eine *Kharrouba* über die Zeit eines halben Jahres beträgt DH 250,— nach Angaben des *Sraïfi* Brahim.

43) Nach Angaben des *Sraïfi* Brahim. Rein rechnerisch ergibt sich hier eine gewisse Diskrepanz zwischen seiner Nennung — die auch von anderen bestätigt wurde — und dem, was sich auf der Basis der verbrieften Wasserrechte gemäß dem *Bulletin Officiel* von 1975 ergeben müßte. Jeder der vier Hauptkanäle, die von Zadderte abzweigen, müßte demnach 22 l/sec umfassen. Somit beträgt eine *Kharrouba* Wassers 59,4 m^3; nach Abzug des Anteils für den *Sraïfi* immer noch 52,8 m^3. Hier bleibt eine erhebliche Differenz, die wir nicht zu erklären in der Lage sind, für die wir aber gewisse Vermutungen nennen können. Eine der Möglichkeiten besteht darin, daß die Schüttung von Zadderte deutlich abgenommen hat. Dem steht die Messung von E. JUNGFER (1987)

Foto 18: *Ausschnitt Zenaga-Izarouane. Blick von Norden auf einen Teil der intensiv bewirtschafteten Oasenflur*

Von unseren beiden wichtigsten *Sraïfi* im Untersuchungsgebiet verwalten Brahim 64 *Kharrouba* und Mekki 39 *Kharrouba* von Wasserrechten aus Zadderte — die allerdings zum Teil auch Parzellen betreffen, die außerhalb von Izarouane liegen.

Die Oasenbauern von Izarouane verfügen über Wasserrechte von ¼ *Kharrouba* bis zu 8½ *Kharrouba*. Diese Zahlen können jedoch nur grobe Orientierungswerte für die tatsächliche Wasserversorgung sein, weil folgende weitere Aspekte mit zu berücksichtigen sind:

— die Zahl der *Kharrouba* ist in Relation zu der zu bewässernden Fläche zu sehen;

— die *Kharrouba*-Anteile betreffen nicht die einzelne Parzelle, sondern den Besitzer. Wenn dieser über mehrere Parzellen in der Flur von Zenaga verfügt (und das ist der Regelfall), liegt es an ihm zu entscheiden, ob sein Wasser gleichmäßig zu allen Feldern geleitet oder aber auf einen Teil davon konzentriert wird;

— unabhängig von den existierenden Wasserrechten kann der einzelne Oasenbauer, wenn er will, Wasser so reichlich erhalten wie er nur will: und zwar durch Kauf. Die *Sraïfi* von Izarouane sind nicht nur Wasserverwalter, sondern auch Wassermakler, die die frei verfügbare Wassermenge (aus ihrem Neuntel „Lohn" für die Verteilungsarbeit) anbieten.

Seitens der Oasenbauern haben sich zur Sicherstellung ihres Wasserbedarfs auch bereits (permanente) *Kharrouba*-Käufe eingestellt, also Käufe des Wasserrechtes für eine bestimmte Bewässerungszeit. So stammen etwa die 8½ *Kharrouba* des oben genannten Betriebes (der einem ehemaligen Gastarbeiter in Frankreich gehört) aus einem solchen Erwerb von Wasserrechten. Heute liegt der Preis für den Erwerb des Rechtes an einer Zadderte-*Kharrouba* bei etwa DH 30.000,--[44]. Mehrere Betriebe haben neben ihren Wasserrechten weitere Mengen Wassers zugepachtet (sei es regelmäßig, sei es für bestimmte singuläre Zeitpunkte). Die *Sraïfis* sind in all diesen Fällen die Makler, die zwischen dem Wasserangebot und der Wassernachfrage vermitteln. Damit ist es für einen *Sraïfi* erstrebenswert, möglichst umfangreiche Wassermengen frei disponibel zu haben.

Der *Sraïfi* Brahim hat deshalb unmittelbar oberhalb seines Speicherbeckens im Jahr 1960 einen Brunnenschacht gegraben, um zusätzliche Grundwassermengen zu fördern (vgl. *Beilage 11*). Bis 1970 war der Brunnen 29 m tief und konnte täglich nur ca. ¼ Stunde

entgegen, der angeblich 80 l/sec feststellte. Sickerverluste in den *Souagui* sind zwar ebenfalls denkbar, jedoch unwahrscheinlich allein deshalb, weil diese vollständig betoniert sind.

44) Freundliche mündliche Mitteilung des *Sraïfi* Brahim.

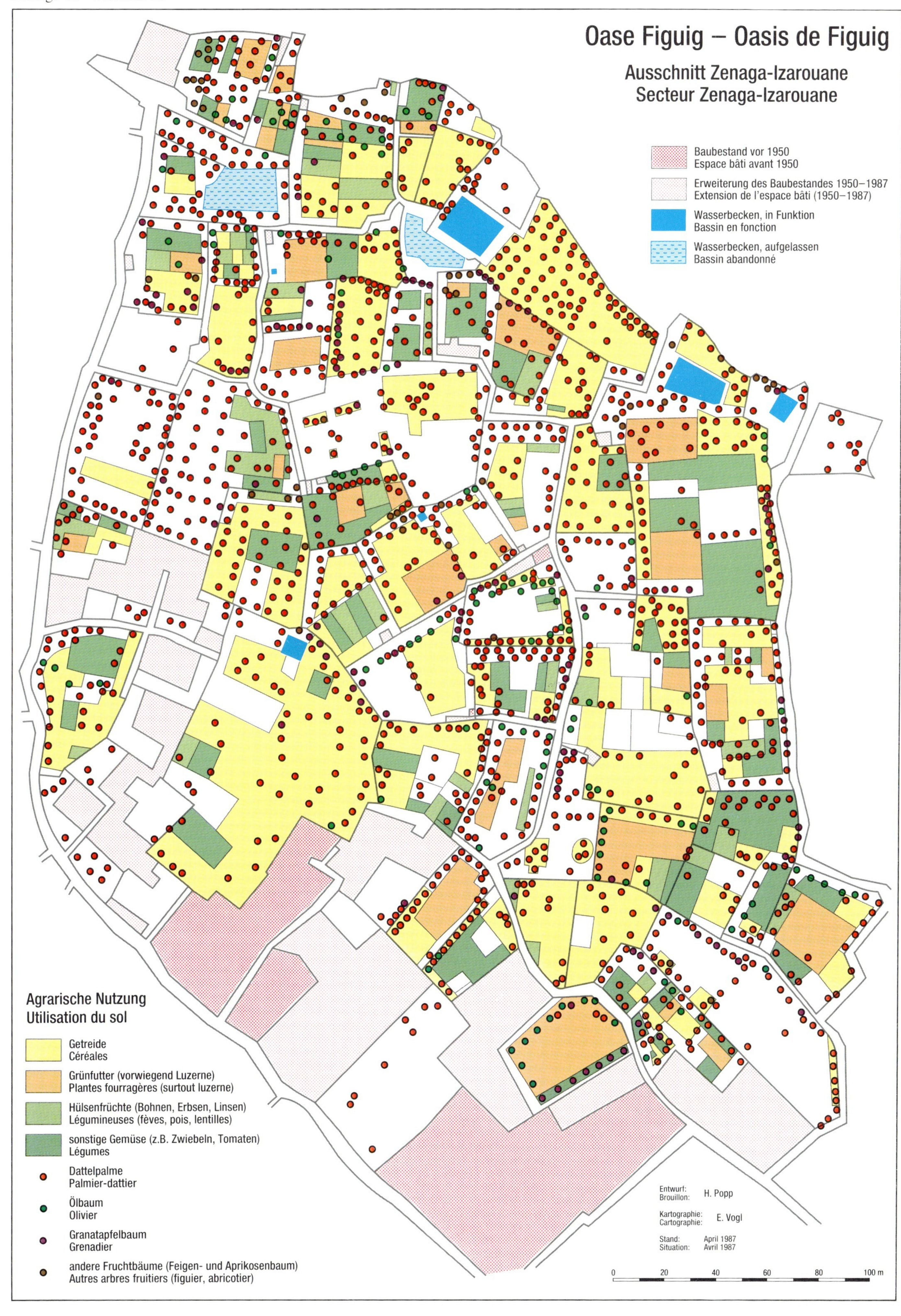

Oase Figuig – Oasis de Figuig
Ausschnitt Zenaga-Izarouane
Secteur Zenaga-Izarouane
Baubestand vor 1950
Espace bâti avant 1950
Erweiterung des Baubestandes 1950–1987
Extension de l'espace bâti (1950–1987)
Wasserbecken, in Funktion
Bassin en fonction
Wasserbecken, aufgelassen
Bassin abandonné
Agrarische Nutzung
Utilisation du sol
Getreide
Céréales
Grünfutter (vorwiegend Luzerne)
Plantes fourragères (surtout luzerne)
Hülsenfrüchte (Bohnen, Erbsen, Linsen)
Légumineuses (fèves, pois, lentilles)
sonstige Gemüse (z.B. Zwiebeln, Tomaten)
Légumes
Dattelpalme
Palmier-dattier
Ölbaum
Olivier
Granatapfelbaum
Grenadier
andere Fruchtbäume (Feigen- und Aprikosenbaum)
Autres arbres fruitiers (figuier, abricotier)
Entwurf: Brouillon: H. Popp
Kartographie: Cartographie: E. Vogl
Stand: Situation: April 1987 Avril 1987
0 20 40 60 80 100 m

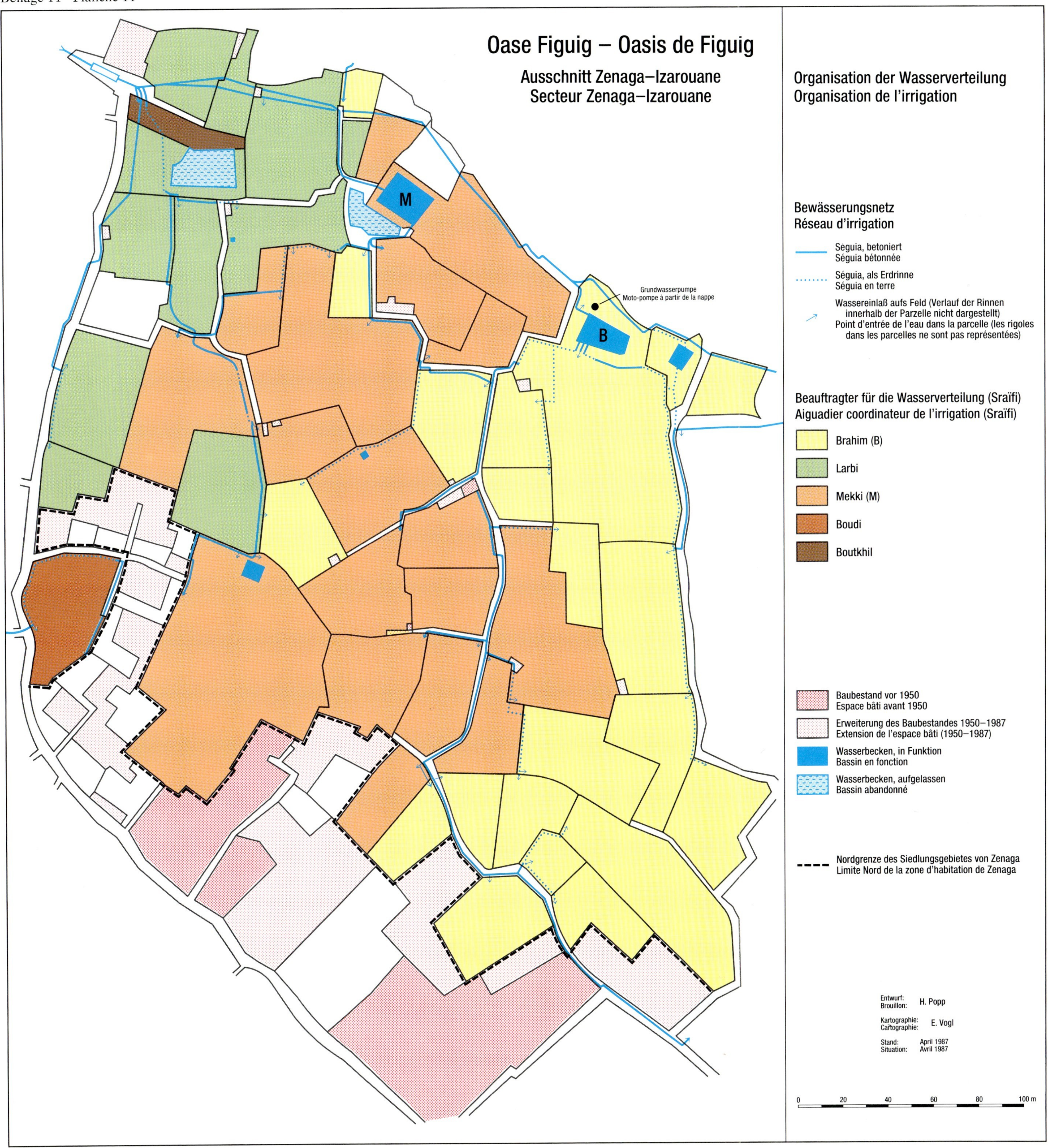

Oase Figuig – Oasis de Figuig
Ausschnitt Zenaga–Izarouane
Secteur Zenaga–Izarouane
Organisation der Wasserverteilung
Organisation de l'irrigation
Bewässerungsnetz
Réseau d'irrigation
Séguia, betoniert
Séguia bétonnée
Séguia, als Erdrinne
Séguia en terre
Wassereinlaß aufs Feld (Verlauf der Rinnen innerhalb der Parzelle nicht dargestellt)
Point d'entrée de l'eau dans la parcelle (les rigoles dans les parcelles ne sont pas représentées)
Beauftragter für die Wasserverteilung (Sraïfi)
Aiguadier coordinateur de l'irrigation (Sraïfi)
Brahim (B)
Larbi
Mekki (M)
Boudi
Boutkhil
Baubestand vor 1950
Espace bâti avant 1950
Erweiterung des Baubestandes 1950–1987
Extension de l'espace bâti (1950–1987)
Wasserbecken, in Funktion
Bassin en fonction
Wasserbecken, aufgelassen
Bassin abandonné
Nordgrenze des Siedlungsgebietes von Zenaga
Limite Nord de la zone d'habitation de Zenaga
Grundwasserpumpe
Moto-pompe à partir de la nappe
M
B
Entwurf: Brouillon: H. Popp
Kartographie: Cartographie: E. Vogl
Stand: Situation: April 1987 Avril 1987
0 20 40 60 80 100 m

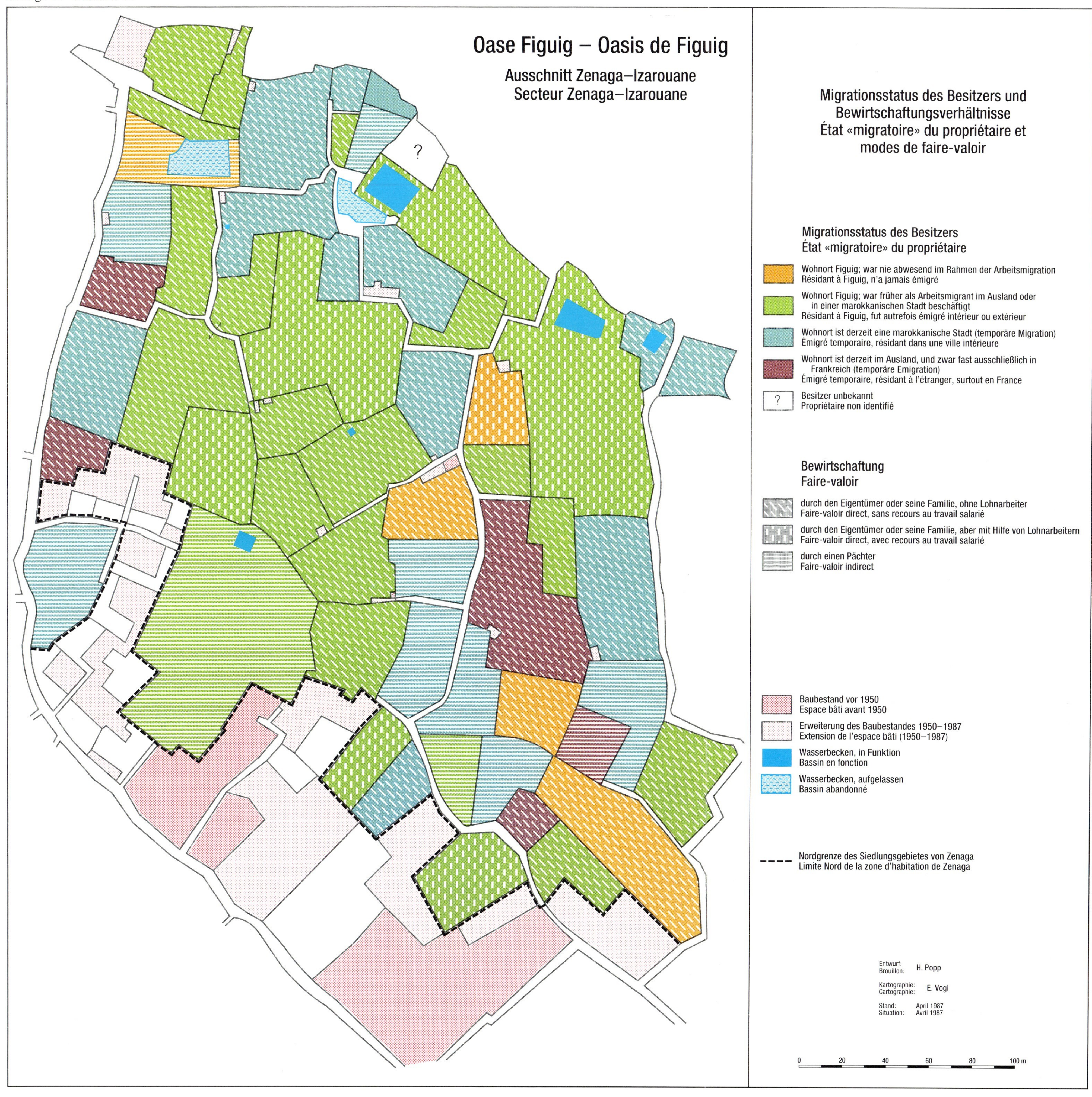

Oase Figuig – Oasis de Figuig
Ausschnitt Zenaga–Izarouane
Secteur Zenaga–Izarouane
Migrationsstatus des Besitzers und Bewirtschaftungsverhältnisse
État «migratoire» du propriétaire et modes de faire-valoir
Migrationsstatus des Besitzers
État «migratoire» du propriétaire
Wohnort Figuig; war nie abwesend im Rahmen der Arbeitsmigration
Résidant à Figuig, n'a jamais émigré
Wohnort Figuig; war früher als Arbeitsmigrant im Ausland oder in einer marokkanischen Stadt beschäftigt
Résidant à Figuig, fut autrefois émigré intérieur ou extérieur
Wohnort ist derzeit eine marokkanische Stadt (temporäre Migration)
Émigré temporaire, résidant dans une ville intérieure
Wohnort ist derzeit im Ausland, und zwar fast ausschließlich in Frankreich (temporäre Emigration)
Émigré temporaire, résidant à l'étranger, surtout en France
?
Besitzer unbekannt
Propriétaire non identifié
Bewirtschaftung
Faire-valoir
durch den Eigentümer oder seine Familie, ohne Lohnarbeiter
Faire-valoir direct, sans recours au travail salarié
durch den Eigentümer oder seine Familie, aber mit Hilfe von Lohnarbeitern
Faire-valoir direct, avec recours au travail salarié
durch einen Pächter
Faire-valoir indirect
Baubestand vor 1950
Espace bâti avant 1950
Erweiterung des Baubestandes 1950–1987
Extension de l'espace bâti (1950–1987)
Wasserbecken, in Funktion
Bassin en fonction
Wasserbecken, aufgelassen
Bassin abandonné
Nordgrenze des Siedlungsgebietes von Zenaga
Limite Nord de la zone d'habitation de Zenaga
Entwurf: Brouillon: H. Popp
Kartographie: Cartographie: E. Vogl
Stand: Situation: April 1987 Avril 1987
0 20 40 60 80 100 m
?

fördern, weil dann bereits der Grundwassertrichter abgesunken war: der Brunnen war also recht unergiebig. Im Jahr 1970 ließ Brahim den Brunnen bis auf 35 m vertiefen, und seither ist er in der Lage, mit einer Elektropumpe von 3½ »pousses« permanent (d.h. wann immer Wasser von den Oasenbauern nachgefragt wird) zu fördern — er ist also offenbar auf einen unterirdischen Wasserstrom gestoßen.

So optimal sich diese Situation scheinbar für den *Sraïfi* darstellt, existiert doch ein Detail, das zu Konflikten Anlaß gibt. Die Qualität des Grundwassers ist nämlich deutlich schlechter als die des Zadderte-Wassers. Liegt die elektrische Leitfähigkeit des Zadderte-Wassers bei 2.290 µS/cm, so beträgt die des Grundwassers aus Brahims Brunnen über 6.000 µS/cm[45]; sie ist also erheblich salziger (und für Gemüse bereits an der Grenze der Salztoleranz). Das wäre so lange problemlos, so lange die beiden Typen von Wässern voneinander getrennt verteilt werden. Brahim leitet aber sowohl Wasser von Zadderte als auch mit seiner Pumpe gefördertes in das gleiche Speicherbecken, so daß faktisch ein Mischwasser zur Verfügung steht. Damit erhalten aber die Wasserrechtler schlechteres Wasser als ihnen zustünde, die Käufer von zusätzlichen *Kharrouba* hingegen besseres Wasser, als es eigentlich aus dem Grundwasser gefördert wird.

Die Wasserrechtler haben durchaus bereits bemerkt, daß die Wasserqualität nachgelassen hat, und haben ein diffuses Unzufriedenheitsgefühl mit ihrem *Sraïfi* Brahim entwickelt. Sie sind aber in einem Dilemma: Einesteils haben sie ein Interesse daran, das ihnen zustehende Wasser korrekt (und das heißt mit geringer Salinität) zu erhalten. Andererseits schätzen sie es aber ungeheuer, daß sie mit Brahim einen *Sraïfi* haben, der ihre Nachfrage nach einmaligen oder regelmäßigen Wasserlieferungen auf der Basis einer Pacht so gut wie immer befriedigen kann.

Es bleibt abzuwarten, ob angesichts des immer stärkeren Funktionswandels der *Sraïfi* von Zenaga — vom Wasserverwalter zum Wassermakler, von einer Vertrauensperson der *Jema'a* zu einem kapitalistisch orientierten Geschäftsmann — Konflikte mit den Nutzungsrechtlern verstärkt auftreten. Derzeit sind es lediglich leichtere Versalzungserscheinungen, die von den Nutzern konstatiert und noch toleriert werden. Entscheidender ist momentan noch der Aspekt, daß bei Bedarf — ganz anders als in Laâbidate — Wasser ausreichend zur Verfügung steht, sei es auf der Basis der vorhandenen Wasserrechte, sei es durch Zukauf oder Zupachtung von Wasser.

45) Diese Angaben wurden freundlicherweise von E. JUNGFER (Erlangen) zur Verfügung gestellt.

4.3 Struktureller Wandel bei Persistenz der Nutzung

Bereits bei der Situation der Wasserrechte und der Wasserorganisation konnten wir aufzeigen, daß ein merklicher Wandel in jüngerer Vergangenheit stattgefunden hat. Das trifft in ganz ähnlicher Weise auch für die betrieblichen Strukturen und die Handlungsziele der Oasenbauern bei der landwirtschaftlichen Nutzung zu. Es überwiegt bei der Bewirtschaftung zweifellos immer noch die Form der eigenen Feldbestellung der Kleinbetriebe (ohne Anheuerung von Landarbeitern) und mit einer Produktionsausrichtung für den Eigenbedarf (vgl. *Beilage 12*). Dabei geht so gut wie kein Betrieb nur der landwirtschaftlichen Tätigkeit nach (ohne anderswo eine weitere Einnahmequelle zu haben); die Kleinbetriebe sind also ausnahmslos Nebenerwerbsbetriebe. Wenn der Besitzer nicht noch eine außerlandwirtschaftliche Tätigkeit pflegt (z.B. Maurer, Händler, Schneider, Lehrer) oder Rentenempfänger aufgrund einer langjährigen Tätigkeit im europäischen Ausland ist, dann ist der Oasenkleinbauer wenigstens zugleich auch noch Pächter für zusätzliche Betriebsflächen, um seine Existenz zu sichern. Daneben aber gibt es Betriebe, die zwar eigenbewirtschaftet werden, jedoch auf besoldete Landarbeiter zurückgreifen und, häufiger auftretend, verpachtet sind.

Von ganz wenigen Ausnahmen abgesehen (5 von 48), sind alle Besitzer von Izarouane in Vergangenheit oder Gegenwart in die temporäre oder permanente Arbeitsmigration einbezogen. Der größere Teil der Besitzer ist inzwischen nach Figuig zurückgekehrt, nachdem sie:

— gewisse Zeit als Gastarbeiter in Frankreich oder den Niederlanden (12) waren,
— einer Tätigkeit in Algerien nachgegangen sind, vor allem im Kohlenbergbau von Kenadsa (6), oder
— in einer marokkanischen Stadt (u.a. Khouribga) beschäftigt waren (2).

Schließlich bilden jene Besitzer, die derzeit noch abwesend sind, weil sie anderswo einer Arbeit nachgehen, eine weitere, nicht zu vernachlässigende Gruppe. Entweder sind diese Personen — das ist der überwiegende Teil — derzeit in einer marokkanischen Stadt tätig (16, darunter Oujda, Rabat, Casablanca, Kenitra, Meknès und Tendrara) oder sie befinden sich im Ausland, und zwar vor allem in Frankreich, aber auch in Belgien (7).

Die Bewirtschaftungsform und der Migrationsstatus sind nur in wenigen Fällen unmittelbar mit der Art und Intensität der Nutzung in Beziehung zu setzen (vgl. *Beilagen 10 und 12*). Bei wenigen Parzellen ist der Besitzer nicht nur abwesend, sondern läßt auch sein Land völlig ungenutzt liegen. Hier handelt es sich aber nur um drei Flurstücke im Norden und Nordwesten des Untersuchungsgebietes. Dabei kann wohl davon ausgegangen werden, daß die Abwanderung permanent erfolgte, ist doch in einem dieser drei Fälle gar nicht mehr bekannt, wo sich der Besitzer aufhält. Ansonsten ist die Nutzungsintensität generell so hoch, daß sich auf Anhieb keine Zusammenhänge zwischen Migrationsstatus/Bewirtschaftungsverhältnissen und der agrarischen Nutzung erkennen lassen. Auffällig ist, daß viele Betriebe, deren Besitzer als Arbeitsmigrant absent sind, dennoch eine Bewirtschaftung in Eigenregie ohne Lohnarbeiter betreiben. Das liegt zum einen daran, daß die in Tendrara und Oujda tätigen Personen aufgrund der relativen räumlichen Nähe häufig genug nach Figuig kommen, um den Oasenbau zu organisieren, zum anderen — und vor allem — aber daran, daß Mitglieder der Familie (und aufgrund der räumlichen Nähe zum *Qsar* Zenaga auch Frauen) für die Weitererhaltung der Landwirtschaft sorgen. Von den wenigen Parzellen, die dennoch verpachtet werden, gehören so gut wie alle[46] Personen, die derzeit als Arbeitsmigranten absent sind.

Doch sind die Einflüsse der Arbeitsmigration auf die Oasenwirtschaft in Izarouane — obwohl physiognomisch kaum erkennbar — erheblich. Die derzeit absenten Besitzer verstehen sich, von wenigen Ausnahmen abgesehen, als temporär abwesend. Sie streben danach, eines Tages nach Figuig zurückzukehren. Wenn, wie das häufig der Fall ist, die Familie zurückgelassen wurde, ist diese Rückkehr von vorneherein geplant. Aber selbst als Junggeselle oder mit Familie als Arbeitsmigranten abgewanderte Figuigi kehren meist tatsächlich in ihre Heimat zurück, haben also eine enge emotionale und soziale Bindung an die Oase.

Deshalb haben die Arbeitsmigranten auch während ihrer Abwesenheit ein Interesse an einer geordneten landwirtschaftlichen Bestellung ihrer Flächen, insbesondere an einer sorgsamen Pflege der Palmen. Sie sind somit auf Personen angewiesen, die an ihrer Statt die anfallenden Arbeiten auf dem Feld erledigen. Das erfolgt aber nur zum Teil innerhalb der Großfamilie durch die Zurückgebliebenen. Vielfach ist der Besitzer gehalten, ein Pachtverhältnis einzugehen.

Derartige Pächter (zuweilen entfernte Verwandte, aber auch oft „Fremde"), die in Figuig noch *Khammès* genannt werden, weil sie früher im Rahmen des rentenkapitalistischen Produktionssystems für ihre Arbeit ein Fünftel (= *khamsa*) der Ernte erhielten, haben einen starken Rollenwandel erlebt. Heute ist die Situation nicht mehr wie früher, als ein *Khammès* froh sein mußte, überhaupt als Teilpächter unterzukommen und sich den Lebensunterhalt einigermaßen zu sichern. Verläßliche *Khammès* sind stark nachgefragt; und weil die Nachfrage nach ihnen so groß ist (und die Besitzer auf sie angewiesen sind), erhalten sie für ihre Arbeit auch weit mehr als nur ein Fünftel der Ernte. Vereinbarungen, nach denen sie die Hälfte der Ernte oder die Hälfte der Datteln und die gesamte Ernte annueller Kulturen erhalten, sind inzwischen die Regel. In Einzelfällen darf der *Khammès* sogar die gesamte Ernte für sich behalten, wenn er nur für eine pflegliche Betreuung des Dattelpalmenbestandes bis zur Wiederkehr des Besitzers sorgt.

Die soziale Stellung der *Khammès* wird dadurch natürlich enorm aufgewertet. Und der Begriff des *Khammès* taugt eigentlich nicht mehr, um die nunmehr eingetretenen Pachtbedingungen zu kennzeichnen. Zunächst kann keineswegs mehr davon die Rede sein, daß dieses Pachtsystem parasitär sei oder kaum ein Überleben ermögliche, kommt es doch auch dem Pächter in starkem Maße zugute[47]. Die dem Pächter zugedachte Rolle ist in erster Linie die einer Vertrauensperson: der Besitzer möchte gerne seine Oasengärten gut versorgt, insbesondere die Bäume gut bewässert und (im Falle der Palmen) korrekt bestäubt wissen. Der Pächter soll für Kontinuität in der landwirtschaftlichen Bestellung sorgen, denn der Besitzer will nicht in erster Linie Rendite aus der Fläche ziehen, sondern sie unversehrt und funktionsgerecht zurückerhalten. Er ist „Pächter des Vertrauens", „Betriebsleiter auf Zeit" und auch „Produktionsgarant" — er ist aber keinesfalls mehr (obwohl diese Bezeichnung beibehalten wird) *Khammès*.

Das gerade bei den Arbeitsmigranten (während und auch nach ihrer Abwesenheit) unvermindert der Oasenwirtschaft geltende Interesse ist sicherlich zu einem Gutteil nicht ökonomisch-rational begründet, sondern auch Ausdruck der Verbundenheit mit dem sozialen Herkunftsmilieu, seinen Traditionen und Ritualen. Ein geradezu überraschendes (und scheinbar paradoxes) Faktum ist es, daß unter dem Einfluß der Arbeitsmigranten das Weiterbestehen der Oasenwirtschaft gesichert und gefestigt wird. Denn sie sind nicht mehr wie früher in jedem Fall auf die Erträge aus der Landwirtschaft angewiesen; meist besitzen sie ein Kapitalpolster, das ausreichend wäre, um völlig auf die Landwirtschaft zu verzichten. Hier wirkt jedoch eine emotionale Komponente außerordentlich stark, um dies zu verhindern. Es ist geradezu der Traum vieler Bewohner von Figuig, nach einer erzwungenen Abwesenheit zum Zwecke der Arbeit und nach Ansammlung eines gewissen Kapitals als „reicher Mann" zurückzukehren und wieder einzutauchen in die vertraute Welt der Oase mit der man so verwurzelt ist[48]. Eine unter derartigen Voraussetzungen betriebene Oasenwirtschaft hat aber fast

46) Mit einer Ausnahme: Ein vor Ort ansässiger Besitzer hat seine Fläche verpachtet; doch geht er als Fahrer des *Centre de Travaux* einer außerlandwirtschaftlichen Tätigkeit im Staatsdienst nach.

47) Bereits mehrere Autoren (z.B. REMAURY 1956, PIERSUIS 1957, PLETSCH 1977) haben auf den starken Bedeutungswandel der Rolle des *Khammès* in nahezu allen Teilen Marokkos hingewiesen. Seit einigen Jahren scheint es den „traditionellen Khammès" in Marokko so gut wie nicht mehr zu geben.

48) Beispielhaft sei hier die Einschätzung eines Remigranten in sinngemäßer Wiedergabe genannt, der lange Zeit als Gastarbeiter in Frankreich war: „Mein ganzes Leben lang habe ich davon geträumt, nachdem ich eine regelmäßige Rente aus Frankreich beziehe, hier in Figuig als kleiner Oasenbauer meinen Lebensabend in Muße zu verbringen. Das habe ich jetzt erreicht. Was ich nicht erahnen konnte und was mir diese Freude vergällt, ist, daß ich mittlerweile erblindet bin. Mein Lebenstraum ist somit ein Traum geblieben."

Foto 19: *Ausschnitt Zenaga-Izarouane. Der größte Viehzuchtbetrieb des Beispielgebietes mit dem Zuchtbullen der Rasse Pie-noire (ganz im Vordergrund)*

zwangsläufig eher den Charakter einer Hobbygärtnerei. Es wird vorwiegend für die Eigenversorgung produziert, wobei allerdings dem Anbau von Gemüsen eine gestiegene Bedeutung zukommt, gewährleisten diese doch eine verbesserte und abwechslungsreichere Ernährung für die Oasenbauern mit ihrem nunmehr gestiegenen Anspruchsniveau in der Verköstigung. Auch die mittlere Zahl von 4,5 Schafen (*Barbi*) pro Betrieb in Izarouane (in Stallhaltung) signalisiert, daß ein bescheidener Wohlstand durch vermehrten Verzehr von Milch, Käse und Fleisch eingezogen ist.

Doch soll hier nicht der Eindruck aufkommen, der Anbau der ehemaligen Arbeitsmigranten sei ausschließlich eine sentimentale Angelegenheit. Vielmehr zeigen einige der Remigranten auch durchaus zukunftsträchtige und marktorientierte Produktionsstrategien. Mehrere Betriebe halten mittlerweile einen bescheidenen Bestand an Kühen zum Zwecke der Milchproduktion für den lokalen Markt: zwei Besitzern gehören je 5, einem 3 Milchkühe. Die bemerkenswerteste Spezialisierung weist ein Betrieb auf, der sich auf Viehzucht konzentriert hat. Der ehemalige Gastarbeiter, der 1971 aus Paris nach Zenaga zurückkam, betreibt seit 1983 Viehzucht und besitzt derzeit 25 Rinder (davon 3 Ochsen und einen Zuchtstier; vgl. auch *Foto 19*). Mit dem Zuchtstier der Rasse *Pie-noire* werden einheimische Kühe gekreuzt, die dann recht gute Milchergebnisse bringen. Schon über 100 Kälber hat der Besitzer verkaufen können. Die Milchproduktion der Kühe ist schon so groß, daß er die Menge kaum mehr am Ort absetzen kann. Die Einrichtung einer genossenschaftlichen Milchsammelstelle (*Coopérative de collecte du lait*) wäre für ihn deshalb von großer Wichtigkeit.

Auch mit seinen (wenigen) Schafen der Rasse *Barbi* betreibt er Kreuzungsversuche, die für die weitere Kleintierhaltung zukunftsweisend werden können. Er hat seine Schafe im Raum Oujda bereits mit solchen der Rasse *Sardi* kreuzen lassen. Als Ergebnis erbringen diese Schafe eine größere Fleischleistung, ohne die für die *Barbi* typische Eigenschaft der Polyvicität (3-5 Lämmer) zu verlieren. Nach Information des Besitzers trägt er sich auch mit dem Gedanken, eine Hähnchenzucht aufzubauen. Wir haben es hier mit einem wahrhaften Innovator in der Viehwirtschaft der Oase zu tun!

Neben diesen viehwirtschaftlichen Aktivitäten, die auf den lokalen und regionalen Markt ausgerichtet sind, wird mittlerweile auch ein Teil der Gemüse und der Datteln über die Selbstversorgung hinaus verkauft.

4.4 Zusammenfassende Charakterisierung

Das Beispielgebiet von Zenaga-Izarouane wird außerordentlich intensiv genutzt und erweckt physiognomisch den Eindruck einer blühenden, aber unverändert traditionellen Oasenwirtschaft. Dieser Eindruck täuscht; denn obwohl keine (oder nur wenige) Innovationen optisch erkennbar sind, hat sich die Struktur der Produktion entscheidend verändert. Durch die veränderte Rolle der *Sraïfi*, der *Khammès* und der Arbeitsmigranten (und speziell der Remigranten) im Produktionssystem haben sich gänzlich neue Organisationsformen eingestellt, die zugleich ein Hinweis darauf sind, wie anpassungsfähig und flexibel Oasenwirtschaft auch bei veränderten Rahmenbedingungen sein kann. Derartige Veränderungen werden noch deutlicher in den nachfolgend vorzustellenden Beispielgebieten von Loudaghir-Ighounane und Zenaga-Berkoukess nachzuweisen sein.

5 Eine revitalisierte Palmenflur: Loudaghir-Ighounane

Verglichen mit den bisher vorgestellten Beispielgebieten eröffnet dieser vierte Ausschnitt die Möglichkeit, einige gänzlich abweichende Gesichtspunkte zur Funktionsweise von Wirtschaft und Gesellschaft und deren aktuellen Wandlungen in der traditionellen Oase Figuig zu erörtern. Die dabei festzustellenden Charakteristika und Prozeßabläufe sind von fundamentaler Bedeutung für unsere Ausgangsfragestellung, wenn man sich deren Folgewirkungen vor Augen hält. So werden wir uns in diesem Teilkapitel nur in zweiter Linie den bislang praktizierten konventionellen Fragen zuwenden (die vor allem um die Differenzierung zwischen Verfall, Erhalt und Intensivierung der Oasenflur kreisen); im Mittelpunkt des Interesses stehen hingegen ganz andere Gesichtspunkte, die indes in engem Konnex zu den bisherigen Aspekten zu sehen sind.

Diese zusätzlichen Gesichtspunkte beziehen sich insbesondere auf zwei ganz unterschiedliche Fragenkreise: Zum einen auf die *entwicklungspolitische und zukunftsorientierte Perspektive*. Es geht ganz zentral um die „Gretchenfrage" der Überlebensfähigkeit der gegenwärtigen Oasenwirtschaft vor dem Hintergrund des vorherrschenden Klischees vom „Oasensterben" und um das Schicksal, das den Mikrokosmen „Oasen" unter den Bedingungen einer modernen und veränderten Welt bevorsteht. Zum anderen und schwerpunkthaft auf die *sozialen, affektiven und symbolischen Dimensionen der Veränderungsprozesse* aus der Innensicht der dortigen Gesellschaft. Man könnte somit auch behaupten, daß die Ergebnisse, die für den Ausschnitt Loudaghir-Ighounane (vgl. *Abbildung 15*) erzielt werden, die Kernfragen zur Zukunft der Oasenwirtschaft und der Oasengesellschaft behandeln — und somit gleichsam paradigmatischen Charakter besitzen.

Zur Begründung dafür, daß eine derartige Vorgehensweise im vorliegenden Fall wohlbegründet ist, müssen wir zunächst auf seine Sonderstellung hinweisen. Der Ausschnitt ist ein Teil der alten und ehemals bedeutenden Palmenflur von Loudaghir, die in diesem Bereich seit mindestens einem Jahrhundert (wenn nicht schon länger) weitgehend aufgegeben worden ist (vgl. *Foto 20*). Der Verfall ist die Folge der Absenkung des Wasseraustrittsniveaus der *Foggaguir* — insbesondere der *Foggara* von Zadderte —, und jener Prozeß wiederum führte zu den legendären Konflikten zwischen den *Qsour* Loudaghir und Zenaga (vgl. Kapitel 2). Allerdings ist diese verfallene Palmenflur seit Mitte der sechziger Jahre von einer Bewegung zur landwirtschaftlichen Erneuerung geprägt, von einer *Revitalisierung*, wie wir im folgenden sagen wollen, die den Zustand des Verfalls beenden soll. Ein richtiggehendes Revitalisierungs-Fieber läßt sich nachweisen: neue Dattelpalmenpflanzungen entstehen; Maßnahmen zur Wiedererschließung werden getroffen; und auch physiognomisch und strukturell erfolgt eine drastische Umformung der Organisationsformen der Oasenwirtschaft in der gesamten Flur von Loudaghir.

Mehrere Faktoren haben mit dazu beigetragen, daß die heutige, sehr günstige Entwicklung überhaupt ablaufen konnte. Zunächst einmal muß auf die wohl wichtigste Grundsatzentscheidung der Bewohner des *Qsar* Loudaghir hingewiesen werden: Sie setzten auf eine technische Innovation, die bis dahin völlig unüblich war, um sich mit deren Hilfe aus der Ohnmacht, die ihnen durch die topographisch bedingten Beschränkungen seit mindestens zwei Jahrhunderten auferlegt war — eine Ohnmacht, die sie stark benachteiligt hat, ja die sie in einem erheblichen Ausmaß in den Ruin führte —, zu befreien. Diese Innovation ist eine Motorpumpstation an einem Standort oberhalb des *Jorf*, am südlichen Ortsrand des *Qsar*, auf dem Platz der *Foggara*-Austritte namens Ajdir gelegen (vgl. *Foto 21*). Dieser Standort liegt topographisch relativ hoch; von ihm aus läßt sich eine große Fläche versorgen — eine Fläche, die praktisch die gesamte frühere Flur des *Qsar* Loudaghir, sei sie noch in Funktion, sei sie aufgegeben, umfaßt. Die Pumpstation bildet nichts anderes als ein Substitutionselement zu den alten *Foggaguir* bis zu ihrem Austritt an der Oberfläche, deren Austrittsniveau — wir müsen es erneut betonen — drastisch abgesunken war. Die Einführung der Innovation markiert faktisch und erstmalig das Ende der *Foggara*-Technologie für den *Qsar* Lou-

Abbildung 15: *Luftbild des Beispielgebietes Loudaghir-Ighounane (Stand: 1983)*

daghir, was natürlich Auswirkungen auf den verschiedensten Ebenen haben mußte[49]. Es ist deshalb nicht übertrieben, wenn wir behaupten, daß diese absolut singuläre Innovation nicht nur als Wendepunkt für den betroffenen *Qsar*, sondern für die gesamte derzeitige Oase Figuig gesehen werden muß — inbesondere dann, wenn man der Meinung ist, daß das Beispiel »Modellcharakter« auch für einige andere *Qsour* haben könnte.

Über die bloße Darstellung der Ergebnisse zu diesem Themenkreis hinaus wollen wir immer wieder auf die Folgerungen zu sprechen kommen, die man aus der konkreten Erfahrung des Beispielfalls ziehen kann, ganz in dem Sinne der Fragen, die wir im Kapitel 1 angerissen haben. Derart läßt sich auch die Bedeutung der in dieser Oase ablaufenden Prozesse besser einordnen. Zuvor allerdings ist es notwendig, die Beobachtungen und Analysen vorzustellen, die sich als Basis hierauf beziehen.

49) Vor dem Hintergrund der hydro-geologischen Ausführungen in Kapitel 2 zeigt diese Pumpstation recht eindeutig, daß die artesischen Wässer in reichem Umfang vorhanden sind und aus erheblicher Tiefe stammen. Die »*Foggaguir*« sind in Wirklichkeit nur Pseudo-*Foggaguir*.

5.1 Allgemeiner Hintergrund und empirische Befunde

5.1.1 *Loudaghir und seine »Quellen«. Zur Geschichte eines durch die Topographie bedingten Handicaps*

Weiter oben (Kapitel 2, Teilkapitel 2 zur Geschichte der Oase) haben wir aufgezeigt, daß in historischer Vergangenheit ein wichtiges Ereignis in der Entwicklung der Oase Figuig die Bildung einer Konföderation (aus der später der *Qsar* Loudaghir entstand) war, in welcher mehrere, heteroklitische Gruppen um die Nachkommen einer idrissidischen Familie zusammengeführt wurden. Damals war die Besiedlung des oberhalb des *Jorf* gelegenen Plateaus, verbunden mit einer Beherrschung der reichen, noch oberflächlich austretenden artesischen Quellen ein entscheidender Vorteil für die Gruppen der Loudaghir. Als Folge auf diese Beherrschung der Quellen und Flächen oberhalb des *Jorf* muß wohl die Einführung der *Foggara*-Technologie (vermutlich zwischen dem 11. und 13. Jahrhundert) durch konkurrierende Gruppen in Figuig gesehen werden. Spätestens die daraus resultierenden Rivalitäten, die sich vor allem im 17.-19. Jahrhundert fortgesetzt haben, — Konflikte, die nach allen Richtungen, besonders aber mit den südlichen Nachbarn von Zenaga ausgetragen wurden — haben gezeigt, daß sich der ursprüngliche Vorteil, unmittelbar neben den begehrten Quellaustritten zu siedeln, allmählich zu einem Nachteil kehrte, da ja Bewässerungsflächen unterhalb des *Jorf* für die Bewohner von Loudaghir nicht zur Verfügung standen. Mit dem Graben von *Foggaguir* am Fuß des *Jorf* durch Bewohner von Zenaga und dem damit verbundenen Umlenken des Wasseraustritts der ehemaligen, oberflächlichen Quellen in künstliche »Quellen« mußte im Laufe der Zeit die nahezu vollständig oberhalb des *Jorf* gelegene Palmenflur von Loudaghir somit in eine immer prekärere Wasserversorgungssituation auf gravitativer Basis geraten. Für Loudaghir gab es im Rahmen der Verlagerung der Oase nach Süden eine Grenze, die der *Qsar* nicht überspringen konnte: den *Jorf*. Die Geschichte des *Qsar* Loudaghir ist somit zuallerst die Geschichte des permanenten Kampfes gegen diese topo-

Foto 20: *Ausschnitt Loudaghir-Ighounane. Teil der Flur, die sich noch in einem kläglichen Zustand befindet, da keinerlei Wasser auf gravitativem Wege zur Verfügung steht. Die Flur macht einen desolaten Eindruck und kennzeichnet den Zustand, wie er vor der Revitalisierung in Loudaghir gang und gäbe war.*

Foto 21: *Ausschnitt Loudaghir-Ighounane. Der Platz namens Ajdir, wo die drei großen »Quellen« von Loudaghir (Bahbouha, Tighzerte und Boumesloute) an die Oberfläche treten und wo sich heute auch die Wasserpumpstation befindet*

graphisch bedingte Benachteiligung. Vor dem Hintergrund der hier anzusprechenden Revitalisierung des Ausschnittes Loudaghir-Ighounane muß man betonen, daß dieser Kampf letztlich (wenn auch nicht mehr mit Waffengewalt ausgetragen) bis heute ununterbrochen währt.

Der Bewässerungssektor Loudaghir-Ighounane, von dem hier nur ein Teil als Beispielgebiet näher analysiert wird[50)] schließt sich unmittelbar südlich an den *Qsar* an und ist in dieser Lage das typische Beispiel für die Auswirkungen des historischen »Wasserkrieges« auf Loudaghir. Infolge seine unmittelbaren Lage neben dem *Qsar* wurde dieser Flurteil schon sehr frühzeitig von der Absenkung des Wasserniveaus und der allmählichen Austrocknung betroffen. Im Gebiet von Ighounane kann man noch sichtbare Spuren des aufwendigen Kampfes der Bevölkerung gegen diese Katastrophe erkennen (vgl. *Abbildung 3* auf Seite 46 und *Beilage 15*[51)]. Aber schließlich mußten die Loudaghiri trotz aller

50) Dieser Oasenausschnitt ist im *Etat parcellaire* von Anfang der fünfziger Jahre nicht enthalten. Somit mußte vor den erfolgten Kartierungen und Befragungen erst auf der Basis von Luftbildern und Geländebegehungen die kartographische Grundlage geschaffen werden. Durch die vorweg zu leistenden Arbeiten konnte dieser Ausschnitt nicht zeitgleich mit den übrigen analysiert werden, so daß bei der Karte der agrarischen Nutzung (*Beilage 13*) nicht wie in allen anderen Fällen während der Winteranbauperiode (Winter-*Ghilla*), sondern erst während der Sommeranbauperiode (Sommer-*Ghilla*) kartiert werden konnte. Damit ist der Anteil der Bodendeckerpflanzen insgesamt geringer als in der Winter-*Ghilla*, weil natürlich der höhere sommerliche Wasserbedarf der Pflanzen zu Engpässen führt. Für technische Hilfe bei diesen Arbeiten sei dem Studenten ABDELKRIM MERZOUK ausdrücklich gedankt.

Wie im Fall der vorhergegangenen Ausschnitte handelt es sich auch im vorliegenden Fall um ein stichprobenhaft gewähltes Beispielgebiet. Denn die Flur namens Ighounane erstreckt sich noch weiter in Richtung Süden, Osten und Westen. Aber der besonders frühzeitig und intensiv durch eine Revitalisierung betroffene Flurteil ist jener, der unmittelbar an den *Qsar* anschließt und in unserer Analyse berücksichtigt wurde.

51) Dem Sektor Ighounane wurde, bildhaft gesprochen, die Daumenschraube angelegt, und die Bewohner von Loudaghir versuchten natürlich mit allen Mitteln auf die Wasserabsenkung zu reagieren. Die Gärten wurden (parallel zur Absenkung des Wasserniveaus) ebenfalls tiefergelegt. Man kann in der Tat Parzellen erkennen, die durch Grabung 4-5 Meter tiefergelegt worden sind. Der Verlauf der Wege ist ein verläßlicher Orientierungspunkt für das Ausmaß der Aushubtätigkeit. In einer zweiten Phase, als offenbar die Tieferlegung der Felder an einer Grenze angekommen war (z.B. indem man auf das anstehende harte Gestein stieß), gelangte man zu einer anderen Lösung. Es wurden nun kleine Wasserbekken von 3-4 Meter Tiefe angelegt, die nicht etwa über *Souagui* gefüllt wurden (weil eben gerade die Wasserabsenkung dies unmöglich machte), sondern durch eine direkte Entnahme des Wassers aus den unterirdischen *Foggaguir* für solche Parzellen, die entlang der Trasse der *Foggaguir* lagen, bzw. durch Anlage unterirdischer Kanäle, die von den *Foggaguir* abzweigen. Das in den Becken gespeicherte Wasser wurde mit der Technik des He-

Bemühungen den Kampf aufgeben und sich auf die niedriger gelegenen Flurteile des *Qsar* (Tighliine, Al'Oubbad und Ighalen Berra) beschränken, die sich allesamt, unmittelbar am *Jorf* gelegen, am südlichen und südwestlichen Rand der Flur von Loudaghir erstrecken.

Hier finden wir damit eine weitere Eigentümlichkeit dieses *Qsar*. Neben der nicht flächenhaft, sondern eher fleckerlteppichartig erfolgenden agrarischen Nutzung kann man feststellen, daß die drei am intensivsten genutzten Bereiche der Oasenflur, die bis in die Mitte unseres Jahrhunderts für die Erwirtschaftung des Subsistenzbedarfes der Bewohner eine bedeutende Rolle gespielt haben, besonders weit vom *Qsar* entfernt (in einer Art Umkehrung THÜNEN'scher Intensitätsringe), nämlich unmittelbar am *Jorf*[52] liegen. Der *Qsar* Loudaghir hat mit unterschiedlichem Erfolg mehr schlecht als recht seine drei Haupt-*Foggaguir* in Funktion gehalten: Bahbouha-Zadderte (die am nächsten an der „Lebensader" von Zadderte im Westen liegt), Boumesloute (die *Foggara*, die am weitesten im Osten liegt) und zwischen beiden die kleine Quelle von Tighzerte.

In entsprechender Weise, wie es auch für die übrige Oase Figuig gilt, sind die Bewohner von Loudaghir während der französischen Protektoratszeit in starkem Ausmaß abgewandert, sei es in eine marokkanische Stadt, sei es ins Ausland. Der Verfallszustand der Palmenflur hatte dramatische Ausmaße angenommen, als zu Beginn der sechziger Jahre die Zahl der noch produktiven Palmen nur mehr auf knapp die Hälfte der Situation zu Beginn der zwanziger Jahre geschätzt wurde. Zudem nahmen die Schüttungsmengen der drei *Foggaguir* infolge unzureichender Wartung ständig ab, so daß wirklich einschneidende Maßnahmen notwendig waren. Vor diesem Hintergrund erfolgte dann die Entscheidung für die Pumpstation am Standort und anstelle der historischen *Foggara*-Technologie.

belbrunnens (der natürlich eigentlich gar kein echter Brunnen ist) gehoben. In Figuig wird diese Technik als *Jbide* bezeichnet, während die sonst üblichen Begriffe *Schaduf* oder *Saïlal* ungebräuchlich sind. In einigen Fällen wurde auch die Bewässerungstechnik des *Delou* verwendet. Noch heute sind Spuren dieser ehemaligen Bewässerungstechniken sichtbar, und zwar vor allem auf Parzellen, die völlig aufgelassen worden sind.

Die endgültige Entscheidung, den südlichen Teil der Flur von Ighounane (der nicht zu unserem Ausschnitt gehört) aufzugeben, erfolgte nach Information einiger Greise des *Qsar* um 1904, als man gemeinsam die Entschließung faßte, das Niveau der *Foggaguir* um 50 cm tieferzulegen.

52) Somit in jenem Bereich, in dem die Höhenlage innerhalb der Flur am niedrigsten ist; das ist auch der Grund, weshalb die Bewässerungsgärten 500 bis 1.000 m vom *Qsar* entfernt liegen. Der Flurteil erstreckt sich eigenartigerweise sehr weit nach Westen, wo er in die Gärten von Laâbidate übergeht; Al'Oubbad und Ighalen Berra befinden sich im Süden und Südwesten unterhalb des *Qsar*. Jeder der drei Flurteile ist historisch in etwa einer der historischen *Foggaguir* Loudaghirs zuzuordnen, also Bahbouha-Zadderte, Tighzerte bzw. Boumesloute. Außerhalb dieser drei Zonen sind die Felder in einem wüsten Zustand und weisen so auf die Wasserkonflikte und ihre Folgen in historischer Vergangenheit hin.

5.1.2 *Die Errichtung einer neuen Bewässerungsinfrastruktur als Zeichen von Vitalität*

Die Revitalisierung des Sektors Loudaghir-Ighounane ist mit einer technologischen Veränderung verknüpft, die Mitte der sechziger Jahre erfolgte. Diese Veränderung ist ein Hinweis auf die ungebrochene Vitalität der Oasengesellschaft (trotz mehrerer Anzeichen, die das Gegenteil vermuten lassen) und ist höchst bedeutungsvoll für das Verständnis der Prinzipien, nach denen die Oasenkultur und -wirtschaft heute von der betroffenen Bevölkerung selbst wahrgenommen werden. Zur Augenscheinnahme des Schlüssels für die Revitalisierung ist es nützlich, die Fläche aufzusuchen, die als Ajdir bezeichnet wird (und die den räumlichen Anteil Loudaghirs an dem größten artesischen Wasserfeld von Zadderte markiert; vgl. auch *Foto 21*). An diesem Ort, wo sich die wichtigsten Artefakte der Bewässerungstechnologie dieses *Qsar* konzentrieren (mit einigen an die *Foggaguir* anschließenden Speicherbecken, mehreren *Hammams* und Waschplätzen bzw. deren Überresten), trifft man heute auf eine Art Brunnenschacht, von wo mit Hilfe einer Motorpumpstation ununterbrochen in großen Mengen Wasser mit leistungsfähigen Motoren[53] hochgepumpt wird (*Foto 22*). Das geförderte Wasser wird in einem 2½ m über Flur errichteten Aquädukt in ein ca. 200 m entferntes, großes Speicherbecken gelenkt. Die heutige Wasserverteilung über die Flur von Loudaghir beginnt an diesem Becken.

Obwohl diese sichtbaren Elemente recht bescheiden anmuten, ist mit ihnen eine wahrhafte Revolution verknüpft. Die Pumpstation hat stärker als in ihrer materiellen Ausprägung auch eine symbolische Bedeutung, steht sie doch gewissermaßen für eine späte Revanche, die Loudaghir für seine Benachteiligungen in der Vergangenheit genommen hat. Aber sie ist auch der Beweis der Anpassungsfähigkeit überkommener Sozialstrukturen an neue Herausforderungen. Nachdem sie lange Zeit durch die *Foggara*-Technologie in Verbindung mit der topographischen Situation gehandicapt waren, sind nun die Bewohner von Loudaghir die ersten in der Oase, die sich von den Beschränkungen der Topographie befreien konnten (vgl. BENCHERIFA 1990b). Von zentraler Bedeutung sind allerdings die sozialen, wassertechnischen und organisatorischen Erfahrungen dieses Experimentes — und das um so mehr, als sie alle bestätigen, daß die Oase keinesfalls dahinsiecht und schon gar nicht im Sterben liegt!

Die genauen Unterlagen zu den Bedingungen, unter denen die Entscheidung zu einer großangelegten Pumpbewässerung von seiten der Bevölkerung des *Qsar* erfolgt ist, sind trotz der nur wenige Jahrzehnte zurückliegenden Zeitspanne nicht genau in ihren Ein-

53) Als Vorsichtsmaßnahme für den Pannenfall wurden zwei leistungsfähige Pumpen installiert, eine elektrische und eine Dieselpumpe. Auf dem Platz des Ajdir ist die Pumpstation weithin sichtbar (vgl. auch BENCHERIFA & POPP 1990b, Titelblatt).

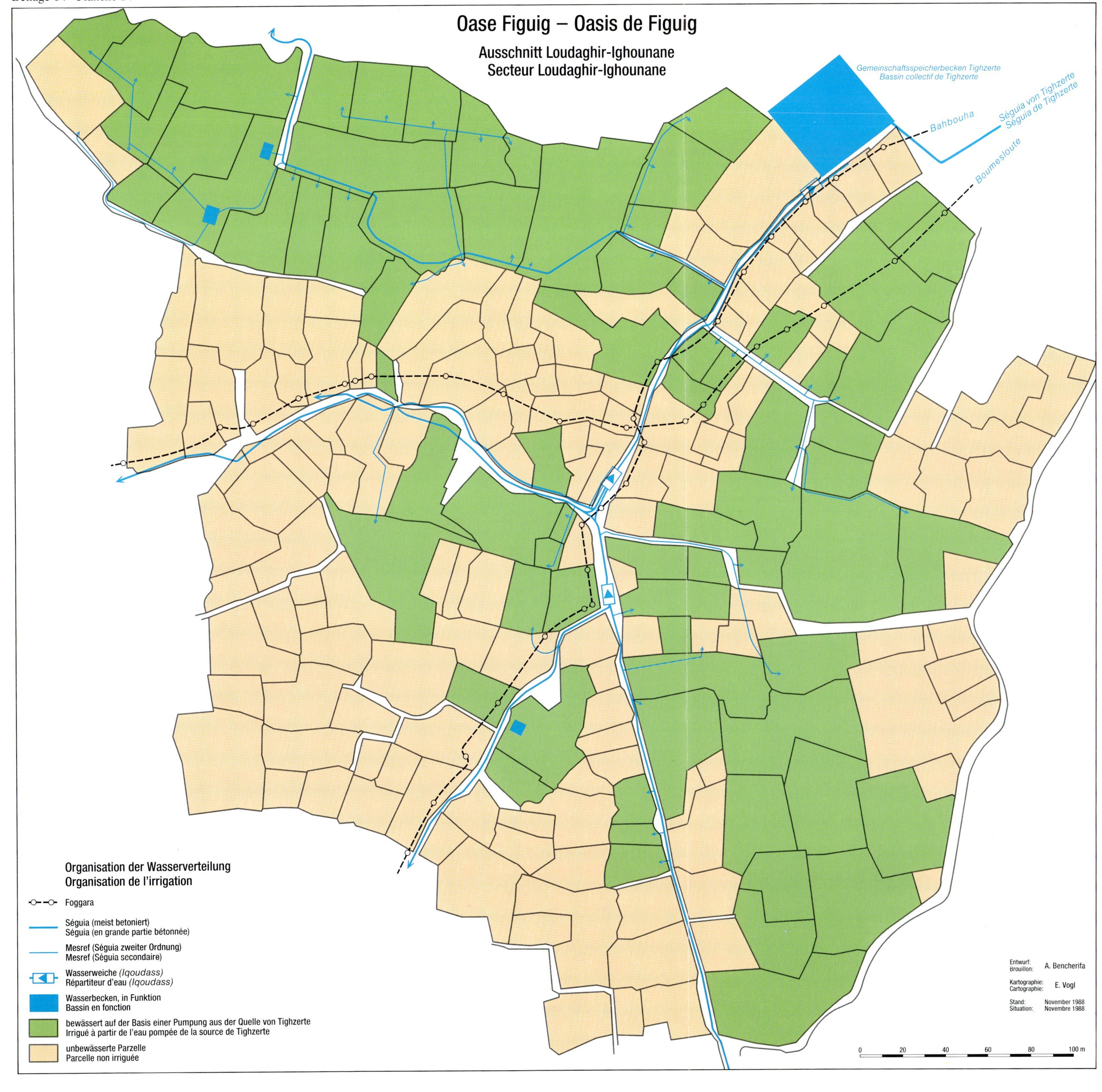
Oase Figuig – Oasis de Figuig
Ausschnitt Loudaghir-Ighounane
Secteur Loudaghir-Ighounane
Gemeinschaftsspeicherbecken Tighzerte
Bassin collectif de Tighzerte
Bahbouha
Séguia von Tighzerte
Séguia de Tighzerte
Boumesloute
Organisation der Wasserverteilung
Organisation de l'irrigation
Foggara
Séguia (meist betoniert)
Séguia (en grande partie bétonnée)
Mesref (Séguia zweiter Ordnung)
Mesref (Séguia secondaire)
Wasserweiche (Iqoudass)
Répartiteur d'eau (Iqoudass)
Wasserbecken, in Funktion
Bassin en fonction
bewässert auf der Basis einer Pumpung aus der Quelle von Tighzerte
Irrigué à partir de l'eau pompée de la source de Tighzerte
unbewässerte Parzelle
Parcelle non irriguée
Entwurf: Brouillon: A. Bencherifa
Kartographie: Cartographie: E. Vogl
Stand: Situation: November 1988 Novembre 1988
0 20 40 60 80 100 m

Oase Figuig – Oasis de Figuig

Ausschnitt Loudaghir-Ighounane
Secteur Loudaghir-Ighounane

Gemeinschaftsspeicherbecken Tighzerte
Bassin collectif de Tighzerte

Migrationsstatus des Besitzers und Bewirtschaftungsverhältnisse
État «migratoire» du propriétaire et modes de faire-valoir

Migrationsstatus des Besitzers
État «migratoire» du propriétaire

- Wohnort Figuig; in den meisten Fällen ehemaliger Arbeitsmigrant
  Résidant à Figuig; le plus souvent un ancien émigré
- Wohnort ist derzeit eine marokkanische Stadt (temporäre Migration)
  Émigré temporaire, résidant dans une ville intérieure
- Wohnort ist derzeit im Ausland, und zwar fast ausschließlich in Frankreich (temporäre Emigration)
  Émigré temporaire, résidant à l'étranger, surtout en France
- Migrant, derzeitiger Aufenthalt unbekannt
  Émigré, destination inconnue
- Besitzer verstorben, keine Erben am Ort
  Propriétaire décédé sans héritiers sur place

Bewirtschaftung
Faire-valoir

- durch den Eigentümer oder seine Familie, ohne Lohnarbeiter
  Faire-valoir direct, sans recours au travail salarié
- durch den Eigentümer oder seine Familie, aber mit Hilfe von Lohnarbeitern
  Faire-valoir direct, avec recours au travail salarié

Gründe für die unterbleibende Nutzung
Motifs de l'inutilisation

- Fehlen von Wasser
  Manque d'eau
- Konzentration der Nutzung auf andere Parzellen des Besitzers
  Priorité accordée à d'autres parcelles
- Besitzer unbekannt (ungeklärter Besitzstatus)
  Propriété indéterminée

- Wasserbecken, in Funktion
  Bassin en fonction

Entwurf: / Brouillon: A. Bencherifa
Kartographie: / Cartographie: E. Vogl
Stand: November 1988
Situation: Novembre 1988

0 20 40 60 80 100 m

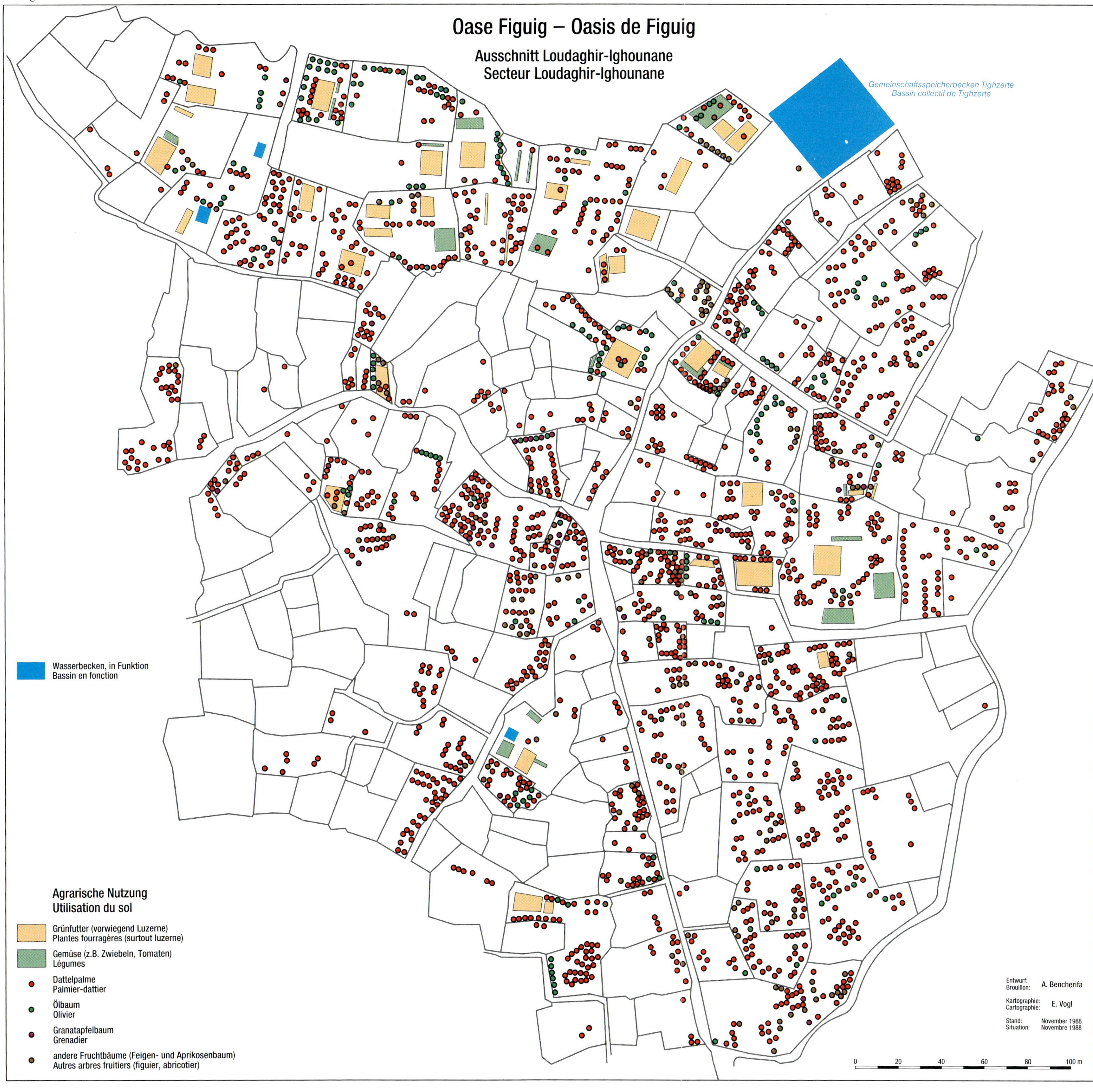
Oase Figuig – Oasis de Figuig
Ausschnitt Loudaghir-Ighounane
Secteur Loudaghir-Ighounane
Gemeinschaftsspeicherbecken Tighzerte
Bassin collectif de Tighzerte
Wasserbecken, in Funktion
Bassin en fonction
Agrarische Nutzung
Utilisation du sol
Grünfutter (vorwiegend Luzerne)
Plantes fourragères (surtout luzerne)
Gemüse (z.B. Zwiebeln, Tomaten)
Légumes
Dattelpalme
Palmier-dattier
Ölbaum
Olivier
Granatapfelbaum
Grenadier
andere Fruchtbäume (Feigen- und Aprikosenbaum)
Autres arbres fruitiers (figuier, abricotier)
Entwurf: Brouillon: A. Bencherifa
Kartographie: Cartographie: E. Vogl
Stand: Situation: November 1988 Novembre 1988
0 20 40 60 80 100 m

Foto 22: *Ausschnitt Loudaghir-Ighounane. Die beiden Motorpumpen fördern aus dem alten Quellpunkt von Tighzerte nunmehr weit höhere Wassermengen als zuvor, so daß der Qsar seine Palmenflur erweitern konnte.*

zelheiten bekannt. Die Idee zur Pumpung scheint von mit der Wassersituation vertrauten »Outsidern« (in diesem Fall von ehemaligen Arbeitsmigranten) ins Spiel gebracht worden zu sein. Sie waren offenbar genügend einflußreich, um die *Jema'a* des *Qsar* von den Vorteilen eines derartigen Projektes zu überzeugen und sie zur Zustimmung zu der Idee ohne jegliche Abstriche zu bewegen. Die Pumpstation wurde schließlich 1965 errichtet.

Die wichtigsten Fragen, die es damals zu klären galt, waren die Frage des Standortes der Pumpstation und darüber hinaus die nach den Folgen einer Pumpbewässerung für die Schüttung in den drei traditionellen *Foggaguir*. Denn welchen Standort auch immer man wählen würde: es war von Anfang an klar, daß die Schüttungsmengen der *Foggaguir* aufgrund ihrer Zugehörigkeit zu einem einzigen Wasserfeld in Mitleidenschaft gezogen werden würden[54]. Somit war die Gemeinschaft der Bewohner von Loudaghir über ihre *Jema'a* aufgefordert, die Probleme zu regeln, die durch den menschlichen Eingriff bewirkt wurden. Die Art und Weise, wie die *Jema'a* diese Fragen geklärt hat, zeigt schlagend die Lebensfähigkeit und Verwurzeltheit der traditionellen Lösungen und Maßnahmen. Sie zeigt uns aber auch, wie flexibel und anpassungsfähig für neue Problemstellungen diese traditionellen Organisationsformen sind. So hat etwa die *Jema'a*, nachdem die Pumpstation im »Quellfeld« von Tighzerte[55] errichtet worden war, entschieden, daß das durch Pumpung entnommene Wasser als aus allen drei Quellen stammend aufzufassen sei, somit als Wasser, das in einen gemeinsamen „Topf" eingebracht wurde[56]. Um eventuelle Streitigkeiten von vorneherein auszuschalten, wurden die *Kharrouba* der drei alten *Foggaguir* als volumenmäßig gleich groß aufgefaßt, obwohl sie es in Wirklichkeit natürlich nicht waren[57]. Das durch den Pumpvorgang zusammengefaßte Wasser bildet zusammen ein Gesamtangebot von 1.440 (dreimal 480) neuen *Kharrouba*, das den 1.440 Einheiten entspricht, die vor Einführung der Pumpbewässerung da waren[58]. Infolge der nunmehr anfallenden Kosten für den Unterhalt und der laufenden Kosten, die die neue Technologie mit sich bringt, hat die *Jema'a* auf die alte Praxis der *Tantatoute* zurückgegriffen, d.h. die Förderung einer bestimmter Wassermenge aus der Quelle eingeführt, die dann verpachtet wird. Auf dieser Basis wurden 480 weitere *Kharrouba* ins Leben gerufen, die zu dem genannten Zweck verkauft werden[59].

54) Sogar Auswirkungen auf die Quelle Zadderte des *Qsar* Zenaga scheinen aufzutreten, zumindest gibt es Beschwerden der Zenagi. Wir können auf der Basis des derzeitigen empirischen Kenntnisstandes keine wirklich präzisen Angaben zu dieser Frage machen. Unbestritten ist allerdings, daß diese technische Innovation die bisherige Hegemonie der Bewohner von Zenaga im Rahmen der alten Rivalitäten zwischen beiden *Qsour* in Frage gestellt hat.

55) Die Gründe für diese Standortwahl sind nicht genau expliziert worden. Vermutlich können folgende Argumente angeführt werden: Tighzerte ist die am wenigsten tief gelegene *Foggara* (?), sie ist weit von Zenagas Zadderte entfernt, hier waren die geringsten Konflikte zu vermuten (?).

56) Daß oft dieselben Personen ganz unterschiedlicher Ligneages Wasserrechte an allen drei *Foggaguir* besitzen, hat ganz sicherlich dieses Zusammenlegen der „neuen Wasserressourcen" erheblich erleichtert.

57) Es ist allerdings außerordentlich schwierig, die faktische Schüttung der einzelnen »Quellen« für einen bestimmten Zeitpunkt im Vergleich präzise anzugeben. Denn eine ganz banale Wartung und Säuberung der *Foggaguir* kann zu einer Erhöhung der Schüttung führen, während eine unzureichende Wartung genau Gegenteiliges bewirkt.

Außerdem ist es heute ganz prinzipiell schwierig, von irgendwelchen präzisen Schüttungsmengen der Quellen von Loudaghir auszugehen. Derzeit pumpt man jeweils solange, bis das Speicherbecken gefüllt ist; dann wird der Pumpvorgang unterbrochen. Es ist somit kaum möglich, die Volumenmenge, die einer *Kharrouba* entspricht, anzugeben.

58) Heute sind die beiden *Foggaguir* Bahbouha-Zadderte und Boumesloute nahezu trocken; zumindest verzeichnen sie nur noch eine marginale Schüttung.

59) Die *Tantatoute* ist eine traditionell übliche Maßnahme, die darin besteht, daß ein Teil der vorhandenen Wassermenge der Gemeinschaft in Form einer gewissen Zahl von *Kharrouba* (oft von einem ganzen Tag) zur Verfügung gestellt wird. Das aus dieser Rechtsposition stammende Wasser wird verkauft; die resultierenden Mittel werden für Zwecke der Gemeinschaft verwendet. Aber in außergewöhnlichen Fällen begnügt sich die Gemeinschaft nicht mit einem einzigen Tag, sondern ruft einen ganz neuen *Qadouss* (d.h. 480 neue *Kharrouba*) ins Leben. Das er-

Insgesamt betraf die Entscheidung zur Einführung dieser technischen Innovation verschiedene soziale Handlungsträger (vor allem die *Jema'a*, daneben einflußreiche Remigranten), und sie erfolgte unter Übernahme der alten bewässerungsorganisatorischen Strukturen (juristisch und technisch: Wasserrechte, *Tantatoute*) — und diese Vorgehensweise war sogar höchst effizient! Aber die Einführung der Pumpbewässerung hat darüber hinaus natürlich auch zu der Entstehung eines völlig neuen Wasserverteilungsnetzes geführt.

5.1.3 Das neue Wasserverteilungsnetz und seine Organisation

Heute bilden somit insgesamt 1.920 *Kharrouba*, die zur Verteilung gelangen, die verfügbaren Wasserressourcen des *Qsar* Loudaghir, in dem derzeit etwa 300 Haushalte leben. Jede *Kharrouba* entspricht einem Volumen von ca. 12 m^3 (Angabe auf der Basis eigener Messungen von 1989). Ein wichtiges Kennzeichen der nunmehrigen Organisation der Wasserverteilung besteht in der Kombination von Elementen eines völlig neu angelegten Verteilungsnetzes, das zeitgleich mit der Pumpbewässerung eingeführt wurde und das nunmehr wieder eine Bewässerung der früher trockengefallenen Flächen erlaubt, und alten, unverändert übernommenen Bestandteilen, die in das neue Netz integriert wurden und heute wieder voll funktionstüchtig sind. Einen Teil dieses neuen Wasserverteilungsnetzes kann man anhand der *Beilage 14* erkennen, die diesbezüglich sehr aussagekräftig ist.

Das Wasser kann, beginnend am Austritt aus dem großen Gemeinschaftsspeicherbecken von Tighzerte (*Foto 23*), nach Belieben in alle Richtungen geleitet werden. So gibt es z.B. eine Haupt-*Séguia*, die nach kurzem Südverlauf in westliche Richtung führt; über sie wird etwa ein Zwanzigstel der revitalisierten Parzellen mit Wasser versorgt[60]. Es ist sogar technisch möglich, in dieser großen *Séguia* das Wasser bis in den ehemaligen Sektor von Tighliine (wie es ja auch früher der Fall war) zu leiten. Es gibt am Austritt aus dem Becken noch weitere Kanäle, die ebenfalls nach kurzem Verlauf in südliche Richtung nach Osten abzweigen, um die dort gelegenen Parzellen zu bewässern. Die vier wichtigsten *Souagui*, die ausnahmslos ausbetoniert sind[61], verlaufen allesamt etwa 200 m gerade in südlicher Richtung, wo sie auf den alten historischen *Iqoudass* von Loudaghir stoßen. Hier kreuzen sich in unmittelbarer Nähe auch die drei früheren *Foggaguir* (auf der *Beilage 14* erkennt man deutlich den Verlauf von Bahbouha-Zadderte und Boumesloute). In diesem (ebenfalls revitalisierten) *Iqoudass* wird das Wasser in einzelne *Souagui* verteilt, die jeweils in etwa dem Verlauf der alten *Foggaguir*, deren Wasseranteilsrechte in ihnen ja befördert werden, bis zu ihren früheren Austrittstellen an der Oberfläche folgen, wo sich oft große Wassersammelbecken befinden. Mit dieser Vorgehensweise ist garantiert, daß die alten Wasserrechte und vor allem der Wasserverteilungsvorgang, wie er vor der Einführung der Pumpbewässerung üblich war, unverändert bleibt, daß aber darüber hinaus alle diejenigen, die neu erschlossene Flurteile bewässern wollen, dies durchaus können. Das trifft z.B. für die Haupt-*Séguia* zu, die vom Zentrum unseres Ausschnittes nach Westen führt. Über sie wird Wasser, das auf den alten Rechten von Boumesloute basiert, geleitet. Gleiches gilt für die nach Südwesten verlaufende *Séguia* (von Bahbouha) und die nach Südosten führende *Séguia* (von Tighzerte)[62]. Auch rein bewässerungstechnisch zeigt somit die technische Innovation der Pumpbewässerung eine größere Flexibilität als das alte System, ohne indes die traditionsbedingten Elemente außer Funktion zu setzen, sondern indem sie voll integriert werden.

Aus der Verkomplizierung des neuen Bewässerungssystems resultiert eine wichtige Neuerung: Loudaghir benötigt nunmehr einen *Sraïfi*, der dieses neue System korrekt verwaltet. Die Tätigkeit des *Sraïfi* war früher in Loudaghir meist von untergeordneter Wichtigkeit; nun allerdings ist sie von zentraler Bedeutung. Derjenige, der als *Sraïfi* fungiert, erhält für seine Arbeit 40 *Kharrouba* (aus den 480 *Kharrouba* der *Tantatoute*), was in etwa einem Anteil von 8,5 % an der *Tantatoute* entspricht[63].

Ein ganz wesentlicher Punkt, der noch angesprochen werden muß, ist natürlich die Auswirkung der Pumpbewässerung auf die nunmehr verfügbare Wassermenge des *Qsar* Loudaghir. Da wir über keine präzi-

---

folgte z.B. in Zenaga nach der französischen Bombardierung des Jahres 1903 und der Auflage, „Reparationen" leisten zu müssen. Das gleiche passiert derzeit in Loudaghir, wo die Gemeinschaft angesichts der erheblichen laufenden Ausgaben zu dieser traditionellerweise üblichen Lösung gegriffen hat. Das Wasser dieser *Tantatoute* wird für 100 DH/Jahr pro *Kharrouba* verkauft, was Einnahmen für die *Jema'a* von 48.000 DH/Jahr bedeutet. Die Einführung eines fünften *Qadouss* (somit 480 zusätzlicher *Kharrouba*) war für Ende 1989 vorgesehen.

60) Angeblich handelt es sich um Flächen, die zum ehemaligen *Qsar* Jouaber, der im 18. Jahrhundert zerstört worden ist, gehörten.

61) In den drei alten, historischen Palmenfluren von Loudaghir erfolgte dagegen bisher noch keine Betonierung. Die Infiltration des Wassers wird in Kauf genommen, ja es wird der vorteilhafte Aspekt dieser Infiltration zur Wasserversorgung der sehr dichten Palmenbestände in jener Zone gesehen.

62) Da es sich bei dem kartierten Ausschnitt Loudaghir-Ighounane (*Beilage 14*) um ein erst kürzlich revitalisiertes Gebiet handelt, gibt es noch kaum Wasserspeicherbecken. Derartige Becken existieren dagegen in einer Dichte, die der Flur von Oulad Slimane vergleichbar ist, in den drei alten Flurteilen von Al'Oubbad, Ighalen Berra und Tighliine.

63) Der derzeitige *Sraïfi* von Loudaghir ist zugleich auch *Cheikh* des *Qsar* und Mitglied der traditionellen *Jema'a*. In Geld ausgedrückt, entspricht seine „Entlohnung" ca. 4.000 DH/Jahr (wobei eine *Kharrouba* zu 100 DH/Jahr verpachtet wird). Der tatsächliche Wert einer *Kharrouba* ist allerdings, wie weiter unten zu zeigen sein wird, wesentlich höher.

Foto 23: Ausschnitt Loudaghir-Ighounane. Blick über einige Gebäude am Rand des Qsar von Loudaghir auf das neue Gemeinschaftsspeicherbecken von Tighzerte, in welches das Wasser, das von der Pumpstation gefördert wird, geleitet wird.

sen Zahlen verfügen, in denen die Wasserschüttung der drei alten *Foggaguir* erwähnt wäre[64], ist es schwierig, hierzu Aussagen zu machen. Dennoch ist es mehr als wahrscheinlich, daß die Pumpbewässerung von Tighzerte zu einer Erhöhung der Wasserverfügbarkeit beigetragen hat[65]. Diese Behauptung stützt sich auf zwei Indiziengruppen. *Zum einen* hätte wohl die Gemeinschaft keine Lösung akzeptiert, die nicht zumindest so viel Wasser, wie zuvor verfügbar gewesen ist, garantierte. Es fragt sich folglich vor allem, wie groß der Zugewinn an Wasser ist. Wir haben gezeigt, daß die *Jema'a* 480 zusätzliche *Kharrouba* eingeführt hat und mit dem Gedanken spielt, weitere 480 *Kharrouba* zu schaffen. Es ist sehr wahrscheinlich, daß diese *Kharrouba* der durch das neue Bewässerungssystem erzielten zusätzlichen Fördermenge entsprechen, d.h. daß die verfügbare Menge mindestens um 25 % (wenn nicht mehr) angestiegen ist. Und hierzu muß man noch die (mittlerweile nicht mehr sehr hohen) Schüttungsmengen rechnen, die die alte *Foggara* von Boumesloute immer noch temporär liefert. *Zum anderen* erfolgte die Erschließung neuer Oasengärten (in Ighounane, aber auch anderen Flurteilen) keineswegs auf Kosten einer Auflassung intakter Bewässerungsflächen — was ja unumgänglich gewesen wäre, sofern die Wassermenge konstant geblieben wäre). Vielmehr treten die neuangelegten Oasengärten hinzu und haben eine Vergrößerung der Gesamtbewässerungsflur bewirkt. Das zeigt doch deutlich, daß die Zunahme in der Wasserverfügbarkeit zumindest proportional zur Anlage neuer Bewässerungsflächen zu sehen ist, von denen die im Ausschnitt Loudaghir-Ighounane wiedergegebenen nur einen Teil ausmachen.

64) Die im *Bulletin Officiel* genannten Zahlen sind alten Datums und haben heute keinerlei Realitätsbezug mehr.

65) Ganz zu schweigen von den nunmehr für den *Qsar* „eingesparten“ Arbeiten zur Reinigung und Wartung der *Foggaguir*, die sich schwieriger belegen lassen.

5.2 Sozialräumliche Aspekte der Revitalisierung

5.2.1 Analyse der Karte zur agrarischen Nutzung

Einer der wichtigsten Charakterzüge des Revitalisierungs-Prozesses (vgl. *Foto 24*) ist die Rückkehr zu den altüberkommenen Standortbedingungen innerhalb der

Oasenflur. Während der Absenkungsprozeß des Wasseraustrittsniveaus für die gravitative Bewässerung zu einer Anbaukonzentration in weiter Entfernung vom *Qsar* zwang, betrifft der Prozeß der Revitalisierung insbesondere die unmittelbar an den *Qsar* anschließenden Flächen. Damit ist einesteils die Annehmlichkeit, nur kurze Distanzen zurücklegen zu müssen, wieder wie in früheren Zeiten gegeben. Zudem spricht auch ein wasserwirtschaftlicher Faktor für den Revitalisierungs-Prozeß in Dorfnähe. Je weiter eine zu versorgende Parzelle vom Beginn des *Souagui*-Netzes entfernt liegt (hier: des Gemeinschaftsspeicherbeckens), um so größer sind die Wasserverluste durch Infiltration und Verdunstung. Eine Revitalisierung in unmittelbarer Nachbarschaft des *Qsar* trägt somit zu einer Verringerung der Wasserverluste bei und damit indirekt zu einer Erhöhung der Wasserverfügbarkeit.

Der für unsere Nutzungsanalyse abgegrenzte Ausschnitt umfaßt 15,2 ha und setzt sich aus 210 Parzellen ganz unterschiedlicher Größe zusammen, wobei die mittlere Parzellengröße bei 725 m^2 liegt. Die Karte der agrarischen Nutzung (*Beilage 13*) zeigt, daß die Revitalisierung kleinräumlich extrem unterschiedlich abläuft. Nur in Teilen des Ausschnittes gibt es überhaupt eine Revitalisierung; nur 70 Parzellen, d.h. etwa 35 % des Gesamtbestandes, und hinsichtlich der Fläche etwas weniger als die Hälfte sind betroffen. Zwei bandartige Bereiche lassen sich als in besonders starkem Maße wiedererschlossen erkennen: ein ost-westlich verlaufendes Band, das direkt am Gemeinschaftsspeicherbecken beginnt, und ein sich nord-südlich erstreckendes Band.

In diesen beiden revitalisierten Bereichen sind erstaunliche Erfolge erzielt worden. Es gibt heute bereits 1.710 Palmen (von denen mindestens 1.500 seit 1965 neu gepflanzt worden sind), zu denen man weitere 438 sonstige Fruchtbäume allein in unserem Ausschnitt hinzurechnen muß[66]. Vor allem die Dattelpalme ist ein wichtiger Indikator für das Ausmaß der Revitalisierung, weil sie besonders hohe Investitionen erfordert (und somit ein Hinweis darauf ist, daß man in dem Ausschnitt wieder ökonomisch interessante Erträge zu erwirtschaften hofft). Man schätzt, daß das Pflanzen zehn neuer Palmen ungefähr 3.500 bis 5.000 DH kostet[67]. Die Investitionskosten sind somit ganz erheblich.

Man kann auch anhand ihrer Lage innerhalb der Parzellen unschwer erkennen, daß die Dattelpalme die Leitkultur bei der Inangriffnahme der Revitalisierung ist[68]. Sie befindet sich weder entlang der *Souagui* (die im übrigen ja betoniert sind), noch ausschließlich entlang der Ränder der Parzellen (zwar sind sie auch dort, aber ebenso mitten auf den Flächen). Hieraus wird deutlich, daß einjährige Bodendeckerkulturen angesichts dieser Baumverteilung nur von untergeordneter Wichtigkeit sind (oder es zumindest im Laufe der Zeit, wenn die Palmensetzlinge größer geworden sind, werden). Auch wenn der Kartierungszeitpunkt im Sommer lag (wo annuelle Kulturen ohnehin geringer vertreten sind), bestätigt doch der ganz extrem geringe Anteil an Unterkulturen in unserer Kartierung das Gesagte.

Der Prozeß der Revitalisierung betrifft heute etwas weniger als die Hälfte der Parzellen und der Fläche. Das heißt, daß der vor einem Vierteljahrhundert begonnene Prozeß keineswegs alle Parzellen erfaßt hat, was überhaupt nicht überraschend ist. Das mittlerweile wieder reichlicher fließende Wasser wäre für eine derartig weitreichende Neuerschließung wohl doch zu knapp; und außerdem sind ja die nun wieder vorhandenen Palmenfluren, die ein Kapital an Bäumen und Land ausmachen, bereits da, und sie müssen auch weiterhin und vorrangig versorgt werden. Doch daneben hängt der Prozeß der Revitalisierung natürlich auch mit sozio-ökonomischen Strukturen und Verhaltensweisen der Bewirtschafter zusammen.

5.2.2 *Strukturmerkmale und Verhaltensweisen der Träger des Revitalisierungs-Prozesses*

Die Analyse der sozialräumlichen Bedingungen zeigt, daß es eine gewisse Anzahl von Charakteristika und Handlungsweisen gibt, die für die Sozialkategorie der „Revitalisierer" (wie wir sie einmal provisorisch nennen wollen) — also der Personen, die die erheblichen Risiken für eine solch kostspielige Investition getragen haben (vgl. *Beilage 15*) — spezifisch sind. Zunächst einmal lassen sich zwei aufeinander bezogene Strukturmerkmale herausstellen: Es dominieren eindeutig die Alten, und es dominieren ebenso eindeutig die in Figuig Ansässigen.

66) Die Neuerschließung der Palmenflur von Loudaghir ist ein Faktum, das seit den siebziger Jahren nicht mehr zu übersehen ist. Nach Angaben mehrerer lokaler Informanten kann man davon ausgehen, daß eine Neupflanzung von etwa 4.000 Bäumen in Ighounane und den übrigen Sektoren der Flur von Loudaghir erfolgt ist. Diese Schätzung erscheint durchaus realistisch.

67) Diese Zahlen schwanken natürlich je nach gewählter Dattelpalmenvarietät. Zunächst muß man davon ausgehen, daß aus den unterschiedlichsten Gründen nur etwa die Hälfte aller Setzlinge auch erfolgreich trägt; die „Verlustquote" beträgt also etwa 50 %, und erst nach 5 Jahren weiß man wirklich, ob ein Setzling gediehen ist. Die Setzlinge kosten zwischen 70 und 150 DH, je nach Qualität. Man muß daneben von Investitionskosten von 75 DH/Setzling für den eigentlichen Pflanzvorgang ausgehen. Des weiteren benötigt man bei der Pflanzung eine Stalldüngergabe und kulturtechnische Maßnahmen, um den Boden für das Pflanzenwachstum gut vorzubereiten, wofür ca. 500 DH anzusetzen sind. Je nach Dattelqualität betragen somit die Gesamtkosten zwischen 3.500 und 5.000 DH (für 20 Palmen, von denen dann nur 10 produktiv werden) — ein beträchtlicher Investitionsaufwand!

68) Im einzelnen sind im untersuchten Ausschnitt von Ighounane 71 Parzellen völlig ungenutzt und ohne Baumbestand; 61 nicht bewässerte Parzellen umfassen einige alte Palmen (höchstens 6 pro Parzelle), die in einem schlechten Erhaltungszustand sind; die wirklich revitalisierten Parzellen dagegen (28 % von allen) umfassen in der Mehrzahl je zwischen 11 und 40 Palmen, allerdings weisen 10 % von ihnen zwischen 41 und 62 Palmen auf.

Foto 24: *Ausschnitt Loudaghir-Ighounane. Flurteil, der mit Hilfe des Wassers von Tighzerte eine Revitalisierung seiner Nutzung erlebt hat*

Einesteils sind 87,6 % der Revitalisierer älter als 55 Jahre (57,1 % sind sogar älter als 65 Jahre); andererseits handelt es sich meistens um Personen, die in Figuig ansässig sind (57 % der Revitalisierer), nachdem sie zumeist eine Tätigkeit als Arbeitsmigranten in einer marokkanischen Stadt oder im Ausland beendet haben (es handelt sich somit um Remigranten). Diese Befunde sind in vollem Einklang mit den Intentionen der Revitalisierung. Es handelt sich ja um eine Initiative, durch die ein neues, ökonomisch produktives Potential entwickelt werden soll — und keineswegs um die Erhaltung eines bereits bestehendes Potentials. Deswegen ist es für die Realisierung der Investitionen von Vorteil, wenn man sich vor Ort aufhält[69]. Angesichts der stattlichen Investitionssummen, die benötigt werden, sind erhebliche außerhalb der Landwirtschaft erwirtschaftete Mittel fast schon die unabdingbare Voraussetzung, um sie überhaupt aufbringen zu können. In der Tat sind 23 % der Revitalisierer, die vor Ort wohnen, Ruhegeldempfänger auf der Basis einer früheren Gastarbeitertätigkeit. So gut wie alle anderen verfügen ebenfalls über außerlandwirtschaftlich erwirtschaftete Mittel (Rente oder Ruhegeld nach Arbeitsmigration innerhalb Marokkos; Sohn des Besitzers ist im Ausland tätig und leistet regelmäßige Rimessen; nichtlandwirtschaftlicher Erwerb in der Oase u.ä.).

Eine weitere wichtige Sozialkategorie an Revitalisierern, die man identifizieren kann, sind als Arbeitsmigranten innerhalb Marokkos derzeit abwesende Personen; ihnen sind 34 % der revitalisierten Parzellen zuzuordnen. Auch hier zeigt sich die Bedeutung der außerlandwirtschaftlich erwirtschafteten Investitionssummen für den Prozeß der Revitalisierung. Allerdings ist im Fall des *Qsar* Loudaghir aus historischen Gründen nicht die Arbeitsemigration, sondern die Binnenmigration vorherrschend. Eine Binnenmigration (sofern sie lediglich temporären Charakters ist, und Revitalisierung setzt eigentlich die intendierte Rückkehr voraus) ermöglicht die Pflege der sozialen Kontakte mit der Herkunftsregion im familiären Umfeld, was wiederum sicherstellt, daß die Revitalisierung keineswegs ein wirtschaftlicher Verlust für den, der sie betreibt, bedeutet.

69) Es gibt sicherlich auch eine psycho-soziale Dimension, die mit dem Alter der Revitalisierer zusammenhängt. Deren wirtschaftliches Engagement ist auch Ausdruck einer emotionalen Verbundenheit mit der Heimatregion. Ist dieses Gefühl der Verbundenheit möglicherweise bei den Älteren ausgeprägter entwickelt als bei jüngeren Jahrgängen?

Aus diesen beiden Strukturelementen resultiert, daß auf den revitalisierten Flächen jegliche Verpachtung fehlt. Eine Eigenbewirtschaftung (durch den vor Ort ansässigen Besitzer oder durch die Kinder des Binnenmigranten, der trotz Abwesenheit über die Bewirtschaftung der Parzelle bestimmt) ist für sämtliche revitalisierten Parzellen nachzuweisen. Auch dies ist ein Hinweis auf die Sonderstellung des Revitalisierungs-Prozesses: anders als bei der bloßen Erhaltung von Kulturland existieren ganz spezifische Beschränkungen. Er läßt sich (außer vielleicht in Ausnahmefällen) nicht auf der Basis der Teilpacht durchführen.

Auch wenn all diese sozio-ökonomischen Aspekte für die Erklärung der Revitalisierung von Wichtigkeit sind, bleiben darüber hinaus auch diejenigen rechtlich-sozialen Bedingungen von Bedeutung, die sich auf die Wasserversorgung beziehen und zu Wasserengpässen führen, sind doch die Wasserverteilungsbedingungen teilweise unklar. Das für die revitalisierten Flächen verwendete Wasser[70] fließt zwar reichlich, basiert aber in 68 % der Fälle nicht auf privaten, individuellen alten Wasserrechten der Revitalisierer. Das hängt teilweise damit zusammen, daß durch die vielen Erbengemeinschaften die Wasserverteilung rechtlich sehr kompliziert geworden ist und durch die starke Abwanderung noch weiter erschwert wurde. Aber auch die Neuordnung der Wasserrechte in Loudaghir hat ihre Auswirkungen, stammen doch 25 % des im Ausschnitt verwendeten Wassers aus der nach Beginn der Pumpbewässerung neu eingerichteten *Tantatoute*. Hier handelt es sich somit um gepachtete *Kharrouba*.

Allerdings gibt es eine solche vielschichtige und komplizierte Regelung nicht, was den Besitzstatus der revitalisierten Flächen betrifft. Wegen des hohen Alters der Beteiligten und wegen der mit der Revitalisierung verbundenen Risiken ist die Erschließung so gut wie ausnahmslos auf Parzellen erfolgt, die der individuelle Besitz des Revitalisierers sind (und nicht Flächen, die z.B. Erbengemeinschaften gehören). Die Einführung der Pumpbewässerung hat sogar zu einer Klärung der Bodenbesitzverhältnisse in den neuerschlossenen Gebieten geführt, die früher häufig als Erbengemeinschaften aufrechterhalten wurden, weil sie ohnehin ungenutzt blieben.

5.3 Zusammenfassende Charakterisierung: Ighounane als Beleg für die soziale Vitalität der Oase

Die Analyse des Ausschnittes Loudaghir-Ighounane ermöglicht über einige Aspekte zu alten und neuen Regelungen in der Organisation der Bewässerung hinaus auch einige grundsätzliche Aussagen, die unsere Ausgangsfragestellung betreffen. Nachfolgend soll hierbei auf vier Punkte eingegangen werden:

1. Es ist unbedingt notwendig, auch kulturelle und emotionale Gesichtspunkte einzubeziehen, um die heutige Funktionsweise des landwirtschaftlichen Bewässerungssystems der Oase Figuig zu verstehen. Geschichte und Gegenwart des Ausschnittes Ighounane sind einesteils zu verstehen als Antwort der Bevölkerung von Loudaghir auf die Benachteiligungen der Vergangenheit, andererseits aber auch als materieller Ausdruck der Verbundenheit der Oasenbewohner zu Figuig.

2. Diese Erfahrung gibt uns die Möglichkeit, auf die Vitalität der traditionellen Institutionen der Oase hinzuweisen und ihre ungewöhnliche Flexibilität und Anpassungsfähigkeit herauszustellen. So hat z.B. die *Jema'a* heute immer noch sämtliche Kompetenzen zur Organisation der Wasserressourcen des *Qsar*[71] in Händen und hat die wichtige Entscheidung hin zur Pumpbewässerung entscheidend initiiert, getragen und durchgesetzt. Das weitere Funktionieren der überkommenen Institutionen ist bemerkenswert. So wurde das alte Prinzip der *Tantatoute* angewandt, um einen Engpaß für die derzeitige Oasenwirtschaft zu lösen; so wurde der *Sraïfi* in seiner Funktion wiederbelebt und gestärkt, so daß er nunmehr zu einem modernen Wasserverteilungsmanager geworden ist, der die Motoren der Pumpstation und das Betonieren der Souagui betreut, aber auch die Umsetzung der Wasserrechte in einen Verteilungsmodus und den Wassermarkt nach sozialen Prinzipien regelt.

3. Der Prozeß der Revitalisierung zeigt, daß es Sozialkategorien gibt, für die die Oasenwirtschaft auch in der Zukunft eine wirkliche ökonomische Herausforderung sein kann. Denn das Pflanzen von Hunderten von neuen Dattelpalmen oder das Erschließen von Parzellen mit Betonröhren und Speicherbecken sind Dinge, die man nicht nur aus emotionaler Verbundenheit heraus tut — was die Existenz einer solchen affektiven Dimension indes nicht ausschließt. Es gibt hinter den Revitalisierungs-Entscheidungen durchaus lukrative wirtschaftliche Motive. Der Preisanstieg für Datteln auf dem marokkanioschen Binnenmarkt ist hier sicherlich eine Erwägung (siehe auch nächstes Teilkapitel 6 über Zenaga-Berkoukess). Man muß sich nur die Konkurrenz um das Wasser (und vor allem um das Wasser aus der *Tantatoute*) vor Augen halten, um zu erkennen, daß die wirtschaftliche und soziale Vitalität der Oase noch gegeben ist. Das Bemühen um möglichst hohe Mengen von Wasser zeigt, daß es heute wie in der Vergangenheit ein nur beschränkt vorhandenes Gut ist und daß die Oasenwirtschaft ganz anders dastünde, wenn zusätzliche Wasserressourcen mobilisiert werden könnten. Die Suche nach zusätzlichen Wasserressourcen erfolgte

70) Von den 70 Parzellen erhalten zwei weniger als 1 *Kharrouba*, 38 zwischen 2 und 5 *Kharrouba*, 20 zwischen 6 und 10 *Kharrouba* und 10 zwischen 12 und 16 *Kharrouba*.

71) Es handelt sich hier keineswegs um eine Sondersituation, die für den *Qsar* Loudaghir zuträfe. In ähnlicher Weise sind sie auch in allen übrigen *Qsour* die Schlüsselinstitutionen für die Wasserorganisation.

ja (unter anderen Voraussetzungen und in größerem Maßstab) ebenfalls im *Qsar* Zenaga (Ausschnitt Berkoukess, vgl. nächstes Teilkapitel).
4. Eine letzte Folgerung, die wir ziehen wollen, geht über unsere empirischen Befunde hinaus. Sie betrifft die Zukunftsperspektive, genauer: die Frage, wie sich die altüberkommenen Strukturen der Oase verändern und optimieren lassen. Es ist zu fragen, inwieweit die ermutigende Erfahrung, die die Bewohner von Loudaghir gemacht haben (wo zwar die Wasserverfügbarkeit erhöht wurde, aber zugleich auch die Organisation der Wasserverteilung verbessert worden ist), übertragbar ist. Die Frage muß offen bleiben. Wenn innerhalb von Figuig weitere *Qsour* zu dieser Lösung kämen, wäre nicht ganz auszuschließen, daß der gesamte labile Wasserhaushalt aus dem Gleichgewicht geriete. Jedenfalls steht Loudaghir für ein gelungenes Erschließungsmodell, in dem sowohl technische als auch organisatorische Elemente zusammengeführt wurden unter massiver Beteiligung der *Jema'a*.

6 Das neuerschlossene Bewässerungsgebiet im Süden: Zenaga-Berkoukess

Wie in allen saharischen Oasen ist natürlich auch in Figuig der Minimumfaktor für jede landwirtschaftliche Nutzung das Wasser. Der Flächenumfang der bewässerten Flur spiegelt so zunächst einmal — unabhängig von allen rechtlichen Regelungen der Wasserorganisation — die Menge des verfügbaren Wassers wider. Da im allgemeinen davon ausgegangen werden kann, daß in Oasen (mit den zur Verfügung stehenden technologischen Hilfsmitteln) das gesamte verfügbare Wasser bereits genutzt wird, sind auch die bewässerten Areale in zeitlicher Entwicklung weitgehend konstant in ihrer Flächenausdehnung geblieben. Wenn in einer Oase Neuland erschlossen wird, so hängt das entweder damit zusammen, daß lediglich ein Flächenwechsel erfolgt, somit das in unveränderter Menge zur Verfügung stehende Wasser auf neue, von ihrer Bodenbeschaffenheit weniger degradierte Felder gelenkt wird, oder aber, daß (unter Einsatz neuer Technologien) zusätzliches Wasser gefördert wird.

6.1 Die Phasen der Erschließung des neuen Bewässerungssektors

Bei aller Konstanz der Anbauareale der Oase Figuig in einer pauschalen Einschätzung (bzw. bei deren leichtem Schrumpfungsprozeß durch den Wegfall der Oasengärten im nordwestlichen Teil der Flur von Laâbidate) gibt es auch in Figuig neuerschlossene Flächen. Die größte davon ist das Bewässerungsgebiet von Berkoukess, südwestlich von Zenaga, deren nördlicher Teil unser letztes Beispielgebiet darstellen soll[72] (vgl. *Abbildung 16*). Wie jung das Bewässerungsgebiet von Berkoukess ist, kann man leicht anhand älterer Karten und Luftbilder rekonstruieren.

In den Kartenplänen der französischen Erhebung um 1950 kann man erkennen, daß das Flußbett des Oued el-Kebir (südwestlich von Zenaga) zu jener Zeit mit Bewässerungsland nur in einem ganz bescheidenen Areal übersprungen wurde (vgl. *Beilage 2*). Als Orientierungspunkt kann der jüdische Friedhof[73] dienen, der zu jener Zeit deutlich außerhalb des Kulturlandes lag. Die etwa 5 ha parzellierten Gebietes jenseits des Flußbettes (und einige Pionierflächen, die noch nicht begrenzt waren und im *Etat parcellaire* die Bezeichnung „non fermé" aufweisen) wurden mit Wasser aus der Quelle von Zadderte bewässert. Dementsprechend führte eine *Séguia* als Aquädukt über das Bachbett. In dem Luftbild aus dem Jahr 1963 (vgl. *Abbildung 1*) sieht man dann schon den seit 1950 erfolgten Expansionsprozeß des Oasenlandes in Richtung Südwesten; der Judenfriedhof wird bereits übersprungen, doch konzentriert sich das Kulturland noch nördlich der Umgehungsstraße. Anders als 1950 ist die Außengrenze der Oase nun nicht mehr als klare Linie ausgeprägt, sondern erscheint als eine ausfransende Zone. 1987 dann, zum Zeitpunkt unserer eigenen Erhebungen (und auch schon bereits zum Zeitpunkt der Befliegung von 1983; vgl. *Abbildung 16*), hat das bewässerte Kulturland wei-

72) Auch am Südrand der Oase Figuig im Bereich der Flur von Oulad Slimane, El Maïz, Hammam Tahtani und Hammam Foukani (unterhalb des *Jorf* in der Ebene von Bagdad) gibt es kleinere Bewässerungsflächen, die erst in junger Vergangenheit erschlossen wurden. Diese sind hinsichtlich ihrer Flächendimension aber nicht zu vergleichen mit dem wesentlich bedeutenderen Expansionsprozeß am Südrand der Flur von Zenaga.

73) In Zenaga gab es (ähnlich wie in Oulad Slimane oder Loudaghir) in der Vergangenheit eine bedeutende jüdische Bevölkerungsgruppe (vgl. BONNEFOUS 1953, S. 18). Bereits für Anfang des 17. Jahrhunderts ist diese jüdische Minorität belegt (BENALI 1987, S. 66). Dementsprechend existiert auch für beide *Qsour* je ein Friedhof dieser Religionsgemeinschaft, die beide nicht mehr in Funktion sind, da die Juden in den sechziger Jahren nahezu vollständig abgewandert sind; nur die Friedhöfe sind als Überbleibsel vorhanden. Während der Judenfriedhof von Oulad Slimane (der nördlich von El Maïz liegt) heute eine Trümmerwüste ist (und nur mit Mühe als Friedhof auszumachen ist), ist jener von Zenaga besser erhalten, da er ummauert und somit nicht zugänglich ist.

Abbildung 16: *Luftbild des Beispielgebietes Zenaga-Berkoukess (Stand: 1983)*

ter an Ausdehnung zugenommen und in einzelnen Wachstumsspitzen bereits fast die Umgehungsstraße im Westen der Oase erreicht (vgl. *Beilage 16*). Außerdem ist nun auch ein erheblicher Flächenanteil südlich der Umgehungsstraße ebenfalls zu Bewässerungsland geworden.

6.2 Zur Nutzungssituation

Die Lage unseres Beispielgebietes an der Pioniergrenze der Erschließung wird nicht zuletzt daran deutlich, daß die einzelnen Parzellen noch nicht vollständig als kompakte, in sich geschlossene Fläche auftreten, sondern daß — im Süden und Westen — vereinzelte Nutzungsinseln in isolierter Lage auftreten. Die Anbausituation ist durch die absolute Dominanz der Dattelpalmen gekennzeichnet. Diese Dattelpalmen sind, was unsere Kartierung nicht zeigt, zu einem erheblichen Anteil noch sehr jung (oft nur mannshoch), was selbstverständlich mit dem geringen Alter der Erschließung in Berkoukess korreliert. Hinsichtlich des Alters der Palmen gibt es innerhalb des Beispielgebietes (dem Prozeß der Erschließung folgend) so etwas wie ein Ost-West-Profil; während im Osten von Berkoukess bereits stattliche Bäume anzutreffen sind, findet man im Westen noch rezente Neupflanzungen. Ölbäume sind besonders in den jünger erschlossenen Parzellen im Südwesten als Fruchtbaum neben der Palme ebenfalls erwähnenswert; doch treten weitere Fruchtbäume nur vereinzelt auf. Der Bedeckungsgrad mit annuellen Kulturen ist nicht so erheblich, wie es aufgrund der Palmendichte zu erwarten wäre. Nur etwa die Hälfte des Kulturlands weist Bodendeckerkulturen auf. Hiervon dominiert mit weitem Abstand das Getreide, gefolgt von der Luzerne als Futterpflanze. Hülsenfrüchte und sonstige Gemüse sind zwar vorhanden, aber in ihrer Flächenausbreitung eine eher randliche Erscheinung. Anders als z.B. im Beispielgebiet Zenaga-Izarouane spielt in Berkoukess das unterste Anbaustockwerk insgesamt — sieht man vom Getreide einmal ab — eine eher untergeordnete Rolle. Somit treffen wir auf einen dichten, intensiv genutzten Dattelpalmenbestand, der jedoch kaum durch weitere Anbaustockwerke in der Nutzungsdichte erhöht wird.

Ebenfalls aus der Kartierung nicht abzulesen ist, mit welch erheblichem Aufwand das Oasenland von Berkoukess urbar gemacht worden ist. Mehrere Parzellen am Nordrand des Untersuchungsgebietes wurden in ihrer Gesamtfläche um ein bis zwei Meter tiefer gelegt; vielfach wurden auch nur Gräben angelegt, in welche dann die Palmen gepflanzt wurden (*Foto 25*). Das Vertiefen der Kulturfläche erfolgt einesteils wohl, um ein ausreichendes Gefälle für die *Séguias* zu haben, andererseits, um die oberflächliche Kiesschicht (in der Nachbarschaft eines Flußbettes) abzutragen[74]. Das Umwandeln des humusarmen Substrats in kultivierbare Böden erforderte erhebliche kulturtechnische Maßnahmen und reiche Zugaben an Häcksel zur Lockerung und Düngung. Nur eine aufwendige Investition von Kapital und Arbeit ermöglichte es, dieses Terrain der Wüste als Kulturland abzuringen.

6.3 Die Wasserversorgung von Berkoukess und ihre soziale Organisation

Es drängt sich nun die Antwort auf die eingangs gestellte Frage auf, ob wir es im vorliegenden Fall nur mit einem Wechsel der Anbauflächen innerhalb der Oase zu tun haben (Wasser von Zadderte somit anderswohin geleitet wird als bisher) oder ob die Fläche mithilfe neuer Wasserressourcen bewässert wird. Letzteres trifft für Berkoukess zu: insgesamt 10 Grundwasser-Motorpumpen wurden bis 1987 gegraben und für eine Förderung aus dem Aquifer genutzt[75]. Neben jedem Brunnen wurde auch ein Speicherbecken errichtet, um das hochgepumpte Wasser zunächst auf Vorrat zwischenzulagern. Alle diese Pumpstationen wurden von privaten Investoren eingerichtet, sei es vom jeweiligen Besitzer der Fläche, sei es von einer Gruppe von Personen in genossenschaftlicher Zusammenarbeit.

Der im Untersuchungsgebiet mit weitem Abstand wichtigste Grundwasserbrunnen ist der Bir Charaka (vgl. *Beilage 17*, Nr. 1). Der 40 m tief gegrabene Brunnenschacht wurde 1960 von zunächst 6 Personen, die sich zu einer Genossenschaft zusammenschlossen[76], errichtet. 1987 war die Zahl der Genossenschaftsmitglieder auf 18 angestiegen, und es wurden zu jener Zeit 49 Abnehmer mit Wasser vom Bir Charaka versorgt. Der Grundwasserstand wird bei 18-20 m erreicht. Die mittlerweile elektrifizierte Motorpumpe fördert bei einem Rohrdurchmesser von 4 »pousses« täglich etwa 8 Stunden lang Wasser und leitet es zunächst in das unmittelbar benachbarte Speicherbecken (*Foto 26*), von wo es auf gravitativem Wege bis auf die Felder in betonierten *Souagui* gelenkt wird.

Weitere, von mehreren Personen genutzte Brunnen sind der Bir M'hamdi (Nr. 3) ganz im Westen von Berkoukess, der Bir Bezzaâ (Nr. 4) und der Bir Schweppes (Nr. 2):

— Der Bir M'hamdi gehört einer Eigentümergruppe von sieben Personen aus der Familie M'hamdi. Der seit 1980 existierende Brunnen reicht 33 m tief hinab und erreicht den Grundwasserspiegel bei 31 m (vgl. *Foto 27*). Mit der Dieselpumpe ist dieser Brunnen nur in der Lage, täglich bis zu drei Stunden (im Sommer oft sogar nur eine einzige Stunde) zu fördern; dann ist der Grundwassertrichter so weit abgesenkt, daß er sich erst wieder regenerieren muß.

— Der Brunnen von Bezzaâ wurde schon 1956 abgeteuft auf eine Tiefe von 31 m. Bei einem Grundwasserspiegelstand von 23 m kann die elektrische Pumpe reichlich fördern. Der Besitzer verwendet das geförderte Wasser für die eigene Parzelle und verkauft an drei weitere Betriebe.

— Ebenfalls 1956 wurde der Brunnen mit Namen Bir Schweppes[77] gegraben, der insgesamt 9 Personen gehört. Das Grundwasser steht in dem 29 m tiefen Brunnenschacht bei 24 m an; jedoch wird der Brunnen mittlerweile so gut wie nicht mehr genutzt. Lediglich einer der Miteigentüner, Fenzar, verwendet das Wasser noch zur Bewässerung von Palmen. Ansonsten bleibt die Elektropumpe, die technisch in einwandfreiem Zustand ist, ungenutzt (vgl. auch *Beilage 11* und *Tab. 9*).

Alle übrigen Pumpen gehören einer einzigen oder wenigen Personen; deren Wasser wird jeweils nur für die eigene Parzelle verwendet:

— Aksou (Nr. 8) fördert für sich und seinen Nachbarn Wasser, bezieht jedoch vor allem auch vom Bir Charaka;

— Abdou (Nr. 9) fördert derzeit nicht; er will seinen Brunnen vertiefen und pachtet Wasser vom Bir Charaka;

— Jillali Nr. 5), der den Brunnen zusammen mit seinen zwei Brüdern 1981 eingerichtet hat, verwendet das geförderte Wasser lediglich für die eigene Parzelle;

— Tijjini (Nr. 7) (seit 1983) und Elouardi (Nr. 6) bewässern aus ihrem eigenen Brunnen;

---

74) Die Ortsbezeichnung Berkoukess weist eben auf diese Überdeckung mit Grob- und Feinkies hin.

75) Ein elfter Brunnen (in der *Beilage 17* bereits verzeichnet) wurde zum Zeitpunkt der Kartierungen gerade eingerichtet.

76) Der genossenschaftliche Status des Brunnens ist auch an seinem Namen ablesbar: *Charaka* bedeutet soviel wie »Gesellschaft«, »Gemeinschaft«. Wieder kann man an diesem Beispiel die Dynamik und Veränderbarkeit der traditionellen Organisationsprinzipien erkennen. Die Art und Weise wie die Regelung für den Bau und den Betrieb des Brunnens konzipiert worden ist, entspricht voll und ganz der bei gemeinschaftlicher Wartung einer alten oder bei Anlage einer neuen *Foggara*.

77) Diese Bezeichnung nach der Sodalimonade ist ein Spitzname, der sich in Berkoukess eingebürgert hat. Der Name »Schweppes« ist ein Hinweis auf den weiter unten ausführlicher zu erwähnenden Salzgehalt des Wassers.

Foto 25: *Ausschnitt Zenaga-Berkoukess. Aufwendige Erschließungsmaßnahmen für eine junge Palmenpflanzung*

Foto 26: *Ausschnitt Zenaga-Berkoukess. Wasserspeicherbecken der Motorpumpstation Bir Charaka*

Foto 27: *Ausschnitt Zenaga-Berkoukess. Blick vom äußersten westlichen Rand des Sektors (mit dem Speicherbecken des neu gegrabenen Brunnens Bir M'hamdi) nach Osten. Man erkennt, daß in diesem jüngsten Teil von Berkoukess noch keine flächenhafte Bewässerungserschließung erfolgt ist.*

— Darti (Nr. 10) ist bei seiner neuen (noch nicht völlig fertiggestellten) Brunnenanlage zwar schon bis zum Grundwasser vorgestoßen, versorgt aber derzeit noch keine Parzelle mit Wasser (vgl. *Tabelle 9*).

Mehr als zwei Drittel aller Parzellen im Untersuchungsgebiet beziehen ihr Wasser vom Bir Charaka. Lediglich drei Betriebe haben zusätzlich Wasserrechte an der Quelle von Zadderte und nutzen dieses Wasser auch — allerdings ergänzt durch gepumptes Grundwasser. Man kann deshalb ohne Übertreibung sagen, daß Berkoukess (im Unterschied zu allen anderen vorgestellten Fallstudien) seine Existenz einzig und allein der Grundwasserförderung verdankt. Sofern durch das Pumpen der Grundwasserkörper nicht zu stark abgesenkt wird, kann mit dieser technischen Infrastruktur Wasser in beliebigen Mengen gefördert werden. Auch wenn die Pumpen nie rund um die Uhr fördern (und oft nicht fördern können, weil das Phänomen der Grundwasserabsenkung eben eintritt), ist doch das gepumpte Wasser rein quantitativ in ausreichendem Maße vorhanden: es gibt in Berkoukess keine Wasserknappheit.

Jedoch läßt die Wasserqualität zu wünschen übrig, und — entscheidender — sie nimmt seit Jahren stetig ab. Der Salzgehalt des Grundwassers ist in allen Fällen deutlich höher als z.B. in Zadderte wo (zur Erinnerung) die elektrische Leitfähigkeit bei 2.290 µS/cm liegt. Sieht man einmal von dem noch nicht bis zur endgültigen Brunnentiefe abgeteuften Bir Darti ab, so

Tabelle 9: *Ausschnitt Zenaga-Berkoukess. Ausgewählte Aspekte zur Wasserqualität der Grundwasserbrunnen*

Lfd. Nummer u. Name d. Brunnens	elektr. Leitfähigkeit (µS/cm)	Chlorgehalt (Cl^- en g/l)
1 Bir Charaka	10.150	3,5
2 Bir Schweppes	19.170	7,0
3 Bir M'hamdi	3.250	0,8
4 Bir Bezzaâ	10.010	3,4
5 Bir Aït Jilali	5.900	1,8
6 Bir Elouardi	7.800	2,5
7 Bir Tijjini	5.500	·
8 Bir Aksou	18.500	7,1
9 Bir Abdou	5.000	1,5
10 Bir Darti	1.630	0,4

Quelle: Angaben nach E. JUNGFER (1987)

Tabelle 10: *Ausschnitt Zenaga-Berkoukess. Technische Daten zu den Grundwasserbrunnen*

	Jahr der Anlage	Tiefe des Brunnens	Tiefe d. Wasserspiegels	Zahl der »Pousses«	Diesel- bzw Elektropumpe	Anzahl der Besitzer
1 Bir Charaka	1960	40	20	4,0	E	18
2 Bir »Schweppes«	1956	29	24	3,0	E	8
3 Bir M'hamdi	1980	33	31	3,5	D	7
4 Bir Bezzaâ	1956	31	23	3,5	E	1
5 Bir Aït Jillali	1981	32	26	4,0	D	3
6 Bir Elouardi	·	24	·	3,5	E/D	1
7 Bir Tijjini	1983	27	22	2,5	D	1
8 Bir Aksou	·	31	26	2,5	E	1
9 Bir Abdou	·	*		·	D	1
10 Bir Darti	1987	31	29	3,0	D	1

*) *wird gerade vertieft*

Quelle: eigene Erhebungen, März/April 1987

liegen die Werte für sämtliche Brunnen in Berkoukess über diesem Wert (vgl. *Tabelle 10*). In räumlicher Differenzierung kann man so etwas wie eine Zunahme der Salinität von Nordosten nach Südwesten erkennen. Weisen die Brunnen in der Nähe der Umgebungsstraße (Nr. 3, 10, 9, 7), die zugleich auch jüngeren Alters sind, Werte auf, die maximal 5.500 µS/cm erreichen, sind die Brunnen in Richtung Oued el-Kebir (Nr. 4, 8, 2) mit einer Leitfähigkeit über 10.000 µS/cm schon sehr salzig. Auch der wichtigste Brunnen, der Bir Charaka, aus welchem sich die meisten Betriebe versorgen, ist mit 10.150 µS/cm schon qualitativ höchst unzureichend für einige der Pflanzen. Während die Dattelpalme Wasser mit einem Salzgehalt von 3,5 g/l (das entspricht etwa 10.000 µS/cm) noch ohne weiteres toleriert und auch Weizen und Gerste bei Wasser derartiger Qualität noch mit Produktionseinbußen (gegenüber salzarmem Wasser) von lediglich 10-30 % gedeihen, leiden Gemüse (z.B. Zwiebeln, Tomaten, Gurken) bei solchen Bedingungen schon erheblich[78]. Sie liefern spärliche Erträge oder wachsen überhaupt nicht mehr.

Vor diesem Hintergrund ist es verständlich, wenn außer der Dattelpalme lediglich Getreide einen erheblichen Flächenanteil beim Anbau einnimmt. Eher ist es schon ungewöhnlich, daß wir überhaupt noch Gemüseflächen in Berkoukess vorfinden. Das liegt jedoch daran, daß zahlreiche der Betriebe (die mit ihren Häusern an die Wasserversorgung angeschlossen sind) die Gemüseflächen mit Trinkwasser aus dem Wasserhahn bewässern! Ein Betrieb ist sogar vollständig auf Trinkwasser ausgerichtet (*Beilage 17*). Eine solche Handlungsstrategie ist — abgesehen davon, daß sie höchst ungewöhnlich ist — ökonomisch durchaus rational. Die Kosten für einen m³ Trinkwassers liegen bei 0,60 DH; für die entsprechende Wassermenge Grundwasser betragen die Kosten sogar 0,66 DH[79], und dabei ist zudem noch die Wasserqualität für das Trinkwasser wesentlich besser. Daß die Betriebe in Berkoukess reichlich von der Möglichkeit einer Bewässerung „aus der Wasserleitung" Gebrauch machen, überrascht somit nicht. Doch haben mittlerweile die Behörden durch eine Staffelung des Trinkwasserpreises, je nach Verbrauch, diesen Mißbrauch seit 1988 unterbunden.

Für diejenigen Betriebe, die über eine eigene Pumpe verfügen, ist das Wasser natürlich gratis bzw. beläuft sich lediglich auf die Wartungskosten der Anlage und den Verbrauch an Diesel bzw. elektrischem Strom. Im Falle derjenigen Grundwasserbrunnen, die auch Wasser verkaufen, beträgt der Preis für das Wasser derzeit 20,— DH bis 25,— DH pro *Tighirte*. Hierbei sind zwei Dinge bemerkenswert:

- Obwohl es keinerlei logische Notwendigkeit dafür gibt, erfolgt die Mengeneichung mithilfe der Einheit des *Tighirte* (d.h. der *Kharrouba*). Die Volumenmenge von einem *Tighirte* ist sogar identisch mit der Zadderte-*Kharrouba*; sie beträgt ca. 30 m³ und wird im Becken mit dem gleichen *Tighirte*-Stäbchen gemessen, wie wir das schon für Izarouane beschrieben haben[80] (wobei natürlich die Eichung des *Tighirte* der Größe des jeweiligen Wasserbeckens entspricht). So beträgt die Was-

78) So beginnt z.B. die Beeinträchtigung der Produktion durch Salinität für Zwiebeln bereits bei 1.000 µS/cm, für Tomaten bei 2.500 µS/cm, für Weizen bei 6.000 µS/cm und für Gerste bei 8.000 µS/cm. Schon bei 7.000 µS/cm wächst keine Zwiebel mehr, und bei 28.000 µS/cm geht auch der Ernteertrag der Gerste gegen Null (vgl. Matthieu 1980, S. 45a)

79) Ein *Tighirte* (= 30 m³) kostet in Berkoukess aus den meisten Brunnen (so auch aus Bir Charaka) 20,-- DH; daraus resultiert ein Kubikmeterpreis von 0,66 DH.

80) Wenn man von dem Zadderte-*Tighirte* von 34 m³ das Neuntel für den *Sraïfi* abzieht, kommt man ziemlich genau auf die erwähnten 30 m³.

sersäulenhöhe im Becken pro *Tighirte* für den Bir Charaka 14,5 cm und für den Bir Mhamdi 10 cm. Trotz eines in technologischer Hinsicht vom Wasserverteilungsprinzip aus der Quelle von Zadderte völlig unabhängigen Systems entspricht das Denken und Handeln der Oasenbauern nach wie vor den traditionellen Kategorien der Oase Zenaga. Im Falle des Bir Charaka und des Bir M'hamdi übernimmt sogar je einer der Nutzungsberechtigten die Funktion des *Sraïfi*! Eine technische Innovation wird in organisatorischer Weise so gestaltet, daß ihr die bewährten und vertrauten Prinzipien übergestülpt werden. Wir haben es mit dem bemerkenswerten Fall zu tun, daß eine Technologie sozial adaptiert worden ist im Sinne der kulturellen Tradition der betroffenen Menschen.

● Diese moderne Form der Oasenwirtschaft in Berkoukess weist sehr viel stärker Elemente einer Individualisierung und auch einer Kosten-Nutzen-orientierten Wirtschaftsweise auf, als dies für die traditionelle Oasenwirtschaft (z.B. in Izarouane) zutrifft. Bereits die Wasserbeschaffung ist für jene, die nicht zur Nutzergruppe des Bir Charaka gehören, kein Akt, der in der Gemeinschaft geregelt werden muß. Und bei der Landerschließung in Berkoukess lassen sich spekulativ-kapitalistische Elemente keinesfalls leugnen. Landerwerb unerschlossener Flächen (ohne alle Wasserrechte, die man allerdings im Falle einer Grundwasserförderung auch gar nicht benötigt) am Ostrand von Berkoukess ist mittlerweile außerordentlich teuer. Für eine *Gammmoun*, d.h. eine Fläche von ca. 20 m^2, zahlt man mittlerweile zwischen 300 DH und 1.000 DH, das entspricht 15,-- DH bis 50,-- DH je m^2! Ein spekulativ strukturierter Bodenmarkt hat sich ausgebildet.

Trotz dieses Eindringens kapitalistisch orientierter Handlungsmuster ist gleichzeitig (und zwar in einer recht heterogenen Mischung) der traditionelle Gemeinschaftsinn einer eng kommunizierenden Interaktionsgruppe in einer egalitär handelnden Gesellschaft festzustellen. So leiten etwa die Besitzer des Bir Charaka aus ihrem Eigentümerstatus keinerlei Vorrechte ab. Jeder, ob Miteigentümer oder nur Wasserpächter, muß pro *Tighirte* Wassers den gleichen Betrag von 20 DH berappen. Selbst bei der zugedachten Wassermenge liegen im Falle des Bir Charaka die Mitbesitzer des Brunnens nur unmerklich über den Pächtern. Von Oktober 1986 bis Februar 1987 (5 Monate) wurden aus dem Bir Charaka pro Monat im Durchschnitt 9,4 *Tighirte* an die 18 Mitbesitzer und 7,2 *Tighirte* an die 31 Pächter verteilt[81]. Und die Kalkulation des Wasserpreises ist keineswegs so angesetzt, daß ein merklicher Gewinn für die Besitzer herausspringt. Vielmehr sollen mit diesem Betrag nur die laufenden Unkosten für Reparaturen und Energieverbrauch durch die Pumpe gedeckt werden.

Die angedeutete Gleichzeitigkeit präkapitalistisch-traditionsorientierterer Organisationsformen und moderner westlicher Technologie ist möglicherweise nur ein Übergangsstadium im Rahmen des sozialen Wandels in der Oase. Es wäre, rein hypothetisch gesprochen, aber auch denkbar, daß wir es mit einem besonders interessanten Fall einer Kombination und Symbiose der beiden skizzieren Welten zu tun haben, die im Sinne unserer kulturökologischen Ausgangsthese zu einem neuen, dauerhaften Gleichgewichtszustand führt.

6.4 Betriebliche Handlungsstrategien der Oasenbauern von Berkoukess

Ein Strukturmerkmal in der Bewirtschaftung der Betriebe von Berkoukess fällt sofort ins Auge: Von wenigen Ausnahmen einer Verpachtung abgesehen, dominiert die Eigenbewirtschaftung durch den Besitzer (*Beilage 18*). Das liegt zum einen daran, daß viele Besitzer festzustellen sind, die nie als Arbeitsmigrant Figuig verlassen haben. Von diesen praktiziert wiederum der überwiegende Anteil derzeit parallel zu seiner Landwirtschaft auch einen weiteren Erwerbszweig, so daß zusätzliche Einkünfte zu verzeichnen sind. Bauhandwerker, Händler, Metzger, Lehrer und Gemeindeangestellter sind die wichtigsten Zweitberufe der Besitzer. Zum anderen finden wir aber auch viele Remigranten (weniger dagegen derzeit noch absente Arbeitsmigranten), die sich mit einem gewissen ersparten Kapitalpolster im Rücken der Oasenwirtschaft zuwandten. Beide Gruppen sind nicht in der traditionellen Oasenwirtschaft beheimatet; sie haben kaum Wasserrechte aus den artesischen Quellen. Nur 14 der 73 Betriebsinhaber in unserem Untersuchungsgebiet besitzen noch einen (und zwar meist sehr kleinen) Garten in der alten Flur von Zenaga, der mit Wasserrechten aus der Quelle von Zadderte ausgestattet ist. Insgesamt finden wir in Berkoukess somit die sozialen Aufsteiger von Zenaga, die durch Kapitalinvestition und harte Arbeit eine zusätzliche oder künftig alleinige Existenz aufbauen wollten.

Dementsprechend sind die Handlungsziele der Besitzer weit weniger hobbyorientiert und traditionsverbunden, sondern in stärkerem Maße auch an Rentabilitätsüberlegungen ausgerichtet. Das prägt sich zunächst in der Nutzung aus, die sich (im Sinne einer extensiven Bewirtschaftung, die an einer Leitkultur ausgerichtet ist) ganz schwergewichtig der Dattelpalme widmet. Extensive Wirtschaftsweise deshalb, weil besoldete Arbeitskräfte zu teuer wären und der einzelne Betriebsinhaber nicht nur in seinem landwirtschaftlichen

81) Freundliche Überlassung der erforderlichen Unterlagen durch den *Sraïfi* des Bir Charaka. Einschränkend muß erwähnt werden, daß die Werte nur für die Wintermonate (und nicht für die durch Verteilungsengpässe gekennzeichneten Sommermonate) gelten. Nach Aussagen des *Sraïfi* ist aber selbst in den heißen Sommermonaten die Regelung keineswegs so, daß erst die Besitzer bedient würden und dann die potentiellen Käufer zum Zuge kämen. Vielmehr würde dann proportional die verteilte Wassermenge unter den Nachfragern gekürzt.

Betrieb aufgehen will. Konzentration auf die Leitkultur der Dattelpalme deshalb, weil der Ertrag keineswegs nur der Selbstversorgung des Haushaltes dient, sondern auf dem nationalen marokkanischen Markt interessante Preise erzielt. Die in Figuig wohl begehrteste Dattelvarietät *Azziza*, die (wie weiter oben geschildert) den Vergleich mit der berühmten *Deglet Nour*, von welcher TOUTAIN (1984, S. 297) behauptet, sie sei die „*meilleure variété de dattes du monde*", nicht zu scheuen braucht, erbringt respektable Einnahmen. Bei Ernteerträgen von 20 kg pro Palme und einem Erzeugerpreise von 20,— DH pro kg, also 400,— DH pro Baum, beginnt hier seit mehreren Jahren eine sehr einträgliche Spezialisierung mit Blick auf den nationalen marokkanischen Markt.

6.5 Das ökologische Handikap von Berkoukess

Zwar haben wir versucht aufzuzeigen, daß die Anbaukonzentration auf die Dattelpalmen zunächst einmal Ausfluß einer innerbetrieblichen Strategie der einzelnen Oasenbauern von Berkoukess ist. Doch läßt sich mittlerweile nicht mehr übersehen, daß der einzelne Betrieb, wenn er andere Kulturen präferieren wollte, hierbei bereits heute scheitern müßte, weil die Wasserqualität dies nicht zuläßt. Es ist ohnehin kaum auseinanderzudividieren, inwieweit die momentane Anbausituation Funktion einer betrieblichen Absatzstrategie oder aber eines ressourcenbedingten Zwanges ist. Es läßt sich aber konstatieren, daß die Zielsetzungen denselben Effekt bewirken, was die Anbausituation betrifft.

Das, was die weitere Entwicklung der Anbausituation in Berkoukess indes unter höchst dramatischem Aspekt erscheinen läßt, ist die ständig zunehmende Salinität des Grundwassers. Denn die vorgestellte Situation zur Frage der Wasserqualität bleibt nicht auf dem derzeitigen Stand stehen; vielmehr tritt ein drastischer Prozeß einer Wasserverschlechterung zutage. JUNGFER (1990) hat aufgezeigt, daß der Grundwasserkörper in seiner Genese und Struktur zweigegliedert ist in einen flachen, auflagernden Süßwasserhorizont und einen darunter befindlichen stark salzhaltigen Aquifer. Für die weitere Erschließung des Untersuchungsgebietes durch zusätzliche oder zu vertiefende Brunnen bedeutet dieser Befund aber, daß man mit solchen Versuchen eher zu einer Verschlechterung der Qualität des gepumpten Wassers beiträgt. Überspitzt gesagt: je mehr Wasser man aus dem Aquifer fördert, desto salziger wird dieses Wasser. Ein wahrer *Circulus vitiosus* droht zu entstehen. Daß hier keineswegs ein zu düsteres Gemälde gezeichnet wird, sondern der Hauptkonflikt dieser Erschließungsregion angesprochen wird, mag die Entwicklung der Salinität im Bir Charaka nach unseren Erhebungen im Jahr 1987 deutlich machen: seither ist die Wasserqualität dort von 10.150 µS/cm auf 12.260 µS/cm im Jahr 1989[82] angestiegen, so daß er beinahe den Wert des Bir Schweppes von 1987 erreicht. Da mittlerweile auch das Leitungswasser nur noch zu einem horrenden Preis für Bewässerungszwecke nutzbar wird, ist heute das Gebiet von Berkoukess am Scheideweg.

Es wäre gerade unter dem Gesichtspunkt, daß hier eine dynamische Bevölkerungsschicht ihre Ersparnisse in eine moderne Oasenwirtschaft gesteckt hat, katastrophal, wenn Berkoukess wieder (erzwungenermaßen) wüst fiele. Gleichwohl zeigt auch der Ausschnitt Berkoukess, daß die zusätzliche Nutzung vermeintlich oder tatsächlich bisher unausgeschöpfter Wasserressourcen in traditionellen Oasen in ökologischer Hinsicht mit vielerlei Fallstricken verbunden sein kann.

---

82) Dieser Wert wurde uns freundlicherweise von E. JUNGFER (Erlangen) überlassen.

Kapitel 5

Zusammenfassende Ergebnisse und Folgerungen

Wie wir im ersten Kapitel ausgeführt haben, war das Ziel des hier dokumentierten Forschungsprojektes in der Oase Figuig, auf drei Leitfragen eine Antwort zu geben; sie beziehen sich auf folgende Bereiche:

- die Mechanismen, Elemente und Besonderheiten der Organisation und Funktionsweise der traditionellen Oasenwirtschaft in kulturökologischer Sicht;
- die Bedingungen, Strukturen und Wirkungszusammenhänge, die zu einem Wandel des kulturökologischen Oasen-Systems führen, insbesondere vor dem Hintergrund der in der geographischen Literatur gängigen und sehr pessimistischen Auffassung vom „Oasensterben";
- die Zukunftschancen und -handicaps für eine behutsame Umwandlung und Entwicklung des traditionellen kulturökologischen Oasen-Systems.

Auf der Basis der empirischen Beobachtungen und Erhebungen, die wir in den vorhergehenden Kapiteln vorgestellt haben, sollen im folgenden diese Leitfragen nochmals aufgegriffen und diskutiert werden.

1 Zur Kulturökologie des Oasen-Systems

Unsere Studie hat sich der Frage nach den Organisationsformen und der Funktionsweise der traditionellen Oasenwirtschaft über mehrere, methodisch recht unterschiedliche Arbeitsschritte zugewandt. Zunächst wurden bereits veröffentlichte, verstreut erschienene, sehr heterogene Aussagen zur Geschichte der Oase Figuig mit eher kompilatorischem Charakter auf ihre Stichhaltigkeit überprüft. Sie wurden bestätigt, verworfen oder modifiziert anhand einer Parallelisierung dieser Aussagen mit den „archäologischen" Beobachtungen, die wir im Gelände machen konnten. Auch wenn wir festhalten mußten, daß genaue historische Forschungsergebnisse zur Frage der Entstehung und Fortentwicklung der Oase noch die Ausnahme bilden, war es doch anhand der sichtbaren Reste in Orts- und Flurwüstungen sowie eines plausiblen Sets von Hypothesen in historisch-geographischer Sicht möglich, die Kernelemente des kulturökologischen Oasen-Systems herauszuschälen.

Bei der Oase Figuig handelt es sich um das Zusammenspiel ganz spezifischer **naturräumlicher Bedingungen** (Lage an Pässen, Plateaus und Hangpartien; artesische Wasserressourcen) und einer ausgeklügelten **Bewässerungstechnologie** (der Technologie der *Foggaguir*), die als Voraussetzungen für die Ausbildung der Organisationsprinzipien der Oasenwirtschaft gegeben sein mußten. Damit ist unsere Oase durchaus vergleichbar mit anderen saharischen Oasen, für die allesamt gilt, daß sie künstliche, von Menschenhand geschaffene Produktionsräume hoher Intensität in arider Umgebung sind.

In der kulturgeographischen Literatur wurde ein auf physiognomischen und funktionalen Elementen fußendes, idealtypisches Bild der Oasen entwickelt, auf das man implizit oder explizit Bezug nehmen muß, wenn man diese menschliche Lebens- und Wirtschaftsform, die in Anpassung an eine aride Umwelt entstanden ist, zum Thema macht. Auch Figuig zeigt Ähnlichkeiten mit dieser allgemeinen Vorstellung von saharischen Oasen, zumindest bei oberflächlicher Betrachtung (und d.h. bei relativ grober physiognomischer Kenntnisnahme): Natürlich repräsentiert auch Figuig ein Bewässerungssystem, zu dem Dattelpalmen, ein gewisser Stockwerkbau der Baumkulturen, annuelle Bodendeckerpflanzen, Siedlungen in Form von *Qsour* und eine räumliche Umgebung, in der nomadische Viehweidewirtschaft anzutreffen ist, gehören.

Allerdings zeigt eine detaillierte Analyse, daß neben solchen generellen Aspekten in der Oase Figuig auch zahlreiche Elemente auszumachen sind, die in technischer, räumlicher und sozialer Art ganz individuelle Züge der erfolgten menschlichen Adaptation an die klimatisch extreme Umwelt belegen.

So resultieren zunächst viele individuelle Besonderheiten aus ganz spezifischen und singulären naturräumlichen Bedingungen. Wenn man diese Besonderheiten auf ihre wichtigste Voraussetzung zuspitzen will, muß man sich vor allem den **topographischen Bedingungen** zuwenden.

Figuig wirkt wie eine „Adlernest"-Oase am Hang. Das hängt mit der Form des Beckens, in dem ihr Kernbereich liegt, zusammen. Dieses ist seinerseits in zwei topographische Niveaus untergliedert. Ausgehend von einem leichten Quellartesianismus, der die Basis für permanente und zuverlässige Wassergaben ist, haben sich hierauf aufbauend sämtliche technischen und sozialen Organisationselemente der Bewässerung ausgebildet. Das gilt zuvorderst für das System der Wassergewinnung und -verteilung auf der Basis von *Foggaguir*, das in starkem Maße durch die topographischen Bedingungen nahegelegt wurde. Aber das betrifft auch die räumliche Verteilung der Palmenfluren und der *Qsour* sowie der Haupt-*Souagui* zur Wasserzuleitung in die Oasengärten. Schließlich sind die topographischen Bedingungen auch die Voraussetzung für die systematische Einbeziehung und außerordentlich hohe Zahl der Speicherbecken, die für das Wasserverteilungssystem so typisch sind und im übrigen seine „Überlegenheit" (im Vergleich zu anderen Organisationssystemen) ausmachen. Es genügt, sich den Kranz von Speicherbecken, der sich parallel zum Fuß des *Jorf* entlangzieht, vor Augen zu halten, um diese Aussage bestätigt zu finden. Die Speicherbecken, *Tighirte*, *Kharrouba* und *Sraïfi* bilden ein ganzes Paket von Organisationselementen, die man so anderswo kaum antrifft. Hinzu kommt noch der offene und allen zugängliche Wassermarkt, der in dieser Ausprägung unseres Wissens nirgendwo so stark vorhanden ist wie in Figuig.

Die zweite Komponente, die zu der ganz spezifischen Einmaligkeit des derzeitigen Bewässerungssystems der Oase Figuig geführt hat, ist ebenfalls ohne Parallele: Gemeint ist die aktuelle **geopolitische Situation**, die bewirkt hat, daß der Kernbereich der Oase von seinem natürlichen und historischen Hinterland abgeschnitten wurde. Die Karte des Grenzverlaufes zeigt, daß es sich heute gewissermaßen um den „Winkel von Figuig" handelt, um eine Halbinsel, die nur über einen Korridor zu erreichen ist. Wir haben es mit dem Sonderfall zu tun, daß eine Gemeinschaft quasi von heute auf morgen von einem Teil ihrer natürlichen Ressourcen abgeschnitten wurde und sich auf die Situation einer reduzierten Ressourcenbasis durch Anpassungsprozesse einstellen mußte. Da dieses ungewöhnliche geopolitische Ereignis erst in jüngster Vergangenheit auftrat, läßt sich sein Einfluß nur schwer von den sonstigen ablaufenden Wandlungen (siehe weiter unten) trennen. Gleichwohl bleibt festzuhalten, daß es sich um eine Sondersituation handelt.

All diese Punkte verdeutlichen, daß unser Kenntnisstand über saharische Oasen im allgemeinen und über die Oase Figuig im speziellen keineswegs — wie unsere umfangreiche Bibliographie zunächst vermuten läßt — gesichert und annähernd vollständig ist. Vielmehr sind noch erhebliche Wissenslücken, vor allem im Bereich ihrer wirtschafts- und sozialräumlichen Organisation, zu beklagen. Gerade die Fallstudie Figuig ist ein Beweis dafür, daß es noch viel über die Elemente des Bewässerungs-Ökosystems dieser Oase zu erforschen gibt, und zwar sowohl hinsichtlich der traditionellen Strukturen als auch hinsichtlich der derzeit ablaufenden Wandlungsprozesse.

2 Das Oasen-Ökosystem und seine gegenwärtigen Wandlungsprozesse

Der Themenbereich des **gegenwärtigen Wandels** in der Oase interessierte hier unter zwei ganz gezielten Fragestellungen. Zum einen ging es um die „oasenimmanente" Frage, ob die gängige Forschungsmeinung vom „Oasensterben", d.h. von einem Marginalisierungsprozeß dieser Inseln landwirtschaftlicher Produktion bis hin zur völligen Aufgabe von Kulturland, bestätigt werden konnte. Zum anderen sollte die allgemeinere Frage beantwortet werden, inwieweit die Bedingungen und Abläufe eines Wandels in traditionellen Gesellschaften (wie es Oasen zweifellos sind) bei starkem demographischem Druck und daraus resultierenden Abwanderungen überhaupt noch Zukunftschancen für die Oasenwirtschaft eröffnen.

2.1 Verwerfung der These vom „Oasensterben"

Die Beantwortung der Frage nach dem „Oasensterben" kann sowohl anhand mehrerer eingehend untersuchter saharischer Oasen (vgl. POPP 1990a) als auch auf der Basis unserer fünf Beispielgebiete in der Bewässerungsflur von Figuig ohne langes Zögern und Abwägen beantwortet werden. Die Forschungsauffassung vom „Oasensterben" ist im Falle Figuigs absolut unzutreffend (und gilt vermutlich in ihrer bisherigen pauschalen Einschätzung auch ganz generell nicht). Unsere Fallstudien in der Oase Figuig haben gezeigt, daß es irreversible Verfallserscheinungen (im Sinne einer Schrumpfung des Bewässerungslandes und einer uneffektiven und verschwenderischen Wasserverteilung) so gut wie nicht gibt, außer in jenen Fällen, in denen das verfügbare Wasser mittlerweile nicht mehr ausreicht. Diese Wasserknappheit kann bewirkt worden sein: (**a**) durch einen Rückgang der Schüttungsmengen, (**b**) durch eine veränderte Bewertung seitens der Oasenbauern (so daß bei erhöhten Ansprüchen die verfügbaren Wassermengen für die traditionelle Bewässerungswirtschaft nicht mehr ausreichen) oder (**c**) durch Umleitung eines Teils der Wassermengen in andere Flurteile als Folge eines Verkaufs oder einer Verpachtung von Wasserrechten. Eine prekäre Wasserversorgungssituation haben wir in der Gegenwart in Laâbidate und teilweise in Oulad Slimane kennengelernt. Doch bei letzterem muß man sehr vorsichtig in der Bewertung des „Verfallsprozesses" sein: Sicherlich ist das durch die Bewohner von Oulad Slimane verkaufte oder verpachtete Wasser ein Verlust für die Oasenflur dieses *Qsar*, und dieses Faktum erklärt die teilweise aufgetretenen Degradationsformen. Aber dasselbe Wasser trägt anderswo in der Oase dazu bei, eine Revitalisierung oder Intensivierung des Anbaus zu ermöglichen. Somit gibt es auf der Ebene der gesamten Oase weder Wasserverlust noch Wasservergeudung, sondern lediglich eine räumliche und soziale Umverteilung der Wasserressourcen.

Dieses nach eingehender Analyse erzielte Ergebnis steht allerdings ganz im Gegensatz zu dem Eindruck, den man bei einer oberflächlichen Beobachtung der Oase gewinnen muß. Physiognomisch sind in der Tat mehrere Oasenfluren auszumachen, die entweder in einem beklagenswerten Erhaltungszustand oder sogar gänzlich aufgegeben sind. Wenn man vorschnell Folgerungen zieht, kann man auch in Figuig sehr rasch die These vom „Oasensterben" bestätigt finden. Demgegenüber zeigt eine detaillierte Analyse (auf kartographischer und prozessualer Basis), daß die verfügbaren Wasserressourcen vollständig genutzt werden, daß allerdings die Gesamtwassermenge auf einer landwirtschaftlichen Fläche zur Verteilung gelangt, die zu groß ist, als daß sie mit diesen Ressourcen tatsächlich bewässert werden kann — wobei die Diskrepanz vor allem in den Wechselfällen der historischen Entwicklung der Oasenflur begründet liegt. Somit sind aufgelassene Flurteile zunächst einmal der Hinweis auf eine globale Wasserknappheit und eine Wasserumverteilung in der Oase, weniger auf einen rätselhaften und unaufhaltsamen Verfallsprozeß in der Gegenwart. Der selektiv ablaufende Verteilungsprozeß der Wasserressourcen hängt zusammen mit sozialen Umschichtungen bei einer gegebenen Wassermenge, die nicht oder kaum vermehrbar ist.

Es gibt zahlreiche Einzelelemente, die das Klischee vom „Oasensterben" so grundlegend revidieren, daß man es künftig tunlichst meiden sollte. So konnten wir zum Beispiel für die Beispieloase Figuig im einzelnen nachweisen: die Ausbildung eines florierenden Wassermarktes mit einer das Angebot weit übersteigenden Nachfrage; die Revitalisierung einer scheinbar bereits „toten" Flur (Ausschnitt Loudaghir-Ighounane); die aufwendige Erschließung neuer Bewässerungsflächen und neuer Wasserressourcen (Ausschnitt Zenaga-Berkoukess); Nutzungskonkurrenzen bei der Ausbeutung neuer Wasserressourcen (Brunnen und Motorpumpen); eine fast schon als boom-artig zu bezeichnende Neupflanzung von Dattelpalmen unter Investition erheblicher Geldmittel. Alle diese Elemente sind der unleugbare Beweis dafür, daß die Oase Figuig noch immer lebensfähig ist[1]!

2.2 *Auswirkungen des Bevölkerungswachstums und der Migrationen*

Bei einer Einschätzung der Wandlungsprozesse in der gegenwärtigen Oasenwirtschaft unter einer kulturökologischen Perspektive muß man auf drei grundlegende Faktoren hinweisen, die Figuig wohl in besonderem Maße „in eine Krise" geführt haben: (**a**) das hohe demographische Wachstum, (**b**) das Anwachsen der kulturell vermittelten Bedürfnisse, und zwar sowohl in qualitativer als auch in quantitativer Hinsicht, und (**c**) die teilweise Kappung der verfügbaren Ressourcen aus geopolitischen Gründen.

Als Antwort auf diesen Druck schied von vorneherein die Strategie zu einer Intensivierung der Nutzung aus, und zwar sowohl deshalb, weil die Oasenwirtschaft ja bereits extrem intensiv ist, als auch — und vor allem — weil weitere, zusätzliche Wasserressourcen nicht vorhanden waren. Deshalb bildete die Abwanderung eines Teils der Bevölkerung die wichtigste Reaktion auf das Erreichen und Überschreiten der agraren Tragfähigkeit der Oase — und diese Abwanderung war zugleich der wichtigste Motor für eine Veränderung in der Oase.

Im Nachhinein läßt sich die methodische Entscheidung, nach dem Zusammenhang zwischen dem in der Oase ablaufenden Wandel und den Wanderungsbewegungen zu fragen, rechtfertigen und bestätigen. Indes mußte der Forschungsprozeß diesen Zusammenhang zwischen der Arbeitsmigration und der landwirtschaftlichen Nutzung in der Oase erst erweisen; er besteht oft nur indirekt, versteckt, komplex und tritt sehr vielfältig auf. Ganz generell lassen sich im folgenden drei wichtige Aspekte anführen (ohne jedoch hierbei gesicherte statistische Korrelationen zugrunde legen zu können)[2]:

1) Die empirischen Befunde, die wir für die Oase Figuig gewonnen haben, und die Folgerungen, die daraus zu ziehen sind, sind so eindeutig und unwiderlegbar, daß zwangsläufig die Frage auftaucht, ob wir es hier vielleicht mit einem singulären Ausnahmefall im Reigen der saharischen Oasen zu tun haben, der nicht verallgemeinerbar ist. Die Frage nach der „Repräsentativität" der Fallstudie Figuig ist sicherlich schwer abzuschätzen. Jedoch erscheint es sinvoll, diese Frage zunächst ganz einfach umkehren: Warum eigentlich sollte Figuig hinsichtlich der untersuchten Aspekte so grundlegend anders strukturiert sein als all die anderen Oasen?

Wir gehen von der These aus, daß die wenigen wirklich detaillierte sozialgeographische Forschungen über saharische Oasen eigentlich nie zu der pessimistischen Einschätzung eines „Oasensterben" gelangt sind. Die behaupteten Verfallserscheinungen basieren vermutlich in vielen Fällen auf vorschnellen, oberflächlichen Beobachtungen, die die Dynamik einer räumlichen Umverteilung der Ressourcen einfach übersehen. Im übrigen gibt es durchaus in jüngerer Zeit mehrere Studien, die (explizit oder implizit) aufzeigen, daß Figuig keineswegs die große Ausnahme ist (vgl. hierzu ausführlich POPP 1990a).

2) Das Migrationsthema ist derart komplex, daß ihm eigentlich eine eigene Forschungsarbeit gewidmet sein müßte.

● Die definitive Abwanderung hat die Oase zweifellos von einem auf ihr lastenden demographischen Druck befreit, insbesondere deshalb, weil durch die Abwanderung die Weiterexistenz der Oasenwirtschaft nicht gefährdet war. Obwohl wir im Rahmen unserer Studie über diese Form der Migration kaum Ausführungen gemacht haben, wollen wir hier eigens betonen, daß die definitive Abwanderung eines großen Teils der Bevölkerung eine wichtige Voraussetzung für die Weiterentwicklung der Oase war, und zwar deshalb, weil dadurch zwar der Bevölkerungsüberschuß wegfiel, die Gesamtzahl der Bevölkerung aber in etwa konstant blieb.

● Die derzeitige temporäre Arbeitsmigration (sei es als Binnenwanderung, sei es als Emigration) ist eng verknüpft mit dem Prozeß einer Nutzungsextensivierung oder sogar Nutzungsaufgabe (auf Teilflächen und/oder befristet) auf denjenigen Parzellen, deren Besitzer Migranten sind. Erneut sei betont, daß dieser Rückgang keineswegs Einfluß auf das Gesamtpotential der Oase hat, denn er verläuft parallel zu einer Umverteilung und nicht einem Verlust der Ressourcen. Der Rückgang scheint vor allem mit Restriktionen in der Betriebsführung zusammenzuhängen (Fehlen eines Betriebsleiters und von Arbeitskräften). Die temporäre Binnenmigration ist von dem beschriebenen Prozeß in stärkerem Maße betroffen als die Emigration.

● Ein vielleicht überraschender Befund, den man zunächst nicht erwartet, ist, daß die Rimessen der Arbeitsemigranten (und in besonderem Maße der Remigranten) bzw. — allgemeiner ausgedrückt — nichtlandwirtschaftlich erwirtschaftete Kapitalien (z.B. von Oasenbewohnern, die nie als Migranten abwesend waren, aber ein außerlandwirtschaftliches Einkommen haben) die Garantie für das Weiterbestehen und die Kontinuität der Oasenwirtschaft in der Gegenwart liefern. In allen untersuchten Fallstudien konnte ein Zusammenhang zwischen dem Migrationsstatus und einer mittleren bis intensiven landwirtschaftlichen Nutzung festgestellt werden. Die Revitalisierung in Loudaghir-Ighounane oder die Erschließung neuer Bewässerungsflächen in Zenaga-Berkoukess verdeutlichen anschaulich den Einfluß dieser monetären Ressourcen[3]. Man kann sogar behaupten, daß Figuig ohne den Einfluß der Arbeitsmigration sicher stärker von Verfallserscheinungen geprägt wäre; denn außerhalb der Landwirtschaft und außerhalb Figuigs erwirtschaftete und in die Oase transferierte Rimessen tragen dazu bei, daß ein Teil der Bevölkerung hier auch künftig ein Auskommen hat (indem sie solche zusätzliche Produkte erhält, welche die lokale Oasenwiurtschaft nie erwirtschaften könnte). Somit wird die heutige Oasenwirtschaft ganz überwiegend im Nebenerwerb betrieben; sie alleine kann nicht die ökonomische Existenzbasis sichern. Hier stoßen wir auf einen Aspekt, der bei künftigen Entwicklungsprojekten keinesfalls übersehen werden darf.

3) Aus diesem Ergebnis kann man die höchst brisante Frage ableiten: Was wird künftig mit der Oasenwirtschaft passieren, wenn der Strom der Rimessen temporärer Migranten eines Tages versiegen sollte?

3 Die Probleme einer Bewahrung und Neuerschließung des Bewässerungslandes in Oasen

Ganz zweifellos nimmt die traditionelle Oasenwirtschaft im Rahmen der staatlichen marokkanischen Bemühungen um eine weitere Entwicklung der Bewässerungswirtschaft eine zentrale Rolle ein. Es gibt mehrere Gründe, die dieses Interesse rechtfertigen. Zunächst existiert in makroanalytischer Sicht die Notwendigkeit, alle nur vorhandenen naturräumlichen Potentiale des Landes verfügbar zu machen, um die erheblichen sozio-ökonomischen Probleme Marokkos (hierbei nicht zuletzt die der Lebensmittelversorgung der Bevölkerung) zu meistern. Bei der bereits laufenden Landwirtschaftsreform muß stärker als bisher der Kleinbewässerung (»*petite et moyenne hydraulique*«) ein wichtiger Stellenwert zugewiesen werden. Die Weichenstellungen der marokkanischen Landwirtschaft sind tatsächlich ganz in diese Richtung neu ausgerichtet worden, zeigen aber noch wenig Früchte. Daneben gibt es in mikroanalytischer Sicht, also bezogen auf jede einzelne Oase, ganz spezifische Argumente. Oasen stellen ein konkret faßbares ökonomisches Potential dar, das im Laufe mehrerer Jahrhunderte durch menschliche Arbeit akkumuliert worden ist. Für dieses immer noch funktionierende und ohne staatlichen Einfluß produktive System erscheint eine Bewahrung[4] außerordentlich sinnvoll, ist es doch zugleich auch als kulturelles und historisches Kapital zu sehen. Doch wenn heute die Lebensfähigkeit und Funktionstüchtigkeit der Oasen noch ungebrochen ist, ist damit nicht auszuschließen, daß es in mittelfristiger Zukunft Risiken hin zu einer negativeren Entwicklung geben könnte.

Für unsere Fallstudie Figuig sind derartige Überlegungen sehr einleuchtend. Ohne daß wir in kleinliche ökonomische Nutzenrechnungen eintreten wollen, genügt es wohl, darauf hinzuweisen, daß hier ein Wasser-„Kapital" von ca. 200 l/s und eine Bewässerungsfläche von 600 ha mit ca. 100.000 Bäumen, davon drei Viertel

4) Es läßt sich nicht übersehen, daß Marokko ein erhebliches Interesse am Weiterbestand und an einer Weiterentwicklung seiner Oasen hat. So befassen sich z.B. zwei regionale Ämter für Bewässerungswirtschaft (ORMVA), das des Tafilalets und das von Ouarzazate, mit einem Gebiet, in dem fast nur Oasenflächen existieren. Ebenfalls wurden zwei große Staudämme errichtet, um die Wasserverfügbarkeit dieser Oasen zu erbessern — allerdings ohne durchschlagenden Erfolg (vgl. auch POPP 1983).
Indes gibt es noch zahlreiche (kleinere) Oasen, die nicht durch staatliche Interventionen betroffen sind. Die Überlegungen, die wir zu der Art und Weise einer möglichen staatlichen Einflußnahme treffen, gelten streng genommen nur für Figuig; sie sind jedoch in ihren Grundgedanken auf vergleichbare Oasen übertragbar.

Dattelpalmen, vorliegen. Etwa 2.000 Haushalte leben in der Oase. Wenn man nach einer künftigen staatlich unterstützten Erschließung dieser Oase fragt — eine Frage, die man so generell gestellt sicher nicht ablehnen kann —, taucht sofort die Detailfrage nach den Strategien und Möglichkeiten eines solchen Tuns auf. Hierbei gibt es wohl zwei ganz unterschiedliche Möglichkeiten. Eine erste Strategie, die als normative Maximallösung zur **Schaffung zusätzlichen Neulandes** bezeichnet werden kann, ist in der bisherigen Entwicklungspolitik vorherrschend: technokratisch in ihrer Abwicklung, aufwendig in finanzieller Hinsicht und nur unter Verzicht auf erhebliche kulturelle Traditionen zu erreichen — ohne daß man sicher sein könnte, daß der angestrebte Effekt tatsächlich erreicht wird. Eine zweite Strategie einer **behutsamen Modernisierung** ist weniger ambitiös, nimmt Rücksicht auf den sozialen und kulturellen Kontext und ist in ihren Zielsetzungen relativ flexibel. Gleichzeitig ist die Wahrscheinlichkeit, daß diese Strategie zum Erfolg führt, wesentlich größer:

● Es wäre im Falle Figuigs unrealistisch, eine andere Strategie als die einer behutsamen Modernisierung der traditionellen Oase zu erwägen. Denn einesteils sind zahlreiche Organisationselemente der traditionellen Oasenwirtschaft immer noch voll ausgebildet, in Funktion und arbeiten effizient. Es wäre deshalb die einzig sinnvolle Lösung, diese Elemente zu bewahren und in ein künftiges Modernisierungsprogramm zu integrieren (insbesondere das Bewässerungsnetz, die Wasserspeicherbecken sowie die essentiel wichtige Sozialorganisation der Wasserrechte). Andererseits muß man zwei gravierende Hindernisse zur Kenntnis nehmen, die bereits in der Phase der Vorüberlegungen zu bedenken wären — falls tatsächlich ein großangelegtes, technokratisches Erschließungsprojekt neuer Flächen ins Auge gefaßt sein sollte: Woher will man die zusätzlich benötigten Wasserressourcen nehmen? Und wo will man neue Bewässerungsgebiete anlegen? Zur ersten Frage deutet alles darauf hin, daß die relativ geringen zusätzlich förderbaren Wassermengen (vgl. Beitrag JUNGFER) die Erschließung eines neuen, großflächigen Bewässerungsgebietes nicht rechtfertigen. Was die zweite Frage anbetrifft, so schränkt der Grenzverlauf zu Algerien die Zahl möglicher Erschließungsgebiete, die an die existierende Oase anschließen, deutlich ein. Darüber hinaus muß man auch zwei ökonomische Restriktionen bedenken: Die Kosten für Neuerschließungsmaßnahmen wären erheblich; zudem läßt die Arbeitskräfteknappheit nur geringe ökonomische Impulse erwarten gerade weil ja (wie ausgeführt) die Oasenwirtschaft als Vollerwerb überhaupt nicht mehr existenzfähig ist.

● Deshalb ist im Falle Figuigs ganz zweifelsfrei eine Strategie, die auf eine behutsame Neugestaltung, Modernisierung und Konsolidierung der bestehenden Oase zielt, angemessen. Eine solche Zielsetzung hätte den großen Vorteil, keine hohen Kosten zu verursachen und die Sozialorganisation zu bewahren, wobei man von dem „Kapital" der noch funktionstüchtigen Oase profitieren könnte.

Von vordringlicher Notwendigkeit für dieses Ziel ist die Mobilisierung zusätzlicher Wasserressourcen — und zwar nicht nur für die Revitalisierung wüstgefallener Flurteile, sondern auch zur Sanierung bedrohter Flurteile (z.B. im Gebiet von Zenaga-Berkoukess, aber auch in zahlreichen anderen Teilarealen). Die Realisierungsmöglichkeiten, um dieses Ziel tatsächlich zu erreichen, sind (in der Reihenfolge der Schwierigkeit ihrer Umsetzung) folgende:

— eine bessere Wartung und Reinigung der noch funktionstüchtigen *Foggaguir*;

— Nachahmung des Modells einer Motorpumpung (wie im Falle Loudaghirs), wodurch die Fördermengen und die Auslastung des Wasserverteilungsnetzes (falls alle *Souagui* betoniert und zur Vermeidung von Verdunstungsverlusten abgedeckt würden) erhöht werden könnten. Diese Maßnahme würde aber das wechselseitige Einverständnis unter den einzelnen benachbarten *Qsour* voraussetzen, um Konflikte schon im Vorfeld zu vermeiden. Da die Umstellung auf Pumpstationen des Typs »Loudaghir« auch das gesamte hydrologische System aus dem Gleichgewicht zu bringen droht, ist diese Vorgehensweise recht riskant.

— systematische Abpumpung des Süßwassers im Grundwasseraquifer der Ebene von Bagdad, um kurzfristig die jungen Palmenhaine vor Versalzung zu schützen;

— Erschließung der Wasserressourcen, die über das Flußsystem des Oued Zousfana herbeigeführt werden[5].

Derartige Maßnahmen müßten parallel zu einer Agrarberatung (z.B. zur Dattelzucht, Förderung der Viehzucht usw.) und Initiativen zum Umweltschutz (vor allem gegen die Versandung im Nordosten der Oase) durchgeführt werden.

Entscheidend scheint uns zu sein, daß man von der empirischen Existenz eines Faktors ausgehen kann, der die eigentliche „Trumpfkarte" für die Oasenwirtschaft von Figuig bildet: die einzelnen Gemeinschaften sind in sozialer Hinsicht noch voll über ihre jeweilige *Jema'a* organisiert und repräsentiert, was allein schon daraus erhellt, daß die *Jema'a* für die Wasserorganisation zuständig ist. Die Existenz dieser Sozialorganisation und die enge emotionale Verbundenheit der Oasenbewohner zu ihrem Herkunftsort sind die eigentlichen und wichtigsten Gründe für die Überlebensfähigkeit der Oase. Jedes auch noch so bescheidene staatliche Projekt muß dieses soziale Faktum zur Kenntnis nehmen und respektieren. Jede Maßnahme, die diese sozialen Elemente ignoriert, ist in allen Stadien der Durchführung zum Scheitern verurteilt.

---

5) Dieser Vorschlag setzt natürlich eine konstruktive bilaterale Zusammenarbeit zwischen Algerien und Marokko voraus, um die extrem grenznahen Areale tatsächlich erschließen zu können.

Glossar wichtiger arabischer und berberischer Begriffe

(a.): arabisch (b.): berberisch (pl.): Plural

Aïn, pl. **Ayoune** (a.):
Quelle

Akhdour n-Ou'allam (b.):
Meßlatte (meist Dattelpalmenast), mit deren Hilfe in einem *Sehrij* die Wasserentnahme gemäß dem Prinzip des *Tighirte* erfolgt

Azziza (b.):
besonders schmackhafte, süße Dattelvarietät in Figuig

Azrou, pl. **Izarouane** (b.):
steiler Anstieg

Barbi (a.):
Schafrasse, die als besonders fruchtbar gilt und zu Mehrlingsgeburten neigt

Bayoud (a.):
Fusariose-Pilzkrankheit der Dattelpalme (*Phoenix dactylifera*), die zu Ende des 19. Jahrhunderts im westsaharischen Bereich auftauchte. Sie führt zu Fäulnisbildung, Vertrocknung der Äste und — entscheidend — zu drastischem Rückgang des Dattelwachstums.

Bir (a.):
Brunnen, Brunnenschacht

Charaka (a.):
Gesellschaft, Genossenschaft

Cheikh (a.):
Oberhaupt eines Stammes

Chergui (a.):
Ostwind; heißer und trockener Wind in den Sommermonaten

Chérif, pl. **Chorfa** (a.):
Nachkomme der Familie des Propheten, religiöser Notabler

Couscous (a.):
marokkanisches Nationalgericht, bestehend aus Weizengries, Gemüse und Fleisch

Dahir (a.):
Erlaß des Souveräns, Gesetz

Dahra (a.):
Halfagrasteppe der Nomaden

Deglet Nour (a.):
Dattelvarietät, die besonders in den algerischen Oasen üblich ist (z.B. Biskra, Oued R'hir) und als „Königin unter den Datteln" gilt

Dir (a.):
die einem Gebirge vorgelagerte Randfläche

Delou (a.):
Ziehbrunnen mit Wasserschlauch und Zugtier

Erg (a.):
Dünenkomplex, Sandwüste

Foggara, pl. **Foggaguir** (a.):
unterirdischer Galeriestollen zur Wasserzuführung; *Khanat*, *Karez*, *Khettara*; in Figuig bezeichnet man diese *Foggaguir* als *Ifli*, pl. *Iflane*

Foum (a.):
Mund, Mündung, auch Schlucht; berberische Bezeichnung: *Imi*

Gammoun, pl. **Guemamine** (b.):
mit Wasser zu überstauendes Beet von ca. 20 m^2

Ghaba (a.):
wörtlich: Wald; extensiv genutzte, lichte Palmenwälder ohne Unterkulturen am Rand von Oasen

Ghilla (a.):
halbjähriger Wasserverteilungs- und Anbauzyklus innerhalb des Jahres

Habous (a.):
religiöse Stiftung; auch: Land und Gebäude im Besitz religiöser Stiftungen

Hammada (a.):
steinige, wüstenhafte Ebene; Stein- und Felswüste

Hammam (a.):
öffentliches Schwitzbad

Hartani, pl. **Harratin** (a.):
negroide Bevölkerung; Nachfahren ehemaliger Negersklaven

Henna (a.):
pflanzlicher Farbstoff (getrocknete Blätter), mit dessen Hilfe die Frauen ihre Haare rot färben

Ifli, pl. **Iflane** (b.):
Quelle; in Figuig auch Bezeichnung für *Foggara*

Iqoudass (b.):
Wasserweiche, wo sich eine *Séguia* in mehrere Abzweigungen gabelt

Jbide (b.):
Bezeichnung für denjenigen Typ von Ziehbrunnen in Figuig, der anderswo *Schaduf* oder *Saïlal* genannt wird

Jebel (a.):
Berg, Berggipfel, Gebirge

Jema'a (a.):
Dorfversammlung, Repräsentanten der Dorfversammlung; auch: Gebäude, in dem die Dorfversammlung tagt

Jorf (a.):
Kliff, Steilabfall, Landstufe

Kaïd (a.):
früher: Stammesoberhaupt; heute: Gemeindebürgermeister

Kasria (b.):
Wasserverteilungsvorrichtung, bei der die Verzweigung auf der Basis eines Verteilerrechens erfolgt; besonders bekannt aus den Gourara-Oasen

Khammès (a.):
Teilpächter, der für seine Arbeit ein Fünftel des Ernteertrages erhält

Khammessat (a.):
Teilpachtsystem, wonach der Pächter ein Fünftel der Ernte erhält

Kharrouba (a.):
Zeiteinheit von 45 Minuten, während derer man ein Wasserrecht ausüben darf; früher auch: Name für das Gerät (eine offene Halbkugel), mit dessen Hilfe man die Zeiteinheit maß

Lebben (a.):
Buttermilchartige Sauermilch

Maâder (a.):
Überschwemmungsbereich von *Oueds*, wo nach Hochwässern Getreide ausgesät wird, um das im Boden gespeicherte Wasser zu nutzen

Makhzen (a.):
wörtl.: Speicher, Depot; übertragen: staatliche Zentralgewalt, repräsentiert durch den Sultan

Marabout, pl. **Mrabtin** (a.):
Lokal- oder Regionalheiliger; auch: dessen Grabstätte

Mesref (a.):
Verteilungskanal, Sekundärkanal zur Wasserverteilung aus einer *Séguia*; berberische Bezeichnung *Aghlane*

Moqqadem (a.):
Vorstehender, Repräsentant; heute staatlicher Funktionär auf der untersten räumlichen Ebene des Dorfes (in Figuig: des *Qsar*)

Nouba (a.):
Wasserumlauf bei der Verteilung des Wassers einer *Séguia* gemäß den Wasserrechten; in Figuig zwischen 14 und 16 Tagen dauernd

Oued (a.):
Flußlauf, Bachbett

Qadouss (b.):
wörtlich: Wasserabzweigungskanal; übertragen: Wasser einer *Séguia*, das der *Jema'a* gehört und von ihr im Rahmen eines Wasserumlaufes (einer *Nouba*), der in 480 *Kharrouba* gegliedert ist, verpachtet wird

Qsar, pl. **Qsour** (a.):
befestigtes Dorf

Ramadan (a.):
islamischer Monatsname, Fastenmonat

Sardi (a.):
Name einer Schafrasse

Séguia, pl. **Souagui** (a.):
offener Erdkanal, in dem Wasser mit natürlichem Gefälle in ein Bewässerungsgebiet geleitet wird; heute auch Bezeichnung für jede Art von offenen Bewässerungskanälen, auch für solche, die betoniert sind

Sehrij (a.):
Wasserspeicherbecken

Souq (a.):
periodischer (Wochen-)Markt

Sraïfi (a.):
Wasserverwalter, Wasserwächter

Tamazirht (b.):
Berberdialektgruppe der Beraber des Mittleren Atlas, die auch in Figuig gesprochen wird; neben dem *Tarifit* und dem *Tachelhit* einer der drei berberischen Hauptdialekte des Landes

Tanita (b.):
Halbtag im Rahmen der *Nouba*; meist wird zwischen der Tages- und der Nacht-*Tanita* unterschieden

Tantatoute (b.):
auch *Tamettaoute*; traditionelles Prinzip, wonach ein Teil der Wasserressourcen einer Quelle für die Gemeinschaft abgezweigt und verkauft bzw. verpachtet wird

Teniet (a.):
kleiner Paß, topographische Tiefenlinie, die in einen Gebirgsrücken eingekerbt ist

Tertib (a.):
landwirtschaftliche Steuerabgaben, die in Marokko im 19. Jahrhundert eingeführt wurden; heute nicht mehr üblich und ersetzt durch die *impôt rural*

Tighirte, pl. **Tighirine** (b.):
geeichtes Lineal zum Messen der Wasserentnahme aus einem *Sehrij* durch den *Sraïfi*; auch: durch den so bezeichneten Meßvorgang entnommene Volumenmenge, die der Zeiteinheit einer *Kharrouba* entspricht

Tizi (b.):
Paßhöhe

Zaouïa (a.):
Sitz einer religiösen Bruderschaft; Moschee mit Heiligengrab

Zerigat (a.):
Höhen, auf denen das blaue, kalkige Gestein des Lias zutage tritt

Literaturverzeichnis

ACHTNICH, Wolfram: Geht das Oasensterben weiter? Versuch einer Prognose. — Zeitschrift für Bewässerungswirtschaft 10. 1979, S. 99-110.

AIT HAMZA, Mohamed: Migration internationale et changement dans les campagnes: l'exemple du bassin versant d'Assif M'goun. — In: Taoufik AGOUMY und Abdellatif BENCHERIFA (Hrsg.): Géographie humaine. — Cremona 1987, S. 127-130 (= La Grande Encyclopédie du Maroc, **9**).

ALLAN, J.A.: Oases. — In: J.L. CLOUDSLEY-THOMPSON (Hrsg.): Sahara desert. — Oxford 1984, S. 325-333.

ARRIENS, C.: Figig, die Oase der 300000 Palmen. — Der Erdball 5. 1931, S. 208-214.

AUGIERAS, Cap.: Les différents types d'oasis sahariennes. — Le Monde Colonial Illustré N° 23, 1925, S. 184-185.

BADUEL, Pierre-Robert: Société et émigration temporaire au Nefzaoua (Sud-tunisien). — Paris 1980.

BATAILLON, Claude: Le Souf: étude de géographie humaine. — Algier 1955 (= Mémoires de l'Institut de Recherches Sahariennes, **2**).

BEAUMONT, Peter, Michael BONINE und Keith MC LACHLAN (Hrsg.): Qanat, kariz and khattara: Traditional water systems in the Middle East and North Africa. — London 1989.

BECHRAOUI, A.: La vie rurale dans l'oasis de Gabès (Tunisie). — Tunis 1980 (= Publications de l'Université de Tunis, Sect. A: Lettres et Sciences Humaines, 2e Série: Géographie, **1**).

BEDOUCHA, Geneviève: «L'eau, l'amie du puissant». Une communauté oasienne du Sud-tunisien. — Paris 1987.

BEDOUCHA-ALBERGONI, Geneviève: Système hydraulique et société dans une oasis tunisienne. — Etudes Rurales 62. 1976, S. 39-72.

BEGUIN, Hubert: Densité de population, productivité et développement agricole. — L'Espace Géographique 4. 1974, S. 267-272.

BENALI, M.B.: Wahat Figuig, tarikh wa a'alam (*Die Oase Figuig. Geschichte und Persönlichkeiten*). — Casablanca 1987 [*in arabisch*].

BENCHERIFA, Abdellatif: Agropastoral systems in Morocco. Cultural ecology of tradition and change. — Ph.D. Clark Univ. Worcester, Mass. 1986 [*unveröff.*].

BENCHERIFA, Abdellatif: Le monde rural marocain: di-versité spatiale et culturelle. — In: Taoufik AGOUMY und Abdellatif BENCHERIFA (Hrsg.): Géographie humaine. — Cremona 1987, S. 78-118 (= La Grande Encyclopédie du Maroc, **9**).

BENCHERIFA, Abdellatif: Agropastorale Organisationsformen im atlantischen Marokko. — Die Erde 119. 1988, S. 1-13.

BENCHERIFA, Abdellatif: Die Oasenwirtschaft der Maghrebländer: Tradition und Wandel. — Geographische Rundschau 42. 1990, S. 82-87 [= 1990a].

BENCHERIFA, Abdellatif: Culture, changement social et rationnalité: l'utilisation des ressources hydroagricoles entre l'abandon, la persistance et la consolidation dans l'oasis de Figuig. — In: Culture et résistances au Maghreb. Actes du colloque de Zarzis, Tunisie, 1988. — Paris 1990 [*im Druck*; = 1990b].

BENCHERIFA, Abdellatif und Herbert POPP: L'oasis de Figuig entre la tradition et le changement. — In: Abdellatif BENCHERIFA und Herbert POPP (Hrsg.): Le Maroc: espace et société. Actes du colloque maroco-allemand de Passau 1989. — Passau 1990, S. 37-48 (= Passauer Mittelmeerstudien, Sonderreihe, **1**) [= 1990a].

BENCHERIFA, Abdellatif und Herbert POPP: L'oasis de Figuig. Persistance et changement. — Passau 1990 (= Passauer Mittelmeerstudien, Sonderreihe, H. 2) [= 1990b].

BERBRUGGER, A.: Les puits artésiens des oasis méridionales de l'Algérie. — Algier 1851 (2. Aufl. 1862).

BERNARD, Augustin: Les confins algéro-marocains. — Paris 1911.

BERNARD, Augustin: Le Maroc oriental. — L'Afrique Française 24. 1914, S. 196-202, 252-256 und 303-310.

BISSON, Jean: Le Gourara. Etude de géographie humaine. — Algier 1957 (= Mémoires de l'Institut de Recherches Sahariennes, **3**).

BISSON, Jean: Evolution récente des oasis du Gourara (1952-1959). — Travaux de l'Institut de Recherches Sahariennes 19. 1960, S. 183-194.

BISSON, Jean: L'industrie, la ville, la palmeraie au désert. Un quart de siècle d'évolution au Sahara algérien. — Maghreb-Machrek N° 99, 1983, S. 5-29 [= 1983a].

BISSON, Jean: Les villes sahariennes. Politique volontariste et particularismes régionaux. — Maghreb-Machrek N° 100, 1983, S. 25-41 [= 1983b].

BISSON, Jean: Tinerkouk et Tarhouzi: déménagement ou désenclavement de l'Erg occidental. — In: Pierre-Robert BADUEL (Hrsg.): Enjeux sahariens. — Paris 1984, S. 275-292 (= Collection «Recherches sur les Sociétés Méditerranéennes»).

BISSON, Jean: De la mobilité des terroirs à la stabilisation de l'espace utile. L'exemple du Gourara (Sahara algérien). — In: Pierre-Robert BADUEL (Hrsg.): Etats, territoires et terroirs au Maghreb. — Paris 1985, S. 389-399 (= Collection «Etudes de l'Annuaire de l'Afrique du Nord»).

BISSON, Jean: Paysans et nomades des confins de l'Erg occidental. — Le Saharien N° 102, 1987, S. 13-20.

BLAIKIE, P.M.: The spatial structure of information networks and innovative behaviour in the Ziz valley, Southern Morocco. — Geografiska Annaler 55B. 1973, S. 83-105.

BLAUT, James M.: Two views of diffusion. — Annals of the Association of American Geographers 67. 1977, S. 343-349.

BONNEFOUS, Marc: La palmeraie de Figuig. Etude démographique et économique d'une grande oasis du Sud marocain. — Rabat 1953.

BONNENFANT, Paul: L'évolution de la population d'une oasis tunisienne: El-Guettar. — Revue de l'Institut des Belles Lettres Arabes N° 129, 1972, S. 97-140.

BORNAC: Quelques renseignements sur le droit coutumier berbère des habitants de Figuig et sur l'administration indigène des djemaa. — Revue Algérienne, Tunisienne et Marocaine de Législation et de Jurisprudence 35, Années 1919-20, Algier 1922, S.77-89.

BOSERUP, Ester: The conditions of agricultural growth. The economics of agrarian change under population pressure. — London 1965.

BOUBEKRAOUI, Mohamed und Claude CARCEMAC: Le Tafilalet aujourd'hui. Régression écologique et sociale d'une palmeraie sud marocaine. — Revue Géographique des Pyrénées et du Sud-Ouest 57. 1986, S. 449-463.

BOUCHAT, J.: Beni Ounif (Sud Oranais). Etude géographique, historique et médicale. — Archives de l'Institut Pasteur d'Algérie 34. 1956, S. 575-671.

BOUDERBALA, Négib, J. CHICHE, Abdallah HERZENNI und Paul PASCON: Petite et moyenne hydraulique au Maroc. — Rabat 1984 (= La Question Hydraulique, **1**).

BREIL, Paul, Michel COMBE, Hubert ETIENNE und Ismaïl ZERYOUHI: Le Haut Atlas oriental. — In: Ressources en eau du Maroc. Bd. 3: Domaines atlasique et sud-atlasique. — Rabat 1977, S. 140-159 (= Notes et Mémoires du Service Géologique du Maroc, **231**).

BROOKFIELD, Harold C.: Intensification and desintensification in Pacific agriculture. A theoretical approach. — Pacific Viewpoint 13. 1972, S. 30-48.

BROWN, Lawrence A.: Models for spatial diffusion research. A review. — Evanston, Ill. 1965.

BROWN, Lawrence A. und Eric G. MOORE: Diffusion research in geography. A perspective. — Progress in Geography 1. 1969, S. 119-157

BRULE, Jean-Claude, Marc COTE und Claude NESSON: Les palmeraies de l'Oued Righ. — Annales Algériennes de Géographie 5 (N° 9). 1970, S. 93-106.

BRUNHES, J.: L'irrigation, ses conditions géographiques, ses moyens et son organisation dans la Péninsule Iberique et dans l'Afrique du Nord. — Paris 1902.

BÜCHNER, Hans-Joachim: Die temporäre Arbeitskräftewanderung nach Westeuropa als bestimmender Faktor für den gegenwärtigen Strukturwandel der Todrha-Oase (Südmarokko). — Mainz 1986 (= Mainzer Geographische Studien, **18**).

CAPOT-REY, Robert: Le Sahara français. — Paris 1953 (= Collection «Pays d'Outre-Mer», 4e Série: Géographie de l'Union Française. Sous-série 1: L'Afrique Blanche Française, **2**).

CAPOT-REY, Robert: Problèmes des oasis algériennes. — Algier 1944.

CAPOT-REY, Robert: Borkou et Ounianga, étude de géographie régionale. — Algier 1961 (= Mémoires de l'Institut de Recherches Sahariennes, **5**).

CAPOT-REY, Robert: Irrigation et structure agraire à Tamentit. — Bulletin de l'Association de Géographes Français N° 307/308, 1962, S. 223-233.

CAPOT-REY, Robert und W. DAMADE: Irrigation et structure agraire à Tamentit (Touat). — Travaux de l'Instiut de Recherches Sahariennes 21. 1962, S. 99-119.

CASTRIES, Capitaine DE: Notes sur Figuig. — Bulletin de la Société de Géographie, Jg. 1882, S. 401-414.

Centre des Etudes Hydrogéologiques (Hrsg.): Hauts-Plateaux - Palmeraie de Figuig. — Oujda 1942 [CND 68.657].

CHAINTRON, J.F.: Aoulef. Problèmes économiques et sociaux d'une oasis à foggaras. — Travaux de l'Institut de Recherches Sahariennes 16. 1957, S. 101-129, und 17. 1958, S. 127-156.

CHAMPAULT, Francine Dominique: Une oasis du Sahara Nord-Occidental: Tabelbala. — Paris 1969 (= Université de Paris. Etudes et Documents de l'Institut d'Ethnologie)

CHAPPEDELAINE, Lieutenant DE: L'irrigation par ghettaras dans l'extrême-Sud marocain. — Revue de Géographie Marocaine 14. 1930, S. 135-138.

CHICHE, J.: Description de l'hydraulique traditionnelle. — In: Négib BOUDERBALA et al.: Petite et moyenne hydraulique au Maroc. — Rabat 1984, S. 119-319 (= La Question Hydraulique, **1**).

CORNAND, G.: Aoulef et le Tidikelt occidental. Etude historique, géographique et médicale. — Archives de l'Institut Pasteur d'Algérie 36 (N° 3). 1958, S. 370-406.

DATOO, B.A.: Toward a reformulation of Boserup's theory of agricultural change. — Economic Geography 54.1978, S. 135-144.

Décret n° 2-73-459 du 1er rebia II 1394 (24 avril 1974) homologuant les opérations de la commission d'enquête relative à la connaissance des droits d'eau existant sur les sources situées dans le cercle de Figuig au profit de certains usagers (province d'Oujda). — Bulletin Officiel N° 3292 vom 3.12.1975, S. 1395-1426.

DELAFOSSE, Charles.: Enquête sur la consommation indigène. — Bulletin Economique du Maroc 1 (N° 2). 1933, S. 90-91.

DESPOIS, Jean: Figuig. — In: Encyclopaedia of Islam. New Edition. Bd. II: C-G. — Leiden 1965 (Nachdruck Leiden 1983), S. 885.

DESPOIS, Jean: Problèmes techniques, économiques et sociaux des oasis sahariennes. — Revue Tunisienne de Sciences Sociales 2. 1965, S. 51-57.

DESPOIS, Jean: The crisis of the Saharan oases. — In: David H. K. AMIRAN und Andrew W. WILSON (Hrsg.): Coastal deserts. Their natural and human environments. — Tucson, Ariz. 1973, S. 167-169.

DOLLE, Vincent: L'agriculture oasienne: une association judicieuse. Elevage - culture irriguée sous palmiers dattiers pour valoriser l'eau, ressource rare. — Les Cahiers de la Recherche-Développement N° 9/10, 1986, S. 70-73.

DOUTTE, Edmond: Figuig. Notes et impressions. — La Géographie. Bulletin de la Société de Géographie 7. 1903, S. 177-202.

DUBOCQ, M.: Mémoire sur la constitution géologique des Zibans et de l'Oued Rhir du point de vue des eaux artésiennes de cette partie du Sahara. — In: Annales des Mines, Bd. 2. — Paris 1852, S. 249-330.

DUVAL, J.: Les puits artésiens du Sahara à l'occasion du rapport à M. le Maréchal, Gouverneur Général de l'Algérie, sur les forages artésiens dans la province de Constantine, de 1860 à 1864. — Bulletin de la Société de Géographie de Paris 13. 1867, S. 113-186.

DUVEYRIER, Henri: Exploration du Sahara. Les Touareg du Nord. — Paris 1864.

ECOCHARD, Michel: L'économie marocaine traditionnelle. Les anciens réseaux d'irrigation du Maroc. — Bulletin Economique et Social du Maroc 18 (N° 61). 1954, S. 71-81.

EL HACHEMI, Ben Mohammed: Traditions, légendes, poèmes sur Figuig. — Bulletin de la Société de Géographie et d'Archéologie de la Province d'Oran 27. 1907, S. 243-278.

ESTORGES, Pierre: L'irrigation dans l'oasis de Laghouat. — Travaux de l'Institut de Recherches Sahariennes 23. 1964, S. 111-138.

ECHALLIER, J.-C.: Villages désertés et structures agraires anciennes du Touat-Gourara (Sahara algérien). — Paris 1972.

FOUCAULD, Père Charles DE: Dictionnaire touareg-français. Dialecte de l'Ahaggar. 4 Bde. — o.O. 1951-1952.

FOURNIER, L.: Distribution d'eau dans l'oasis de Figuig. — In: Algérie-Tunisie. — Bruxelles 1909, S. 375-380 (= Bibliothèque Coloniale Internationale, 7ème série, **4**).

FROBENIUS, Leo und Hugo OBERMAIER: Hadschra Maktuba, urzeitliche Felsbilder Kleinafrikas. — München 1925 (Nachdruck Graz 1965).

GABRIEL, Baldur: Geographischer Wandel in der Oase Ben Galouf (Südtunesien). — In: Wolfgang MECKELEIN (Hrsg.): Geographische Untersuchungen am Nordrand der tunesischen Sahara. — Stuttgart 1977, S. 167-211 (= Stuttgarter Geographische Studien, **91**)

GAUCHER, Gilbert: Irrigation et mise en valeur du Tafilalet. — Travaux de l'Institut de Recherches Sahariennes 5. 1948, S. 95-120.

GAUTIER, Emile-F.: Rapport sur une mission géologique et géographique dans la région de Figuig. — Annales de Géographie 14. 1905, S. 144-166.

GAUTIER, Emile-F.: La source de Thaddert à Figuig. — Annales de Géographie 26. 1917, S. 453-466.

GLOTZ, Marguerite: Au Maroc oriental. — Bulletin de la Société de Géographie et d'Archéologie de la Province d'Oran 33. 1913, S. 212-222.

GOBLOT, Henri: Les qanats. Une technique d'acquisition de l'eau. — Paris 1979 (= Industrie et Artisanat, **9**).

GRANDGUILLAUME, Gilbert: Régime économique et structure du pouvoir: le système des foggara du Touat. — Revue de l'Occident Musulman et de la Méditerranée N° 13, 1973, S. 437-457.

GRIGG, David B.: The agricultural systems of the world. An evolutionary approach. — Cambridge 1974 (= Cambridge Geographical Studies, **5**).

GRIGG, David B.: Population pressure and agrarian change. — Progress in Geography 8. 1976, S. 134-176.

GRIGG, David B.: Ester Boserup's theory of agrarian change: a critical review. — Progress in Human Geography 3. 1979, S. 64-84.

GRIGG, David B.: Population growth and agrarian change. An historical perspective. — Cambridge 1980 (= Cambridge Geographical Studies, **13**).

GRIGG, D.: The dynamics of agricultural change. The

historical experience. — London 1982.
GROMAND, Roger: La coutume de la «bezra» dans les ksour de Figuig. — Revue des Etudes Islamiques, Jg. 1931, S. 277-312.
GROMAND, Roger: Le particularisme de Figuig. — L'Afrique Française. Renseignements Coloniaux et Documents 49 (N° 4-6). 1939, S. 89-93, 133-135 und 153-160.
GROTZ, Reinhold: Neue Entwicklungen in der Oase Ben Galouf (Südtunesien). — Die Erde 115. 1984, S. 111-122.
HÄGERSTRAND, Torsten: The propagation of innovation waves. — Lund 1952 (= Lund Studies in Geography, Serie B, **4**).
HAMMOUDI, Abdellah: Droits d'eau et société: la vallée du Dra. — Hommes, Terre & Eaux 12 (N° 48). 1982, S. 105-118.
HILALI, E.A.: Note préliminaire sur les gisements de la région de Figuig. — Rabat 1965 (= *Ministère de l'Industrie et des Mines. Rapport SEGM n° 816*) [CND 83.749].
HILALI, E.A.: Note sur l'onyx calcaire des travertins de Figuig. — Rabat 1968 (= *Ministère de l'Industrie et des Mines. Rapport SEGM n° 854*) [CND 83.788].
HILALI, E.A.: Figuig, tarikh, wathai'q, wa ma'alim: almasjid al'athiq wa assawma'a alhajariya bi Figuig (*Figuig: Geschichte, Quellen und Bauwerke. Die alte Moschee und das steinerne Minarett von Figuig*). — Tanger 1981 [*in arabisch*].
HOMO, J.-P. und R. HUGENOT: Ich, oasis de montagne. — Travaux de l'Institut de Recherches Sahariennes 9. 1953, S. 99-124.
HUNTER, John M.: Ascertaining population carrying capacity under traditional systems of agriculture in developping countries. — The Professional Geographer 18. 1966, S. 151-154.
JAEGER, Fritz: Die Oase Laghuat. — Koloniale Rundschau 27. 1936, S. 186-196.
JARIR, Mohammed: Exemple d'aménagement hydroagricole de l'Etat dans le Présahara marocain: le périmètre du Tafilalt. — In: L'homme et l'eau en Méditerranée et au Proche Orient. Bd. 4: L'eau dans l'agriculture. — Lyon 1987, S. 191-208 (= Travaux de la Maison de l'Orient, **14**).
JOUVE, A.M.: Démographie et céréaliculture. Evolution comparée de la démographie et de la céréaliculture au Maroc depuis le début du siècle. — Revue de Gèographie du Maroc, N.S., N° 4, 1980, S. 5-20.
JUNGFER, Eckhardt: Les eaux de Figuig. Nouvelles recherches sur la genèse des eaux douces et des eaux salées au Maroc oriental. — In: Abdellatif BENCHERIFA und Herbert POPP (Hrsg.): Le Maroc: espace et société. — Passau 1990, S. 183-186 (= Passauer Mittelmeerstudien, Sonderreihe, **1**).
JUS, H.: Les oasis du Souf du département de Constantine (Sahara oriental). — Bulletin de l'Académie d'Hippone N° 22, 1886, S. 67-79.
KILANI, Monder: Etat et développement: transformation du système hydraulique du groupe d'oasis de Gafsa (Tunisie). — Sou'al N° 6, 1987, S. 79-93.
KILLIAN, Charles: Sols et plantes indicatrices dans les parties non irriguées des oasis de Figuig et de Beni-Ounif. — Bulletin de le Société d'Histoire Naturelle de l'Afrique du Nord 32. 1941, S. 301-314.
LABASSE, Jean: L'économie des oasis: ses difficultés et ses chances. — Revue de Géographie de Lyon 32. 1957, S. 307-320.
LAMBTON, Ann K.S.: The origin, diffusion and functioning of the qanat. — In: Peter BEAUMONT, Michael BONINE und Keith MCLACHLAN (Hrsg.): Qanat, kariz and khattara: Traditional water systems in the Middle East and North Africa. — London 1989, S. 5-12.
LAOUINA, Abdellah: Implications spatiales et environnementales des transformations socio-économiques et technologiques dans les campagnes marocaines. Le cas du périmètre irrigué des Triffa et de ses bordures. — In: Abdellatif BENCHERIFA und Herbert POPP (Hrsg.): Le Maroc: espace et société. Actes du colloque marocoallemand de Passau 1989. — Passau 1990, S. 175-181 (= Passauer Mittelmeerstudien, Sonderreihe, **1**)
LARGEAU, Léon Victor: Voyage dans le Sahara et à Rhadamès. — Bulletin de la Société de Géographie de Paris, 6e Série, 13. 1877, S. 35-56.
LETHIEUX, J.: Le Fezzan, ses jardins, ses palmiers. Notes d'ethnologie et d'histoire. — Tunis 1948.
MAKTARI, A.M.A.: Water rights and irrigation practices in Lah'j: a study of the application of customary and shari'ah law in Southwest Arabia. — Cambridge 1971.
MARGOT, E.: Organisation actuelle de la justice à Figuig. — Bulletin de la Société de Géographie et d'Archéologie de la Province d'Oran 29. 1909, S. 495-505.
MAROUF, Nadir: Lecture de l'espace oasien. — Paris 1980.
MARTIN, Alfred-Georges-Paul: Les oasis sahariennes (Gourara - Touat - Tidikelt). — Algier 1908.
MARTIN, Marie-Christine: Perspectives de développement en Saoura. — Maghreb-Machrek N° 69, 1975, S. 51-60.
MARTINIERE, H.-M.-P. DE LA und N. LACROIX: Documents pour servir à l'étude du Nord Ouest africain, réunis et rédigés par l'ordre de Mr Jules Cambon, Gouverneur général de l'Algérie. Bd. 2: Le Sud-Ouest algérien et les régions limitrophes. Figuig. - L'Oued Guir. - L'Oued Saoura.

— Algier 1896.
MASQUERAY, Emile: Le Sahara occidental. — Paris 1880.
MATHIEU, Clément: Problèmes pédo-agronomiques posés par la mise en valeur hydro-agricole des sols de la Basse Moulouya. — Berkane 1980 (= *Office Régional de Mise en Valeur Agricole de la Moulouya, Service de l'Equipement, Bureau de Pédologie*).
MATHIEU, Jean: Notes sur la géophagie et le parasitisme intestinal à Figuig (Maroc oriental). — Archives de Médicine des Enfants N° 10, 1927, S. 591-597.
MAZIANE, A.: Figuig. Moussahama fi dirassati almoujtama'i alwahi almaghribi khilal alqarn attassi'-'achar, 1854-1903 (*Beitrag zur Erforschung der marokkanischen Gesellschaft in den Oasen des Südostens: Figuig, 1854-1903*). — Rabat 1988 [*in arabisch*].
MAZIERES, Marc DE: Deux excursions: La piste de Figuig à Oudjda. Le Djebel Sidi Fers. — Bulletin de la Société de Géographie du Maroc 3 (N° 4). 1923, S. 504-509.
MAZIERES, Marc DE: La frontière algéro-marocaine. Aperçu économique. — Bulletin de la Société de Géographie du Maroc 4. 1925, S. 134-158.
MECKELEIN, Wolfgang: Saharan oases in crisis. — In: Wolfgang MECKELEIN (Hrsg.): Desertification in extremely arid environments. — Stuttgart 1980, S. 173-203 (= Stuttgarter Geographische Studien, **95**)
MENSCHING, Horst: Nomadismus und Oasenwirtschaft im Maghreb. Entwicklungstendenzen seit der Kolonialzeit und ihre Bedeutung im Kulturlandschaftswandel der Gegenwart. — In: Siedlungs- und agrargeographische Forschungen in Europa und Afrika. — Wiesbaden 1971, S. 155-166 (= Braunschweiger Geographische Studien, **1**)
MENSCHING, Horst und Eugen WIRTH: Nordafrika und Vorderasien. 2. Aufl. — Frankfurt/M. 1989 (= Fischer Länderkunde, **4**).
Ministère de l'Agriculture et de la Réforme Agraire. Direction Provinciale d'Oujda (Hrsg.): Potentialités petite & moyenne hydraulique. Monographie Province de Figuig. — Oujda 1980.
Ministère de l'Agriculture et de la Réforme Agraire. Direction Provinciale de l'Agriculture de Figuig (Hrsg.): Monographie de la palmeraie de Figuig. — Bou Arfa 1982.
MOULIAS, Daniel: L'eau dans les oasis sahariennes (Organisation hydraulique - régime juridique). — Algier 1927 (= Université d'Alger, Faculté de Droit, Jg. 1927, N° 7).
MOUNTASSIR, E.: Collectivités traditionnelles et espaces ruraux montagnards dans les zones d'arrière-pays atlasiques méridionaux. Le cas des Ayt Sedrate du Dadess. - Thèse de 3 ᵉcycle, Université Aix-Marseille II 1986 [*unveröff.*].
MÜLLER-HOHENSTEIN, Klaus: Die Landschaftsgürtel der Erde. — Stuttgart 1979 (= Teubner Studienbücher Geographie).
MÜLLER-HOHENSTEIN, Klaus: Pollution de l'environnement dans le Gharb. — In: Abdellatif BENCHERIFA und Herbert POPP (Hrsg.): Le Maroc: espace et société. Actes du colloque maroco-allemand de Passau 1989. — Passau 1990, S. 187-192 (= Passauer Mittelmeerstudien, Sonderreihe, **1**).
MÜLLER-HOHENSTEIN, Klaus und Herbert POPP: Marokko. Ein islamisches Entwicklungsland mit kolonialer Vergangenheit. — Stuttgart 1990 (= Klett Länderprofile).
NACIB, Youssef: Cultures oasiennes. Essai d'histoire sociale de l'oasis de Bou-Saâda. — Algier 1986.
NESSON, Claude: Structure agraire et évolution sociale dans les oasis de l'Oued Righ. — Travaux de l'Institut de Recherches Sahariennes 24. 1965, S. 85-129.
ORTOLANI, Mario und Aldo PECORA: Cenni geografici sull'oasi di Colomb-Béchar. — Rivista Geografica Italiana 60. 1953, S. 409-432.
OUHAJOU, Lekbir: Cadres sociaux de l'irrigation dans la vallée du Dra moyen. Le cas de la Targa Tamnougalte. — Hommes, Terre & Eaux 12 (N° 48). 1982, S. 91-103.
OUTABIHT, H.: Aménagement hydraulique de la vallée du Drâa. — Hommes, Terre & Eaux 11 (N° 43). 1981, S. 80-94.
o. Verf. [L. P.]: Figuig. — Bulletin de la Société de Géographie d'Alger et de l'Afrique du Nord, Jg. 1903, S. 254-260.
PARIEL, Ct.: La maison à Figuig. — Revue d'Ethnographie et de Sociologie, Institut Ethnographique Internationale de Paris 3. 1912, S. 259-280.
PASCON, Paul: Théorie générale de la distribution des eaux et de l'occupation des terres dans le Haouz de Marrakech. — Revue de Géographie du Maroc N° 18, 1979, S. 3-19.
PASCON, Paul: Le Haouz de Marrakech. 2 Bde. — Rabat 1977.
PASCON, Paul: De l'eau du ciel à l'eau de l'Etat. Psychosociologie de l'irrigation au Maroc. — Hérodote N° 13, 1979, S. 60-78.
PASCON, Paul: La petite et moyenne hydraulique au Maroc. Problèmes institutionnels et juridiques posés par son extension au Maroc. — In: Gérard CONAC, Claudette SAVONNET-GUYOT und Françine CONAC (Hrsg.): Les politiques de l'eau en Afrique. Développement agricole et participation paysanne. — Paris 1985, S. 443-477.
PASSAGER, P. und S. BARBANÇON: Taghit (Sud oranais). Etude historique, géographique et médicale. — Archives de l'Institut Pasteur d'Algérie 34 (N° 3). 1956, S. 404-475.

PERENNES, Jean Jacques: Structures agraires et décolonisation. Les oasis de l'Oued R'hir (Algérie). — Algier, Paris 1979.

PERENNES, Jean-Jacques: Le devenir de l'agriculture saharienne: nature et enjeux de quelques projets récents de mise en valeur. — In: Pierre-Robert BADUEL (Hrsg.): Enjeux sahariens. — Paris 1984, S. 253-265 (= Collection «Recherches sur les Sociétés Méditerranéennes»).

PEREAU-LEROY, P.: Le palmier dattier au Maroc. — o.O. 1958.

PERVINQUIERE, Léon: A Ghadamès. — La Géographie 23. 1911, S. 417-438.

PIERSUIS: La question du khammessat. — Bulletin Economique et Social du Maroc 20 (N° 72). 1956, S. 515-520.

PINON, René: Les marchés sahariennes autour de Figuig, Igli, le Touat. — Revue des Deux Mondes 7. 1902, S. 360-397.

PINOY, P.-E.: Sur la maladie du «bayoud» des palmiers de Figuig. — Comptes Rendus Hebdomadaires des Séances et Mémoires de la Société de Biologie et de ses Filiales 92. 1925, S. 137-138.

PLETSCH, Alfred: Strukturwandlungen in der Oase Dra. Untersuchungen zur Wirtschafts- und Bevölkerungsentwicklung im Oasengebiet Südmarokkos. — Marburg 1971 (= Marburger Geographische Schriften, **46**).

PLETSCH, Alfred: Traditionelle Landwirtschaft in Marokko. — Geographische Rundschau 29. 1977, S. 107-114.

PONS, Docteur: L'habitat du Figuig. — Revue de Géographie Marocaine 15. 1931, S. 71-95.

POPP, Herbert: Effets socio-géographiques de la politique des barrages au Maroc. Gharb - Basse Moulouya - Souss-Massa. 2 Bde. — Rabat 1984 (= La Question Hydraulique, **2**).

POPP, Herbert: Traditionelle Bewässerungswirtschaft in der marokkanischen Oase Figuig. — Universität Passau. Nachrichten und Berichte, N° 52, 1988, S. 24-28.

POPP, Herbert: Saharische Oasen im Wandel. — In: Johann-Bernhard HAVERSATH und Klaus ROTHER (Hrsg.): Innovationsprozesse in der Landwirtschaft. — Passau 1989, S. 113-132 (= Passauer Kontaktstudium Erdkunde) [= 1989a].

POPP, Herbert: L'opposition conceptuelle agriculture traditionnelle / agriculture moderne dans la géographie du Maroc: Eléments d'une problématique. — In: La recherche géographique sur le Maroc. — Rabat 1989, S. 71-80 (= Publications de la Faculté des Lettres et des Sciences Humaines de Rabat, Série «Colloques et Séminaires», **12**) [= 1989b].

POPP, Herbert: Oasenwirtschaft in den Maghrebländern. Zur Revision des Forschungsstandes in der Bundesrepublik. — Erdkunde 44. 1990, S. 81-92 [= 1990a].

POPP, Herbert: Effets socio-spatiaux des rémigrants marocains en R.F.A. dans le Bou Areg et le Zébra (Nord-est marocain). — In: Maroc - Allemagne : relations culturelles et humaines. — Rabat 1990 (= Publications de la Faculté des Lettres et des Sciences Humaines de Rabat, Série: Colloques et Séminaires, N° 17) [*im Druck*; = 1990b].

REMAURY, Henry: Le khammessat et le salariat en milieu agricole marocain. — Bulletin Economique et Social du Maroc 20 (N° 72). 1957, S. 521-564.

REY, Fr.: Recherches géologiques et géographiques sur les territoires du Sud oranais et du Maroc Sud-Oriental. — Revue de Géographie 8 (N° 3). 1914/15, S. 1-156.

RIVIERES, Ch.: L'oasis de Figuig. — Bulletin de la Société Nationale d'Acclimatation de France 54. 1907, S. 200-204, 231-240 und 256-260.

ROCH, Ed.: Histoire stratigraphique du Maroc. — Rabat 1950 (= Notes et Mémoires du Service Géologique du Maroc, **80**).

ROCHE, Paul: L'irrigation et le statut juridique des eaux du Maroc (géographie humaine, droit et coutumes). — Revue Juridique et Politique. Indépendance et Coopération 19. 1965, S. 55-120, 255-284 und 537-561.

ROGERS, E.M.: Diffusion of innovations. — New York, London 1962.

ROHLFS, Gerhard: Tagebuch einer Reise durch die südlichen Provinzen von Marokko, 1862. — Petermanns Geographische Mitteilungen 9. 1863, S. 361-370.

ROHLFS, Gerhard: Reise durch Marokko, Uebersteigung des grossen Atlas. Exploration der Oasen von Tafilet, Tuat und Tidikelt und Reise durch die grosse Wüste über Rhadames nach Tripoli. — Bremen 1868 (4. Aufl.: Norden 1884).

ROUSSELET, Louis: Sur les confins du Maroc: d'Oudjda à Figuig. — Paris 1912.

ROUVILLOIS-BRIGOL, Madeleine: Ouargla. Palmeraie irriguée et palmeraies en cuvettes. — In: Claude NESSON, Madeleine ROUVILLOIS-BRIGOL und J. VALLET: Oasis du Sahara algérien. — Paris 1973, S. 33-62 (= Etudes de Photo-Interprétation, **6**)

ROUVILLOIS-BRIGOL, Madeleine: Le pays de Ouargla (Sahara algérien). Variations et organisation d'un espace rural en milieu désertique. — Paris 1975 (= Publications du Département de Géographie de l'Université de Paris-Sorbonne, **2**)

RUSSO, P.: Le pays de Figuig. Etude de géophysique. — Bulletin de la Société de Géographie du Maroc 3 (N° 2). 1922, S. 125-137.

RUSSO, P.: Au pays de Figuig. — Bulletin de la Société de Géographie du Maroc 3. 1923, S. 385-472

[= 1923a].

RUSSO, P.: La constitution du massif montagneux du Takroumet et les sources du Figuig (Maroc Sud-Oriental). — Bulletin de la Société de Géologie de la France, 4e Série, 23. 1923, S. 123-131 [= 1923b].

RUSSO, P.: Les voies de communication du territoire des Hauts-Plateaux et de Figuig. — L'Afrique Française. Renseignements Coloniaux 33 (N° 5). 1923, S. 164-167 [= 1923c].

RUSSO, P.: La morphologie des Hauts-Plateaux de l'Est marocain. — Annales de Géographie 56. 1947, S. 36-48.

SCHAUDT, Jakob: Wanderungen durch Marokko. — Zeitschrift der Gesellschaft für Erdkunde zu Berlin 18. 1883, S. 290-304 und 393-411.

SCHIFFERS, Heinrich: Wasserhaushalt und Probleme der Wassernutzung in der Sahara. — Erdkunde 5. 1951, S. 51-60.

SCHIFFERS, Heinrich: Stichwort »Oasen«. — In: Westermann Lexikon der Geographie. Bd. 3: L-R. — Braunschweig 1970, S. 618-624.

SCHIFFERS, Heinrich: Das Schicksal der Oasen. Vergangenheit und Zukunft einer weltbekannten Siedlungsform in den Wüsten. — Internationales Afrika-Forum 7 (N° 11). 1971, S. 641-645.

SCHLIEPHAKE, Konrad: Die Oasen der Sahara - ökologische und ökonomische Probleme. — Geographische Rundschau 34. 1982, S. 282-291.

SCHRAMM, Josef: Die Oase Tarjijt in Südmarokko. — Freiburg i.Br. 1964 (= Institut für soziale Zusammenarbeit, Berichte, N° 10).

SIGWARTH, Georges: La vie économique dans l'oasis de Djanet. — Travaux de l'Institut de Recherches Sahariennes 4. 1947, S. 175-180.

SIMONOT, M.: Note sur l'alimentaion en eau de Figuig. — Oujda 1966 (= *Office de Mise en Valeur Agricole, Division des Ressources en eau, Centre Régional d'Oujda*) [CND 67.621].

SOLEILLET, Paul: Voyage de Paul Soleillet d'Alger à l'oasis d'In-Çalah. — Paris 1874.

SOLEILLET, Paul: L'Afrique Occidentale. Algérie, Mzab, Tildikelt. — Paris 1877.

SONNIER, A.: Contribution à l'étude du régime juridique des eaux au Maroc suivant le droit musulman et les coutumes indigènes. — Revue de Géographie Marocaine 15. 1931, S. 307-325.

SONNIER, A.: Le régime juridique des eaux du Maroc. — Paris 1933 (= Institut des Hautes Etudes Marocaines. Collection des Centres d'Etudes Juridiques, **4**).

STRETTA, E.: Haut Atlas oriental. Le Tamlelt et Figuig. — In: Hydrogéologie du Maroc. — Rabat 1952, S. 263-265 (= Notes et Mémoires du Service Géologique du Maroc, **97**).

STROHL, Jean: Promenade d'un naturaliste à Figuig. — Bulletin de la Société de Géographie d'Alger et de l'Afrique du Nord 28. 1923, S. 341-356.

SUTER, Karl: Ouargla. Eine Oase der algerischen Sahara. — Geographica Helvetica 11. 1956, S. 242-254.

TAHIRI, Mohamed: Alimentation en eau de Figuig. — Rabat 1962 (= *Office National des Irrigations*) [CND 22.594].

TAUBERT, Karl: Strukturwandel in den Nefzaoua-Oasen als Schwerpunktthema für Studentenexkursionen. — In: Klaus GIESSNER und Horst-Günter WAGNER (Hrsg.): Geographische Probleme in Trockenräumen der Erde. — Würzburg 1981, S. 245-267 (= Würzburger Geographische Arbeiten, **53**).

TOUTAIN, G.: La recherche agronomique et la mise en valeur de la vallée phoenicicole du Draa (sud-marocain). — In: Pierre-Robert BADUEL (Hrsg.): Enjeux sahariens. — Paris 1984, S. 293-352 (= Collection «Recherches sur les Sociétés Méditerranénnes»).

TURNER II, B.L., Robert Q. HANHAM und Anthony V. PORTARARO: Population pressure and agriculture intensity. — Annals of the Association of American Geographers 67. 1977, S. 384-396.

VAYSSIERE, P.: L'oasis de Figuig. Son importance économique - ses cultures. — Revue d'Histoire Naturelle Appliquée 3. 1922, S. 12-15.

VILLE, H.: Voyage d'exploration dans les bassins du Hodna et du Sahara. — Paris 1868.

WILKINSON, John C.: Problems of oasis development. — Oxford 1978 (= University of Oxford, School of Geography, Research Papers, **20**).

WINDHORST, Hans-Wilhelm: Geographische Innovations- und Diffusionsforschung. — Darmstadt 1983 (= Erträge der Forschung, **189**).

WITTFOGEL, Karl A.: Oriental despotism. A comparative study of total power. — New Haven, London 1957.

ZERHOUNI, A.: Maîtrise des eaux dans le périmètre du Tafilalet. — Hommes, Terre & Eaux 11 (N° 42). 1981, S. 13-29.

CND = *Centre National de Documentation*, Rabat

in: Herbert Popp (Hrsg.): Geographische Forschungen in der saharischen Oase Figuig. — Passau 1991, S. 135-160 (= Passauer Schriften zur Geographie, H. 10)

Eckhardt Jungfer

Hydrogeographische Untersuchungen im Raum Figuig (Marokko)

Mit 15 Abbildungen und 3 Tabellen

Zusammenfassung:
Im östlichen Hohen Atlas liegen Thermalquellen mit einer Schüttung von ca. 130 l/s. Obwohl sie linear in SW-NE-Richtung angeordnet sind, müssen die Karstwässer als getrennte Systeme verstanden werden. Die zugehörigen Grundwasserneubildungsregionen sind 40 km WNW Figuig im oberen Einzugsgebiet des Oued Tisserfine zu suchen. Deutlich nachlassende Schüttung in Zusammenhang mit den geringeren Niederschlägen der letzten Jahre lassen eine geringere Grundwasserneubildung im Einzugsgebiet des gespannten Grundwasserleiters vermuten.

Die mangelnde Verfügbarkeit von Quellwasser und auch stärkere Nachfrage von Seiten der Bauern, insbesondere von zurückgekehrten Gastarbeitern, haben dazu geführt, daß vor allem im tieferen Teil der Oase zahlreiche Brunnen gegraben wurden, aus denen mit Motorpumpen Grundwasser gefördert wird. Dieses Grundwasser ist qualitativ deutlich schlechter, regional versalzt, aber trotzdem zur Bewässerung noch geeignet. Überlagert wird das aus der Tiefe stammende Salzwasser durch eine schwächer mineralisierte Lage von ungenutztem Quell- und Drainagewasser. Im SW der Oase kommt weiterhin ein Süßwasserstrom aus NW, der sich über das Salzwasser legt und damit die schlechte Wasserqualität verbessert. Je stärker und umfangreicher dem Grundwasserleiter Wasser entnommen wird, um so schlechter wird die Wasserqualität, da das Süßwasserkissen über dem Salzwasser begrenzt ist.

Wenn die derzeit defizitäre Wassersituation weiter anhält und sich infolge der nachlassenden Quellschüttung sogar noch verstärkt, ist zu befürchten, daß sich der Anbau rückläufig entwickelt und damit die Böden versalzen.

1 Der geographische Rahmen

Die Oase Figuig liegt im östlichen Hohen Atlas Marokkos bei 32° nördlicher Breite. Sowohl von den Höhen als auch von der Gebirgsstruktur her ist der östliche Hohe Atlas im Raum Figuig nicht mit dem westlichen Hohen Atlas vergleichbar, da selbst in den hydrologisch wichtigen Ketten von Jebel Grouz und Jebel Maïz die Gipfel nicht mehr 2.000 m erreichen. Darüber hinaus ist der Hohe Atlas bei Figuig durch intramontane Verebnungen bereits stark aufgelöst.

Die Oase selbst zerfällt bei detaillierter Betrachtung in sieben Einzeldörfer (arabisch: *Qsour*, sing.: *Qsar*). Sechs davon entwickelten sich oberhalb einer 10 bis 30 m hohen Landstufe in einer intramontanen Ebene. Das größte Dorf, der Qsar Zenaga, befindet sich unterhalb der Landstufe ebenfalls in einer intramontanen Ebene. Beide Ebenen dachen sich von ca. 950 m im Norden auf 850 m im Süden ab. Begrenzt werden sie durch eine Reihe kleinerer Erhebungen, die, zwischen 1.130 m und 1.050 m gelegen, den Raum Figuig um bis zu 200 m überragen und den Gebirgsbogen im Süden schließen. Durch die Erhebungen am Südrand der Oase zieht sich die Südatlasstörung, jenes Lineament, das die alte afrikanische Masse vom alpidischen Atlassystem trennt (vgl. *Abb. 1*).

Bewässerung, und damit Anbau von Kulturpflanzen, kann aufgrund einer exzeptionellen geologischen Gunstsituation erfolgen. Aus ca. 30 Thermalquellen, die scheinbar alle auf einer SW-NE laufenden Störung liegen, tritt Wasser aus, das aufgrund seiner Qualität zur Bewässerung geeignet ist.

2 Das Klima

Für Figuig liegen nach den Untersuchungen der *Direction de la Météorologie Nationale* in Casablanca

Abbildung 1: *Geologische Karte von Figuig*

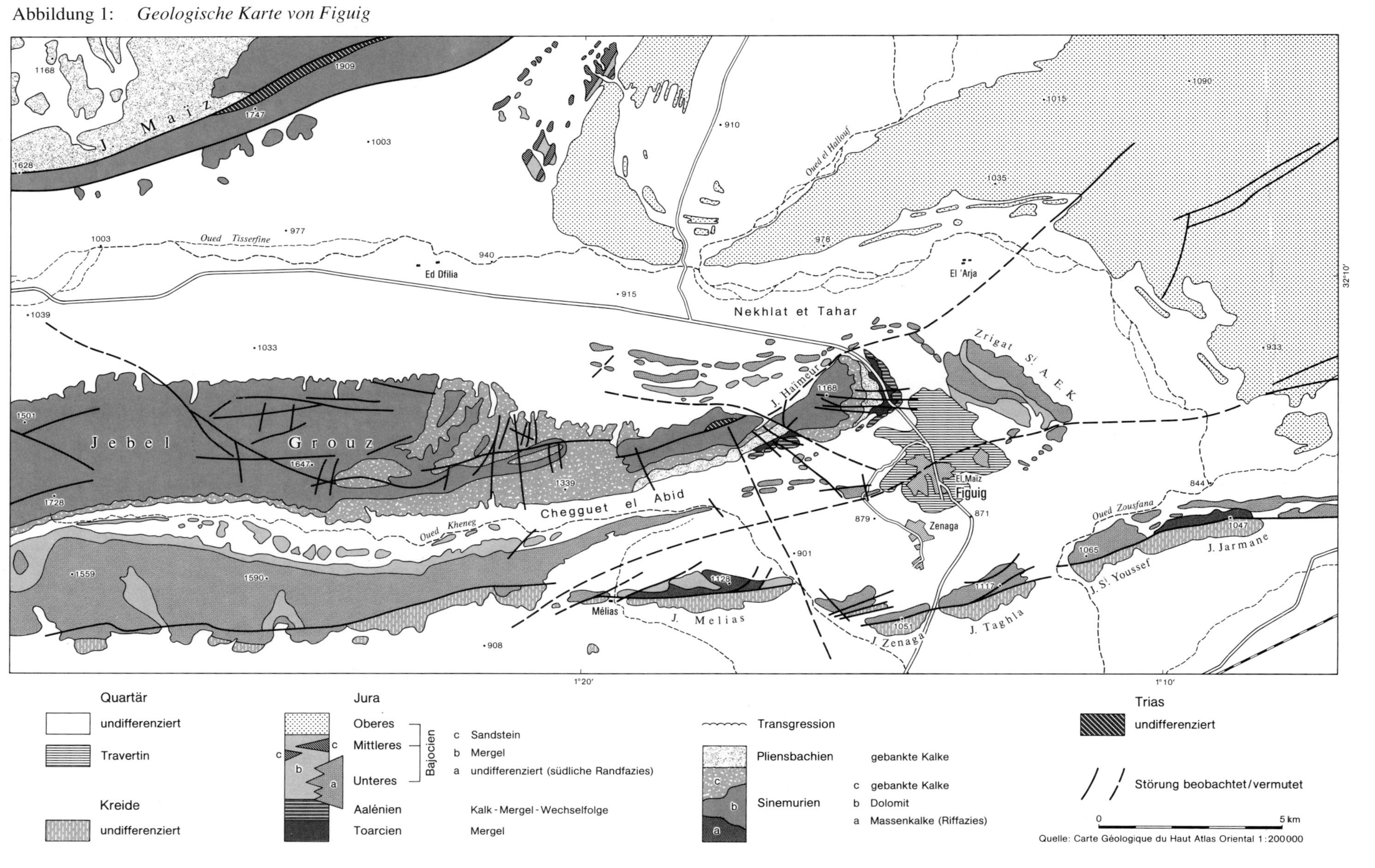

nur unzureichende Niederschlags- und Temperaturwerte vor. Insbesondere für die jüngere Phase nach 1966 sind keine gesicherten Daten erhältlich.

Nach den Meßergebnissen von 1951-1960 fallen in Figuig im Durchschnitt ca. 140 mm Jahresniederschlag, ein Betrag, der nach Aussagen der Bevölkerung in den letzten Jahren nicht mehr erreicht wurde. BREIL et al. (1977) errechneten für die 30jährige Periode von 1933-1963 128 mm Jahresniederschlag.

In den für die Grundwasserergänzung wichtigen Antiklinalen des östlichen Hohen Atlas wurden die 100 mm-, 200 mm- und 300 mm-Isohyeten nach der phytoökologischen Karte von GAUSSEN und ROUX gezogen. Danach fallen in vier Fünfteln des östlichen Hohen Atlas zwischen 100 und 200 mm Jahresniederschlag, in einem Fünftel mehr als 200 mm. Bis zu 300 mm Jahresniederschlag könnte die Gipfelregion der Gebirgskette des Jebel Amour erhalten (vgl. BREIL et. al. 1977).

Da die Niederschläge überwiegend auf atlantische Zyklonen zurückgehen, ist Figuig durch ausgesprochene Sommertrockenheit gekennzeichnet. Von Mai bis September mißt man nur 18 % der Jahressumme (SAMIMI 1990). Besonders ausgeprägt ist das Oktobermaximum, das in Ostmarokko sonst nur als sekundäres Maximum auftritt. In dieser Form ist es allerdings bis zu den Bergen von Jerada (südlich Oujda) und über weite Bereiche des Hochlands der Schotts nachweisbar. DUBIEF (1971) deutet es genetisch im Zusammenhang mit sudanesischen Sommerregen und den Herbst- und Winterregen des Maghreb.

Minimum- und Maximumtemperaturen klaffen entsprechend der Position im Gradnetz erheblich auseinander. Während das mittlere durchschnittliche Minimum bei 13,3° C liegt, wurden für das mittlere durchschnittliche Maximum 28,5° C errechnet. Die absoluten Werte betragen -2° C bzw. 47° C.

Mit welchen Verdunstungsbeträgen in Figuig kalkuliert werden kann, ist bis jetzt noch unklar. Während GRIFFITHS (1972) für die benachbarte Station Béni Ounif 3.293 mm/a Picheverdunstung angibt, ermittelte SAMIMI (1990) nach PAPADAKIS (1965) 1.848 mm/a. Nach RICHTER und SCHMIEDECKEN (1985) ist im Bereich der Oasengärten eine Reduktion der Verdunstung von 40-60 % zu erwarten.

3 Die Fragestellung

Aufgrund der klimatischen Situation Figuigs, die SAUVAGE (1963) im *Atlas du Maroc* als „saharisch mit gemäßigten Wintern" gekennzeichnet hat, erscheint es prinzipiell interessant, sich mit den Wasserverhältnissen der zu Figuig gehörigen Dörfer und ihrer Fluren auseinanderzusetzen, ist doch das Wasser jener bedeutende Minimumfaktor, der über die weitere Entwicklung, Stagnation oder Marginalisierung der Oase entscheidet. Wie wichtig die das Bewässerungswasser liefernden Thermalquellen sind, wird auch dadurch ersichtlich, daß im Umkreis von 50 km keine weiteren Quellen vorhanden sind. Erst in der Oase Ich (NNE von Figuig) treten Quellen auf, allerdings mit weit geringerer Schüttung und daher auch geringerer Bedeutung. Figuig ist also im östlichen Hohen Atlas ein Sonderfall, der entsprechende Untersuchungen rechtfertigt.

Ein weiterer Grund, sich mit der hydrologischen Situation von Figuig auseinanderzusetzen, liegt in einigen ungeklärten Sachverhalten. So geht z.B. aus den Untersuchungen von RUSSO (1923) und auch BREIL et al. (1977) nicht hervor, warum zwischen den bis zu 30° C warmen Quellen kalte Quellen mit weniger als 15° C vorkommen. Wenn die Quellen alle auf einer Störungslinie liegen und durch diese auch bedingt sein sollen, müßte dann nicht eine einheitliche Wassertemperatur gegeben sein?

RUSSO (1923) vertrat die Ansicht, daß sich die Quellwässer von Figuig in einer elliptischen Synklinale angesammelt hätten, die W-E streichen würde. Im Süden wäre die Synklinale begrenzt durch die kleine Gebirgskette der Takroumet, die sich im äußersten Westen in die Kette des Jebel Grouz hineinzieht. Nach E zu verläuft sich die Takroumet in der Ebene von Bagdad. In den Ketten von Zrigat Abd el Kader sieht RUSSO die östliche Begrenzung der Synklinale, da das Nordwestende auf den Jebel Grouz umbiegt, während das Südostende zur Takroumet, d.h. nach SW, gekrümmt ist (vgl. *Abb. 1*). In der triangelförmigen Synklinale würden die Wässer bis zu einer Tiefe von 400 m geführt, um dann als warme Quellwässer wiederzuerscheinen. Wenngleich RUSSO die Existenz der Synklinale mit akribischer Genauigkeit nachweist, hat er sich über die Mengenverhältnisse keine Gedanken gemacht. Er vertritt die Ansicht, daß die Wässer derzeit nicht nachgebildet werden und die Quellen daher langsam versiegen würden. Tatsache ist aber, daß die Quellen bis zu den Messungen im Jahr 1975 noch mehr als 200 l/s schütteten und auch heute noch erhebliche Mengen abgeben (vgl. *Beilage 2* im Beitrag BENCHERIFA/POPP). Dabei ziehen die Brunnen der öffentlichen Wasserversorgung eine bisher zwar unbekannte, aber dennoch beträchtliche Menge ab. Eine derartige Quellschüttung, dazu noch mit leicht artesischem Druck, aus einer Synklinale, die kaum mehr als 50 Quadratkilometer Fläche einnimmt, ist ohne erhebliche Grundwasserneubildung hydraulisch gesehen unmöglich. Selbst wenn man annehmen würde, daß ein Teil der Wässer fossil wäre, müßte zur Aufrechterhaltung des artesischen Drucks eine beständige Grundwasserneubildung in den Einzugsgebieten stattfinden.

Wir können folglich davon ausgehen, daß die von RUSSO (1923) postulierte Synklinale vielleicht einen kleinen Beitrag zur gesamten Grundwassersituation von Figuig leistet, keineswegs aber als das Einzugsgebiet der Quellen zu verstehen ist. Vielmehr sollte ein weit größeres Einzugsgebiet in der Größenordnung von 400 bis 500 Quadratkilometern gesucht werden, das in der Lage ist, aufgrund seiner tektonisch-lithologischen Eigenschaften sowohl Wassermenge als auch Temperatur der Quellen zu erklären.

Eine weitere Fragestellung knüpft an die Brunnen an, die die Oasenbewohner im tieferen Teil der intramontanen Ebene, vor allem in der Flur des *Qsar* Zenaga, gegraben haben. Insgesamt konnten bereits mehr als 50 Brunnen nachgewiesen werden, die überwiegend zur Bewässerung der Gärten angelegt worden sind. Da das Wasser dieser Brunnen dem Wasser der oberhalb liegenden Quellen in chemischer Sicht ähnelt, nur eben weit höher konzentriert ist als das Quellwasser, vertreten BREIL et. al. (1977) die Ansicht, daß die höher konzentrierten Wässer im tieferen Teil der Oase auf Rückfluß bzw. Wiederversickerung des unverbrauchten Quellwassers oder auch Drainagewassers zurückgingen.

Erstaunlich ist aber, daß gerade dort, wo die am höchsten konzentrierten Wässer mit bis zu fast 20.000 µS/cm (Mikrosiemens/cm) gefördert werden, bis vor kurzem noch kein Anbau stattgefunden hat. Vielmehr handelt es sich hierbei um ein neu ausgebautes Viertel des *Qsar* Zenaga. Unter Einbeziehung der geringen Grundwasserströmungsgeschwindigkeit müßten aber die höchsten Konzentrationen dort zu finden sein, wo schon seit längerem angebaut wird, wenn die Ansicht von BREIL et. al. (1977) zutreffen sollte. Da dies keineswegs der Fall ist, sind auch hier Bedenken angebracht und weitergehende Untersuchungen gerechtfertigt.

4 Geologie

4.1 Schichtenfolge

Die im Raum Figuig anstehenden Schichten erstrecken sich nur auf eine geringe geochronologische Spanne. Die älteste Formation ist die Trias, vertreten durch rostrote, aber auch grüne Mergel und Tonsteine. Vereinzelt sind auch rote Sandsteine zwischengeschaltet. Hydrologisch bedeutsam sind die Salz- und Gipslagen, die vor allem in den Tonen zu finden sind. Während die salzhaltigen Schichten der Trias im algerischen Teil des Sahara-Atlas — der östlichen Fortsetzung des Hohen Atlas — zu halokinetischen Bewegungen in Form diapir-artiger Salzstöcke geführt haben, konnte dies im Gebiet von Figuig nicht nachgewiesen werden. Hier sind die roten Tone der Trias im Zentrum der Antiklinalen von Jebel Grouz und Jebel Maïz zu beobachten. Im äußeren Südwesten von Zenaga, dem Ortsteil Berkoukess, wurden bei Brunnengrabungen ebenfalls rostrote Tone der Trias gefördert. Der Brunnen liegt in der östlichen Fortsetzung der Südatlasstörung, die durch den Jebel Mélias zieht.

Der im Hangenden folgende Jura ist durch die Schichtenfolge des *Lias inférieur* (*Sinémurien*) und des *Lias moyen* (*Pliensbachien*) vertreten. Lithofaziell handelt es sich um Kalke, Dolomite und Mergel, die sowohl in mariner Fazies als auch in Randfazies auftreten. Vereinzelt liegt auch lagunäre Brackwasserfazies vor. Am Aufbau von Jebel Grouz und Jebel Maïz haben sie den größten Anteil; auch an der Nordflanke von Jebel Mélias und bei den Höhen von Mader Feras sind sie vertreten. BREIL et. al. (1977) haben ihre Mächtigkeit mit 200 m angegeben.

Mergel und mergelige Kalke des *Toarcien* und *Aalénien* mit lokal zwischengeschalteten Konglomeraten und schwarzen Kalken haben nur kleine Ausstrichflächen, da sie geringmächtig und morphologisch weich sind, d.h. rasch abgetragen werden. Nachgewiesen sind sie am Ostkopf des Jebel Grouz, dem Jebel Haïmeur[1)] und bei Abou el Kehal in der Synklinale des Oued Tisserfine.

Der Dogger besteht aus Mergeln und blauen Kalken, die ins *Bajocien* gestellt werden. Nach oben folgen Quarzite und schwarze Sandsteine des *Bathonien* in einer Mächtigkeit zwischen 200 und 400 m. Der Ausstrich liegt bei Zrigat Abd el Kader, in der Synklinale des Oued Tisserfine und südlich des Jebel Grouz in der Kette der Takroumet. Weiterhin bildet der Dogger jeweils den nördlich der Südatlasstörung gelegenen Teil der südlichen Rahmenhöhen beim Jebel Zenaga, Taghla und Sidi Youssef. Hier, wie auch beim Jebel Melias, stößt der Dogger unmittelbar an die kretazischen Sedimente des *Continental intercalaire*.

Als quartäre Bildungen sind Schwemm- und Schuttfächer am Fuß der Gebirge und Dünenkomplexe im Ostbogen des Oued Zousfana zu erwähnen. Selbst die Travertine und Kalksinter, die in Figuig die Steilstufe bilden, aber auch an anderen Lokalitäten, z.B. bei Abou el Kehal im Becken des Oued Tisserfine vorkommen, müssen nach den jüngsten Datierungen ins Quartär gestellt werden. Abgesehen von der Kette der Takroumet, die im W bis in die Flur von Figuig hineinreicht, liegt die Oase mit ihren Palmgärten auf quartären Ablagerungen.

4.2 Lagerungsverhältnisse

Bedeutsam für die gesamte hydrogeologische Situation im Gebiet von Figuig ist, daß die Lagerung der Schichten im östlichen Hohen Atlas deutlich abweicht von der

1) Die in der amtlichen Topographischen Karte 1:100.000 erfolgte Bezeichnung Jebel Haïmeur wird im folgenden beibehalten, obwohl es sich um einen Fehler handelt. Für die Einheimischen heißt dieser Berg Jebel Lahmeur. Da der amtlichen Karte folgend, in der Literatur zumeist vom Jebel Haïmeur die Rede ist, wollen wir hier dennoch die „alte" und falsche Namensgebung weiterhin verwenden.

Struktur des westlichen Hohen Atlas, die STETS und WURSTER (1981) beschrieben haben. Zwar finden sich zwischen Jebel Maïz und Bou Arfa am Nordrand des Hohen Atlas tabuläre Strukturen, die eher den Pultschollen von STETS und WURSTER entsprechen, der Jebel Maïz selbst und auch der Jebel Grouz mit seiner Ostfortsetzung, dem Jebel Haïmeur, sind aber eindeutige Antiklinalen, die nach E zu durch Virgation und abtauchende B-Achsen gekennzeichnet sind. Besonders gut kann das umlaufende Streichen vom Gipfel des Jebel Haïmeur beobachtet werden, da die Schichten hier teilweise mit mehr als 20° nach E abtauchen.

Auch das Becken des Oued Tisserfine ist nicht als Graben, sondern als Synklinale zu verstehen. Im E zieht der Dogger noch bogenförmig in die Synklinale hinein, während im W der mittlere Lias ausstreicht, dabei aber von N und S auf die Längsachse der Synklinale einfällt. Nach den grabenartigen Einsenkungen jüngerer Gesteine bei Abou el Kehal und den geoelektrischen Untersuchungen in den 70er Jahren ist davon auszugehen, daß die Synklinale im Untergrund von einer Reihe paralleler Störungen durchzogen ist.

Erwähnenswert ist dann noch die Kette der Takroumet, die sich im Westen vom Jebel Grouz löst, als Faltenstörung durch Figuig läuft, um dann in den Ketten von Zrigat Abd el Kader umlaufend um den Jebel Haïmeur zu streichen. Sie stellt de facto den Überrest des Doggerfaltenmantels um die Antiklinale des Jebel Grouz dar.

Ungeklärt ist auch der tiefere Untergrund der beiden intramontanen Ebenen von Figuig, die durch die Takroumet getrennt sind. Nach den Aufschlüssen in den kleinen, wenig eingeschnittenen *Oueds* könnte zumindest im Untergrund der nördlichen Ebene Lias anstehen.

4.3 Störungsmuster

Störungen gilt bei hydrogeographischen Untersuchungen besondere Beachtung, da sie einerseits bevorzugte Wasserleitbahnen sind, andererseits aber auch Wasserwege blockieren und damit Grundwassertreppen verursachen können (vgl. JUNGFER 1987). Im Raum Figuig sind schwerpunktmäßig drei wesentliche Richtungen auszumachen: E-W oder ENE-WSW, ESE-WNW und NNW-SSW. Zur ersten Gruppe gehört vor allem die Südatlasstörung, die durch die kleinen Erhebungen am Südrand der Ebene von Figuig zieht, dabei aber nicht als geschlossene Linie zu verstehen ist, sondern vor allem zwischen Jebel Mélias, Jebel Zenaga und Jebel Taghla staffelförmig versetzt ist. Dabei läuft der vom Jebel Mélias kommende Störungsausläufer genau in den Südwestteil von Zenaga, genannt Berkoukess. Weiter im Norden sind dann die Faltenstörung der Takroumet und die Störung südlich der Ketten von Zrigat Abd el Kader sowie zahlreiche Störungen im Gebirgsmassiv des Jebel Grouz zu dieser Gruppe zu rechnen.

In die zweite Gruppe (ESE-WNW) fällt die hydrologisch vielleicht bedeutendste Störung. Sie trennt in Form einer Blattverschiebung den Ostkopf des Jebel Grouz, den Jebel Haïmeur, vom Jebel Grouz und versetzt ihn nach SE. Von dort geht die Störung in die Takroumet über. Rätselhaft erscheint der weitere Verlauf nach WNW, da die Störung hier nicht den ausstreichenden Dogger schneidet, sondern nach W umbiegt und parallel zu den Schichten des Dogger verläuft. Weiterhin gehört in diese Gruppe noch eine Spalte, die bisher unbekannt war. Sie liegt etwa 50 m unterhalb des Gipfels des Jebel Haïmeur. Mit den Ausmaßen 2 x 0,6 m streicht sie in Richtung 110° und damit exakt auf die Oase zu. Aus ihr entweicht heißes Wassergas mit einer Temperatur von 39,8°C.

Die dritte Gruppe, die NNW-SSE streicht, ist vor allem 20-30 km weiter nördlich von Figuig interessant. Hier kommen innerhalb dieser Störungen triassische Diapire vor. Verlängert man die Störungen über die Triasausstriche beim Jebel Maïz, dann gelangt man genau nach Figuig.

5 Hydrogeologie

Hydrogeologische Modellvorstellungen müssen berücksichtigen, daß die Differenzen der Wassertemperaturen im Raum Figuig mit 25,3° C hoch liegen. Selbst im Bereich der unmittelbaren Quellzone kann man auf engem Raum noch über 17° C messen. Um dies zu erklären, muß man getrennte Karstgefäße postulieren, die unterschiedlich tief liegen.

Die hohe Temperatur des Wassergases in der Spalte unmittelbar beim Jebel Haïmeur, die nicht auf postvulkanische Erscheinungen zurückzuführen ist, läßt darauf schließen, daß die Karstgefäße bis in große Tiefen reichen. Geht man bei einer approximativen Berechnung von 1° C pro 30 m Tiefe aus, dann ergibt sich eine Tiefe von mindestens 750 m. RUSSO (1923) hat bisher nur maximal 400 m angenommen, da er noch nicht die Spalte auf dem Jebel Haïmeur und damit auch nicht die Maximaltemperatur gekannt hat. Darüber hinaus hat er bei seinen Berechnungen die Jahresmitteltemperatur zugrundegelegt. Dies soll hier nicht gemacht werden. Als Bezugsbasis dient jetzt nicht die Jahresmitteltemperatur, sondern vielmehr die Wassertemperatur der ehemals kalten Quelle in El Maïz, die inzwischen nur noch als kalter Brunnen mit 14,5° C existiert. Alle höheren Temperaturen kommen offensichtlich dadurch zustande, daß die Wässer in der Tiefe erwärmt oder aufgeheizt worden sind. Wenn es nämlich möglich ist, daß eine Quelle, und dies war nicht die einzige, ganzjährig Wasser schüttet, das ca. 6° C unter der

Jahresmitteltemperatur liegt, dann ist davon auszugehen, daß das vom Wasser durchströmte Gestein eben diese — niedrigere — Jahresmitteltemperatur hat. Da aber die überwiegende Wassermenge nur bis maximal 32° C aufgeheizt ist, muß die 750 m-Tiefe als Maximaltiefe verstanden werden, die nur von wenigen Karstgefäßen erreicht wird. Mit einer Tiefe von 500 m sollte man aber in jedem Fall rechnen.

Weiterhin ist es notwendig, bei hydrogeologischen Modellvorstellungen die Quantität zu berücksichtigen. Geht man von der 1975 gemessenen Quellschüttung aus, die ca. 200 l/s ergab, und nimmt man sehr gute Grundwasserneubildungsbedingungen von etwa 12 % der Jahresniederschlagsmenge an, dann muß das Einzugsgebiet mindestens 400 Quadratkilometer umfassen. In Frage kommt dafür das Gebirgsmassiv des Jebel Grouz und des Jebel Maïz, insbesondere aber die Synklinale des Oued Tisserfine, die zwischen den beiden Antiklinalen liegt. Da die Faltenachsen beider Antiklinalen nach E einfallen, können die Wässer in den Antiklinalen nach E abströmen. Dabei gelangen sie aber nicht in eine derartige Tiefe, die notwendig ist, um die hohen Wassertemperaturen zu erklären. Diese Möglichkeit ist nur dann gegeben, wenn die Wässer von der Nordflanke des Jebel Grouz und der Südflanke des Jebel Maïz auf die Synklinale des Oued Tisserfine zuströmen, wie dies in *Abb. 2* dargelegt worden ist. In der Synklinale des Oued Tisserfine sind sie dann in der Lage, die Tiefe von 500 m zu erreichen, die aufgrund der Wassertemperaturen durchlaufen worden sein muß.

Würde man einen rein störungsgebundenen Abstrom annehmen, dann wären Tiefen von 500 m und mehr sehr unwahrscheinlich. Es muß daher eine schichtgebundene Strömung und somit aber auch eine spezifische Einschichtung der Wässer in die unterschiedlichen Karstgefäße gegeben sein. Diese sollten bis zu einem gewissen Grad auch unabhängig sein, da sonst keine unterschiedlichen Tiefenlagen und somit auch keine unterschiedlichen Temperaturen erreicht werden können.

Ideale Voraussetzungen zur Erfüllung dieser Infiltrationsbedingungen findet man etwa 40 km WNW von Figuig. Hier durchbricht der Oued Tisserfine über eine Strecke von mindestens 7 km die nach W ausstreichenden Schichten des *Lias inférieur* und des *Lias moyen*. Da das Gefälle der Synklinalachse hier größer ist als das Gefälle des *Oued*, besteht an dieser Stelle die Möglichkeit, daß in zahlreiche wasseraufnahmefähige Schichten getrennt Wasser versinken kann. Selbstverständlich infiltriert dann auch östlich davon — in Richtung Abou el Kehal — Wasser in die jurassischen Schichten, nur daß in diesem Fall, ebenso wie westlich davon, das Wasser erst in die Schotter der Flußsohle und dann von dort in den darunterliegenden Jura gelangt. Gute Grundwasserneubildungsbedingungen sind weiterhin auch durch die Nebenflüsse des Oued Tisserfine, den Oued el Ankar und den Oued Bou Ramouana nebst ihrer Tributäre gegeben, da diese ebenfalls direkt in den jurassischen Gesteinen arbeiten. Verbessert werden die guten lithologisch verursachten Infiltrationsbedingungen noch dadurch, daß der nördliche Jebel Ari Aïra fast bis auf 2.000 m reicht und damit höhere Niederschläge erhält. In der Folge wächst eine üppigere Vegetation (Baumwuchs), die im dortigen hängigen Gelände abflußretardierend und deshalb auch deutlich infiltrationsfördernd wirkt.

Während im westlichen Einzugsgebiet ein überwiegend schichtgebundener Abstrom des Grundwassers angenommen wird, zeigt sich vor allem im Gebiet des Jebel Haïmeur, daß sich hier die Wässer vorwiegend auf Störungsbahnen durch die Antiklinale des Jebel Grouz bzw. des Jebel Haïmeur in Richtung Figuig bewegen. Wo genau der Übergang zwischen schicht- und störungsgebundenem Abstrom liegt, kann bis jetzt nicht gesagt werden, da das Störungsmuster in der Synklinale des Oued Tisserfine bisher noch zu wenig bekannt ist.

Daß die Wässer nun gerade bei Figuig an die Erdoberfläche dringen, könnte man einfach damit erklären, daß sie ja nicht immer weiter in die Tiefe geführt werden können, sondern, wenn vorhanden, irgend eine passende Störung für den Weg nach oben benutzen. Und diese passende Störung scheint eben gerade hier gefunden, weil bei Figuig der Hohe Atlas von der W-E Richtung großräumig in die SW-NE Richtung umbiegt. Diesem Beanspruchungsplan entsprechend entstehen Störungen, denen das Wasser aus der Synklinale des Oued Tisserfine nach SE auf Figuig zu folgt. Zweifellos würden die Wässer weiter nach SE abströmen, zwänge nicht die wasserundurchlässige Faltenstörung der Takroumet die Wässer, an die Oberfläche zu strömen. Der Abstrom geht also bis zur Takroumet, wo er blockiert wird. Südlich der Takroumet liegen andere Wässer vor. Daher muß hier ausdrücklich betont werden, daß die Wässer aus unterschiedlichen NW-SE bzw. WNW-ESE laufenden Störungen auf Figuig zuströmen, nicht aber aus einer E-W laufenden, die quasi parallel zur Südatlasstörung verläuft. Nur so ist es verständlich, daß Quellwässer annähernd gleicher hydrochemischer Fazies, aber unterschiedlicher Temperatur unmittelbar nebeneinander an die Erdoberfläche dringen.

Wenngleich das vorgestellte Grundwassermodell ohne Störungen auskommt, die den weiteren Abstrom nach Algerien vollständig absperren, sollte man bei späteren Untersuchungen doch die Möglichkeit berücksichtigen, daß u.U. östlich von Figuig eine tiefliegende Störung läuft, die durch den Dogger an der Oberfläche nicht sichtbar ist. Denn gerade nördlich des Jebel Maïz häufen sich in Richtung auf Figuig zu punktuelle triassische Ausstriche diapirischen Charakters, die auf tiefgreifende Schwächezonen hindeuten.

Abbildung 2: *Karte zur Grundwasserneubildung von Figuig*

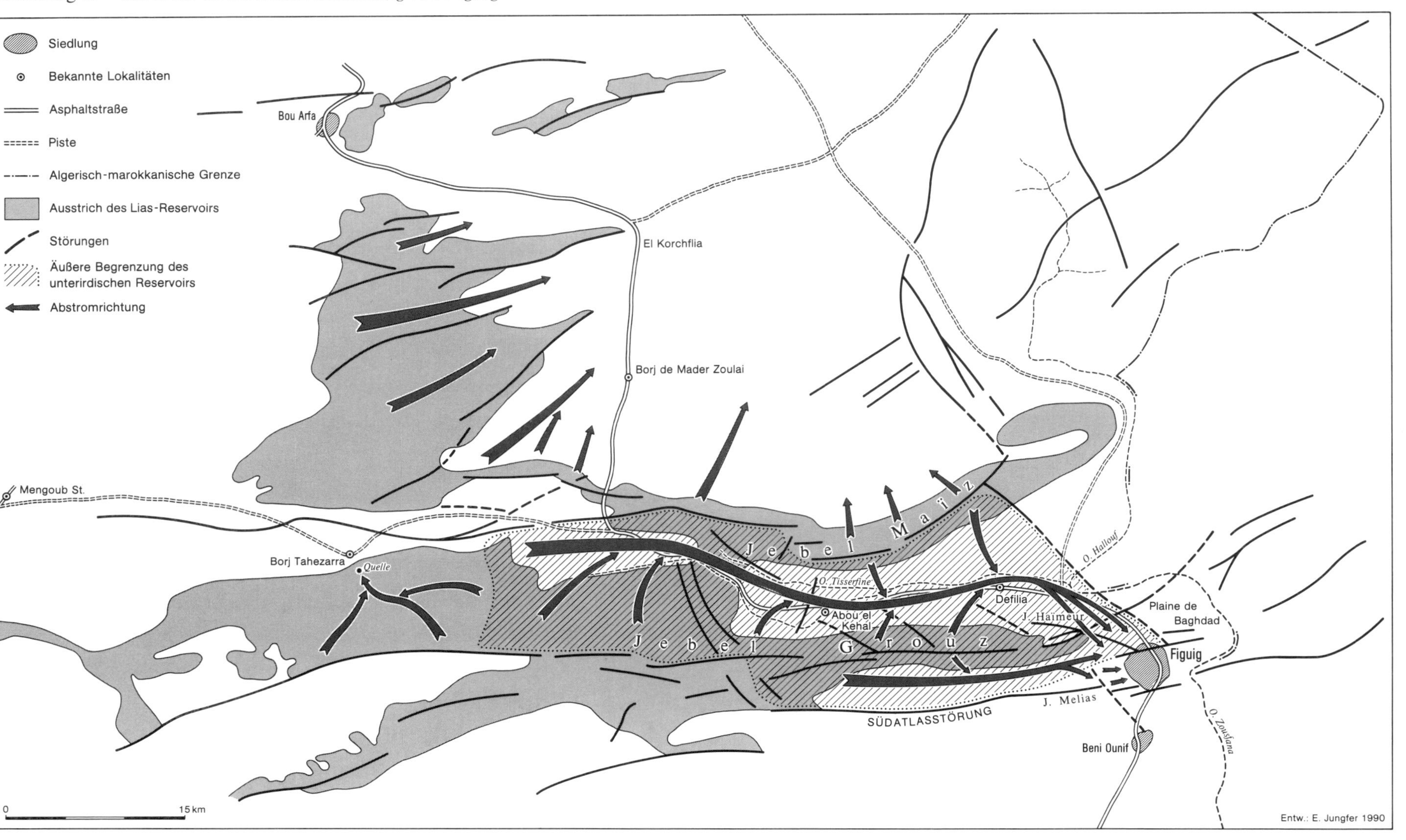

6 Hydrologie

6.1 Die Quellen

Das hydrologisch wohl interessanteste und auch bedeutendste Ereignis im Raum Figuig sind jene ca. 30 artesischen Quellen, die mit ihren Travertin- und Kalksinterablagerungen den Aufbau der bis zu 30 m hohen Landstufe, genannt *Jorf*, verursacht haben. Wasser floß immer an der tiefsten Stelle ab und erhöhte diese durch Kalkausfällungen, so daß ein relativ gleichmäßiges Travertinplateau entstand, das im Zentrum bis zu 1.000 m vorgebaut worden ist. Durch den regulierenden Eingriff des Menschen, der die natürlichen Abflußbahnen in kleine Kanäle, genannt *Souagui* (sing.: *Séguia*), umwandelte und entsprechend seiner Wasserrechte umleitete, ist der *Jorf* zu einer toten Landstufe geworden. Nach wie vor sind aber Höhlen, Travertinabbrüche und auch sekundär verfüllte Spalten und Risse zu beobachten, die durch die typische Auf- und Umbaudynamik am *Jorf* entstanden sind. Quellwässer werden in natürlichen oder zementierten *Souagui* über die Stufe zu den tiefer liegenden Feldern geführt, wobei Kalkausscheidungen aber nur noch in geringem Ausmaß in den Wasserzuführungskanälen zu finden sind.

Trotz der in den letzten Jahren zunehmenden Erschließung von Grundwasser durch Brunnen ist davon auszugehen, daß die Oase nach wie vor den größten Anteil ihres Bewässerungswassers aus der Quellzone erhält. Da sich die Quellen an den Austrittsstellen wechselseitig beeinflussen, haben die Bewohner der einzelnen *Qsour* jeweils versucht, die Schüttung ihrer Quelle durch Rückgrabung und Tieferlegung zu steigern, mit dem Ergebnis, daß die Schüttung benachbarter Quellen nachließ. Streitigkeiten, bei denen es zahlreiche Todesopfer gab, und sogar die Auslöschung eines gesamten *Qsar* waren Ergebnis jenes Kampfs um die Wasserressourcen (vgl. Beitrag BENCHERIFA/POPP in diesem Band). Heute ist von einer natürlichen Quellsituation nichts mehr zu finden. Anstatt der Quellen bestehen jetzt *Foggaguir* (sing.: *Foggara*), die eine exakte Lokalisierung des jeweiligen Quellpunktes unmöglich machen. Nach wie vor beeinflussen sich aber die *Foggaguir* untereinander, so daß die Besitzer, sofern sie noch Landbau betreiben, daran interessiert sind, die *Foggaguir* zu reinigen, damit die Schüttung möglichst hoch bleibt.

Besonderes Geschick bei der Sicherung der Wasserrechte hat der *Qsar* Zenaga bewiesen, der ursprünglich eigentlich gar keine Quelle besessen haben kann, da er unterhalb der Takroumet und auch unterhalb des *Jorf* liegt. Durch Stollengrabung ist es den Bewohnern gelungen, das Wasser der Quellen oberhalb des *Jorf* anzuzapfen und den höherliegenden *Qsour* damit das Wasser abzugraben. Der Kopf der überwiegend zu Zenaga gehörenden *Foggara* von Zadderte ist weit nach N vorgetrieben worden. Er liegt in unmittelbarer Nähe der Quelle Tighzerte auf dem Territorium von Loudaghir, aber deutlich tiefer als Tighzerte. Im Herbst 1988, als der Stollen von Zadderte zu Reinigungsarbeiten geöffnet war, konnte man beobachten, wie der Wasserspiegel im Stollen absinkt, wenn die Pumpen von Tighzerte laufen. Die theoretisch vermutete, wechselseitige Beeinflussung der Quellen konnte somit auch empirisch nachgewiesen werden.

Eine besondere Situation ist auch bei der Quelle Tajemmalt gegeben, die sowohl durch Bewohner von Hammam Tahtani als auch von Hammam Foukani angegraben worden ist. Beide betrachten die Quelle als die ihrige, da das Wasser von einer unterirdischen Austrittsstelle in mehrere Richtungen und damit auch in mehrere *Foggaguir* strömte. Nach den üblichen Streitigkeiten mit den oben beschriebenen Folgen hat man sich dann darauf geeinigt, die Schüttung der beiden Quellpunkte unterirdisch zusammenzufassen: 2/5 entfallen auf Hammam Tahtani, 3/5 auf Hammam Foukani. Der unterirdische Verteiler, genannt *Iqoudass*, ist mit zwei Schlössern gesichert, so daß die Repräsentanten beider *Qsour* nur gemeinsam den Verteiler aufsuchen können. Dies zeigt, daß das gegenseitige Mißtrauen nach wie vor groß ist.

Wie stark die gegenseitige Beeinflussung der Quellen ist, hängt von der lokalen Durchlässigkeit des Gesteins und auch von der Distanz der Quellen untereinander ab. Besonders gut kann die wechselseitige Beeinflussung bei der Quelle Ali ou 'Amar in El Maïz studiert werden. Ihre Schüttung ist 1975 noch mit 2,7 l/s verzeichnet. Im Oktober 1988 wurde von der *Commune rurale* ein Brunnen in der Nähe der Gendarmerie, d.h. nordwestlich des Quellpunktes, in Betrieb genommen, der aus der gleichen Störung sein Wasser bezieht. Die Schüttung der Quelle ging daraufhin auf 0,8 l/s zurück; im Sommer ist sie nahezu ausgetrocknet.

Ungeachtet der gegenseitigen Beeinflussung an den unterirdischen Wasseraustrittsstellen ist davon auszugehen, daß die Wässer in unterschiedlichen Tiefen durch den Aquifer strömen. Darauf deuten die Temperaturdifferenzen ebenso wie die Differenzen in den Leitfähigkeiten sowie die verschiedene alkalische Fazies der Wässer hin. Deutlich wird dies im Qsar El Maïz, wo in unmittelbarer Nähe der Quelle Pouarjia mit 31,4° C die kalte Quelle Tanoute (14,5° C) liegt. Früher wurde von der kalten Quelle über einen kleinen Stollen Wasser in das *Hammam* von Pouarjia geleitet, um damit warm-kalte Wechselbäder zu ermöglichen. Inzwischen ist der Stollen von Tanoute eingebrochen, so daß nur noch ein kalter Brunnen vorhanden ist, aus dem sich die Einwohner an heißen Tagen mit erfrischendem Wasser versorgen.

In den letzten Jahren zeichnet sich zunehmend ein Nachlassen der Quellschüttungen ab (vgl. *Tab. 1*). Einige Quellen, wie Ifli Natamor oder Ifli Aouragh sind bereits in den 60er Jahren vollständig ausgetrocknet, und auch Tanoute in El Maïz existiert nur noch als kalter Brunnen. Ob diese beobachtbare und auch meßbare Reduktion der Quellschüttung ein natürlicher Prozeß ist, oder ob hier eine Umsteuerung vorliegt, wie das oben im Fall von Ali ou'Amar beschrieben worden ist, läßt sich nur schwer sagen, da nicht genau festgestellt werden kann, wieviel Wasser über das öffentliche Netz entnommen wird. Bis zur Preisänderung kostete nämlich die Wassereinheit im öffentlichen Wassernetz genauso viel, wie das von einem Brunnen auf Pachtbasis bezogene Wasser. Die Folge war, daß die Landwirte das qualitativ bessere Wasser aus der Wasserleitung bevorzugten, sich entsprechend zusätzliche Speicher-

Tabelle 1: *Einige wichtige Kenngrößen der Quellen*

Nr. der Aufnahme	Name der Quelle	Schüttung 1975 (l/s)	Schüttung 1987 (l/s)	EC in µS/cm	Temperatur in °C
05	Oussimane	< 0,1	< 0,3	710	19,8
08	Tijjent Laâbidate	·	< 0,1	9.300	19,0
73	Oulad Mimoune	2,0	1,3	2.220	22,9
74	Elkhil	0,3	0,3	3.020	20,0
75	Oulad Dahmane	0,2	trocken	3.650	18,0
76	Anessisse	0,5	0,2	3.800	20,4
79	Chiblachi	1,8	1,6	3.600	26,0
78	Lahmam	0,4	0,1	2.420	19,9
80	Elcaïd	0,9	0,9	2.440	21,8
77	Dar	1,7	0,4	2.410	22,0
83	Zadderte	88,0	80,6	2.290	31,0
001	Bahbouha	11,7	trocken	·	·
01	Tighzerte	20,0	18,0	2.380	32,0
004	Boumesloute	s. 001	3,8	2.280	28,0
84	Oulad Atmane	2,7	1,9	2.370	20,0
002	Marni Oulad Slimane	11,4	11,8	2.370	32,0
003	Marni Loudarna	6,0	6,0	2.440	31,0
26	Pouarjia	13,4	·	2.360	31,4
27	Tanoute	jetzt kalter Brunnen		3.470	14,5
005	Ifli Jdid El Maïz	0,6	·	·	·
28	Beni Kerimen	7,8	·	2.420	27,8
25	Ali ou 'Amar	2,7	0,8*	2.440	28,1
24	Tijjent El Maïz	1,8	1,7	2.680	26,1
58	Tafraoute	2,1	1,3	2.230	27,1
006	Ifli Jdid Hammam Tahtani	4,3	·	·	·
007	Aouragh Tahtani	in den sechziger Jahren ausgetrocknet			
008	Ifli Natamor	in den sechziger Jahren ausgetrocknet			
57	Tajemmalt	9,8	·	2.470	32,1
59	Tijjent Hammam Foukani	0,3	0,1	2.430	17,0
56	Gaga	11,4	·	2.460	29,5
60	Sidi Mohammed	kalte Quelle, wird bei Gaga eingespeist			

*) Messung erfolgte 1989

Quelle: Schüttungsmessungen von 1975 sind dem *Bulletin Officiel* 1975 entnommen, stammen aber vermutlich von Ende der 60er Jahre. Alle anderen Daten beruhen auf eigenen Erhebungen

becken bauten, und die Wasserhähne den ganzen Tag über geöffnet waren.

Wenn aufgrund der Differenz der Quellschüttungen zwischen 1975 und 1987 (vgl. *Tab. 1*) ein langsames Versiegen der Quellen nur vermutet werden kann, so ist von der Grundwasserneubildungsdynamik her ein allmähliches Austrocknen mit Sicherheit zu erwarten. Um dies erörtern zu können, ist eine Rückblende auf die Grundwasserregeneration auf dem Plateau westlich von Abou el Kehal und an der Nordflanke des Jebel Grouz bzw. der Südflanke des Jebel Maïz notwendig. Niederschlag kann hier sowohl beim Abrinnen von den jurassischen Felsen als auch direkt durch Versinken im Bachbett ins Grundwasser gelangen. Jedes Quantum Wasser, das so dem Grundwasser zugeht, müßte, da Wasser nur minimal kompressibel ist, zu einer unmittelbaren Druckerhöhung im Grundwasserleiter führen. Folge eines Wasserinputs in den Regenerationsgebieten wäre daher die Zunahme des Drucks und damit auch der Quellschüttung. Daß sich die Grundwasserneubildung in den Herbst- und Wintermonaten nicht gleichzeitig in einer verstärkten Schüttung auswirkt, liegt an Phänomenen des Tiefen Karsts, der Reibung und daran, daß das infiltrierte Wasser erst mit erheblicher Zeitverzögerung den Grundwasserspiegel erreicht. Prinzipiell besteht aber, auch beim Tiefen Karst, eine Input-Output-Beziehung. Wenn nun aber, wie das in ganz Nordafrika nördlich 15° nördlicher Breite zu beobachten ist, die Niederschläge nachlassen, dann muß dies bei dem vorliegenden Grundwasserleiter in ein paar Jahren zu nachlassender Quellschüttung führen. Zweifellos kann bei einem gespannten Grundwasserleiter ein Teil des aufgelaufenen Inputdefizites durch die Tieferlegung der Quellpunkte kompensiert werden. Langfristig müssen jedoch die Quellen in ihrer Schüttung nachlassen, um sich so auf den veränderten, d.h. verminderten Input einzustellen. Selbstverständlich würden die Quellen dann im umgekehrten Fall, d.h. bei Zunahme der Niederschläge und verstärktem Abfluß, mit erhöhter Schüttung reagieren.

Als weiteres Indiz dafür, daß die Quellen auch ohne den Einfluß des Menschen langsam austrocknen werden, ist die drastisch nachlassende Schüttung der kalten Quellen zu werten. Deutlich wird dies vor allem an der Quelle Tanoute in El Maïz, inzwischen nur noch als kalter Brunnen vorhanden, aber auch an Tijjent in Hammam Foukani, die 1989 nahezu total versiegt war. Aufgrund der Modellvorstellungen zur Grundwasserergänzung muß nämlich davon ausgegangen werden, daß die Grundwassersysteme, die die kalten Quellen speisen, oberflächlich ausgebildet sind und daher frühzeitiger auf den nachlassenden Input ansprechen. Wenn aber die kalten Quellen bereits offenkundig mit nachlassender Schüttung reagieren, dann müssen die warmen mit zeitlicher Verzögerung folgen.

Die genaue empirische Beweisführung ist aber erst dann durchführbar, wenn abgeschätzt werden kann, wieviel Wasser durch die *Commune rurale* für das öffentliche Wassernetz abgezweigt wird. Aufgrund der Preisgestaltung durch die *Commune rurale* ist dies allerdings erst ab 1990 möglich, da vorher sehr viel Wasser aus dem öffentlichen Netz zur Bewässerung verwendet worden ist.

Breil et al. (1977) haben den Wasserbedarf des öffentlichen Netzes für das Jahr 1971 auf 8 l/s geschätzt und gehen für das Jahr 1985 von einem Leitungswasserverbrauch von etwa 12 l/s aus. Nach der Preiserhöhung, die den Leitungswasserverbrauch für Bewässerung unrentabel macht, kann der Wasserverbrauch für 1990 mit maximal 15 l/s angenommen werden. Dies bedeutet, daß pro Kopf und Tag 86 l/s verbraucht werden können, eine Größenordnung, die bei der noch traditionell verhafteten Lebensweise mit Sicherheit nicht erreicht wird. Da aber die Differenz zwischen den Schüttungen gemäß dem *Bulletin Officiel* (1975) und den Ergebnissen von 1987 deutlich mehr als jene angenommenen 15 l/s beträgt, müßten die Quellen nach 1990 wesentlich stärker schütten, wenn kein natürlicher Austrocknungstrend vorhanden sein sollte. Dies wird jedoch entschieden bezweifelt!

6.2 Fließgewässer

Die Flüsse und Wadis des östlichen Hohen Atlas entwässern überwiegend nach S und sind damit als tributäre Oberläufe des Saoura-Systems aufzufassen, das als endorheïsches Abflußsystem derzeit bis zur *Sebkha* von Timoudi reicht. Erstaunlich an diesem Entwässerungssystem ist, daß es nicht etwa nur an den höchsten Erhebungen des östlichen Hohen Atlas ansetzt, sondern fast den gesamten östlichen Atlas entwässert. Westlich der Ebene von Tamlelt wird sogar ein Teil des Beckens von Bel Ghiada, das eigentlich schon zu den ostmarokkanischen Hochplateaus gehört, nach S drainiert. Aber auch nördlich von Figuig reicht der östliche Nebenfluß des Oued Saoura, der Oued Zousfana, bis an den Nordrand des Hohen Atlas.

Schuld an der eigenartigen Entwässerung von N durch den Hohen Atlas zu einer Erosionsbasis, die höher liegt als das Mittelmeer im N, ist das gut entwickelte Talsystem im Hohen Atlas, dem nur rudimentär entwickelte Flachmuldentäler auf den nördlich angrenzenden ostmarokkanischen Hochplateaus gegenüberstehen. Mit Ausnahme der Ebene von Tamlelt, die mit ihren abflußlosen Hohlformen doch schon sehr den Hochplateaus ähnelt, liegen daher die Tiefenlinien im östlichen Hohen Atlas tiefer als auf den nördlich anschließenden ostmarokkanischen Hochplateaus. Aber auch im östlichen Hohen Atlas haben Prozesse der Flächenbildung bereits zu einer starken Auflösung des gesamten Gebirges geführt. Die Folge sind sehr breite Talzüge mit zwischengeschalteten, weiten Verebnungen und kleinen abflußlosen Becken. So erreicht der Oued Zousfana bereits nördlich von Figuig eine Breite von mehr als 1.000 m.

Neben dem Oued Zousfana ist im Raum Figuig noch der Oued Kheneg von Bedeutung. Dieser Oued kommt südlich des Jebel Grouz mit östlichem Gefälle aus dem Talzug von Chegguet el Abid. Die starke Schotterführung der kleinen Gerinne vom Jebel Grouz hat seine Arbeitskante nach S auf die Takroumet gedrängt. Dort, wo er die Takroumet überfließt, hat sich eine Trifurkation gebildet. Ein Teil des von W kommenden Wassers biegt nach Passieren der Takroumet nach SW um und speist den Oued Mélias, der westlich des Jebel Mélias den Hohen Atlas verläßt. Ein zweiter Wasserfaden ändert, nachdem er die Takroumet hinter sich gelassen hat, die Richtung nach SE und verläßt den Hohen Atlas östlich des Jebel Mélias. Der dritte Wasserfaden zieht direkt südlich von Zenaga entlang, vereinigt sich mit dem von N kommenden Oued Zenaga und quert die Südatlasstörung zwischen Jebel Zenaga und Jebel Taghla. Alle drei erreichen nur bei entsprechender Wasserführung den Oued Zousfana.

Bemerkenswert an den *Oueds* im Raum Figuig ist die große Breite, die bereits nach kurzer Laufstrecke erreicht wird. So beträgt z.B. die Breite des vom Jebel Haïmeur kommenden Oued Zenaga nach einer Laufstrecke von nur 5 km bis zu 70 m. Dies spricht für extrem starke katastrophale Hochwässer.

Weiß man, daß in Figuig etliche Felder aufgrund von Wassermangel nicht bestellt werden können, dann ist es um so erstaunlicher, daß bisher kein System der Oberflächenwassernutzung besteht. Immerhin führt der Oued Zousfana von Oktober bis März dauerhaft Wasser und die anderen oben erwähnten Oueds episodisch. Die einzige positive Konsequenz, die sich bis jetzt aus der periodischen bzw. episodischen Wasserführung ergibt, und dies nur indirekt, ist die, daß der Wasserspiegel jener Brunnen, die dicht am *Oued* liegen, bei entsprechenden Hochwässern ansteigt. Prinzipiell versickern oder verdunsten aber die Wässer in den weiten Schotterfluren der Wadis, so daß hier noch ein gewaltiges unerschlossenes Nutzungspotential besteht, das es inwertzusetzen gilt.

7 Physikalische und chemische Kennwerte

7.1 Temperatur, pH-Wert und Regionalisierung der Leitfähigkeiten

Die Temperatur der Quell- und Brunnenwässer umfaßt die Spanne zwischen 14,5 und 32,1° C. Alle stärker schüttenden Quellen sind wärmer als 30° C (vgl. *Tab. 1*), während bei den Brunnen 23° C nicht überschritten werden.

Der pH-Wert der Quellwässer und auch der überwiegenden Anzahl der Brunnenwässer liegt im alkalischen Bereich. Da die gemessenen pH-Werte bei den Quellwässern über den errechneten Gleichgewichts-pH-Werten liegen (positiver LANGELIER-Index), besitzen vor allem die Quellwässer keine aggressive Kohlensäure, sondern tendieren nach wie vor dazu, Calciumcarbonat auszufällen. Bei einigen Brunnen in Zenaga und Hamman Foukani kommen auch schwach saure Wässer (pH 6,9) vor, die in der Regel unter den errechneten Gleichgewichts-pH-Werten rangieren (negativer LANGELIER-Index). Dies deutet auf aggressive Kohlensäure hin.

Nimmt man die elektrische Leitfähigkeit der Wässer im Raum Figuig als ersten Maßstab zur Differenzierung, dann zeigt sich, daß mehrere Typen unterschieden werden können:

1. Die Quellen oberhalb des *Jorf* haben erhöhte, aber doch relativ einheitliche Werte zwischen 2.200 und 2.700 µS/cm. Eine Ausnahme bilden die vier Quellen Nr. 74, 75, 76 und 79, die sich im SW der Quellzone befinden (vgl. *Abb. 3*). Die Leitfähigkeiten dieser Quellen wurden mit 3.000 bis 3.800 µS/cm ermittelt.

2. Eine Sonderstellung nimmt die bisher in der Literatur unbekannte Salzwasserquelle Tijjent Lâabidate (Nr. 8) ein. Mit einer Leitfähigkeit von 9.300 µS/cm dient sie als ein Beweis dafür, daß an dieser Stelle Salzwasser nach oben dringt. Vermutlich ist damit auch die erhöhte Leitfähigkeit der unter **1.** genannten Quellen in der chemisch sonst recht einheitlichen Quellzone zu erklären. Da oberhalb des Salzwasserbereiches keine landwirtschaftliche Nutzung zu beobachten ist, kann das Salzwasser an dieser Stelle nicht durch Rückfluß von Bewässerungs- oder Drainagewasser höher liegender Felder zustande kommen. Vielmehr ist zu vermuten, daß das Wasser im Randbereich der Takroumet einen Weg aus der Tiefe nach oben gefunden hat, wobei Verdünnungen durch Wässer der höher liegenden Süßwasserquellen durchaus möglich ist.

3. Ebenfalls völlig aus dem Rahmen fällt die Quelle Oussimane mit 710 µS/cm. Obwohl die Quellposition unmittelbar nördlich der Takroumet ähnlich der von Tijjent Laâbidate ist, tritt hier ein deutlich schwächer mineralisiertes Wasser aus. Oussimane, die in ihrer Kapazität unmittelbar von den Niederschlägen abhängig ist, schüttet nur das Wasser, das auf den Pedimenten zwischen Jebel Grouz und der Takroumet neu gebildet worden ist. Daraus erklärt sich auch die niedrige Leitfähigkeit, die sonst an keiner Stelle im Raum Figuig gefunden werden konnte. Wochenendausflügler nehmen sich gern ein paar Kanister dieses als sehr leicht bekannten Quellwassers mit nach Hause.

4. Gesondert zu diskutieren sind auch die Brunnen in der Quellzone, die vor allem in den Häusern und Hausgärten von Oulad Slimane und El Maïz liegen. Mit Nr. 29 und 30 wurden nur zwei dieser alten Brunnen aufgenommen, die vor der Installation des öffentlichen Wasserleitungsnetzes die Wasserversorgung der Häuser unabhängig von den Quellen sichergestellt hatten. Inzwischen dienen sie nur noch zum Tränken des Viehs. Da kein besonderer Wert auf Sauberkeit in der Umgebung der Brunnen gelegt wird, kann Kontamination von außen nicht ausgeschlossen werden. Die elektrische Leitfähigkeit ist mit 3.700 bis 3.900 µS/cm deutlich höher als die des Quellwassers in der Umgebung, was sowohl auf Stagnation der Wässer im Grundwasserkörper als auch auf externe Verschmutzung zurückzuführen ist. Eine höhere elektrische Leitfähigkeit durch aufdringendes Salzwasser kann vermutlich ausgeschlossen werden.

Abbildung 3: *Oase Figuig. Räumliche Verteilung von Quell- und Brunnenstandorten mit Angabe der Leitfähigkeitsklasse*

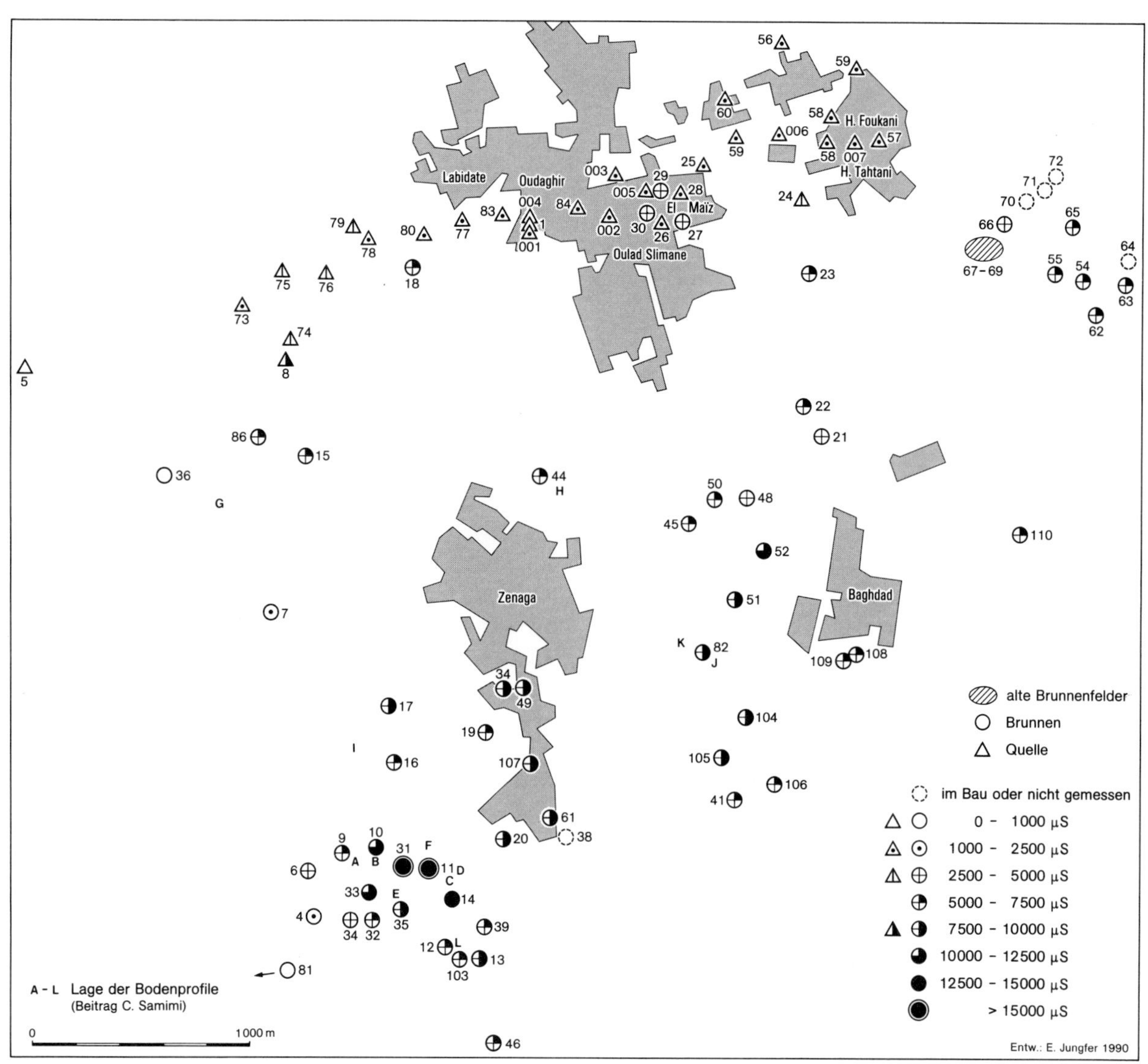

In diese Gruppe gehört ebenfalls der kalte Brunnen in El Maïz (3.470 μS/cm), der inzwischen auch öffentlich zugänglich ist. Wasserproben dieses Brunnens zeigten merkliche Spuren von Nitrit (MERCK-Schnelltest), die eindeutig als Verunreinigung zu interpretieren sind.

Brunnen Nr. 18 ist der einzige Salzwasserbrunnen oberhalb der *Jorf*-Landstufe. Mit 8.200 μS/cm ist er entschieden höher konzentriert als die Quellwässer in der Umgebung und damit eher dem Salzwasserbereich im Südwestteil der Quellzone zuzuordnen. Da es sich um einen gegrabenen, halbtiefen Brunnen handelt, der mit Hilfe einer Dieselmotorpumpe Wasser zur Bewässerung fördert, kann er nicht mit den flachen Hausbrunnen in Oulad Slimane oder El Maïz verglichen werden. Hydrogeologisch ist er insofern interessant, als die hohe Leitfähigkeit seines Wassers darauf hindeutet, daß Salzwässer im Südwestteil der Quellzone in der Tiefe weiter verbreitet sind. Dies wäre aufgrund der schwächer konzentrierten Quellwässer eigentlich nicht zu erwarten.

5. Sieht man von den Quellen ab, die in den Durchlässen der südlichen Rahmenhöhen entspringen, dann gibt es unterhalb des *Jorf* keine Quellen. Auch Zadderte, die größte Quelle in Figuig, hat ihren Quellpunkt oberhalb des *Jorf* bei Tighzerte. Diskutiert wird hier also nur die elektrische Leitfähigkeit von Brunnenwässern.

Verglichen mit den Wässern oberhalb des *Jorf* mißt man unterhalb des *Jorf* deutlich höher konzentrierte Wässer in der Spanne von 5.000 bis 10.000 μS/cm. Extrem hohe Leitfähigkeiten wurden vor allem bei den Brunnen Nr. 31 und 11 mit nahezu 20.000 μS/cm im Ausbauviertel Berkoukess von Zenaga festgestellt. Ein zweites, aber kleineres Salzwasserzentrum mit knapp über 10.000 μS/cm zeigt Brunnen Nr. 52 NW von Baghdad. Nur wenig NW bzw. NE sind bei Brunnen Nr. 48 und 21 4.420 und 4.700 μS/cm gemessen worden. Zu-

Tabelle 2: *Veränderungen in der Leitfähigkeitsstruktur der Quell- und Brunnenwässer*

Nr. der Aufnahme	Name der Quelle bzw. des Brunnens	Elektrische Leitfähigkeitsstruktur in Mikrosiemens/cm (µS/cm) März 1987	Oktober 1988	März 1989
73	Oulad Mimoune	2.220	2.420	2.810
74	Elkhil	3.020	2.880	2.920
75	Oulad Dahmane	3.650	3.580	3.680
76	Anessisse	3.800	verstürzt	verstürzt
77	Dar	2.400	2.250	2.360
78	Lahmam	2.420	2.330	2.350
79	Chiblachi	3.630	3.440	3.510
80	Elcaïd	2.440	2.360	2.300
08	Tijjent Laâbidate	9.300	7.350	6.900
04	Darti Brahim	1.612	5.060	4.380
06	M'hamdi, M.	3.250	·	4.290
07	—	1.010	740	·
09	Jillali, M.	5.910	11.380	12.030
10	Alifdal, Bezzaâ	10.011	9.540	10.130
11	Mani Zaïd	19.170	17.480	15.100
12	Lachian	6.490	7.340	6.950
13	Abchi	7.790	8.330	8.740
14	Boutane F'del	14.200	11.540	·
31	Aksou	18.500	17.700	17.690
32	Tijjani	5.540	6.200	5.580
33	Charaka	10.150	11.800	12.260
34	Bourasse	5.000	5.250	·
35	Elouardi	7.800	8.920	8.700
46	Fadli Ahmed	5.200	·	4.600
39	Mergat	5.200	·	5.550
103	—	·	7.040	6.660
41	Boussiane	6.700	7.270	7.000
45	Baba Ahmed	7.160	7.210	7.560
50	Hassouni Ahmed	6.020	5.760	7.900
51	Arbi Hajja	9.190	6.900	9.090
52	Otmane Abdelkader	10.880	9.700	9.650
82	El Ghababi	8.060	·	7.870
104	Bourasse Ali	·	8.350	8.400
105	El Hakkaoui	·	8.980	8.960

rückzuführen ist die schwächere Leitfähigkeit bei diesem Brunnen auf die relativ geringe Entnahme im Verhältnis zum Nachstrom.

Deutlich niedrigere Leitfähigkeitswerte haben auch die Brunnenwässer am Westrand von Zenaga. Bei Nr. 36 mit 660 µS/cm und Nr. 7 mit 1.010 µS/cm handelt es sich um oberflächlich aus den Schottern zugeströmte Wässer. Beide Brunnen sind sehr flach und nicht mehr mit einer Pumpe ausgerüstet; die Proben mußten daher mit dem Wassergreifer entnommen werden. Anders ist die Situation in der SW-Ecke von Zenaga (Berkoukess), da hier ein Süßwasserstrom aus NW vorliegt, der sich über das in der Tiefe vorhandene Salzwasser legt. Im Oktober 1988 ist es gelungen, die drei verschiedenen Zuflüsse im Brunnen Nr. 4 bei ca. 40 m Tiefe getrennt zu beproben. Aus dem Sektor W bis NW strömte Wasser mit 1.980 µS/cm, aus E Wasser mit 7.050 µS/cm und aus SW mit 3.890 µS/cm. Je stärker bei den Brunnen westlich des großen Salzwasserzentrums gepumpt wird, um so höher steigt die elektrische Leitfähigkeit. Dies zeigt, daß der Süßwasserzustrom im Verhältnis zum Salzwasserandrang wesentlich schwächer ist. Bedenklich, aber verständlich ist vor allem, daß die Brunnenwässer in Berkoukess immer dann stärker versalzen, wenn westlich eines Brunnens ein neuer in Funktion tritt.

Nr. 81 gibt die gute Qualität des Wassers aus dem Brunnen von Mélias wieder, der an der Westflanke

Abbildung 4: *Oase Figuig. Dreidimensionale Darstellung der elektrischen Leitfähigkeit von Quell- und Brunnenwässern*

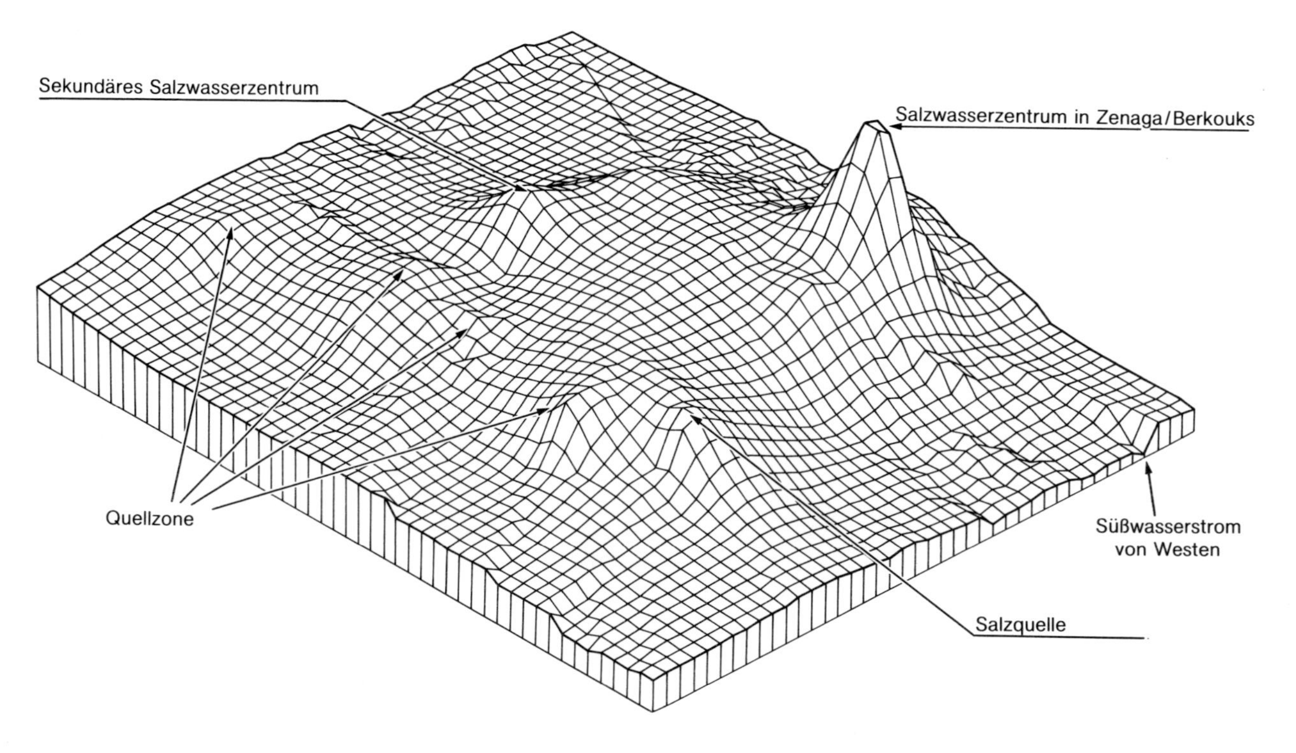

Abbildung 5: *Schematische Darstellung zur Süß- und Salzwasserstruktur im Gebiet von Zenaga-Berkoukess*

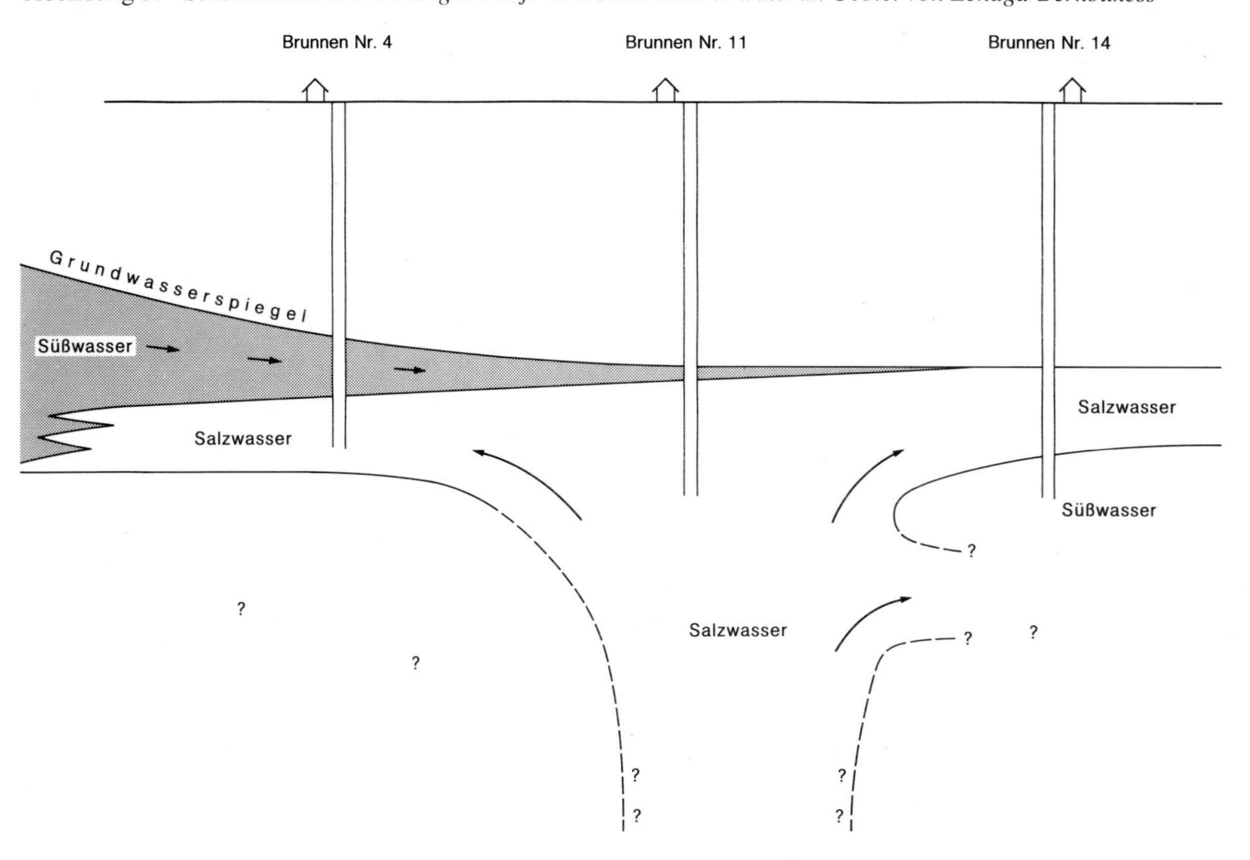

Abbildung 6: *Oase Figuig. Lage der Wässer in einem kombinierten Dreiecks- und Vierecksdiagramm nach* PIPER

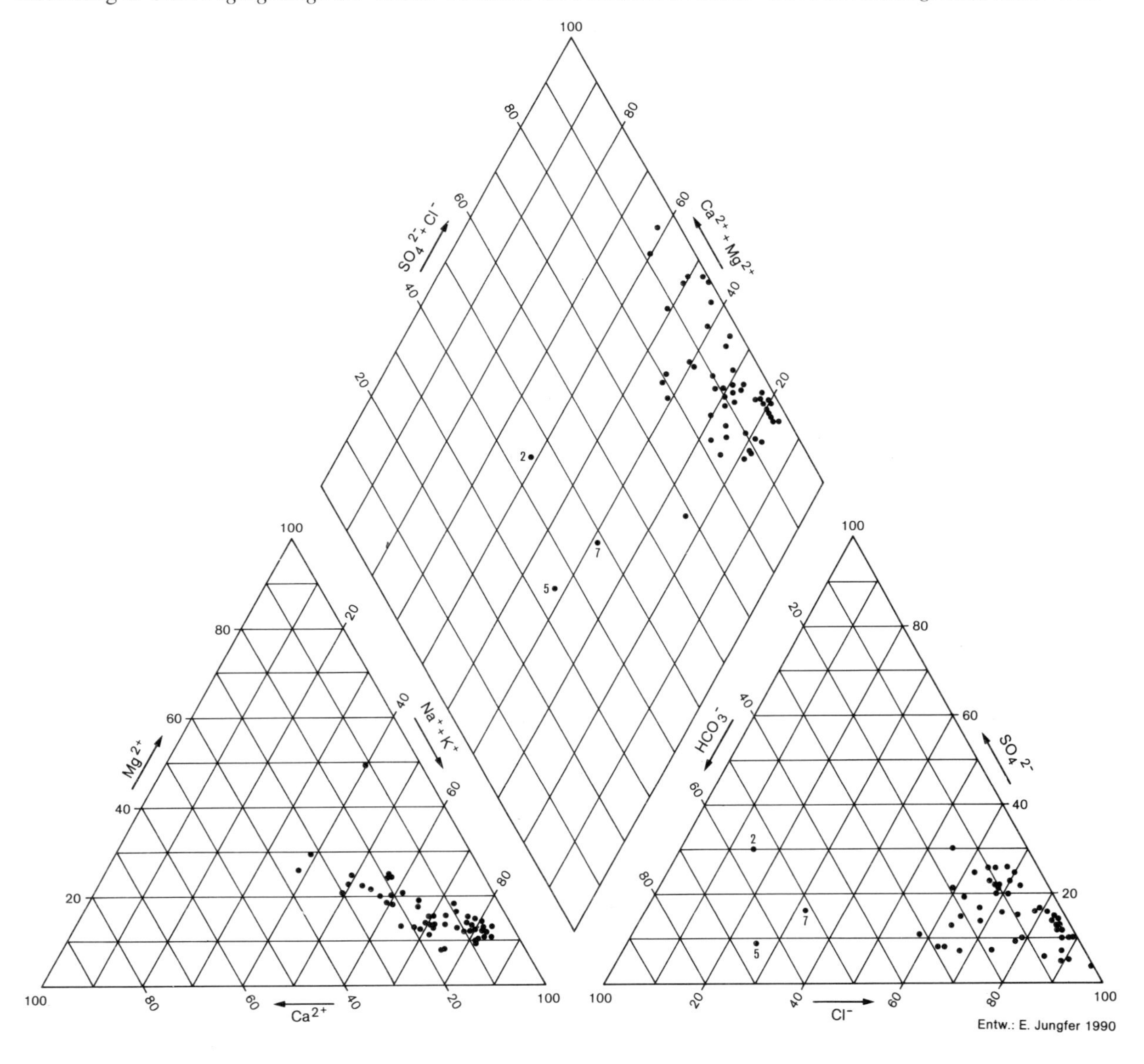

des Jebel Mélias in die jurassischen Kalke gegraben worden ist (836 µS/cm).

7.2 *Die Dynamik der elektrischen Leitfähigkeit*

Nachdem im Raum Figuig Wässer mit kleinräumlich erheblichen Unterschieden vorkommen, ist zu untersuchen, wie sich die Leitfähigkeit der verschiedenen Wässer über einen längeren Zeitraum entwickelte. In der Quellzone zeigen sich nur wenig Veränderungen. In El Maïz, Hamman Foukani und Hamman Tahtani sind 1988 und 1989 geringere Werte und damit Qualitätsverbesserungen in der Größenordnung von bis zu 300 µS/cm festzustellen. Im SW der Quellzone ergibt sich ein ähnliches Bild (vgl. *Tab. 2*). Vor allem der Wert der Salzwasserquelle Tijjent Lâabidate ist deutlich gesunken. Aus dem Rahmen fällt allein Nr. 73, Oulad Mimoune, eine Quelle, die größere Schwankungen aufweist und sich auf einen höheren Wert einzupendeln scheint, was der Position nach verständlich ist (vgl. *Abb. 3*).

Bei den Brunnenwässern sind keine wesentlichen Unterschiede festzustellen, ausgenommen die beiden Salzwasserzentren. Dort sind die Veränderungen teilweise allerdings extrem. Deutlich werden die gravierenden Qualitätsverschlechterungen vor allem bei den Brunnen Nr. 4 und 9. Hier ist der über dem Salzwasserdom liegende Süßwasseranteil bereits so stark reduziert, daß die elektrische Leitfähigkeit des geförderten Mischwassers enorm angestiegen ist (vgl. *Abb. 5*). Auch in der südöstlichen Flucht von Nr. 9, den Brunnen Nr. 33 und 35 und vielleicht auch schon Brunnen Nr. 12, kann der ansteigende Trend als definitiv gesehen werden. Generell muß davon ausgegangen werden, daß auch bei den anderen Brunnen dieser Region, die aufgrund von Maschinenschaden oder geringerem Bedarf weniger Wasser förderten, ähnliche Anstiege der elektrischen Leitfähigkeit zu erwarten sind wie bei den vorgenannten Brunnen.

Im Zentrum der Salzwasserlinse, bei den Brunnen Nr. 11 und 31, sind keine nennenswerten Veränderungen festzustellen. Die Qualitätsverbesserung bei Nr. 11 ist durch die vorübergehende Aufgabe des Brunnens durch die Besitzer und den dadurch bedingten Stopp der Wasserförderung verursacht. Nach Wiederaufnahme der Bewässerung im Frühjahr 1989 zeigt sich der erwartete Wiederanstieg der elektrischen Leitfähigkeit. Bei Nr. 31 liegen die gemessenen Differenzen im Rahmen der Schwankungsbreite während eines Pumpvorganges. Ein Trend kann hier nicht abgeleitet werden. Auch die Qualitätsverbesserung bei Nr. 14 erweist sich als trügerisch, denn hier ist der Grundwasserspiegel bereits so abgesunken, daß nur noch aus zwei Meter Filterstrecke Wasser gewonnen werden kann. Damit ist der Süßwasseranteil überproportional vertreten. Sobald der Brunnen vertieft werden wird, ist mit einem Anstieg der Leitfähigkeit zu rechnen. Brunnen Nr. 10, 39 und 103 lassen noch keinen Trend erkennen; aus Nr. 46 wurde seit 5 Jahren kein Wasser mehr entnommen.

Im zweiten Salzwasserzentrum, das sich von Brunnen Nr. 50 am *Jorf* in einem schmalen Streifen bis Brunnen Nr. 41 im SE von Zenaga zieht, sind die Veränderungen in den letzten zwei Jahren nur marginal, da die Brunnendichte hier wesentlich geringer ist und damit auch weniger Wasser pro Flächeneinheit entnommen wurde. Dies gilt insbesondere für den Südteil, zumal hier auch Defekte an der Ausrüstung vorlagen, die die Förderung behinderten. Bedenklich bleibt der tiefe Einbruch bei Brunnen Nr. 50. Hier ist die elektrische Leitfähigkeit von Herbst 1988 bis März 1989, also im Winterhalbjahr, um über 2.000 µS/cm gestiegen. Dies kann auf eine nördliche Ausdehnung des Zentrums hindeuten, das bisher hauptsächlich auf den Bereich um Nr. 51 und 52 beschränkt war.

7.3 Die Wasserinhaltsstoffe

Zur ersten Abschätzung der Relativkonzentrationen wurden die Hauptinhaltsstoffe der Wässer als Funktion der Gesamtionenkonzentration in PIPER-Diagrammen und Dreiecksdiagrammen dargestellt. Ioneneinzelbeträge können den Vertikaldiagrammen entnommen werden (vgl. *Abb. 8-11*).

Im Kationendreieck von *Abb. 6* ist deutlich die Na/K-Vormacht zu erkennen. Selbst die Proben Nr. 5 und 7, die aus dem oberen Bereich des Schotterkörpers stammen, sind noch als Na/K-Wässer anzusprechen (vgl. Klassifikationsschema von DAVIS u. DE WIEST 1966). Aus dem Rahmen fallen hier nur die Wässer von Brunnen Nr. 2, 35 km WNW Figuig und einige höher konzentrierte Salzwässer aus Zenaga. Ein Vergleich mit dem Kationendreieck von *Abb. 7* zeigt, daß die Quellwässer mit durchschnittlich 79 % Na deutlich höhere Na-Gehalte aufweisen als die extrem salzhaltigen Brunnen in Zenaga. Vereinzelt werden etwas erhöhte Mg-Werte erreicht (Nr. 2). Kalzium spielt nur eine untergeordnete Rolle.

Abbildung 7: *Relativkonzentrationen von Durchschnittswerten sowie von Brunnen Nr. 9 und 4, dargestellt in OSANNschen Dreiecken*

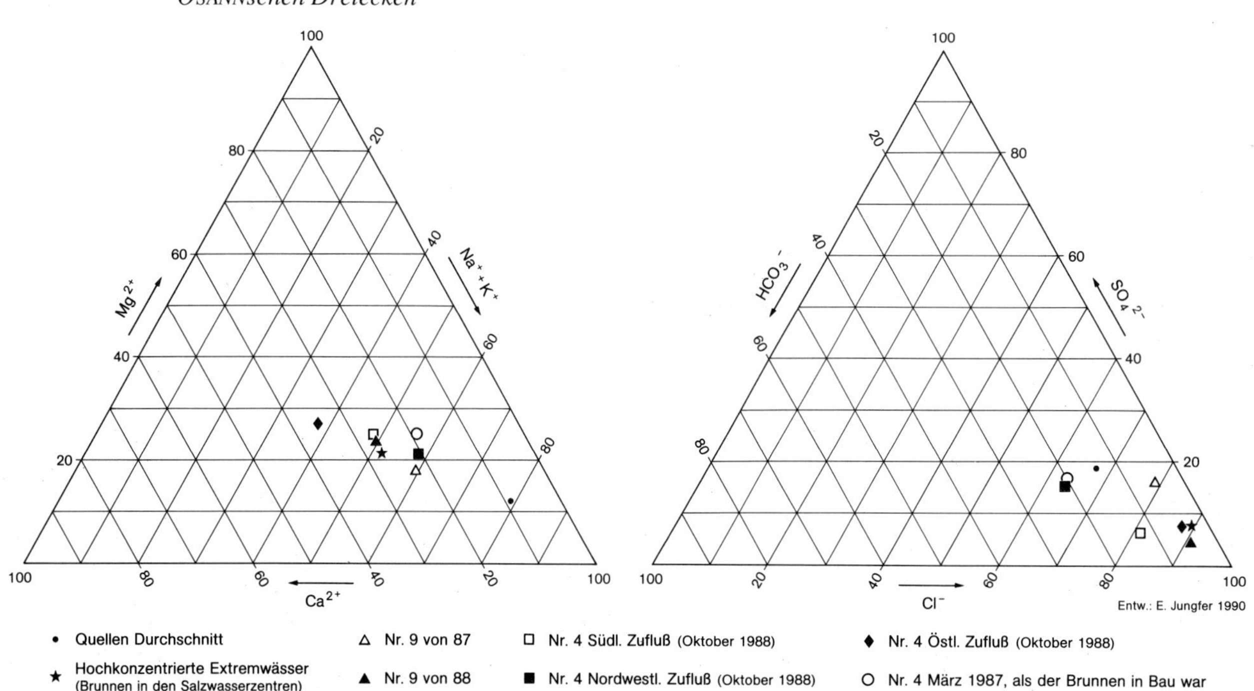

Abbildung 8: *Süßwässer, dargestellt in einem semi logarithmischen Vertikaldiagramm, April 1987*

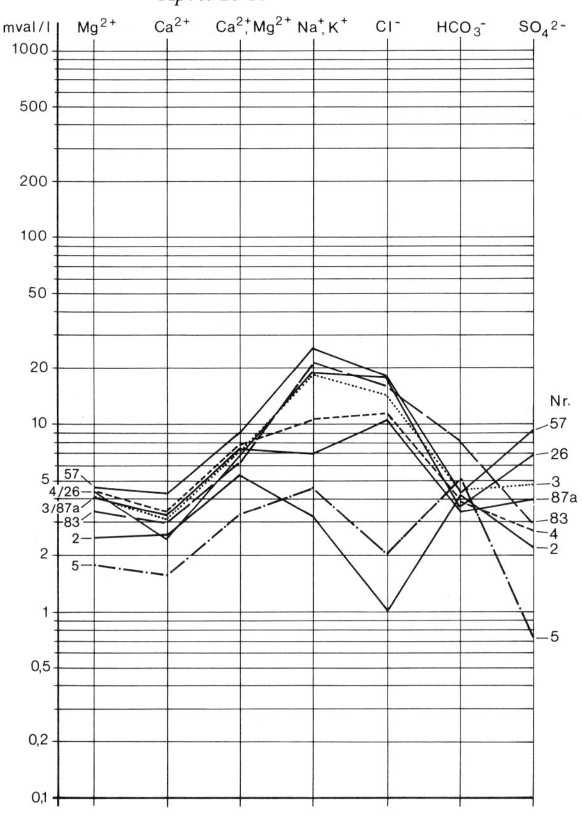

Abbildung 9: *Bandbreite der Süß- und Salzwässer im Raum Figuig, April 1987*

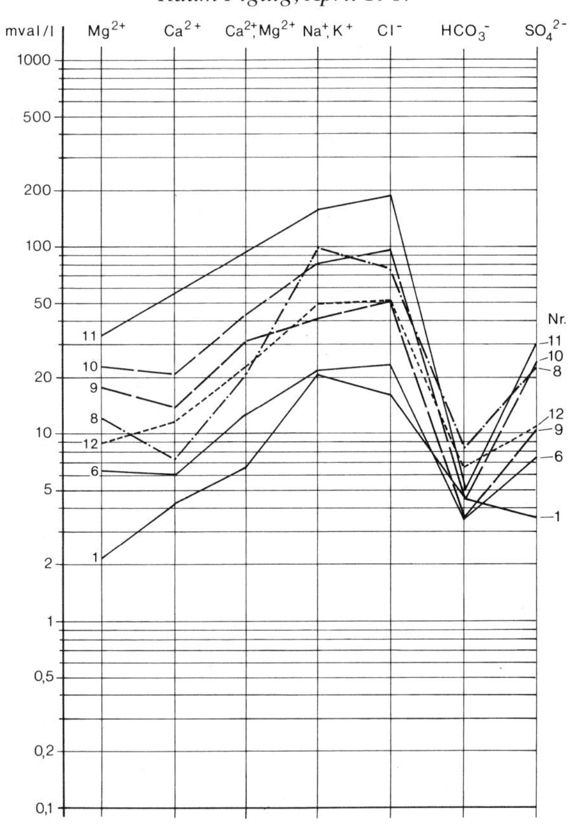

Abbildung 10: *Höhermineralisierte Brunnenwässer aus Figuig, dargestellt in einem semilogarithmischen Vertikaldiagramm, April 87*

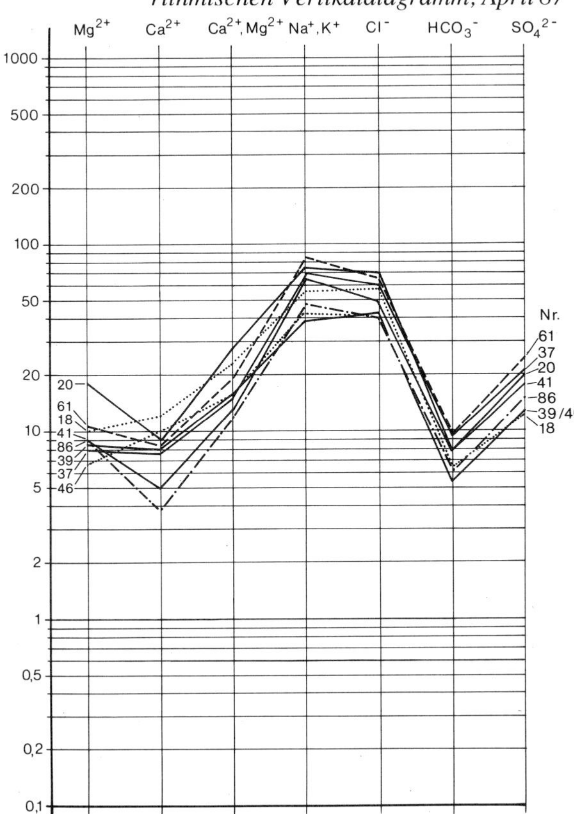

Abbildung 11: *Differenzierte Darstellung der verschiedenen Zuflüsse zu Brunnen 4 im Vergleich mit anderen Brunnen, Okt. 1988*

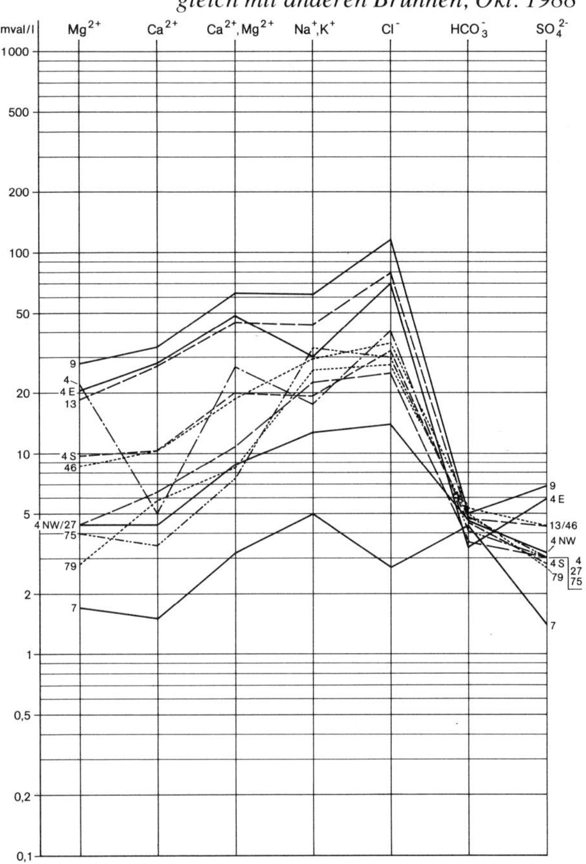

Abbildung 12: *Häufigkeitsverteilungen der Konzentrationen bei der statistischen Datenauswertung*

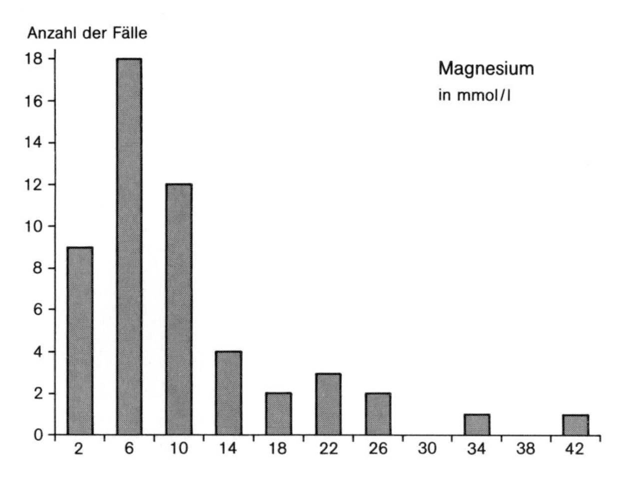

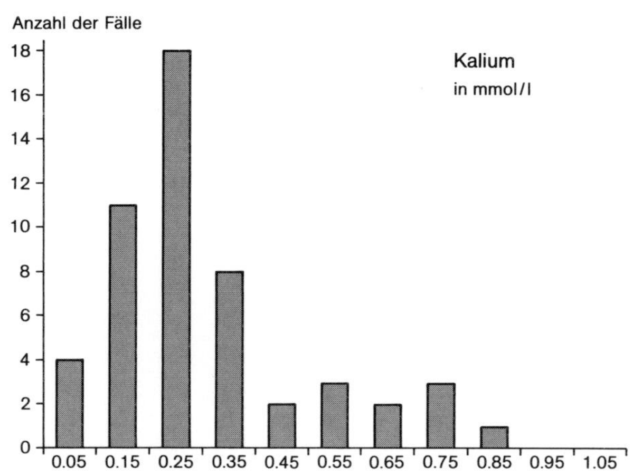

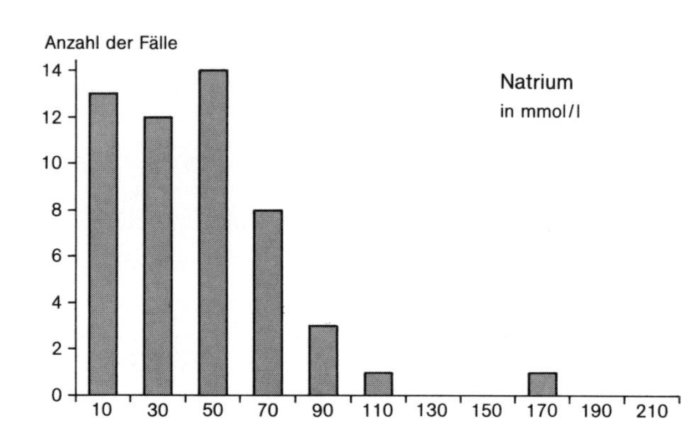

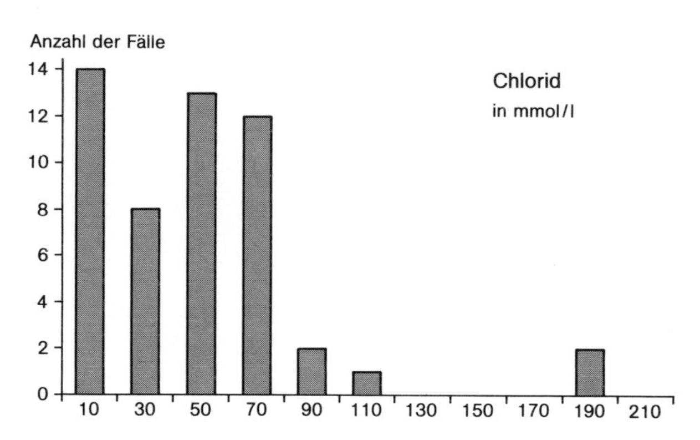

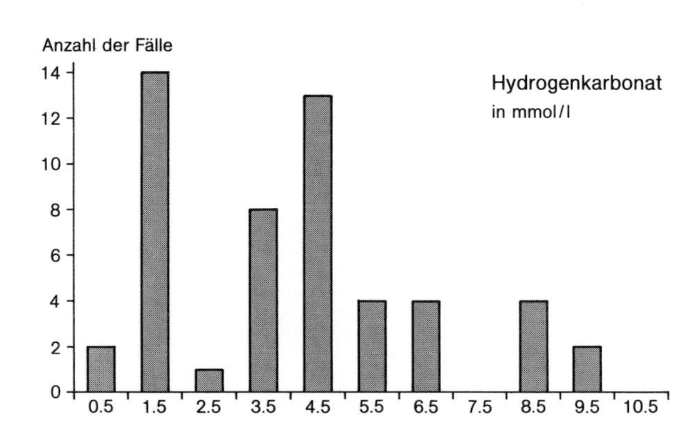

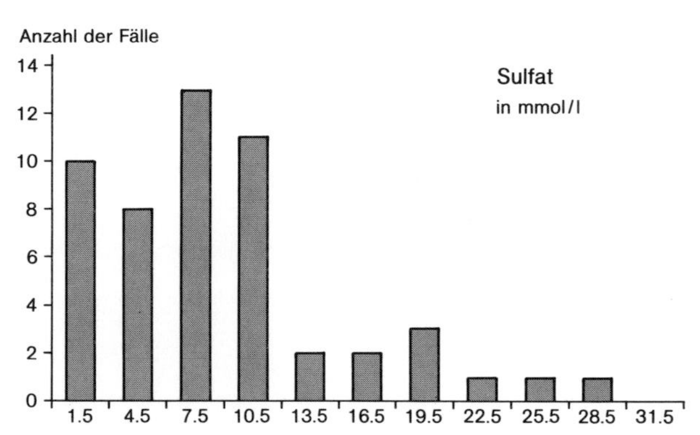

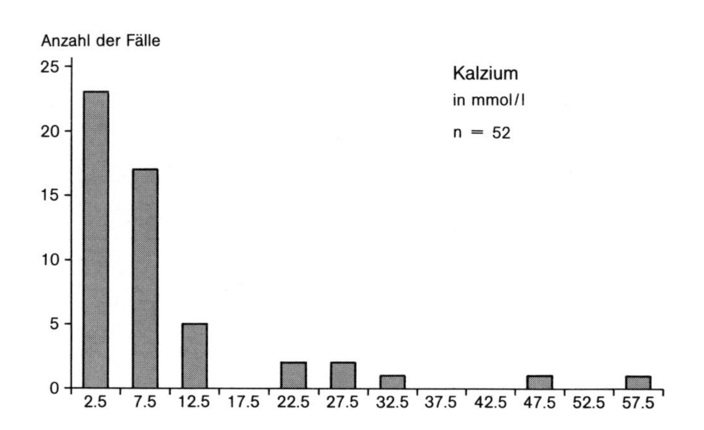

Bei den Anionen dominiert Chlorid, das teilweise mehr als 90 % ausmacht. HCO_3^- tritt stärker in den Hintergrund. Vor allem die Brunnen im Salzwasserzentrum von Zenaga werden extrem durch Chlorid bestimmt (s. *Abb. 7*). Auffällig liegen die Proben Nr. 2 und 7, die aus Flachbrunnen stammen und erhebliche Hydrogenkarbonatgehalte aufweisen. Auch Nr. 5, die Quelle Oussimane, muß hierzu gerechnet werden.

Die Qualitätsverschlechterung bei Brunnen Nr. 9, die sich im Diagramm in einer extremen Verschiebung auf über 90 % Cl^- bemerkbar macht, zeigt, daß sich das Salzwasserzentrum nach W ausgedehnt hat. Bei den Kationen ist dagegen genau die umgekehrte Verschiebung, nämlich aus der Na-Ecke zum ausgeglicheneren Ionenspektrum zu verzeichnen.

Interessant sind auch die relativen Beträge bei Brunnen Nr. 4, ganz im SW von Zenaga. Hier liegt die erste Probe, die 1987 entnommen wurde, fast genau in der Position, in der der nordwestliche Zufluß markiert ist. Ein Beweis dafür, daß die obersten fünf Meter des Grundwasserträgers, die damals beprobt worden waren, hauptsächlich aus NW gespeist worden sind und das Salzwasser tiefer liegt. Der südliche Zustrom hat höhere Cl^--Gehalte, wenig HCO_3^- und noch weniger Sulfat, während das aus E kommende Wasser sehr stark den Wässern aus dem Salzwasserzentrum ähnelt, was in dieser Form auch erwartet worden ist. Das Kationenspektrum zeigt dagegen genau das gleiche inverse Verhalten, das schon bei Brunnen Nr. 9 zu beobachten war. Hier ziehen die Proben, die in zunehmendem Maß bei den Anionen in die Cl-Ecke rückten, aus der Na-Ecke in den neutralen Bereich, so daß schließlich der östliche Zufluß ein relativ ausgeglichenes Kationenspektrum verzeichnet.

Damit kann ein Fazit aus den Relativkonzentrationen gezogen werden:

1. Ältere Vorstellungen, die die Genese des Salzwassers durch versickertes, überschüssiges Bewässerungswasser erklären, sind unzutreffend, da sie mit einem derart verteilten Ionenspektrum unvereinbar sind. Vielmehr sind die in *Abb. 5* dargelegten Vorstellungen auch hydrochemisch bestätigt worden.

2. Sollte auch bei anderen Brunnen die Qualität des Wassers sprunghaft nachlassen, wobei sich das Anionenspektrum in die Cl-Ecke verschiebt, während das Kationenspektrum eine Verlagerung zum Ausgeglicheneren erfährt, so ist das ein untrügliches Indiz für einen Salzwassereinbruch aus der Tiefe.

7.4 Statistische Auswertung

Die weitere Analyse der Wasserinhaltsstoffe basiert auf statistischen Methoden, wobei die Berechnungen mit dem Statistikprogramm SPSS/PC+ (Vers. 3,0) erfolgten. Grundlage der Untersuchung bilden die Hauptinhaltsstoffe Chlorid, Sulfat, Hydrogenkarbonat, Natrium, Kalzium, Kalium und Magnesium sowie der pH-Wert und die elektrische Leitfähigkeit.

Vor der Durchführung der Clusteranalyse war es notwendig, die beteiligten Variablen zu transformieren, so daß das Distanzmaß nicht von unterschiedlichen Dimensionen der einzelnen Variablen beeinflußt wird. Dazu werden standardisierte Variable, sog. Z-Variable verwendet, die einen Mittelwert von 0 und eine Standardabweichung von 1 haben.

Im ersten Schritt der statistischen Auswertung wird die Häufigkeitsverteilung der sieben wichtigsten hydrochemischen Kennwerte analysiert. Wie *Abb. 12* zeigt, handelt es sich überwiegend um multimodale, teilweise auch multimodal rechtsschiefe Verteilungen. Sie deuten darauf hin, daß zahlreiche Einflüsse vorliegen und die Abgrenzung unterschiedlicher Grundwassertypen gerechtfertigt ist. Damit bestätigt die Häufigkeitsverteilung die zuvor vorgenommene Interpretation anhand der Gelände- und Laborbefunde. Auf keinen Fall darf aber die teilweise zu beobachtende Rechtsschiefe mit den Gipfelwerten bei den niedrigen Konzentrationen im Sinn von SCHNEIDER (1986) als Einfluß der Verdunstung und damit als Bestätigung der Ansicht von BREIL et. al. (1977) interpretiert werden.

Unerklärlich bleibt die bimodale Verteilung beim Hydrogenkarbonat, da man hier eigentlich die Zugehörigkeit zu zwei verschiedenen Gruppen, (z.B. Quell- und Brunnenwässer) annehmen sollte. An beiden Teilmengen sind aber Quell- und Brunnenwässer gleichermaßen beteiligt, so daß eine leichte Abgrenzung und Zuordnung zu den bekannten Grundwassertypen vorerst nicht möglich ist.

Bei der im zweiten Schritt folgenden bivariaten Analyse in Korrelationsdiagrammen müssen Quell- und Brunnenwässer getrennt gesehen werden. Wie zu erwarten, liegen die Korrelationskoeffizienten bei den Quellwässern deutlich höher als bei den Brunnenwässern, was die insgesamt größere Homogenität der Quellwässer bestätigt. Besonders groß sind die Differenzen bei den Korrelationen mit Kalium, gering dagegen bei der Chlorid/Magnesium-Beziehung.

Verglichen mit anderen Wässern bestechen die hohen positiven Gesamtkorrelationen, die teilweise sogar mehr als $r = 0{,}9$ betragen. Dies deutet auf eine gewisse Einheitlichkeit hin, die nicht dadurch erklärt werden kann, daß die Salzwässer durch Verdunstung aus den Süßwässern hervorgegangen sind, sondern dadurch, daß sowohl die Süßwässer als auch die Salzwässer in jurassischen Gesteinen gebildet worden sind und nach wie vor gebildet werden. Unterschiede im Chemismus entstehen nicht durch Verdunstung; vielmehr hat ein Teil der Wässer bei der Passage im Untergrund Kontakt mit den evaporitischen Gesteinen der Trias. Dabei sind auch Ionenaustauschvorgänge zu vermuten, die hier aber nicht weiter untersucht werden können.

Geringere Korrelationskoeffizienten ergaben sich dagegen bei den Beziehungen zu Hydrogenkarbonat. Da dies auch für die Quellen gilt, kann man darin eine gewisse Bestätigung für die oben postulierte teilweise Unabhängigkeit der Karstgefäße sehen. In die gleiche Richtung deuten auch die zahlreichen hohen Residuen. Weitere Details können den einzelnen Diagrammen entnommen werden.

Um zu untersuchen, inwieweit die einzelnen Wässer bei Berücksichtigung aller bekannten chemischen Kennwerte voneinander entfernt sind, wird in einem dritten Schritt die Clusteranalyse herangezogen. Angewandt wurde die hierarchische Methode nach WARD. Das Ergebnis, dargestellt als Dendrogramm, bringt einige interessante Bestätigungen. Alle Quellwässer, bis auf Zadderte, gehören einem Cluster an. Zadderte stößt erst auf dem nächsthöheren Niveau dazu. Im Quellcluster befinden sich dann aber noch die Brunnen Nr. 34, 7 und 4, das von S und NW auf Brunnen Nr. 4 zuströmende Wasser und der kalte Brunnen in El Maïz. Die Distanz der Brunnenwässer zu den Quellwässern und auch untereinander kommt in den fünf weiteren Clustern zum Ausdruck, die teilweise erst auf erheblich höherem hierarchischem Niveau zu den Quellwässern stoßen. Am weitesten entfernt liegen schließlich die beiden Brunnen aus dem Salzwasserzentrum von Berkoukess, Nr. 11 und 31. An der Position von Jillali 87 und Jillali 88 kann die Verschiebung von Brunnen Nr. 9 im PIPER-Diagramm auch in der Clusteranalyse nachvollzogen werden.

8 Isotopenuntersuchungen

Nachdem die Ergänzungsgebiete der Wässer, grob gesehen, bekannt sind, erscheint es sinnvoll, die Grundwasserdynamik mit Hilfe von isotopenhydrologischen Methoden weiter einzugrenzen. Untersucht wurde der Gehalt an Kohlenstoff-13, Kohlenstoff-14, Deuterium (D), Sauerstoff-18 und Tritium. Die Ergebnisse sind in *Tab. 3* zusammengestellt.

8.1 Deuterium und Sauerstoff-18

Die Umweltisotope Deuterium und Sauerstoff-18 sind geeignet festzustellen, inwieweit Verdunstung von Wasser bzw. Ausregnung von Wasser aus einer Luftmasse stattgefunden hat, da bei Änderung des Zustands durch Verdunstung oder Kondensation die schweren Isotope bevorzugt in der flüssigen Phase verbleiben. Die Ursache dafür liegt in den niedrigeren Partialdampfdrücken und Diffusionskonstanten der Isotope. Süßwasser ist damit ärmer (abgereichert) an schweren Isotopen als Meerwasser. Der Grad der Abreicherung wird nicht in absoluten Werten, sondern in der Promilleabweichung von einem Standard, genannt SMOW (*Standard Mean Ocean Water*), angegeben.

$$\sigma = \frac{R - R_{SMOW}}{R_{SMOW}} \cdot 10^3\ ‰ \qquad R = (^2H)/(^1H) \text{ bzw. } (^{18}O)/(^{16}O)$$

Tabelle 3: *Isotopische Zusammensetzung ostmarokkanischer Quell- und Brunnwässer aus Figuig*

Nr.	Brunnen bzw. Quelle	Datum	^{14}C % rezent	Tritium TU	δD ‰ SMOW	$\delta^{18}O$ ‰ SMOW	$\delta^{13}C$ ‰ PDB
Wässer aus den nördlichen Qsour							
03	Bohrung 196/41	3/87	22,1±0,36	1,34±0,25	-58,9	-9,09	-8,78
01	Tighzerte	3/87	23,4±0,23	1,38±0,26	-59,6	-9,01	-8,92
26	Pouarjia	3/87	25,5±0,35	1,49±0,26	-59,6	-9,09	-9,12
83	Zadderte	3/87	—	1,40±0,22	-61,2	-9,03	—
Höhermineralisierte Quell- und Brunnenwässer aus den südlichen Qsour							
08	Salzquelle Tijjent		105,0±0,45	4,07±0,28	-56,4	-8,56	—
65	Azzouz/Foukani	3/87	76,0±0,54	1,06±0,25	-58,9	-8,67	-12,37
11	Mani Zaïd/Zenaga	4/87	71,6±0,54	13,30±0,36	-51,2	-6,92	-11,47
04	Brahim/Zenaga	4/87	48,7±0,45	7,72±0,28	-52,1	-8,25	-8,38
46	Fadli/Zenaga	4/87	67,0±0,45	4,72±0,31	-55,3	-8,21	-10,77
Wässer aus Brunnen der jurassischen Rahmenhöhen und Pedimenten in der Umgebung von Figuig							
87	Nekhlat et Tahar	4/87	78,3±0,40	—	-51,7	-7,85	-9,59
81	Mélias/Zenaga	4/87	52,3±0,48	15,3±0,34	-53,5	-8,57	-9,90

Abildung 13: *Korrelationsdiagramme der Wasserinhaltsstoffe mit Regressionsgeraden, Teil 1*

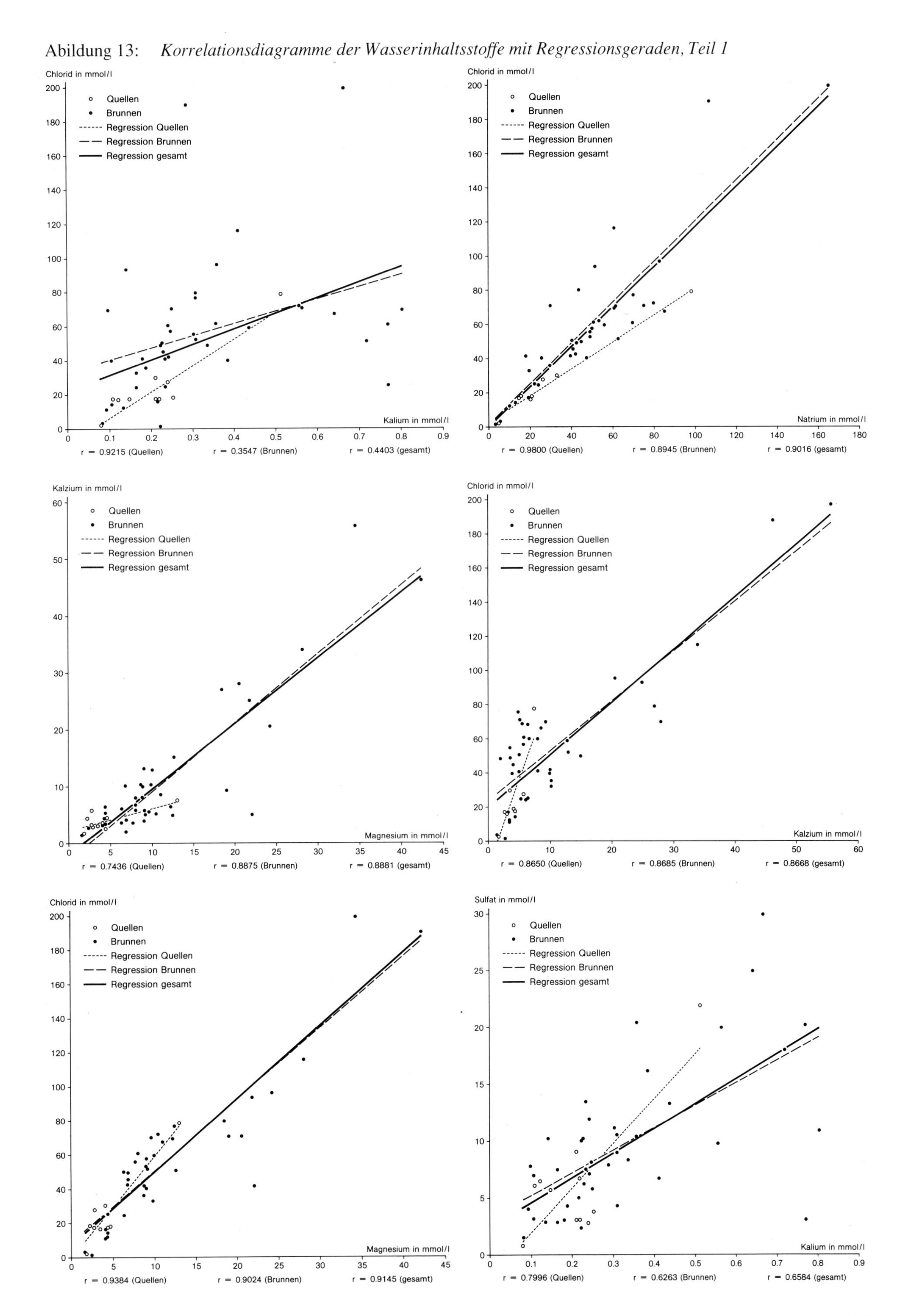

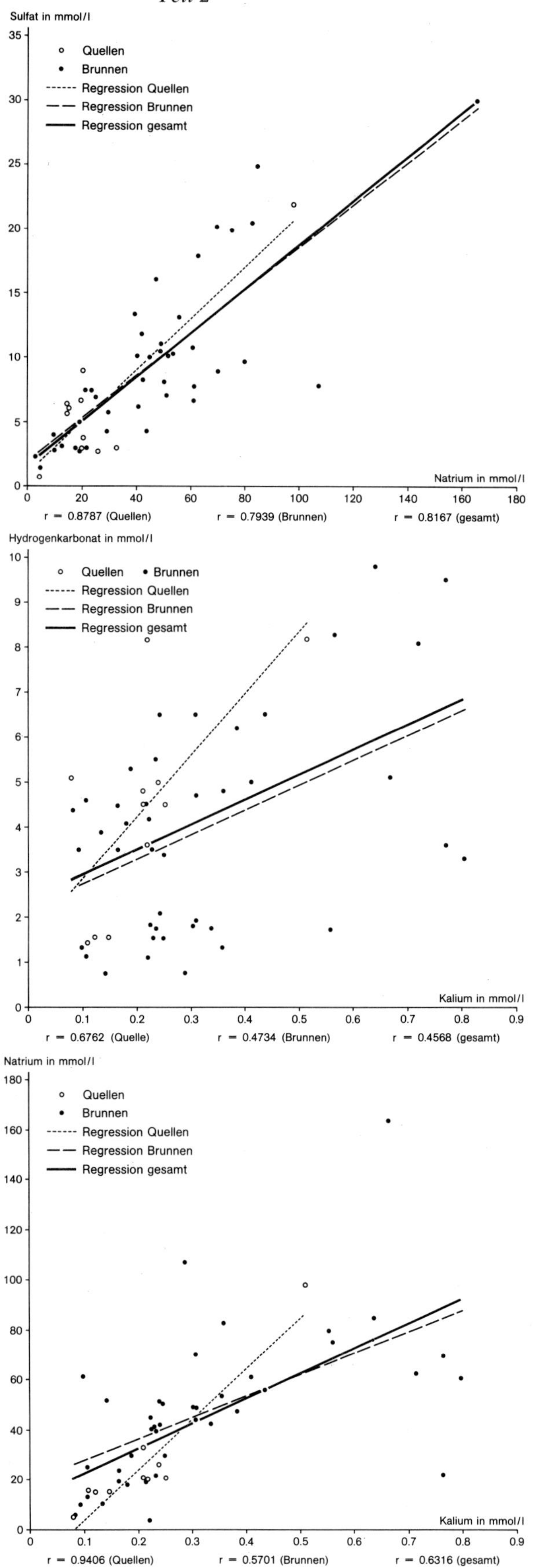

Abbildung 13: *Korrelationsdiagramme der Wasserinhaltsstoffe mit Regressionsgeraden, Teil 2*

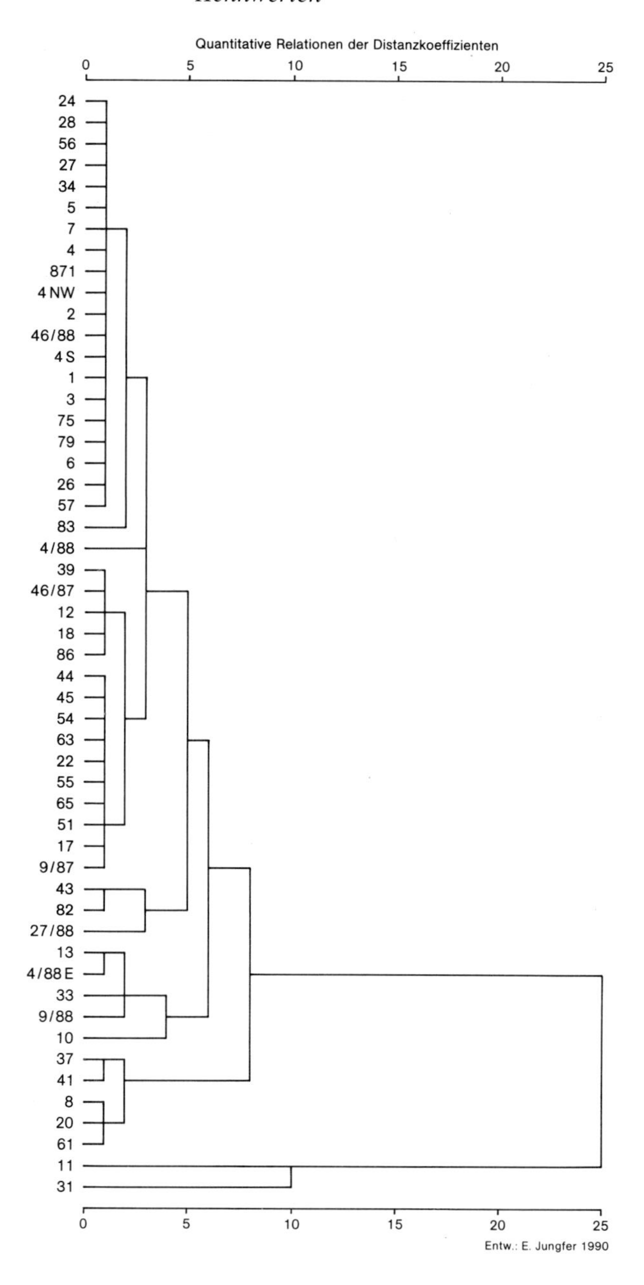

Abbildung 14: *Clusteranalyse der Wasserinhaltsstoffe in Form eines Dendrogramms unter Berücksichtigung von 9 chemischen Kennwerten*

In Nordafrika nimmt der Anteil der schweren Isotope mit der Distanz von der Atlantikküste ab, die Wässer werden nach E zu leichter. SONNTAG et al. (1976) haben diese Abreicherung in Nordafrika als Kontinentaleffekt bezeichnet. Vergleicht man die Gehalte an Deuterium und Sauerstoff-18 mit den Isotopenresultaten der nördlich anschließenden ostmarokkanischen Hochplateaus (JUNGFER 1987), dann ergeben sich unter Berücksichtigung der Höhenlage relativ gute Übereinstimmungen. Dies spricht zweifellos, wie bei den ostmarokkanischen Hochplateaus, für autochthone

Abbildung 15: δD/δ18O-Diagramm der Wässer von Figuig

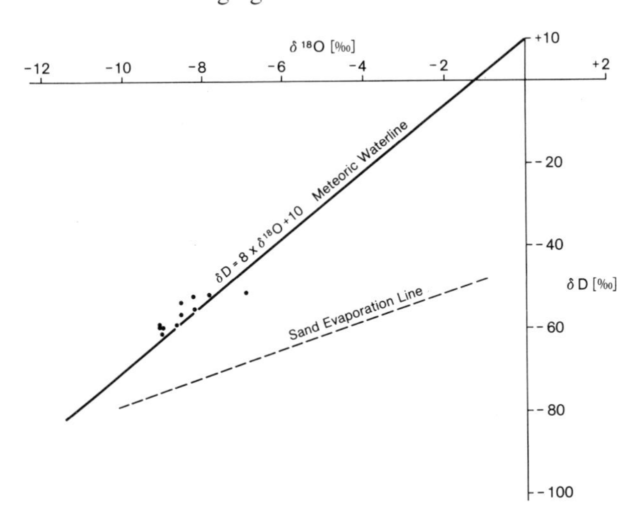

Bildung und damit gegen Ferntransport von irgendeinem Hochgebirge.

Wichtig für Figuig ist weiterhin, daß sich auch das Verhältnis der schweren Isotope Deuterium zu Sauerstoff-18 ändert, wenn Verdunstung über Land erfolgt, sog. sekundäre Verdunstung. In *Abb. 15* müßten Punkte, die für derartige Wässer stehen, nicht im Bereich der *Meteoric Waterline*, sondern auf oder zumindest in der Nähe einer Austrocknungsgeraden (*Sand Evaporation Line*) zu finden sein.

Bei den Wässern von Figuig ist aber nur in einem Fall eine geringe Abweichung in Richtung auf die Austrocknungsgerade festzustellen, was in einem Bewässerungsgebiet mit Drainage verständlich ist (vgl. Beitrag SAMIMI in diesem Band). Auf keinen Fall ist es aber möglich, anhand der im Diagramm vorliegenden Punkteverteilung auf Salzwassergenese durch Verdunstung und Rückfluß von Bewässerungswasser zu schließen. Selbst wenn man einkalkuliert, daß Pflanzen nahezu trennungsfrei verdunsten[2)], müßten die Punkte doch weit stärker von der *Meteoric Waterline* in Richtung auf die Austrocknungsgerade abweichen, wenn eine Salzwassergenese im Sinne von BREIL et al. vorläge.

8.2 *Kohlenstoff-14*

Altersdatierungen mit Hilfe von Radiokohlenstoff sind im Gebiet von Figuig äußerst problematisch, da der Grundwasserleiter aus Karbonatgesteinen besteht und Kalklösung bei der Untergrundpassage angenommen werden muß. Für Ionenaustausch bei den Quellwässern sprechen vor allem die hohe Temperatur und die Kalksinterbildungen des *Jorf*. Kalklösung aus dem Grundwasserleiter bedeutet aber, daß radiokohlenstofffreier Kalk hinzukommt, der die Probe älter erscheinen läßt als sie in Wirklichkeit ist.

Von den Quellwässern Figuigs konnten nur vier Proben gezogen werden, ohne den Arbeitsaufwand extrem zu steigern. Bei den anderen Quellen war es nicht möglich, an den Kopf der *Foggaguir* zu gelangen, um dort die Proben ohne Luftkontakt zu entnehmen. Die für die spätere *low-level*-Messung notwendige Kohlenstoffmenge ist im Feldlabor extrahiert worden. Je nach Festlegung des Kohlenstoff-14-Anfangsgehalts liegen die errechneten konventionellen Alter zwischen 12.500 und 10.000 vor heute. Diese konventionellen Alter müssen aufgrund der geschilderten Einschränkungen jedoch um mindestens 5.000 Jahre reduziert werden, so daß realistische Modellalter zwischen 5.000 und 7.000 Jahren liegen dürften. Trotz der oben geschilderten Unabhängigkeit der Karstgefäße ist davon auszugehen, daß etwa 80 % der Quellwässer dieser Zeitspanne zuzuordnen sind.

Die Brunnenwässer weisen dagegen wesentlich höhere 14-C-Gehalte auf. Danach lassen sich konventionelle Alter zwischen rezent und ca. 4.000 Jahre errechnen. Allerdings handelt es sich bei diesen Wässern nachweislich um Mischwässer, so daß auch hier Ionenaustausch und damit Altersverfälschung angenommen werden muß.

8.3 *Tritium*

Tritium gelangte erst durch Atombombenversuche in den 50er Jahren in nennenswertem Umfang in die Atmosphäre. Daher kann der Tritiumgehalt Auskunft geben, ob eine nach dem Kohlenstoffgehalt als rezent eingestufte Probe aus der Zeit nach 1955 stammt oder älter ist. Weiterhin ist es möglich festzustellen, inwiefern bei einer radiometrisch älteren Probe junge Beimischungen zu erwarten sind.

Die Quellwässer Figuigs zeigen geringe Tritiumgehalte, die aber klar über der unteren Nachweisgrenze von 0.36 TU liegen. Dies deutet in Zusammenhang mit den Radiokohlenstoffgehalten darauf hin, daß dem Grundwasserleiter, obwohl er gespannt ist, über kürzere Laufstrecken auch jüngeres Wasser beigemischt wird. Empirische Erhebungen im Bereich des Jebel Haïmeur sichern diese vielleicht unwahrscheinlich klingende Interpretation ab.

Markant höhere Tritiumspiegel sind bei den Brunnenwässern gegeben. Im Bewässerungsgebiet von Zenaga war dies so zu erwarten, da hier mit einer gewissen Kontamination durch Drainagewasser zu rechnen ist. Bei der Salzquelle Tijjent Lâabidate ist dagegen kaum verständlich, warum Tritiumgehalte überhaupt feststellbar sind. Die Messung sollte wiederholt werden.

2) Freundliche mündliche Mitteilung von Priv.-Doz. Dr. Chr. SONNTAG vom Institut für Umweltphysik in Heidelberg.

9. Die Bedeutung der Untersuchungsergebnisse für die zukünftige Wasserpolitik

Grundlagenforschung über Wasserressourcen hat in Trockengebieten prinzipiell einen hohen Stellenwert, da die wirtschaftliche Weiterentwicklung über große Bereiche von der verfügbaren Wassermenge abhängt. Insofern sind wasserwirtschaftliche Untersuchungen eine Voraussetzung für bessere ökonomische Bedingungen. Grundsätzlich trifft dies auch für die vorliegenden Ergebnisse zu, obwohl eine direkte Umsetzung in wirtschaftlich meßbaren Erfolg beim derzeitigen Stand der Untersuchungen nur lokal möglich ist.

Geklärt wurde bis jetzt das Ergänzungssystem der Quellen mit dem Input-Gebiet westlich Abou el Kehal und der Output-Region bei Figuig. Der unterirdische Abstrom konnte überwiegend auf das Becken des Oued Tisserfine und zum kleineren Teil auf den Talzug südlich des Jebel Grouz eingegrenzt werden. Darauf aufbauend ist es nun möglich, die Grundwasserergänzungsgebiete differenziert zu untersuchen, um von der typischen pauschalen Betrachtungeweise zu einer räumlich differenzierten zu gelangen. Dies ist die wesentliche Voraussetzung, um in einem folgenden Schritt für verstärkte Grundwasserneubildung in den Gunstsituationen innerhalb der Input-Region zu sorgen. Zeitgleich mit den dazu notwendigen Erhebungen müßten im Becken des Oued Tisserfine Piezometer angelegt werden, die bessere Einblicke in die Drucksteuerung im Grundwasserleiter gestatten. Bis jetzt wissen wir nämlich nicht, ob und wenn, dann mit welcher Zeitverzögerung Perioden größeren Niederschlags oder u.U. nur größeren Abflusses im Grundwasserleiter zu einer Druckerhöhung beitragen. Grundwassermeßstellen sind daher unerläßlich, um zu kontrollieren, wie der Grundwasserleiter bei welcher Input-Veränderung reagiert. Maßnahmen der Abflußverzögerung, vielleicht auch die Umlenkung eines Nebenflusses im Oberlauf des Oued Tisserfine, kämen zur Verbesserung der Infiltration in Frage, wenn das System positiv, d.h. mit Druckerhöhung auf einen entsprechend veränderten Input reagieren würde.

Nur ein derartiges langfristiges Management des Grundwasserleiters kann den totalen Zusammenbruch der bisherigen Nutzungsformen durch wildes Brunnengraben und exzessive Wassernutzung verhindern. Zögerliches Abwarten bedeutet konkret: langsames Versiegen der Quellen, erhebliche rechtliche Konflikte in der Bevölkerung, Umstellung auf die Wasserförderung durch Pumpen und daraus folgend die Gefahr von Salzwassereinbrüchen aus der Tiefe. Man sollte nicht vergessen, daß sich die Salzwasserquelle Tijjent Laâbidate nördlich der Takroumet befindet, und auch die in der Nähe liegenden Quellen Nr. 73 bis 75 deutlich stärker mineralisiert sind als die übrigen Quellen. Die Gefahr eines Salzwassereinbruches besteht hier generell, insbesondere aber dann, wenn der Druck des Süßwassers auf die Grenzfläche zum Salzwasser infolge forcierter Wasserentnahmen durch Pumpen nachläßt.

In Zenaga haben die Untersuchungen gezeigt, daß die negativen Entwicklungen, bedingt durch die Wasserförderung mittels Pumpen, weitergehen. Das von NW zuströmende Süßwasser, aber auch das schwächer mineralisierte Drainagewasser über dem Salzwasser aus der Tiefe sind bereits so stark dezimiert worden, daß immer mehr Brunnen in erheblichem Umfang Salzwasser zur Bewässerung fördern. Die Ausdehnung der Salzwasserlinsen wird mit absinkendem Grundwasserspiegel fortschreiten, wenn es nicht gelingt, für Zenaga Süßwasser bereitzustellen, das die Oasenbauern zu angemessenen Preisen kaufen können. Weiterhin sollten auch die regional vorhandenen Chancen zur Verbesserung der Grundwasserqualität konsequent genutzt werden. Die bisherigen Untersuchungen bieten gute Ansätze dafür.

In Figuig existieren zahlreiche und vielfältige Möglichkeiten zur Verbesserung der Wassersituation. Chancen sind sowohl bei der qualitativen wie quantitativen Grundwasseroptimierung als auch bei der Inwertsetzung der bisher überhaupt nicht genutzten Oberflächenwässer gegeben, so daß hier ein weites Tätigkeitsfeld für Hydrologen und Hydrogeologen vorhanden ist. Sollten die zuständigen Planungsbehörden des Wasserwirtschaftssektors nicht erkennen, daß in Figuig Handlungsbedarf besteht, dann werden die Bewohner individuelle Lösungen suchen. Wann und in welcher Stärke die oben geschilderten Folgen eintreten werden, ist unter diesen Umständen nur noch eine Frage der Zeit.

Danksagung

Hydrogeographische Untersuchungen in Trockengebieten sind nur dann durchführbar, wenn neben der Förderung von deutscher Seite auch logistische und fachliche Unterstützung durch Kollegen und Behörden vor Ort erfolgt. Für die Zuschüsse zu Sach- und Reisekosten sei der *Deutschen Forschungsgemeinschaft* und der *Friedrich-Alexander-Universität Erlangen-Nürnberg* gedankt. Völlig unbürokratische und spontane Hilfe bei logistischen Engpässen gewährten der *Directeur Provincial de l'Agriculture de Figuig* in Bouarfa und M. Abu Saïd vom *Office Nationale de l'Eau Potable* in Rabat; beiden Herren bin ich für Ihre Hilfe sehr verbunden. Dank schulde ich auch Herrn Priv.-Doz. Dr. Chr. Sonntag vom Institut für Umweltphysik in Heidelberg für die Isotopenuntersuchungen der Wasserproben. Schließlich erinnere ich mich auch gern an das geduldige Verständnis und die große Gastfreundschaft, die uns die Bewohner von Figuig entgegenbrachten.

Literaturverzeichnis

AISSAOUI, D. (1984): Les structure liées à l'accident sud-atlasique entre Biskra et le Jebel Manndra, Algérie. Evolution géométrique et cinématique. — Thèse (3ème cycle), Université Louis Pasteur, Strasbourg [*unveröff.*].

Atlas du Maroc (1951): Hrsg. v. *Comité National de Géographie du Maroc*. — Rabat.

BEUTEL, P. u. W. SCHUBÖ (1983): SPSS9, Statistik-Programmsystem für die Sozialwissenschaften. — Stuttgart, New York.

BONNEFOUS, M. (1953): La palmeraie de Figuig. Etude démographique et économique d'une grande oasis du Sud marocain. — Service Central des Statistiques du Protectorat de la République Française au Maroc. — Rabat.

BREIL, P. et al. (1977): Le Haut Atlas Oriental. — In: Ressources en eau du Maroc. Tome 3: Domaines atlasique et sud-atlasique. Notes et Mémoires du Service Géologique, N° 231 — Rabat, S.140-159.

BROSIUS, G. (1988): SPSS/PC+ Basics and Graphics. — Hamburg.

BROSIUS, G. (1989): SPSS/PC+ Advanced Statistics and Tables. Einführung und praktische Beispiele. — Hamburg.

COMBE, M. (1974): Résultats des études géologiques et géophysiques entreprises autour de Figuig pour tenter d'y découvrir de nouvelles ressources en eau destinées à accroître les cultures dans l'oasis. — DRE Rabat [*unveröff.*].

COMBE, M. (1974): Compte-rendu de mission dans le cercle de Figuig en novembre. — DRE Rabat [*unveröff.*].

Compagnie Africaine de Géophysique (1974): Etude par prospection électrique et séismique dans la région de Figuig. — DRE Rabat [*unveröff.*].

CORNET, A. (1952): L'Atlas Saharien sud-oranais. — 19ème Congrès Géologique International, Monographies Régionales, 1re Série, N° 12. - Alger.

DAVIS, E.T. und R.J.D. DE WIEST (1966): Hydrogeology. — London, New York.

DIN 2000 (1959): Leitsätze für die zentrale Trinkwasserversorgung. — Fachnormenausschuß Wasserwesen im deutschen Normenausschuß, Berlin.

Direction de la Conservation Foncière et des Travaux Topographiques, Division de la Carte (1966): Carte du Maroc 1/100.000, Blatt NI-30-V-1 (Jebel Grouz) und Blatt NI-30-V-2 (Figuig). — Rabat.

DRESNAY, R. DU (1954): Structure géologique du Haut Atlas marocain oriental. — Service Géologique Africain, H. 21, S.309-318.

DRESNAY, R. DU (1964): Carte géologique du Haut Atlas oriental au 1/200.000 (Blätter Bou Arfa, Ich, Talzaza und Figuig) — Notes et Mémoires du Service Géologique, N° 158, Rabat.

DRESNAY, R. DU (1971): Extension et développement des phénomènes récifaux jurassiques dans le domaine atlasique marocain, particulièrement au Lias moyen. — Bulletin de la Société Géologique de France, 7e série, Bd. 13, N° 1-2, S.46-56.

DUBIEF, J. (1959): Le climat du Sahara. Tome I. — Alger.

DUBIEF, J. (1963): Le climat du Sahara. Tome II. — Alger.

DUBIEF, J. (1971): Die Sahara, eine Klima-Wüste. — In: H. SCHIFFERS (Hrsg.): Die Sahara und ihre Randgebiete. Darstellungen eines Naturgroßraums. Bd.I: Physiographie. — München.

DVWK (1982): Auswertung hydrochemischer Daten. — Schriftenreihe des DVWK 54. Hamburg, Berlin.

DVWK (1983): Beiträge zu tiefen Grundwässern und zum Grundwasser-Wärmehaushalt. — Schriftenreihe des DVWK 61. Hamburg, Berlin.

EMBERGER, L. (1942): Un projet de classification des climats du point de vue phytogéographique. — Bulletin de la Société Hist. Natur. (Toulouse) 77, S. 97-124.

EMBERGER, L. (1955): Une classification biogéographique des climats. — Recu. Trav. Lab. Bot. Géol. Zool., Fac. Sciences Univ. Montpellier, Série Bot., H. 7. S. 3-43.

FAHRMEIER, L. u. A. HAMERLE (1984): Multivariate statistische Verfahren. — Berlin, New York.

FRITZ, P. u. J.C. FONTES (1980): Handbook of Environmental Isotope Geochemistry. Bd.1. — Amsterdam, Oxford, New York.

GAUTIER, E.-F. (1905): Rapport sur une mission géologique et géographique dans la région de Figuig. — Annales de Géographie 14, S. 144-166.

GAUTIER, E.-F. (1917): La source de Thaddert à Figuig. — Annales de Géographie 26, S.453-466.

GRIFFITHS, J.F. (1972): The Mediterranean Zone. — In: J.F. GRIFFITHS (Hrsg.): Climates of Africa. World Survey of Climatology, Bd. 10. — Amsterdam, London, New York.

HAGENDORF, U. et al. (1973): Methodische Grundlagen und praktische Anwendungen von Rekonstruktionsversuchen hydrologischer Parameter bei paläohydrogeologischen Untersuchungen. — Zeitschrift für angewandte Geologie 19, S.307-313.

HÖLTING, B. (1984): Hydrogeologie. — Stuttgart.

HÖLTING, B. (1974): Die Auswertung von Wasseranalysen in der Hydrogeologie. — Zbl. Geol. Paläont., Teil 1, H. 5/6. S.305-316.

JUNGFER, E. (1982): Rezente Grundwasserneubildung auf den ostmarokkanischen Hochplateaus. — Geomethodika 7, S.79-103.

JUNGFER, E. (1987): Zur Frage der Grundwasserneubildung in Trockengebieten. Fallstudien aus der

Arabischen Republik Jemen und dem Königreich Marokko. — Erlanger Geographische Arbeiten, Sonderband 18.

LANGGUTH, H.-R. und R. VOIGT (1980): Hydrogeologische Methoden. — Berlin.

MATTHES, G. (1970): Beziehungen zwischen geologischem Bau und Grundwasserbewegung in Festgesteinen. — Abhandlungen des Hessischen Landesamtes für Bodenforschung 58.

MONBARON, M. et al. (1984): Evénement récifaux et facies associés dans le Jurassique du Haut Atlas marocain. — In: Géologie et Paléoécologie des Récifs. Institut Géologie à l'Université de Berne, S. 1-22.

MONDEILH, C. (1978): Exécution de quinze puits d'exploitation d'eau entre Bou Arfa et Figuig. — Rapport de fin de travaux, Marche N° 197/76, Oujda.

MOSER, H. u. W. RAUERT (1980): Isotopenmethoden in der Hydrologie. — In: Lehrbuch der Hydrogeologie, Bd. 8. — Berlin, Stuttgart.

MÜNNICH, K.O. (1957): Messung des C-14-Gehalts von hartem Grundwasser. — Naturwissenschaften 44, S.32-39.

MÜLLER-HOHENSTEIN, K. u. H. POPP (1990): Marokko. Ein islamisches Entwicklungsland mit kolonialer Vergangenheit. — Stuttgart (Reihe Länderprofile).

PAPADAKIS, (1965): Potential Evapotranspiration. — Buenos Aires.

PFEILSTICKER, K. (1981): Deuterium und O-18 im Regen, Luft- und Bodenfeuchte von Sde Boqer (Negev), lokale Grundwasserspende. — Institut f. Umweltphysik, Univ. Heidelberg. Diplomarbeit [*unveröff.*]

PIPER, A.M. (1944): A graphic procedure in the geochemical interpretation of water analysis. — Transactions of the American Geophysical Union 25, S. 914-928.

POPP, H. (1988): Traditionelle Bewässerungswirtschaft in der marokkanischen Oase Figuig. — Universität Passau. Nachrichten und Berichte, Nr. 52, S.24-28.

POPP, H. (1989): Saharische Oasenwirtschaft im Wandel. — In: J.-B. HAVERSATH und K. ROTHER (Hrsg.): Innovationsprozesse in der Landwirtschaft. — Passau, S. 113-132. (= Passauer Kontaktstudium Erdkunde).

POPP, H. (1990): Oasenwirtschaft in den Maghrebländern. Zur Revision des Forschungsstandes in der Bundesrepublik. — Erdkunde 44, S. 81-92.

RICHTER, M. u. W. SCHMIEDECKEN (1985): Das Oasenklima und sein ökologischer Stellenwert. — Erdkunde 39, S.179-197.

ROCHE, P. (1965): L'irrigation et le statut juridique des eaux au Maroc (Géographie humaine, droit et coutumes). — Revue Juridique et Politique. Indépendance et Coopération 19, S. 55-120, 255-284 und 537-562.

RUSSO, P. (1922): Le pays de Figuig. Etude de géophysique. — Bulletin de la Société de Géographie du Maroc 3, S.125-137.

Russo, P. (1923): Au pays de Figuig. — Bulletin de la Société de Géographie du Maroc 3, S.385-472.

RUSSO, P. (1923): Les voies de communication du territoire des Hauts-Plateaux et de Figuig. — Renseignement Coloniaux et Documents. Supplément à l'Afrique Francaise, N° 5, S.164-167.

RUSSO, P. (1923): La constitution du massif montagneux du Takroumet et les sources du Figuig (Maroc Sud-oriental). — Bulletin de la Société Géologique de la France, 4e série, 23, S.123-131.

RUSSO, P. (1947): La morphologie des Hauts-Plateaux de l'Est marocain. — Annales de Géographie 56, S.36-48.

SAMIMI, C. (1990): Auswirkungen der Bewässerung mit salzhaltigem Wasser auf die Qualität subtropischer Oasenböden. Dargestellt am Beispiel Figuig (Marokko). — Magisterarbeit, Universität Erlangen [*Masch.-Schr*].

SAUVAGE, C. (1963): Etages bioclimatiques. — In: *Atlas du Maroc*. Planche N° 6b. — Rabat.

SCHNEIDER, M. (1986): Hydrogeologie des Nubischen Aquifersystems am Südrand des Dakhla-Beckens, Südägypten/Nordsudan. — Berliner Geowissenschaftliche Abhandlungen, Reihe A, Bd. 71.

SIMONOT, M. (1966): Note sur l'alimentation en eau de Figuig. — Division des Ressources en Eau, Centre Régional d'Oujda. 7 S. [*unveröff.*].

SONNTAG, C. et al. (1976): Zur Paläoklimatik der Sahara. — Die Naturwissenschaften 63, H.10.

STETS, J. u. P. WURSTER (1981): Zur Strukturgeschichte des Hohen Atlas in Marokko. — Geologische Rundschau 70, S.801-841.

STRETTA, E. (1952): Haut Atlas oriental, le Tamlelt et Figuig. — In: Hydrogéologie du Maroc. — Rabat, S.263-266.

in: Herbert Popp (Hrsg.): Geographische Forschungen in der Saharischen Oase Figuig. — Passau 1991, S. 161-186 (= Passauer Schriften zur Geographie, H. 10)

Cyrus Samimi

Die Oasenböden Figuigs unter dem Einfluß salzhaltigen Bewässerungswassers

Mit 24 Abbildungen und 1 Tabelle

1 Einleitung und Fragestellung

Ein weithin bekanntes Problem des Bewässerungslandbaus in ariden Regionen ist die Gefahr der Bodenversalzung. Insgesamt sollen weltweit rund die Hälfte der bewässerten Böden durch Versalzung beeinträchtigt sein (*United Nations Conference on Desertification* 1977). Gründe für die Anreicherung von Salz in bewässerten Böden sind unter anderem in der Anwendung von salzhaltigem Wasser zu suchen.

Auch in Figuig, besonders im Ausbaugebiet Berkoukess, wird hoch mineralisiertes Brunnenwasser für die Bewässerung herangezogen. Dieses Wasser ist nach gängigen Bewässerungsklassifikationen eigentlich nicht zur Bewässerung geeignet. Aus der Oasenbewirtschaftung läßt sich allerdings folgern, daß mit dem Wasser dennoch befriedigender Anbau, selbst von Gemüse, möglich ist. Nur besondere Bodeneigenschaften können es ermöglichen, mit derart schlechtem Bewässerungswasser nennenswerte Erträge zu erwirtschaften, ohne daß dabei gravierende Versalzungsprobleme auftreten. Primäres Ziel der Untersuchungen ist es, diese bodenphysikalischen und bodenchemischen Eigenschaften, die der Versalzung entgegenwirken, zu ermitteln. Darüber hinaus soll noch ein Einblick in die Nährstoffversorgung gewonnen werden (vgl. SAMIMI 1990)[1].

2 Klima

Neben den Bodeneigenschaften sind auch klimatische Faktoren für die Frage der Bodenversalzung von Bedeutung. Zentraler Gesichtspunkt ist dabei das Verhältnis der Evapotranspiration zur Gesamtwassermenge[2]. Es muß sichergestellt sein, daß es zu keiner verdunstungsbedingten Salzanreicherung im Boden kommt und überschüssiges Salz ständig mit dem Bodenwasserstrom in die Tiefe abgeführt wird.

Figuig erhält im Jahresdurchschnitt 139,8 mm Niederschlag[3], wobei die meisten Jahressummen unter dem Mittelwert liegen. Es ist jedoch damit zu rechnen, daß die Niederschlagsmenge heute erheblich niedriger anzusetzen ist. Der Jahresverlauf zeigt eine ausgeprägte Sommertrockenheit mit nur ca. 18 % der Jahresniederschläge in den Monaten Mai bis September. Das Niederschlagsmaximum liegt im Oktober bei einem Anteil von ca. 19 % der Jahressumme.

Der Jahressumme von knapp 140 mm/a steht eine Verdunstungsrate von 1.293 mm/a gegenüber[4]. Der für das Freiland errechnete Wert reduziert sich in den Oasengärten auf 816 mm/a (RICHTER u. SCHMIEDECKEN 1985).

1) Dank schulde ich Herrn Priv.-Doz. Dr. E. JUNGFER, der mich im Rahmen eines DFG-Projekts zu dieser Arbeit anregte und den Aufenthalt in der Oase Figuig ermöglichte. Weiter sei der *Frau Dorothea und Dr. Dr. Richard Zantner-Busch-Stiftung* (Erlangen) für einen Reisekostenzuschuß Dank gesagt.

2) Die Gesamtwassermenge setzt sich aus der Niederschlagsmenge und dem Bewässerungswasser zusammen.

3) Dieser Wert wurde anhand der Daten der *Direction de la Météorologie Nationale du Maroc* der Jahre 1951 bis 1967 errechnet. Der bei WALTER und LIETH (1964) für Figuig angegebene Wert von 107 mm ist wohl der Station Beni Ounif zuzuordnen. Er deckt sich exakt mit dem bei DUBIEF (1963) angegebenen Wert für den Zeitraum 1936-50. Für Figuig finden sich bei DUBIEF (1959, 1963) keine Niederschlagswerte.

4) Da keine gemessenen Verdunstungswerte vorliegen, wurde die Rate nach PAPADAKIS (1965) errechnet und nach SCHMIEDECKEN (1978) reduziert.

Abbildung 1: *Jahresgang des Niederschlags, der Verdunstung, des Sickerwassers und des Bodenwassergehalts ohne Bewässerung*

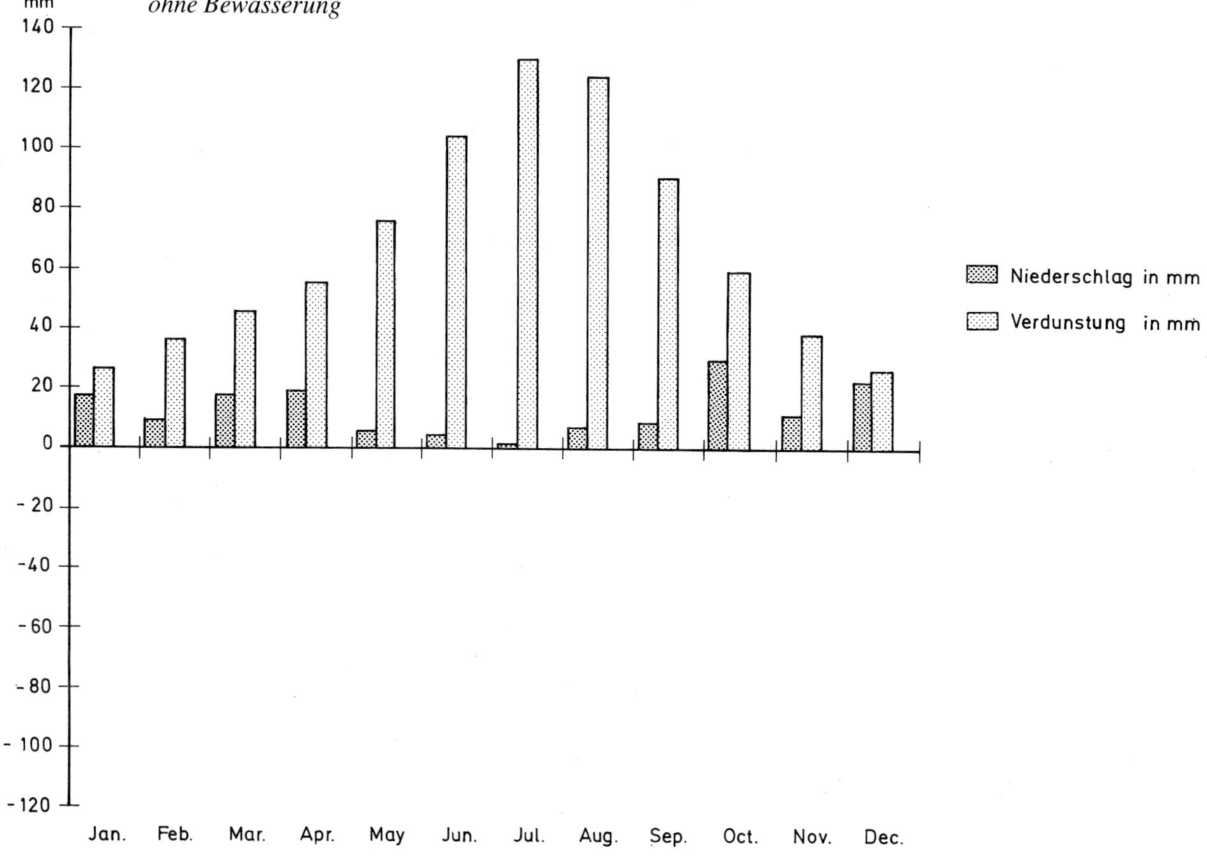

Quelle: Direction de la Meteorologie Nationale u. Dubief 1959

Entw.: C. Samimi 1989

Abbildung 2: *Jahresgang des Niederschlags, der Verdunstung, des Sickerwassers und des Bodenwassergehalts unter Hinzurechnung von Bewässerungswasser*

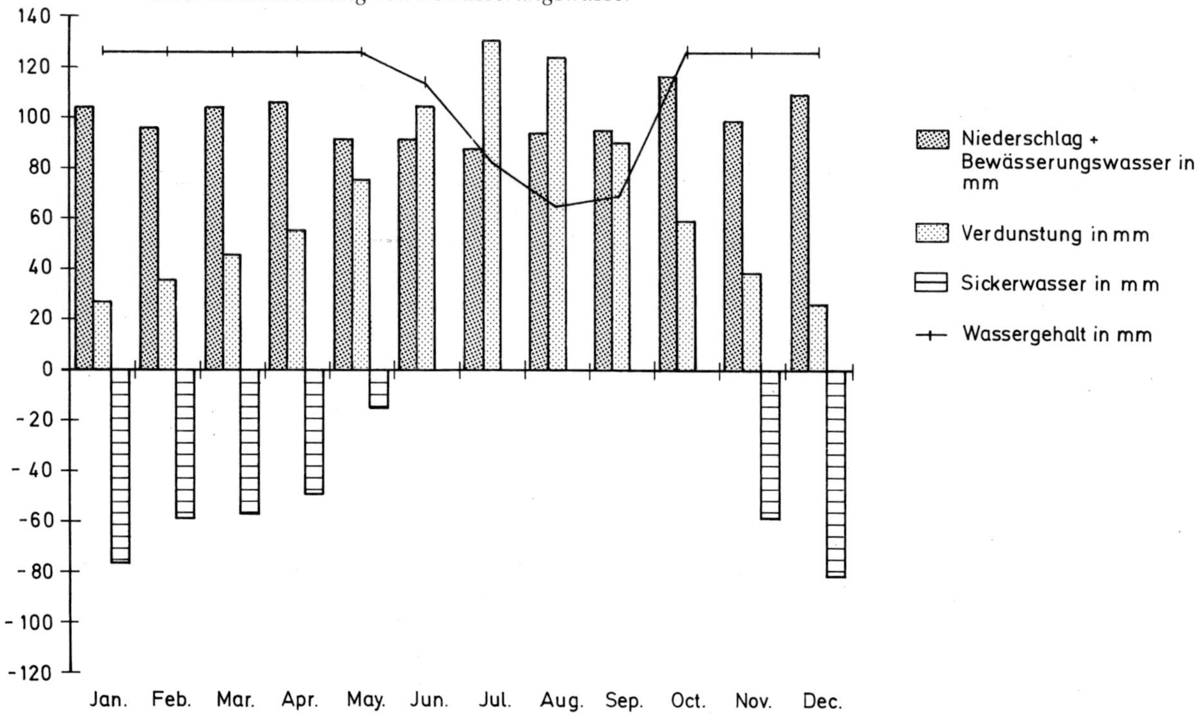

Quelle: Direction de la Meteorologie Nationale u. Dubief 1959

Entw.: C. Samimi 1989

Nach einem von SCHMIEDECKEN entwickelten Modell lassen sich aus Temperatur- und Niederschlagsdaten Wasserhaushaltsbilanzen erstellen. Hieraus ergibt sich für Figuig, daß ohne Bewässerung kein Monat pflanzenökologisch humid ist (vgl. *Abbildung 1*), daß somit auch die Wasserbewegung im Boden immer nach oben gerichtet ist. Nimmt man das Bewässerungswasser hinzu, ergibt sich indes ein völlig anderes Bild (vgl. *Abbildung 2*). Von September bis Mai ist der Bodenwasserstrom abwärts gerichtet und stellt somit die Salzauswaschung grundsätzlich sicher. Allerdings ist auch unter Zurechnung des Bewässerungswassers die Bilanz Niederschlag-Verdunstung in den Sommermonaten defizitär, so daß es vorübergehend zur Anreicherung von Salz in oberflächennahen Bodenbereichen kommen kann.

Die Versorgung mit Wasser scheint nach der Bilanzierung ausreichend zu sein, wobei jedoch innerhalb der Oase differenziert werden muß. In einigen Oasenteilen sind Wüstungserscheinungen zu beobachten, die unter anderem auf Wasserknappheit zurückzuführen sind (vgl. Beitrag BENCHERIFA/POPP in diesem Band).

3 Bewässerungstechnik und Qualität des Bewässerungswassers

Bewässerung findet in Figuig ausnahmslos in Form von Überstaubewässerung statt. Dabei wird das Wasser aus den *Souagui* mittels kleiner Erdkanäle auf die Felder geführt, wo es langsam versickert.

Die Entwässerung, die der Entsalzung des Bodens dient, erfolgt, anders als in den meisten Oasen, nicht über künstliche Drainagegräben. Es muß also ein ausreichender, natürlicher unterirdischer Abfluß existieren, der überschüssiges Wasser abführt.

Die Parzellen, in denen Bodenprofile angelegt wurden, sind nach der Qualität des verwendeten Bewässerungswassers ausgewählt worden. Dabei sollte ein Spektrum vom besten bis zum schlechtesten Wasser der Oase abgedeckt sein (siehe *Tabelle 1*).

Tabelle 1: *Qualität des Bewässerungswassers (Äquivalentkonzentration der Ionen in mmol/l)*

Proben-nr.	Profil-nr.	pH	Lf.(1)	K^+	Na^+	Ca^{2+}	Mg^{2+}	Σ	Cl^-	HCO_3^-	SO_4^{2-}	Σ	SAR(2)
5 + 83	7	7,6	1,51	0,15	12,30	2,30	2,65	17,40	9,00	6,65	1,85	17,50	7,82
10	2	6,8	10,01	0,36	82,60	20,40	24,10	127,46	95,60	4,80	20,50	120,90	17,51
11	3; 6	6,7	19,17	0,66	165,30	55,80	34,20	255,96	197,30	5,10	30,00	232,40	24,64
12	13	6,9	6,49	0,31	48,70	12,97	8,97	70,97	52,07	6,51	10,60	69,18	14,71
33	4		10,15	0,14	51,40	24,90	21,70	98,14	92,90	0,74	5,10	8,74	10,65
44 + 83	8	7,2	5,13	0,23	40,53	5,40	6,43	52,59	45,53	6,19	3,40	55,12	16,66
82	11		7,90	0,80	60,60	6,40	12,10	79,90	68,60	3,30	5,40	77,30	19,92
83	12	7,6	2,29	0,22	20,00	2,99	3,45	26,66	16,02	8,19	3,00	27,21	11,14

(1) Lf. = Elektrische Leitfähigkeit
(2) SAR = Sodium-Adsorptions-Ratio

Quelle: Eigene Erhebung

Insgesamt muß die Qualität des Bewässerungswassers der untersuchten Profile als schlecht bezeichnet werden. Selbst das am niedrigsten mineralisierte Wasser ist nach dem Diagramm des *US Salinity Laboratory* (RICHARDS et al. 1954) nur der Kategorie C3-S2 zuzuordnen. Die übrigen Wässer gehören nach dem RICHARDS-Diagramm alle in die Kategorie C4-S4 bzw. C4-S3 und sind somit eigentlich nicht für die Bewässerung geeignet (SAMIMI 1990)[5].

Insofern stellt sich die Frage, ob die nach SCHMIEDECKEN (1978) als ausreichend errechnete Wassermenge und entsprechende Bodenbedingungen die nach RICHARDS et al. (1954) ungenügende Wasserqualität ausgleichen können.

4 Ergebnisse der Bodenuntersuchungen

Bodenphysikalische und bodenchemische Untersuchungen dienen der Ermittlung von Bodeneigenschaften, die makroskopisch nicht zu erkennen sind[6]. Im Zu-

5) Zur weiteren Charakterisierung der Wässer im Raum Figuig vgl. den Beitrag von E. JUNGFER in diesem Band.

6) Die Korngrößenbestimmung erfolgte nach KÖHN, die Karbonatbestimmung nach SCHEIBLER (in SCHLICHTING u. BLUME 1966), die Porenvolumenbestimmung nach LOEBELL, die Bestimmung der Alkalität und der Salinität im Bodenwasserextrakt 1:2,5 bzw. 1:5, die Bestimmung des Kohlenstoffgehalts mittels Nasser Ver-

sammenhang mit der gegebenen Fragestellung sind die untersuchten bodenphysikalischen Parameter verantwortlich für die Wasserdurchlässigkeit der Böden. Sie steuern damit die Salzauswaschung. Weiterhin bedingen sie über Austauschprozesse die Salzbelastung, aber auch die Nährstoffversorgung der Böden. Durch bestimmte bodenchemische Parameter werden die bodenphysikalischen Eigenschaften modifiziert (pH-Wert, Karbonatgehalt, Kohlenstoffgehalt u. a.). Darüber hinaus werden bodenchemische Untersuchungen durchgeführt, um Salz- und Nährstoffgehalt zu quantifizieren.

Ein weiterer Punkt der Untersuchung ist die Frage, ob die Böden entgegen der physiognomischen Erscheinung nicht doch Versalzungstendenzen aufweisen. Hierzu wurden die bodenphysikalischen und bodenchemischen Parameter der drei Bodengruppen (bewässert, unbewässert, ehemals bewässert) mit dem H-Test von KRUSKAL und WALLIS bzw. dem U-Test von MANN und WHITNEY auf Unterschiede getestet.

4.1 Bodenphysikalische Parameter

4.1.1 Textur

Bei den bewirtschafteten Böden muß davon ausgegangen werden, daß sie nicht unter natürlichen Bedingungen entstanden sind, sondern anthropogen geschaffen oder zumindest stark überprägt wurden[7] Eine Interpretation der Korngrößenzusammensetzung kann somit nicht der Klärung von Transport und Genese der Oasenböden dienen. Bei der gegebenen Fragestellung ist die Korngröße aber eine wichtige Grundlage für bodenphysikalische und bodenchemische Prozesse. So steuert die Korngrößenzusammensetzung entscheidend die Wasserdurchlässigkeit und damit die Anreicherung oder Auswaschung von Salz im Boden. Weiterhin sind alle Ionenaustauschprozesse vorwiegend von der Textur bestimmt[8].

Die „natürlichen", unbewirtschafteten Böden (Profil 1, 5 u. 10) zeigen eine Wechsellagerung von Schotterbändern und Feinmaterial. Die bewirtschafteten Profile zeichnen sich hingegen durch einen weitgehend homogenen Aufbau aus. Der Skelettanteil dieser Böden besteht hauptsächlich aus Kalkkonkretionen, die teilweise beim Absieben zerfallen. Besonders die Profile 11 und 13 haben einen hohen Gehalt an Konkretionen, die Basis von Profil 11 wird sogar von einer Kalkkruste gebildet. Aus der Reihe fällt der Aufschluß 8. Er liegt am Fuß des *Jorf* und hat so durchgehend einen gewissen Gehalt an Abtragungsschutt der Sinterstufe. Basis der Profile 2, 4, 6, 7, 8 und 13 sind Schotter- bzw. Steinhorizonte.

Der Feinboden wird hauptsächlich durch den Feinsandanteil bestimmt (vgl. *Abbildung 3*). Fast 90 % der Proben haben einen Feinsandgehalt von über 40 Gewichte-Prozent, der Mittelwert liegt bei 53 %. Dagegen treten Grob- und Mittelsand zurück. Bei den drei Schluff-Fraktionen dominieren ebenfalls Werte im unteren Bereich der Prozentskala. Die Mittelwerte schwanken zwischen 4,9 und 9,9 %. Lediglich das ehemals bewässerte Profil (Nr. 3) weicht signifikant von diesen Werten ab. Profil Nr. 3 hat beim Grob- und Feinschluff deutlich höhere Mittelwerte von 13,1 % und 18,9 %. Auch der Mittelwert des Tongehaltes liegt beim ehemals bewässerten Profil über dem generellen Durchschnitt.

Die Mehrzahl der Horizonte ist demnach dem Bereich lehmiger Sand und sandiger Lehm zuzuordnen und weist somit günstige Bodenwasserverhältnisse, insbesondere günstige Durchlässigkeitsbeiwerte, auf (FAO 1971).

4.1.2 Porenvolumen

Das Porenvolumen der bewässerten Böden schwankt zwischen 42 % und 63 %, die Dichte liegt zwischen 0,96 und 1,68 g/cm^3. Es hat einen hohen Anteil von Sekundärporen, der vor allem von Wurzelröhren, aber auch von Tiergängen bestimmt wird. Diese Sekundärporen beschränken sich nicht nur auf höhere Bodenbereiche, sondern finden sich bis in große Tiefen. Auch diese Werte lassen auf eine gute Wasserleitfähigkeit und eine gute Belüftung der Böden schließen.

4.1.3 Wassergehalt

Wie zu erwarten, schwankt der Wassergehalt der Proben sehr stark, der Höchstwert liegt bei 19,7 Gewichte-Prozent, der tiefste Wert bei 3 Gewichte-Prozent. Der Wassergehalt der nicht bewässerten Böden liegt um einiges niedriger. Die große Schwankung ist abhängig von der Bewässerungsintensität und dem Bewässerungszeitpunkt. Da die Kulturen auf allen untersuchten Böden kurz vor der Ernte standen und so die letzte Bewässerung schon geraume Zeit zurücklag, ist davon auszugehen, daß der Wassergehalt der Böden in der Hauptwachstumsphase der Anbaukulturen höher ist.

Die Höchstwerte des Wassergehalts erreichen dabei meist Feldkapazität. Der Mittelwert des Wassergehalts in der Wurzelzone entspricht somit den nach SCHMIEDECKEN (1978) ermittelten Werten. Die Sickerwasserfront liegt unter der intensiv durchwurzelten Bodenzone. Die gemessenen Bodenwasserverhältnisse stützen die errechnete Tatsache, daß in der Vegetationsperiode ausreichend Wasser zur Verfügung steht.

---

aschung (KRETZSCHMAR 1972), die Ermittlung der Austauschkapazität nach HOFFMANN (in FIEDLER 1965). Die Kationen wurden mit Hilfe der AAS, die Anionen titrimetrisch bzw. gravimetrisch nach DEV und KRETZSCHMAR (1972) ermittelt.

7) Zur Lage der Bodenprofile vgl. *Abb.3* im Beitrag von E. JUNGFER. Die Profile 1-8 und 10-13 werden dort durchlaufend von AL aufgeführt.

8) Auf Grund des geringen Humusgehalts spielt er keine entscheidende Rolle.

Abbildung 3: *Häufigkeitsverteilung der Korngrößenzusammensetzung*

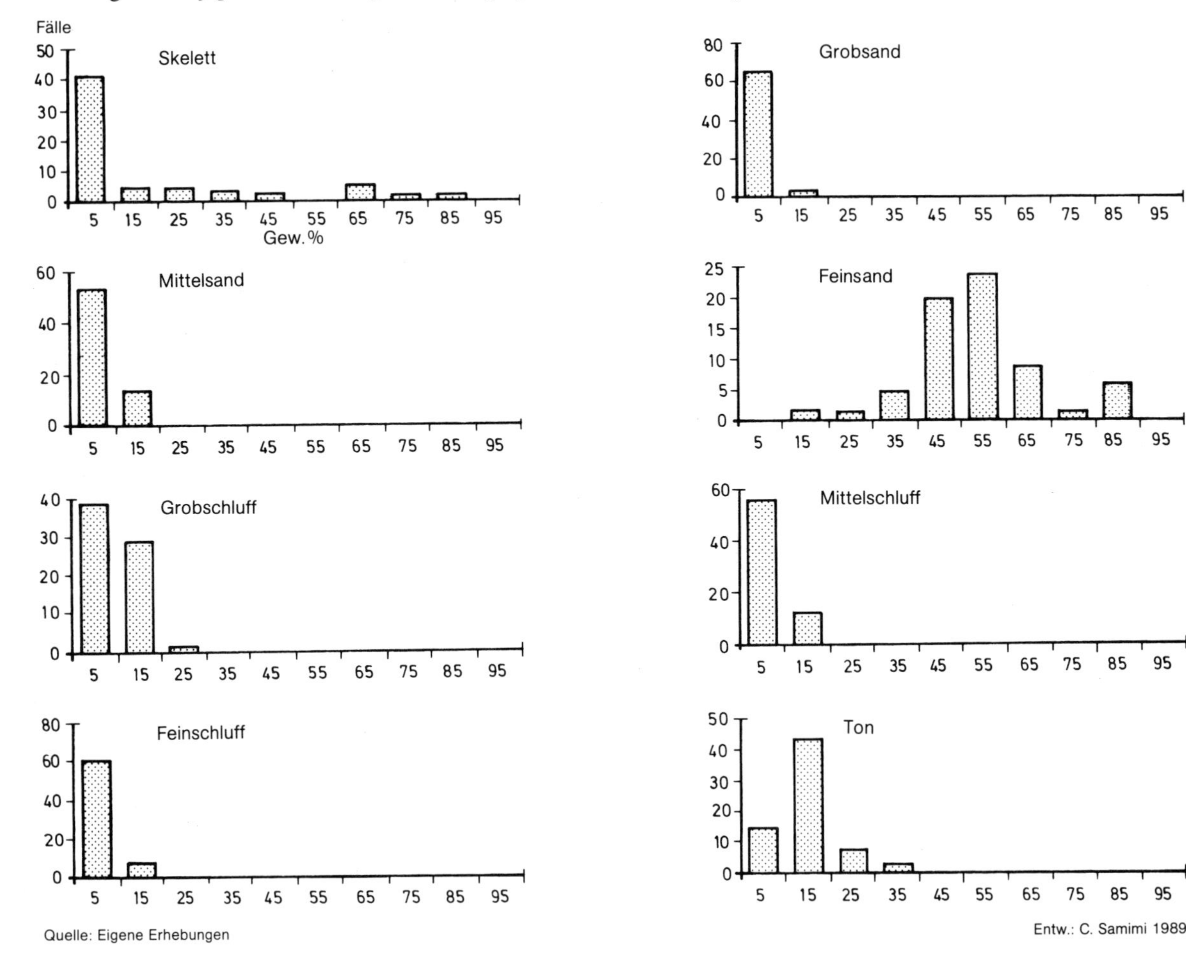

4.2 *Bodenchemische Parameter*

4.2.1 Kohlenstoffgehalt

Trotz der regelmäßigen Düngung der Kulturböden unterscheiden sich die Kohlenstoffgehalte der drei Bodengruppen (bewässert, unbewässert, ehemals bewässert) nicht signifikant voneinander. Bei den Kulturböden ist zwar ein schwach ausgeprägter Ah-Horizont abzugrenzen, aber auch er weist einen durchweg geringen Humusgehalt auf.

4.2.2 Karbonatgehalt

Karbonat[9] kommt in Böden besonders als Kalziumkarbonat (Kalk), Magnesiumkarbonat und Natriumkarbonat (Soda) vor. Kalk und Magnesiumkarbonat sind schwerlöslich.

Kalk verbessert in Böden die Gefügestabilität und so die Belüftungseigenschaften und den Wasserhaushalt. Des weiteren kann er in gelöstem Zustand das schlechte Verhältnis von Natrium zu Kalzium und Magnesium im Bewässerungswasser ausgleichen. Damit ist Kalk als Antagonist zum Natrium anzusehen.

Der Karbonatgehalt der Böden Figuigs ist als sehr hoch einzustufen (vgl. *Abbildung 4*). Die Bodenmatrix ist sowohl von Primär- als auch von Sekundärkarbonat fein durchsetzt. Der Gehalt der bewässerten und unbewässerten Böden unterscheidet sich nicht signifikant, so daß nicht von einer Karbonatanreicherung durch das Bewässerungswasser auszugehen ist.

4.2.3 pH-Wert

Der pH-Wert beeinflußt direkt bodenphysikalische und bodenchemische Eigenschaften, wie z.B. das Bodengefüge und die Nährstoffverfügbarkeit.

Bei allen untersuchten Böden liegt er über pH 8 und damit deutlich im alkalischen Bereich. Die Mittelwerte der drei Bodengruppen unterscheiden sich signifikant. Die höchsten Werte erreichen bewässerte Profile, wobei sogar pH-Werte von über pH 9 gemessen wurden (Profil 4, 6, 7, 8, 12). Diese hohen pH-Werte deuten darauf hin, daß Soda im Boden vorliegt. Alle anderen pH-Werte sind auf den hohen Kalkgehalt der Böden zurückzuführen. Das ehemals bewässerte Profil hat die niedrigsten pH-Werte.

9) Im folgenden muß streng zwischen dem Karbonatgehalt des Bodens und dem Karbonat- bzw. dem Hydrogenkarbonatgehalt der Bodenlösung unterschieden werden.

Abbildung 4: *Häufigkeitsverteilung des Karbonatgehalts*

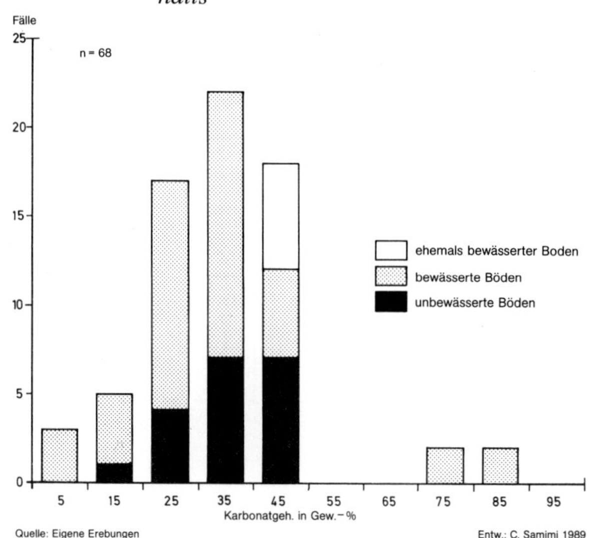

Abbildung 5: *Häufigkeitsverteilung der elektrischen Leitfähigkeit (EC)*

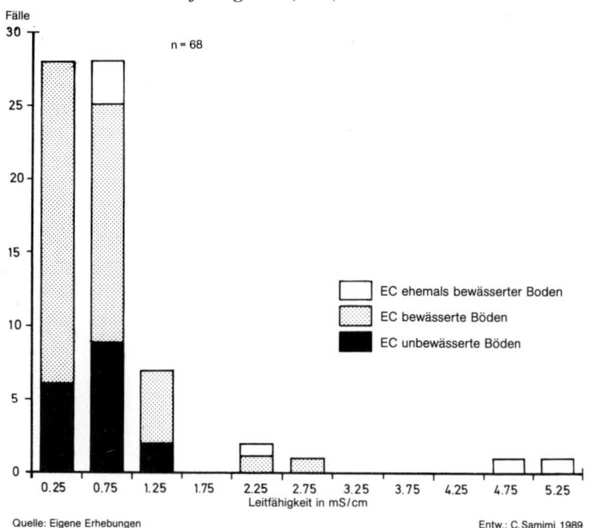

SCHEFFER u. SCHACHTSCHABEL (1984) geben für Kulturböden mit lehmigem Sand einen optimalen pH($CaCl_2$) von knapp unter 7 an. Auch nach der Reduktion der Werte[10] liegen die pH-Werte der Böden Figuigs immer noch deutlich über dem optimalen Bereich, so daß es unter Umständen zum Mangel an einigen Spurenelementen kommen kann.

4.2.4 Physikalische und chemische Charakteristika der Bodenlösung

4.2.4.1 Elektrische Leitfähigkeit der Bodenlösung:
Der Versalzungsgrad der bewässerten Böden ist als gering einzustufen. Der Mittelwert der elektrischen Leitfähigkeit liegt bei nur 0,6 mS/cm, der höchste Wert bei 1,5 mS/cm (vgl. *Abbildung 5*). CARTER (in BRESLER et al. 1982) gibt für empfindliche Kulturpflanzen einen oberen Grenzwert für die Leitfähigkeit im Wurzelbereich von 1 mS/cm, teilweise einen von 1,5 mS/cm an. Die nächste Toleranzstufe für weniger empfindliche Pflanzen beginnt bei 1,5 mS/cm. In Figuig werden Leitfähigkeitswerte über 1 mS/cm, wenn sie auftreten, in Bodentiefen von mehr als 50 cm gemessen. Dies ist eine Tiefe, die von den Wurzeln vieler Kulturpflanzen nicht erreicht wird.

Erwartungsgemäß liegen die Leitfähigkeitsmittelwerte des ehemals bewässerten Profils signifikant über den beiden anderen Mittelwerten. Besonders in den oberen drei Horizonten ist eine Salzanreicherung festzustellen, die sich auch in einer leichten Salzkruste auf der Oberfläche bemerkbar macht[11].

Da sich bei den elektrischen Leitfähigkeitswerten kein signifikanter Unterschied zwischen den bewässerten und den unbewässerten Profilen ergibt, wird die These bestätigt, daß es trotz der Bewässerung mit hoch mineralisierten Wässern zu keiner nennenswerten Anreicherung von Salz in den Böden kommt.

4.2.4.2 Ionenzusammensetzung der Bodenlösung:
Die Häufigkeitsverteilung der Gesamtkonzentration der Kationen entspricht weitgehend der der elektrischen Leitfähigkeit. Entscheidend ist aber nicht nur die Gesamtkonzentration, sondern auch der Anteil der unterschiedlichen Kationen. Von den ermittelten Kationen zählen Kalium, Kalzium und Magnesium zu den sogenannten Hauptnährelementen, sind also lebensnotwendig. Natrium wird hingegen zu den nützlichen Elementen gerechnet (FINCK 1982).

Kalium ist das wichtigste Ion zur Erhöhung des osmotischen Drucks und des Quellungszustands der Pflanzenzellen, darüber hinaus ist es wie Kalzium und Magnesium ein Cofaktor bei Enzymreaktionen (FINCK 1982, NULTSCH 1986). Nach SCHLEIFF (1975) sind 1,28-2,56 mmol/l Kalium in der Bodenlösung optimal.

Obwohl sich die Bewässerung positiv auf den Kaliumgehalt der Bodenlösung auswirkt, liegt nur das Profil 12 mit seinen Werten im oben genannten Bereich (vgl. *Abbildung 6*). Alle anderen Profile haben einen Kaliumgehalt weit unter dem Optimum.

Die schädigende Wirkung des Natriums beruht auf einer Störung des Nährstoffhaushalts. So sinkt bei steigendem Natriumgehalt im Boden die Aufnahme von Kalium, Kalzium und Magnesium durch die Pflanze. Ein hoher Natriumgehalt im Boden verschlechtert dar-

---

10) Gegen Wasser gemessene pH-Werte liegen um ca. 0,6 höher als gegen $CaCl_2$ gemessene.

11) Eine intensive Durchwurzelung durch die Gerste wurde bis ca. 50 cm beobachtet. Bei Gemüsearten sind in der Regel geringere Tiefen festzustellen. Für Obstbäume kann der Salzgehalt in größeren Tiefen dagegen problematisch werden.

Abbildung 6: *Häufigkeitsverteilung der Kationen Kalium, Natrium, Kalzium und Magnesium in der Bodenlösung*

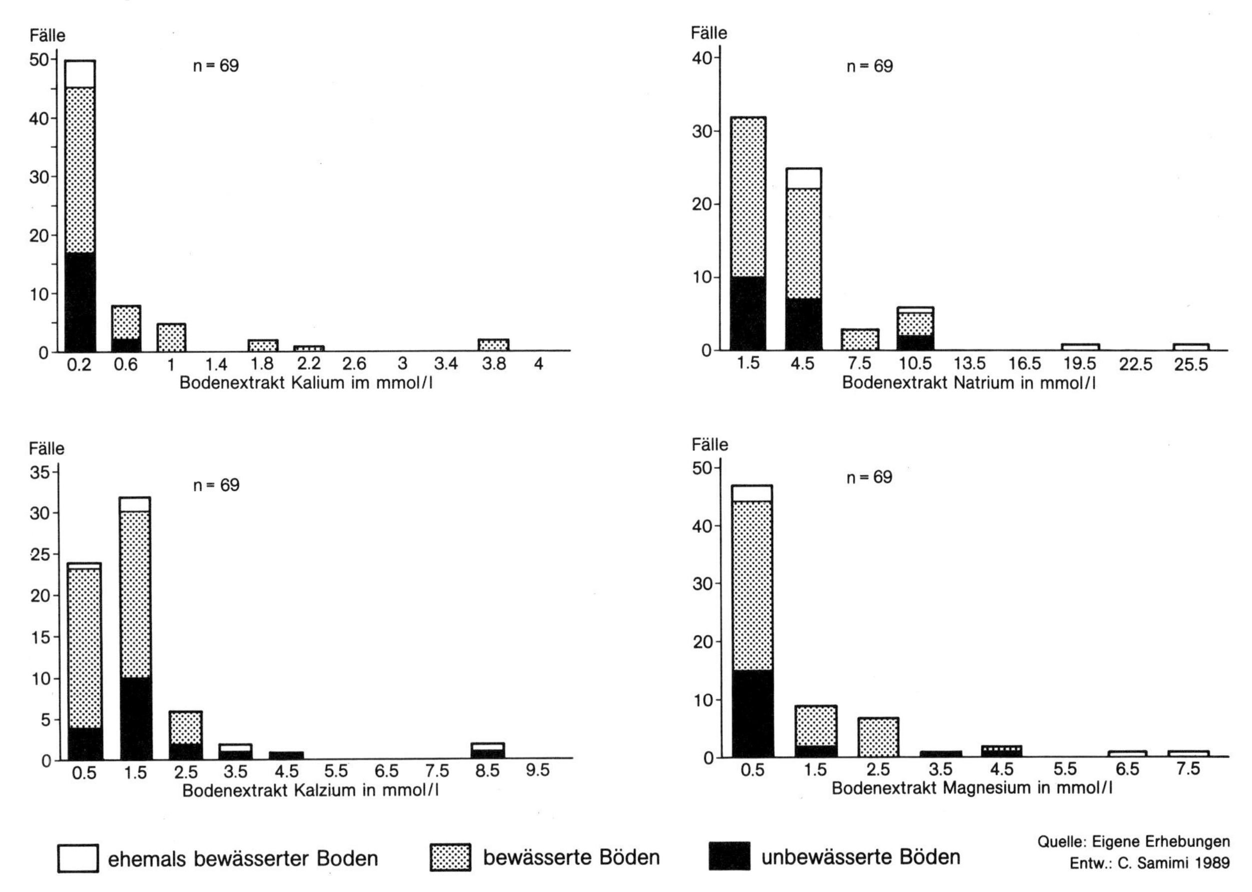

Abbildung 7: *Häufigkeitsverteilung der Anionen Chlorid, Hydrogenkarbonat und Karbonat in der Bodenlösung*

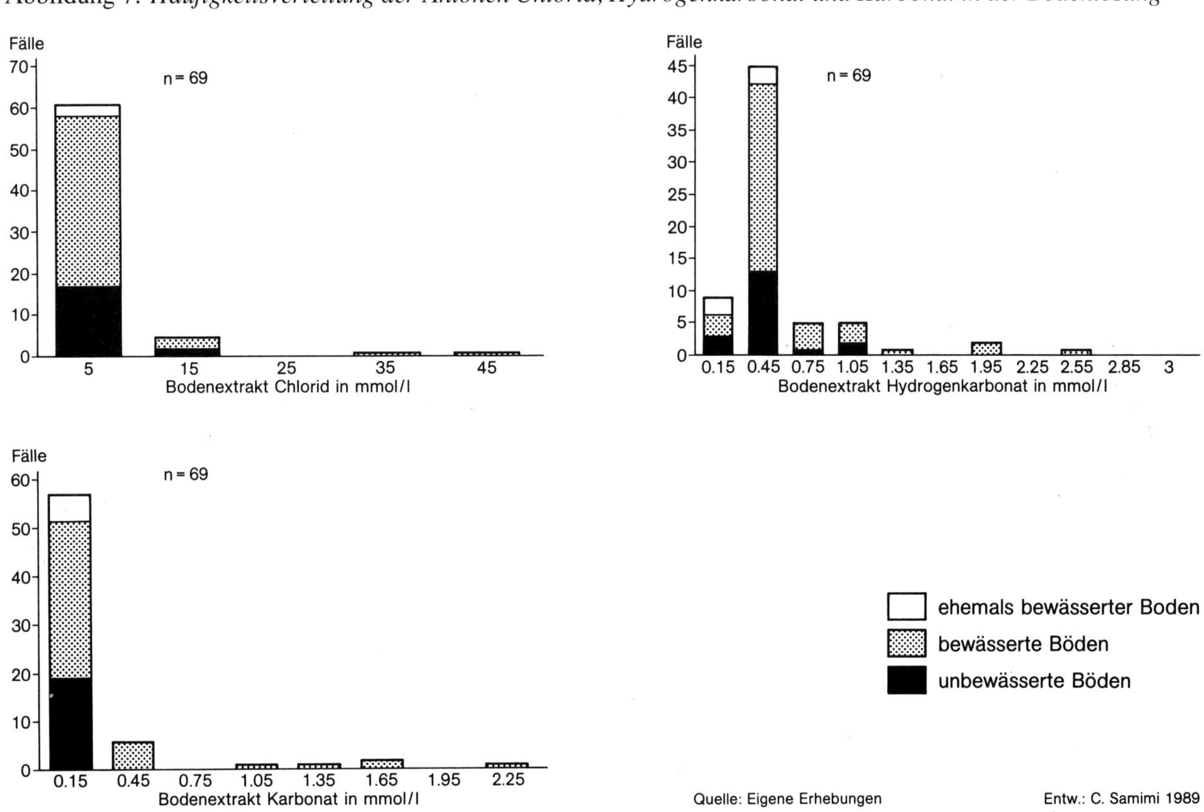

über hinaus die physikalischen Eigenschaften des Bodens und beeinflußt so indirekt das Pflanzenwachstum negativ (MEIRI u. SHALHEVET 1973, FRENKEL, GOERTZEN u. RHOADES 1978, OSTER, SHAINBERG u. WOOD 1980, HADAS u. FRENKEL 1982). Angaben über schädliche Natriumgehalte in Böden beziehen sich immer auf den Anteil an der Kationenaustauschkapazität und nicht auf den Natriumgehalt in der Bodenlösung. Sie werden daher in Kap. 4.2.5 diskutiert.

Kalzium reguliert den Quellungszustand der Pflanzenzellen, wobei es dem Kalium entgegenwirkt, also entquellend ist; es reguliert die Zellmembranpermeabilität, ist Cofaktor von Enzymen und Baustein zahlreicher wichtiger Verbindungen in Pflanzen (FINCK 1982, NULTSCH 1986). Als notwendiger Gehalt in der Bodenlösung gilt 1 mmol/l (SCHEFFER u. SCHACHTSCHABEL 1984). Dieser Wert wird in vielen der bewässerten Böden weit unterschritten (s. *Abbildung 6*). Vor allem bei den bewässerten Profilen liegt der Kalziumgehalt der Bodenlösung signifikant unter denen der beiden anderen Gruppen.

Magnesium hat ähnliche Funktionen wie Kalzium. Der Versorgungsgrad der Pflanzen wird über das austauschbare Magnesium bestimmt (vgl. Kap. 4.2.5). Schäden durch Magnesium beruhen auf seiner antagonistischen Wirkung auf Kalium und Kalzium. Der Magnesiumgehalt der Bodenlösung zeigt keinen signifikanten Einfluß durch die Bewässerung (*Abbildung 6*).

Ebenso wie die Häufigkeitsverteilung der Kationenzusammensetzung der Bodenlösung weist auch die Anionenzusammensetzung Parallelen zur Häufigkeitsverteilung der Leitfähigkeit auf. Und auch hier führt die Bewässerung nicht zu einer signifikanten Erhöhung der Werte (s. *Abbildung 7*).

Chlorid zählt zu den Spurenelementen und damit zu den lebensnotwendigen Stoffen. Es wirkt stark quellend auf die Zellen und hat Einfluß auf Enzymtätigkeiten. Chloridmangel tritt in Böden praktisch nicht auf, da selbst in humiden Klimaten der Nachschub über das Regenwasser immer gewährleistet ist (FINCK 1982). Schäden durch zu hohe Chloridgehalte in Böden sind dagegen weit verbreitet, besonders in der Bewässerungslandwirtschaft. Schon 5-10 mmol/l im Sättigungsextrakt können bei chloridempfindlichen Pflanzen Schäden hervorrufen. Selbst chloridtoleranten Pflanzen werden Konzentrationen ab 30 mmol/l zur Gefahr (BRESLER ET AL. 1982).

In Figuig liegen die höchsten Werte zwar in dem für empfindliche Pflanzen schädlichen Bereich, sind aber fast alle dem ehemals bewässerten Profil bzw. unbewässerten Böden zuzuordnen. Die aktuell bewässerten Profile haben einen Höchstwert von 10,68 mmol/l bei einem Mittelwert von 3,79 mmol/l (s. *Abbildung 7*). Es ist also selbst bei den empfindlichsten Pflanzen kaum eine Chloridgefährdung zu erwarten.

Hydrogenkarbonat und Karbonat sind keine Pflanzennährstoffe. Ihre Pflanzentoxizität beruht auf dem hohen pH-Wert, den sie verursachen; er kann Werte bis pH 12 erreichen. Größere Konzentrationen von Karbonat und Hydrogenkarbonat in Verbindung mit pH-Werten über 8,5 deuten auf Soda bzw. Natriumhydrogenkarbonat im Boden hin, da andere Karbonate unter normalen Bodenbedingungen schwer löslich sind. Nach KOVDA ET AL. (1973) gelten Konzentrationen von mehr als 1 mmol Hydrogenkarbonat pro 100 g Boden als Hinweis auf Natriumhydrogenkarbonat im Boden. Dieser Wert wird in einigen Böden Figuigs übertroffen, so daß es hier zu Schäden durch Natriumhydrogenkarbonat kommen kann (*Abbildung 7*). Betroffen sind die Profile 2, 4, 6, 7, 8, 11 und 12. Das Hydrogenkarbonat der übrigen Proben ist Kalzium- oder Magnesiumhydrogenkarbonat zuzuordnen. Besonders die Profile 7, 8 und 12 weisen neben hohen pH-Werten auch nennenswerte Konzentrationen von Karbonationen auf, so daß hier mit Soda (Natriumkarbonat) gerechnet werden muß. Insgesamt betrachtet erhöht die Bewässerung den Hydrogenkarbonat- und den Karbonatgehalt.

4.2.5 Sorptionsverhältnisse

Neben der Ionenzusammensetzung der Bodenlösung sind die Sorptionsverhältnisse ein entscheidendes Kriterium für Fragen der Bodenversalzung und der Nährstoffversorgung von Böden, da sie zum einen bodenphysikalische Eigenschaften (YARON u. SHAINBERG 1973) beeinflussen. Zum anderen stellen die Tonminerale ein Depot für Nähr- und Schadstoffe dar.

Die potentielle Austauschkapazität der untersuchten Böden hat einen hohen Schwankungsbereich zwischen 5 und 27 mmol/100g, wobei der Mittelwert bei 12,5 mmol/100g liegt. Die Mehrzahl der Werte liegt also unter 20 mmol/100g und ist damit eher als gering einzustufen. Da sich allerdings effektive und potentielle Austauschkapazität weitgehend entsprechen dürften, sind die ermittelten Werte durchaus denen mitteleuropäischer Ackerböden vergleichbar. Ein Einfluß der Bewässerung auf die Werte ist nicht anzunehmen. Zwar ist die Austauschkapazität des ehemals bewässerten Profils signifikant höher als die der anderen beiden Gruppen, dies ist aber auf den höheren Tongehalt des Bodens zurückzuführen.

Entscheidender als die Austauschkapazität sind allerdings die Sorptionsverhältnisse, wobei auf Grund der pH-Werte der Böden Figuigs praktisch nur die Kationen Kalium, Natrium, Kalzium und Magnesium von Bedeutung sind.

Für die Kaliumversorgung der Pflanzen spielt neben dem wasserlöslichen auch das am Sorptionskomplex adsorbierte Kalium eine entscheidende Rolle. Das adsorbierte Kalium wird in eine austauschbare und eine nichtaustauschbare Form unterteilt. Auch das nichtaustauschbare Kalium steht den Pflanzen teilweise zur Verfügung. Die Austauschprozesse, denen das Kalium unterliegt, werden von spezifischen Adsorptionen

Abbildung 8: *Häufigkeitsverteilung der Austauschionen*

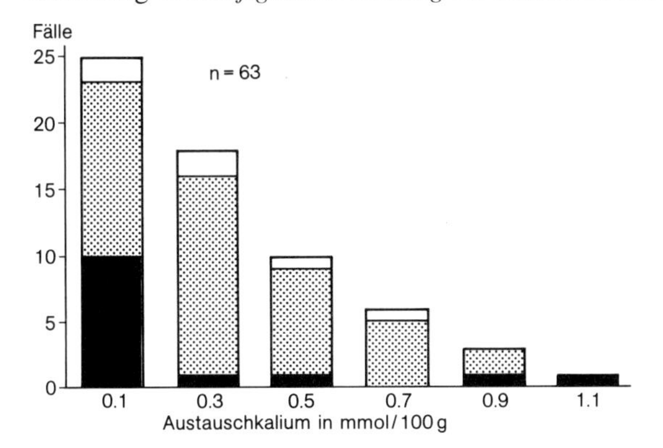

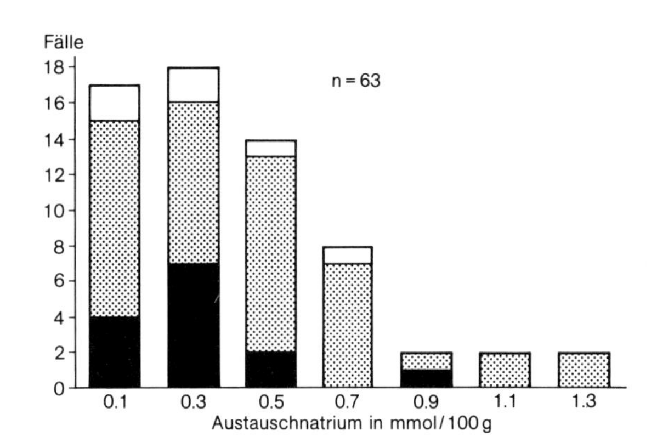

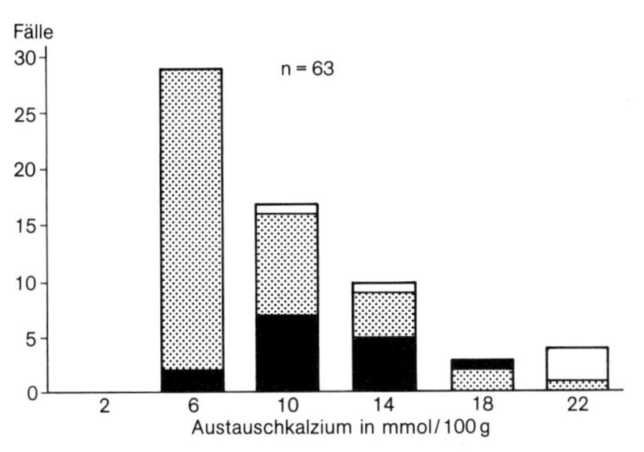

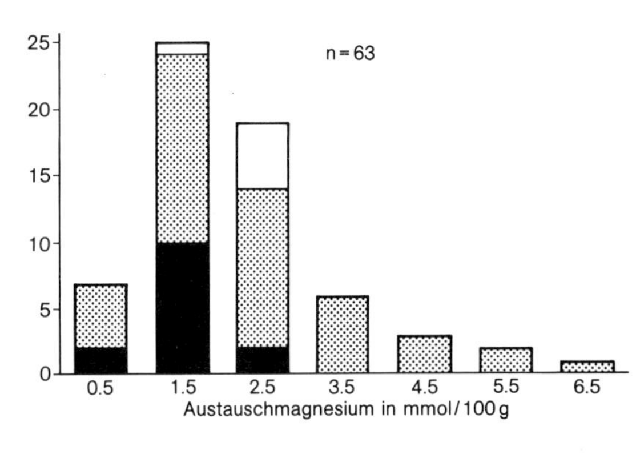

ehemals bewässerter Boden | bewässerte Böden | unbewässerte Böden

Quelle: Eigene Erhebungen
Entw.: C. Samimi 1989

durch die Tonminerale sowie die Zusammensetzung der Bodenlösung gesteuert.

Nach FINCK (1982) sollte der Anteil des Kaliums an den Austauschionen bei schweren Böden mindestens 2 %, bei leichten Böden 5 %, das austauschbare Kalium je nach Bodenart zwischen 0,13 und 0,31 mmol K/100g Boden betragen[12]. Diese Werte werden von den meisten Proben erreicht, so daß mit einer ausreichenden Kaliumversorgung grundsätzlich gerechnet werden kann (vgl. *Abbildungen 8 und 9*). Da die Konzentrationen in der Bodenlösung aber weit unter dem optimalen Wert liegt, scheint das Kalium in schwer mobilisierbarer Form gebunden zu sein.

Kritisch ist der Austauschkaliumgehalt bei Profil 12 einzustufen. Hier sind zwar die Kaliumkonzentrationen der Bodenlösung als gut anzusehen, aber austauschbares Kalium ist nicht nachzuweisen, so daß bei Kaliumentzug kein Nachschub aus dem Sorptionskomplex zu erwarten ist. Grund für diese Tatsache dürfte

Abbildung 9: *Durchschnittliche Ionenbelegung des Sorptionskomplexes der bewässerten Böden*

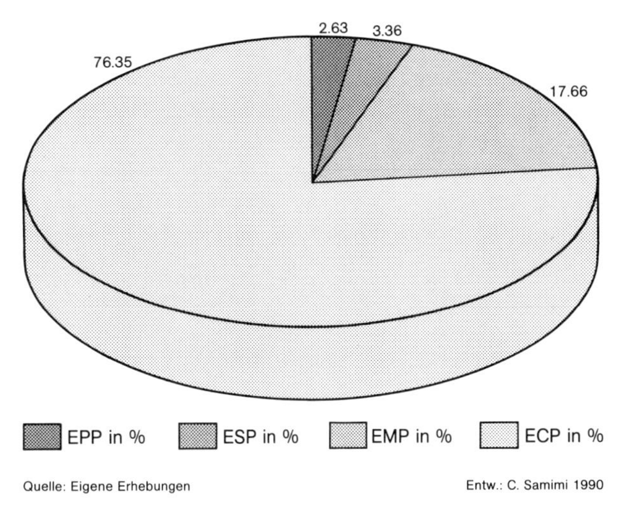

Quelle: Eigene Erhebungen
Entw.: C. Samimi 1990

der niedrige Tongehalt oder auch eine andere Tonmineralzusammensetzung sein.

Für die Beurteilung der Bodenbelastung durch Natrium wird im folgenden nicht die Konzentration der

12) Diese Werte gelten für die Kaliumbestimmung mit der Kalziumlactatmethode. Zur besseren Kennzeichnung der Kaliumversorgung wären differenziertere Bestimmungsmethoden notwendig, die auch zwischen austauschbarem und nicht austauschbarem Kalium unterscheiden.

Bodenlösung, sondern das austauschbare Natrium herangezogen.

Natrium wird von den Tonmineralen bei Anwesenheit anderer Kationen relativ schlecht adsorbiert, trotzdem lassen aber die SAR-Werte des Bewässerungswassers eine Natriumgefährdung erwarten (zur schädigenden Wirkung des Natriums vgl. auch Kap. 4.2.4.2).

Die Bewässerung erhöht zwar die ESP-Werte; legt man aber gängige Klassifikationen zugrunde, die für extrem sensible Kulturpflanzen ESP-Werte von 2-10, für sensible Pflanzen ESP-Werte von 10-20 aufführen (PEARSON 1960), so ist bei den untersuchten Böden keine Natriumgefährdung gegeben. Der Höchstwert bei den bewässerten Böden liegt mit 10 an der Grenze der untersten Toleranzstufe, die anderen Werte liegen weit darunter (s. *Abbildung9*).

Die *Abbildungen 8 und 9* zeigen, daß der Sorptionskomplex vom Austauschkalzium dominiert wird. Bei allen Proben liegt der Anteil an der Austauschkapazität über 50 %. Der Kalziumanteil wird durch die Bewässerung nur leicht zugunsten des Magnesium und Natriumanteils verschoben. Austauschkalzium hat die gleichen Wirkungen auf die Bodeneigenschaften wie der Kalkgehalt und wirkt so dem Austauschnatrium entgegen.

Wie beim Austauschkalium ist beim Austauschmagnesium weniger die Gefährdung der Pflanzen von Interesse, sondern die Versorgung der Pflanzen mit den Ionen. Ein Gehalt an austauschbarem Magnesium von 0,16-0,25 mmol/100g Boden gelten als ausreichend. Die untersuchten Böden sind demnach genügend mit Magnesium versorgt (s. *Abbildung 8*).

4.3 Beschreibung der Profile

In diesem Zusammenhang sollen einige wesentliche Merkmale erläutert werden. Eine ausführlichere Beschreibung der Profile findet sich bei SAMIMI (1990) (s. auch *Abbildungen 13-24* im Anhang dieses Beitrags).

Auf die künstliche Anlage der Oasenböden wurde schon hingewiesen. Diese Tatsache wird beim Vergleich der Horizontierung[13)] bei den natürlichen, unbewirtschafteten Böden (Nr. 1, 5, 10) mit den bewirtschafteten Böden deutlich. Den Kulturböden fehlt allen die Wechsellagerung von Schotterschichten und Feinmateriallagen. Allerdings sind auch die angelegten Böden in ihrer Textur nicht homogen. Wenn Unterschiede in der Korngrößenzusammensetzung besonders stark ausgeprägt sind, zeigt sich im Verlauf der Wassergehaltskurve und der Kurve der elektrischen Leitfähigkeit die Anlehnung an die Textur (Profil 4 u. 11). Der Wassergehalt und die elektrische Leitfähigkeit nehmen mit der Summe der Schlufffraktion und der Tonfraktion zu. Ist die Korngrößenverteilung weitgehend homogen und die Schwankung des Bodenwassergehalts stark ausgeprägt, dann ergibt sich auch eine weitgehende Übereinstimmung von Wassergehalt mit elektrischer Leitfähigkeit (Profil 2). Das mit dem Bewässerungswasser zugeführte Salz wird also offensichtlich mit dem Bodenwasser nach unten abgeführt. Die Korngrößenverteilung der Böden hemmt den Bodenwasserstrom nur wenig, so daß keine ausgeprägten Stauwasserhorizonte auftreten, die eine Bodenversalzung begünstigen würden. Gleichwohl zeigt sich aber der Einfluß der Textur auf den Wassergehalt und damit die elektrische Leitfähigkeit.

4.4 Verbesserung der Nährstoffversorgung

Wie erläutert, treten in den Böden teilweise problematische Nährstoffgehalte auf. Vor allem die ausreichende Versorgung mit Kalium scheint nicht gewährleistet. Auch die hohen pH-Werte können zu Mangel an bestimmten Spurenelementen führen. Für die genaue Nährstoffversorgung sind allerdings weitere Untersuchungen notwendig, die neben Spurenelementen auch die Stickstoff- und Phosphatversorgung beinhalten sollten.

Nach den vorliegenden Untersuchungen wäre eine Absenkung des pH-Werts der Böden anzustreben. Dafür eignen sich Stickstoffdünger wie Ammonsulfat, Ammonsulfatsalpeter, Ammonnitrat und Harnstoff (FINCK 1982). Sie senken den pH-Wert unterschiedlich stark ab, erhöhen aber nicht den Salzgehalt im Boden.

Auch die Situation der Kaliumversorgung läßt sich durch Düngung verbessern. Wie bei der pH-Absenkung darf allerdings auch hier die Salzbelastung nicht erhöht werden. Daher ist vor allem Kalisulfat geeignet, den Kaliumstatus zu verbessern (FINCK 1982).

Als Nebeneffekt der Düngung mit Kalisulfat wird Soda und Natriumhydrogenkarbonat in Natriumsulfat überführt und so die Gefährdung durch diese Stoffe gemindert (KOVDA ET AL. 1973). Dieser Effekt kann durch Gipsgaben verstärkt werden.

5 Statistische Zusammenhänge ausgewählter Parameter

Mit Hilfe statistischer Methoden sollen Zusammenhänge von Parametern, die sich aus den Profilbeschreibungen ergeben, bestätigt werden. Die Untersuchungen umfassen dabei die lineare Korrelation nach PEARSON, die lineare Regression und die lineare multiple Korrelation[14)].

Es wurden nur die bewässerten Profile in die statistischen Untersuchungen einbezogen. Da bis auf

13) Da bodenbildende Prozesse kaum in Erscheinung treten, wäre auch der Begriff Schichtung zutreffend.

14) Die Faktorenanalyse brachte keine verwertbaren Ergebnisse.

die Kalium-, Hydrogenkarbonat- und Karbonatkonzentration des Bodenextrakts sowie den Kohlenstoffgehalt alle Bodenparameter der bewässerten Böden normalverteilt sind, sind die angewandten statistischen Verfahren problemlos interpretierbar. Bei nicht normalverteilten Parametern erfolgt die Diskussion der Ergebnisse mit der nötigen Vorsicht.

5.1 Lineare Korrelation und Regression

Die elektrische Leitfähigkeit des Bodenextrakts korreliert erwartungsgemäß gut mit der Kationen- und Anionenkonzentration der Bodenlösung. Die Koeffizienten liegen bei 0,8013 bzw. 0,9615, wobei die Koeffizienten für Natrium und Chlorid bei 0,9382 und 0,9909 liegen. Aus dem Rahmen fallen allerdings die Kalium-, Magnesium-, Hydrogenkarbonat- und Karbonatkonzentrationen der Bodenlösung, die nicht mit der Leitfähigkeit korrelieren. Außer dem Kalium und dem Magnesium, die einen Korrelationskoeffizienten von 0,7357 haben, korrelieren diese Ionen auch nicht mit anderen Ionen der Bodenlösung. Sie sind offensichtlich kaum an den Bodensalzen beteiligt. Unter Umständen gehen Zusammenhänge aber auch wegen den teilweise sehr geringen Konzentrationen dieser Ionen in der Bodenlösung verloren. Möglicherweise spielt auch die statistische Verteilung eine Rolle. Die Kalium-, die Hydrogenkarbonat- und die Karbonationenkonzentrationen sind nicht normalverteilt. Errechnet man für Hydrogenkarbonat und Natrium bei Hydrogenkarbonatkonzentrationen von mehr als 1 mmol/l den Korrelationskoeffizienten, so ergibt sich ein r von 0.7209 (α = 5 %). Dieses Ergebnis stützt die Angabe von KOVDA ET AL. (1973), wobei Zusammenhänge allerdings erst bei etwas höheren Konzentrationen entstehen als KOVDA ET AL. (1973) angegeben haben (vgl. Kap. 4.2.4.2). Für die anderen Ionen lassen sich auch durch entsprechende Auswahl keine Beziehungen ermitteln. Ansonsten ergibt sich für Natrium gegen Chlorid ein r von 0,9311 und für Kalzium gegen Chlorid ein r von 0,6409. Es sind also hauptsächlich Natrium-und Kalziumchlorid, die das Bodensalz bestimmen[15]).

Bei den Bodenprofilen fällt auf, daß die elektrische Leitfähigkeit häufig durch den Bodenwassergehalt bestimmt wird. Dies wird durch einen Korrelationskoeffizienten von 0,6511 gestützt (*Abbildung 10*). Natürlich kann dieser Vergleich nur einen Trend wiedergeben, da die elektrische Leitfähigkeit der Bodenlösung auch von der Leitfähigkeit des Bewässerungswassers abhängt (r = 0,5022). Betrachtet man die Residuen der Regression, dann fällt auf, daß besonders die Profile 7, 8, 12 und 13 negative Residuen aufweisen (*Abbildung 10*). Diese vier Böden werden mit Wasser, das eine elektrische Leitfähigkeit von unter 8 mS/cm aufweist, bewässert. Errechnet man den Korrelationskoeffizienten für Leitfähigkeitswerte des Bodens von mehr als 0,45 mS/cm, so ergibt sich ein r von 0,8180. Die vier Profile fallen aus der Berechnung heraus.

Abbildung 10: *Regressionsdiagramm der elektrischen Leitfähigkeit gegen den Bodenwassergehalt*

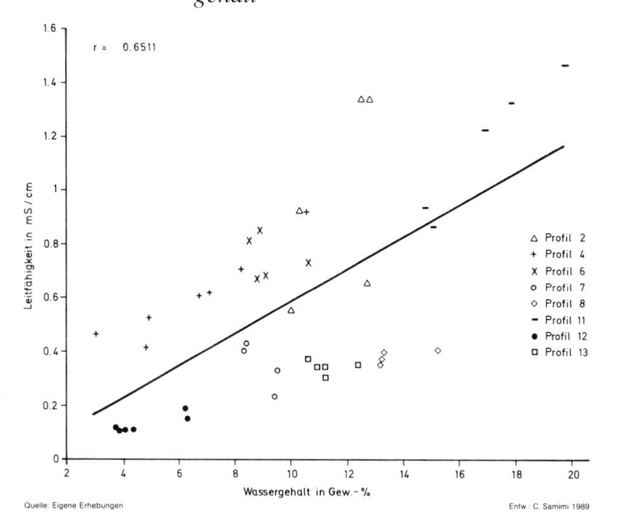

Da für die Wasserleitfähigkeit des Bodens die Textur eine entscheidende Rolle spielt, zeigen sich auch Zusammenhänge zwischen der elektrischen Leitfähigkeit und den Korngrößenklassen (s. *Abbildung 11*). In bezug auf die Residuen resultiert das gleiche Bild wie für die Beziehung Leitfähigkeit gegen Wasser.

Die statistischen Auswertungen erhärten die bodenphysikalischen und bodenchemischen Ergebnisse. Das zugeführte Salz wird nicht im Boden angereichert, sondern durch das Bodenwasser ausgewaschen.

Positive und negative Zusammenhänge des pH-Werts mit anderen Bodenparametern ergeben sich weitgehend aus den Puffer- und Austauschreaktionen im Boden. Bei den Böden Figuigs sind dies vor allem die Pufferreaktionen des Kalziumkarbonats, die Natriumsättigung des Sorptionskomplexes sowie der Gehalt der Böden an Natriumkarbonat.

Positive Zusammenhänge weist der pH-Wert des Bodens gegen den pH-Wert des Bewässerungswassers (r = 0,7097) und gegen den Karbonatgehalt der Bodenlösung (r = 0,6601) auf. Die Zunahme des pH-Werts in Abhängigkeit vom Karbonatgehalt beruht auf der guten Löslichkeit des Sodas und der Hydrolyse dieser Verbindung. Noch deutlicher wird der Zusammenhang, wenn man den Korrelationskoeffizienten erst bei höheren Karbonationenkonzentrationen berechnet. Bei Konzentrationen > 0,2 mmol/l ergibt sich r = 0,8033, für Konzentrationen > 0,4 mmol/l sogar ein r von 0,8993. Durch Ausschluß der kleinen Konzentrationen bei der Berechnung des Korrelationskoeffizienten wird der

15) Sulfate sind wahrscheinlich nur wenig an den wasserlöslichen Salzen beteiligt, da die Kationenkonzentration gegen die Anionenkonzentration mit r = 0,8172 hoch korreliert.

Karbonatanteil, der auf Kalklösung zurückzuführen ist, weitgehend ausgeschlossen.

Abbildung 11: *Regressionsdiagramm der elektrischen Leitfähigkeit gegen den Feinsandgehalt*

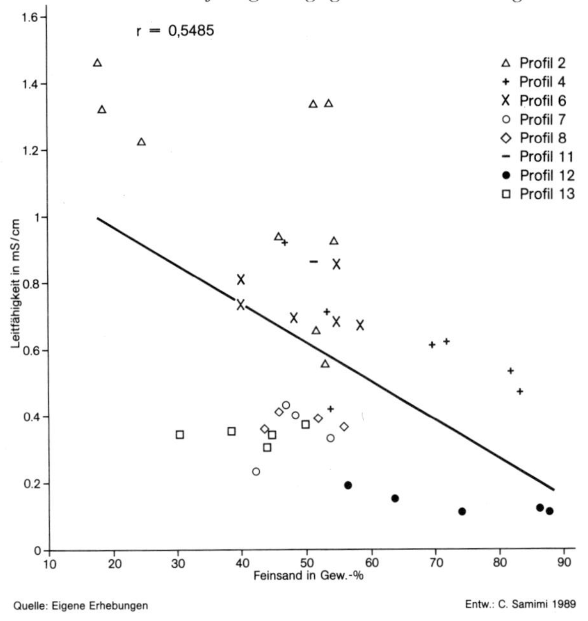

Wie bei RICHARDS ET AL. (1954) erläutert, besteht auch bei den Böden Figuigs ein positiver Zusammenhang zwischen dem SAR-Wert der Bodenlösung und dem ESP- bzw. ESR-Wert (s. *Abbildung 12*). Er ist mit r = 0.579 allerdings deutlich geringer als bei RICHARDS ET AL. (1954) angegeben (r = 0,923). Der kleinere Korrelationskoeffizient dürfte vor allem auf die insgesamt kleinen Werte des SAR-Werts und des ESP-(ESR-) Werts zurückzuführen sein. Es zeigt sich aber auf jeden Fall, daß ein negativer Einfluß der Natriumkonzentration des Bewässerungswassers auf den SAR-Wert des Sättigungsextrakts (r = 0,6215) und damit den ESP-Wert besteht.

NADLER u. MAGARITZ (1981) beschreiben für karbonathaltige Böden ebenfalls Abweichungen von der empirischen Verteilung nach RICHARDS ET AL. (1954). Die Abweichungen sind abhängig vom pH-Wert und der Austauschkapazität der Böden. Sie ermittelten allerdings fast nur ESP-Werte, die höher als die berechneten waren. Die ESP-Werte der Böden Figuigs streuen dagegen gleichmäßiger, wobei aber auch hier Proben mit hohen pH-Werten eher über der empirischen Regressionsgeraden liegen (s. *Abb. 12*). Eindeutige Aussagen lassen sich aber weder in bezug auf den pH-Wert noch auf die Austauschkapazität machen.

NADLER u. MAGARITZ (1981) weisen weiter darauf hin, daß bei großen Variationen der Tonmineralzusammensetzung die Unwägbarkeiten für die Ionenbelegung des Sorptionskomplexes besonders hoch sind. Hoch signifikante Korrelationskoeffizienten der Korngrößen kleiner Feinsand gegen die Austauschkapazität sind Hinweise auf eine heterogene Tonmineralkomposition der Böden Figuigs. So ist der Koeffizient der Fein- und Mittelschlufffraktion mit 0,6841 bzw. 0,6714 größer als der der Tonfraktion (r = 0,6402). Auch der Grobschluff zeigt mit r = 0,5443 noch positive Zusammenhänge mit der Austauschkapazität. Entsprechend weichen auch Proben mit kleinem Sandanteil besonders weit von den empirischen ESP-Werten ab. Die durchgezogene Linie entspricht dem empirischen Zusammenhang des SAR-Werts mit dem ESP-Wert nach RICHARDS ET AL. (1954).

Abbildung 12: *Regressionsdiagramm des SAR-Werts gegen den ESP-Wert*

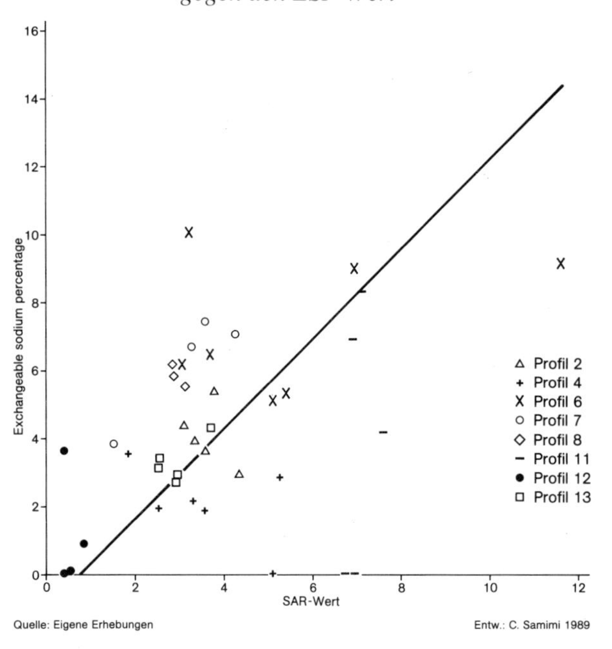

Für den ECP-Wert ergeben sich kaum interpretierbare Zusammenhänge. So spielt der Karbonatgehalt des Bodens statistisch keine Rolle für die Belegung des Sorptionskomplexes mit Kalzium. Möglicherweise gehen die Beziehungen aber unter, da die ECP-Werte insgesamt sehr hoch und nur wenig differenziert sind. Gleiches gilt für den Karbonatgehalt. Die niedrigen SAR-Werte der Bodenlösung deuten allerdings darauf hin, daß es über die Lösung von Kalk im Boden zu einem „Abpuffern" der Natriumionen kommt (NADLER u. MAGARITZ 1981).

Auch der EPP- und der EMP-Wert zeigen keine brauchbaren statistische Zusammenhänge mit anderen Parametern.

Mit einem r von -0,7156 des ECP-Werts gegen den ESP-Wert, von -0,6093 gegen den EPP-Wert, aber auch einem r von -0,8919 gegen den EMP-Wert zeigt sich die bevorzugte Adsorption von Kalzium durch die Sorbetien.

5.2 Lineare multiple Korrelation

Um die Zusammenhänge mehrerer, für die Frage der Bodenversalzung relevanter Parameter zu ermitteln, wurde das Verfahren der multiplen linearen Korrelation gewählt.

Nimmt man die elektrische Leitfähigkeit der Bodenlösung, den Wassergehalt des Bodens und die Leitfähigkeit des Bewässerungswassers dann ergibt sich ein hoch signifikantes r von 0,7813. Errechnet man den Koeffizienten nach der Auswahl höherer Leitfähigkeitswerte des Bodens, dann bringt die Hinzunahme der Leitfähigkeit des Wassers keine Verbesserung des Modells. Alle anderen Parameter, die in kausalem Verhältnis zur elektrischen Leitfähigkeit stehen, dienten nicht der besseren Erklärung dieser.

Für die anderen Parameter konnten Zusammenhänge mit Hilfe der linearen multiplen Korrelation leider nicht besser erklärt werden.

6 Fazit

Die Bewässerung mit hoch mineralisiertem Wasser führt bei den untersuchten Böden entgegen den Erwartungen bislang nicht zu Versalzungsproblemen. Nur bei wenigen Profilen ist ein geringer Soda- bzw. Natriumhydrogenkarbonatgehalt festzustellen, ansonsten werden gängige Grenzwerte für den Gesamtsalzgehalt und den Gehalt bestimmter Ionen im Boden nicht überschritten, so daß selbst der Anbau von salzempfindlichen Pflanzen möglich erscheint.

Die Gründe für dieses überraschende Ergebnis sind in der hervorragenden Textur, dem hohen Kalkgehalt und damit der guten Struktur der Böden zu suchen. Die natürliche Drainage der Böden ist demnach gewährleistet. Der hohe Kalkgehalt des Bodens dürfte darüber hinaus die schädigende Wirkung des Natriumgehalts des Bewässerungswassers mildern.

Außerdem ist die Versorgung mit ausreichend Wasser offensichtlich gewährleistet, so daß die Salzauswaschung ganzjährig gesichert ist. Hier liegen aber die Risiken bei der weiteren Nutzung des hoch mineralisierten Wassers. Unzureichendes Wasserangebot, wie in einigen Bereichen der Oase zu beobachten, und nachlassende Niederschläge, die bislang in den Wintermonaten zu einem Verdünnungseffekt führen, könnten Versalzungsprobleme verursachen. Dieser Gefahr gilt es durch die Bereitstellung ausreichender Wassermengen bzw. besseren Bewässerungswassers rechtzeitig zu begegnen.

Verzeichnis der verwendeten Abkürzungen

ACa Austauschkalzium
AK Austauschkalium
AMg Austauschmagnesium
An. Anionenkonzentration der Bodenlösung
ANa Austauschnatrium
C Kohlenstoffgehalt des Bodens
Carb. Karbonationenkonzentration der Bodenlösung
EC Electrical Conductivity
ECP Exchangeable-Calcium-Percentage
EMP Exchangeable-Magnesium-Percentage
EPP Exchangeable-Potassium-Percentage
ESP Exchangeable-Sodium-Percentage
ESR Exchangeable-Sodium-Ratio
Hydr. Hydrogenkarbonationenkonzentration der Bodenlösung
Karb. Karbonatgehalt des Bodens
Kat. Kationenkonzentration der Bodenlösung
KUK Potentielle Kationenaustauschkapazität
Lf Elektrische Leitfähigkeit
Mg-W. Magnesium-Wert nach KOVDA ET AL. (1973)
RSC Residual sodium carbonate
SAR Sodium-Adsorption-Ratio
Skel. Bodenskelett
Was. Wassergehalt

Literaturverzeichnis

BRESLER, E., MCNEAL, B.L., CARTER, D.L. (1982): Saline and Sodic Soils. Advanced Series in Agriculture Sciences, **10**. — Berlin, Heidelberg, New York.

DEV: Deutsche Einheitsverfahren zur Wasser-, Abwasser- und Schlammuntersuchung. Lose Blattsammlung. — Weinheim.

DUBIEF, J. (1959): Le Climat du Sahara. Tome I. — Alger.

DUBIEF, J. (1963): Le Climat du Sahara. Tome II. — Alger.

FAO (1971): Irrigation practice and water management. Irrigation and drainage paper, **1**. — Rom.

FIEDLER, H.J. (1965): Die Untersuchung der Böden,

Band 2. — Dresden, Leipzig.
FINCK, A. (1982): Pflanzenernährung in Stichworten. — Kiel.
FRENKEL, H., GOERTZEN, J.O., RHOADES, J.D. (1978): Effects of Clay Type and Content, Exchangeable Sodium Percentage, and Electrolyte Concentration on Clay Dispersion and Soil Hydraulic Conductivity. — Soil Sci. Soc. America Jour. 42, S. 32-39.
HADAS, A., FRENKEL, H. (1982): Infiltration as Affected by Longterm Use of Sodic-Saline Water for Irrigation. — Soil Sci. Soc. America Jour. 46, S. 524-530.
KOVDA, V.A., VAN DEN BERG, C., HAGAN, R. M. (Hrsg.) (1973): Irrigation, drainage, and salinity. — London.
KRETZSCHMAR, R. (1972): Kulturtechnisch-Bodenkundliches Praktikum. — Kiel.
MEIRI, A., SHALHEVET, J. (1973): Crop Growth under Saline Conditions. — In: YARON, B., DANFORS, E., VAADIA, Y. (Hrsg.): Arid Zone Irrigation. Ecological Studies, **5**, S. 277-290. — Berlin, Heidelberg, New York.
NADLER, A., MAGARITZ, M. (1981): Expected Deviations from the ESP-SAR Empirical Relationships in Calcium- and Sodium-Carbonate-Containing Arid Soils: Field Evidence. — Soil Sci. 131, S.220-225.
NULTSCH, W. (1986): Allgemeine Botanik. — Stuttgart, New York.
OSTER, J.D., SHAINBERG, I., WOOD J.D. (1980): Flocculation Value and Gel Structure of Sodium/Calcium Montmorillonite and Illite Suspensions. — Soil Sci. Soc. America Jour. 44, S. 955-959.
PAPADAKIS, J. (1965): Potential Evapotranspiration. — Bueños Aires.
PEARSON, G.A. (1960): Tolerance of crops to exchangeable sodium.— US Dept. Agri. Inf. Bull., **216**.
RICHARDS, L.A. (Hrsg.) (1954): Diagnosis and improvement of saline and alkali soils. Agriculture Handbook Nr. 60. — Denver.
RICHTER, M., SCHMIEDECKEN, W. (1985): Das Oasenklima und sein ökologischer Stellenwert. — Erdkunde 39, S. 179-197.
SAMIMI, C. (1990): Auswirkung der Bewässerung mit salzhaltigem Wasser auf die Qualität subtropischer Oasenböden. Dargestellt am Beispiel Figuig (Marokko). — Magisterarbeit am Institut für Geographie der Universität Erlangen-Nürnberg [*unveröff.*].
SCHEFFER, F., SCHACHTSCHABEL, P. (1984): Lehrbuch der Bodenkunde. — Stuttgart.
SCHLEIFF, U. (1975): Zur Bedeutung der Kalium-Düngung für salzempfindliche Kulturpflanzen bei Bewässerung mit versalztem Wasser. — Zeitschrift für Bewässerungswirtschaft 10, S. 175-186.
SCHLICHTING, E., BLUME, H.-P. (1966): Bodenkundliches Praktikum. — Hamburg, Berlin.
SCHMIEDECKEN, W. (1978): Die Bestimmung der Humidität und ihrer Abstufung mit Hilfe von Wasserhaushaltsberechnungen - ein Modell (mit Beispielen aus Nigeria). — In: Klimatologische Studien in Mexico und Nigeria. Colloquium Geographicum, **13**, S. 135-159. — Bonn.
United Nations Conference on Desertification (1977): Desertification: An Overview. Item 4: Processes and Causes of Desertification. — Nairobi.
WALTER, H., LIETH, H. (1964): Klimadiagramm Weltatlas. — Jena.
YARON, B., SHAINBERG, I. (1973): Electrolytes and Soil Hydraulic Conductivity. — In: YARON, B., DANFORS, E., VAADIA, Y. (Hrsg.): Arid Zone Irrigation. Ecological Studies, **5**, S. 189-199. — Berlin, Heidelberg, New York.

Abbildung 13: *Profil 1 (unbewässert) [Berkoukess: Garten Alifdal]*

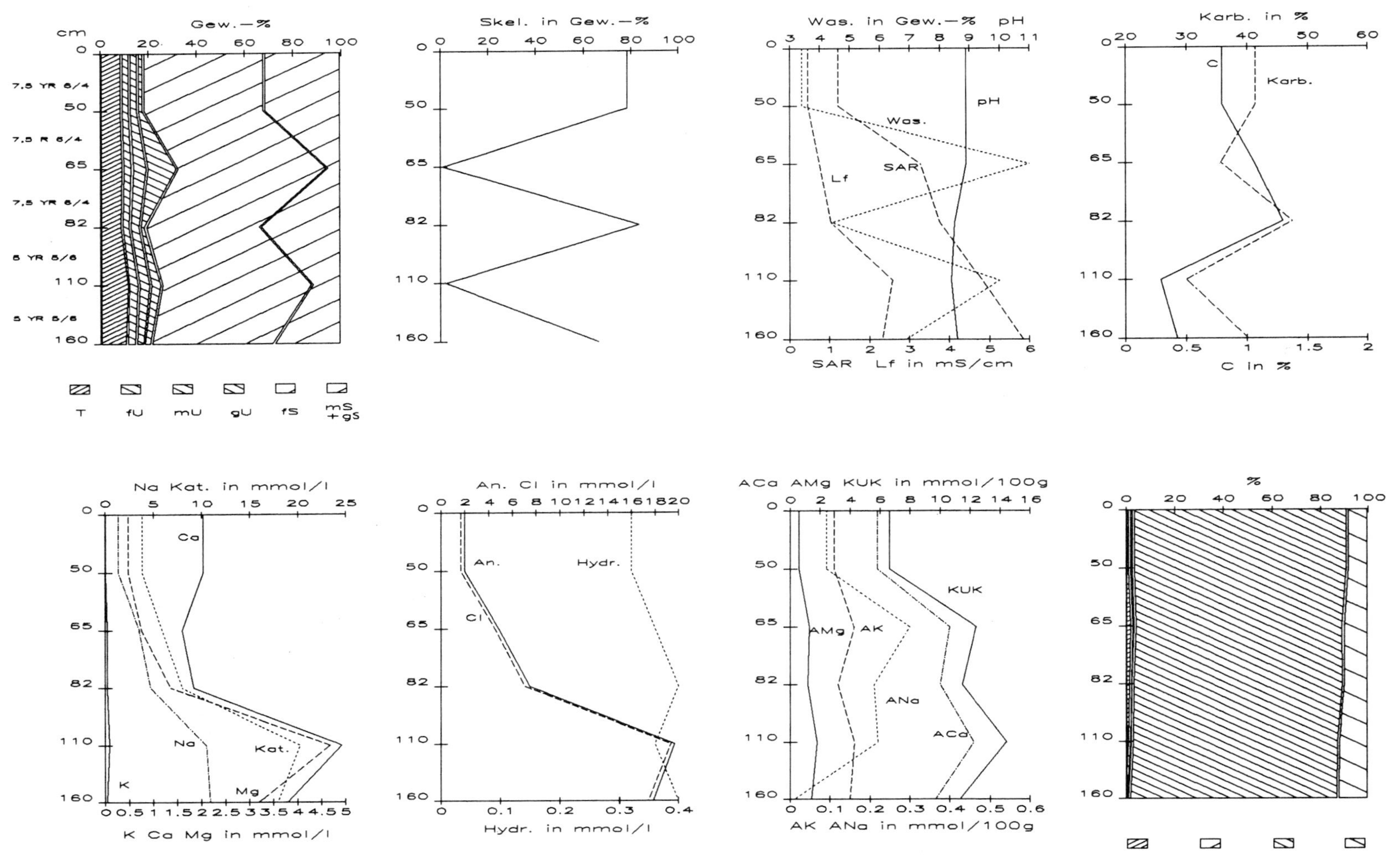

Gew.-%
cm
0 20 40 60 80 100
0
7,5 YR 6/4
50
7,5 R 6/4
65
7,5 YR 6/4
82
5 YR 5/6
110
5 YR 5/6
160
T fU mU gU fS mS +gS

Skel. in Gew.-%
0 20 40 60 80 100
0 50 65 82 110 160

Was. in Gew.-% pH
3 4 5 6 7 8 9 10 11
0 50 65 82 110 160
pH
Was.
SAR
Lf
0 1 2 3 4 5 6
SAR Lf in mS/cm

Karb. in %
20 30 40 50 60
0 50 65 82 110 160
C
Karb.
0 0.5 1 1.5 2
C in %

Na Kat. in mmol/l
0 5 10 15 20 25
0 50 65 82 110 160
Ca
Na
Kat.
K
Mg
0 0.5 1 1.5 2 2.5 3 3.5 4 4.5 5
K Ca Mg in mmol/l

An. Cl in mmol/l
0 2 4 6 8 10 12 14 16 18 20
0 50 65 82 110 160
An.
Hydr.
Cl
0 0.1 0.2 0.3 0.4
Hydr. in mmol/l

ACa AMg KUK in mmol/100g
0 2 4 6 8 10 12 14 16
0 50 65 82 110 160
KUK
AMg
AK
ANa
ACa
0 0.1 0.2 0.3 0.4 0.5 0.6
AK ANa in mmol/100g

%
0 20 40 60 80 100
0 50 65 82 110 160
ESP EPP ECP EMP

Quelle: Eigene Erhebungen

Entw.: C. Samimi 1989

Abbildung 14: *Profil 2 (bewässert) [Berkoukess: Garten Alifdal]*

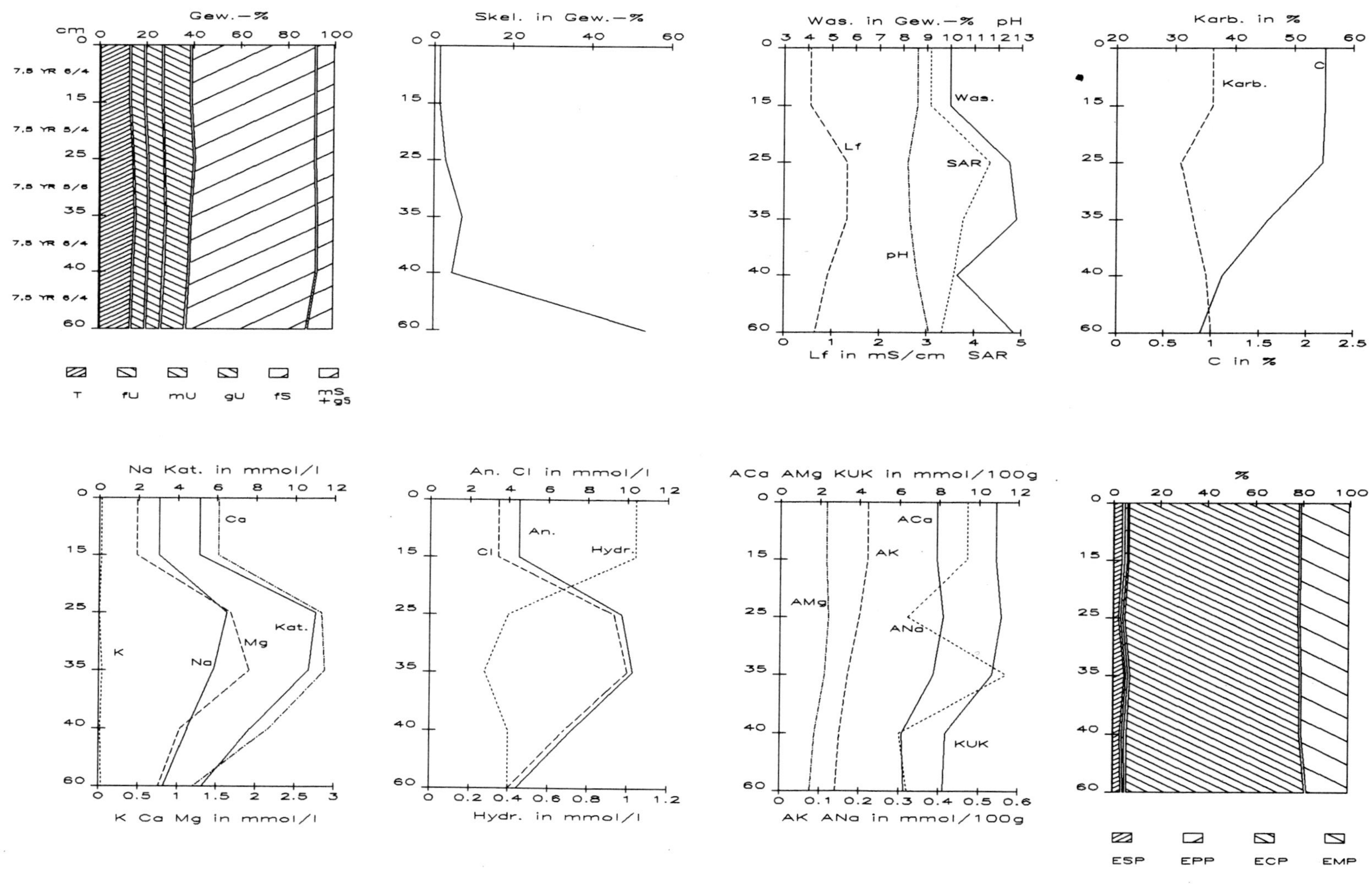

Gew.-%
cm 0 20 40 60 80 100
7.5 YR 6/4
15
7.5 YR 5/4
25
7.5 YR 5/6
35
7.5 YR 6/4
40
7.5 YR 6/4
60
T fU mU gU fS mS +gS

Skel. in Gew.-%
0 20 40 60
0 15 25 35 40 60

Was. in Gew.-% pH
3 4 5 6 7 8 9 10 11 12 13
0 15 25 35 40 60
Was. SAR Lf pH
0 1 2 3 4 5
Lf in mS/cm SAR

Karb. in %
20 30 40 50 60
0 15 25 35 40 60
C Karb.
0 0.5 1 1.5 2 2.5
C in %

Na Kat. in mmol/l
0 2 4 6 8 10 12
0 15 25 35 40 60
Ca Kat. Mg K Na
0 0.5 1 1.5 2 2.5 3
K Ca Mg in mmol/l

An. Cl in mmol/l
0 2 4 6 8 10 12
0 15 25 35 40 60
An. Cl Hydr.
0 0.2 0.4 0.6 0.8 1 1.2
Hydr. in mmol/l

ACa AMg KUK in mmol/100g
0 2 4 6 8 10 12
0 15 25 35 40 60
ACa AK AMg ANa KUK
0 0.1 0.2 0.3 0.4 0.5 0.6
AK ANa in mmol/100g

%
0 20 40 60 80 100
0 15 25 35 40 60
ESP EPP ECP EMP

Quelle: Eigene Erhebungen

Entw.: C. Samimi 1989

Abbildung 15: *Profil 3 (ehemals bewässert) [Berkoukess: Garten Mani Zaïd]*

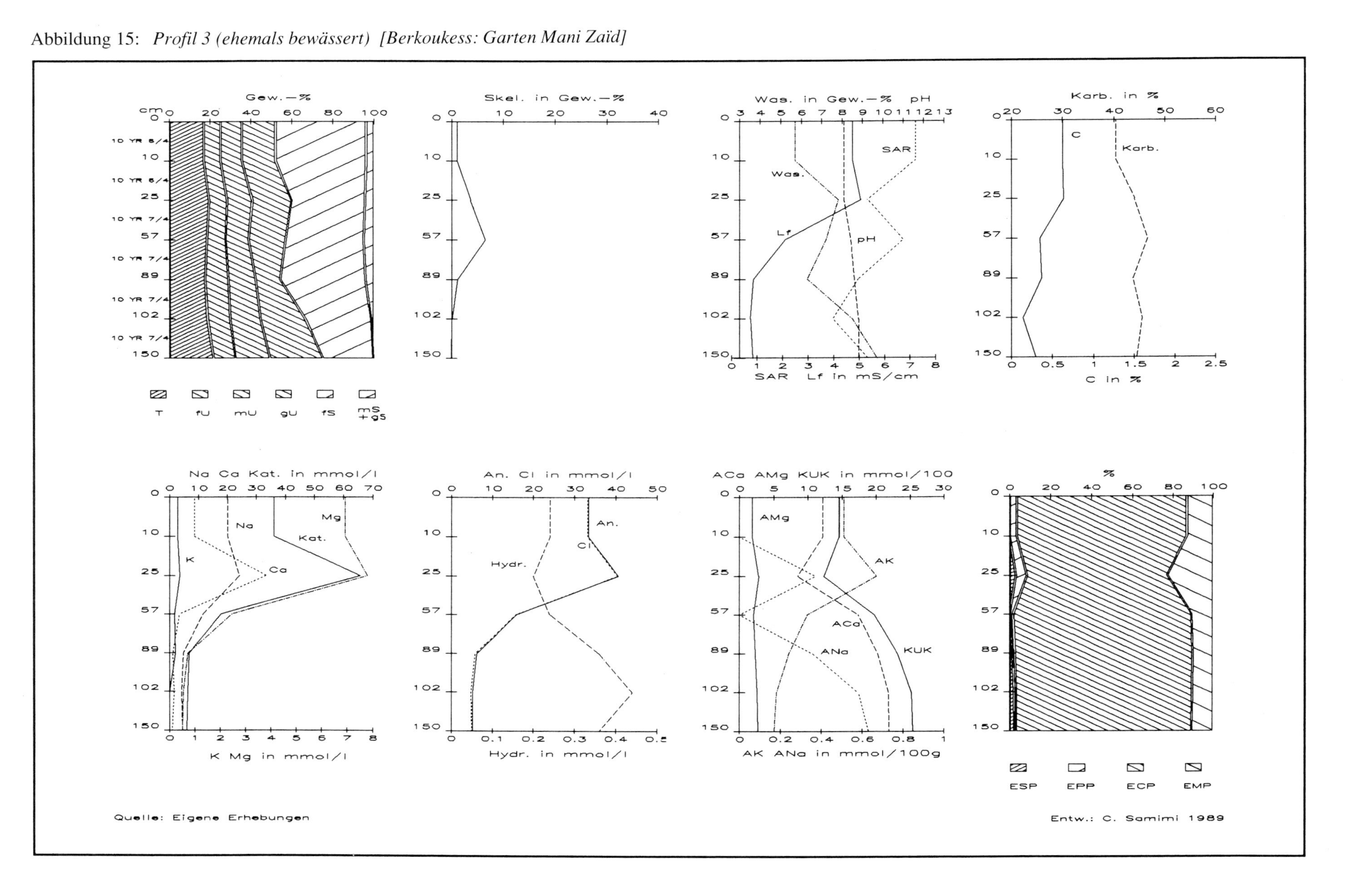

Abbildung 16: *Profil 4 (bewässert) [Berkoukess: Garten Mani Zaïd]*

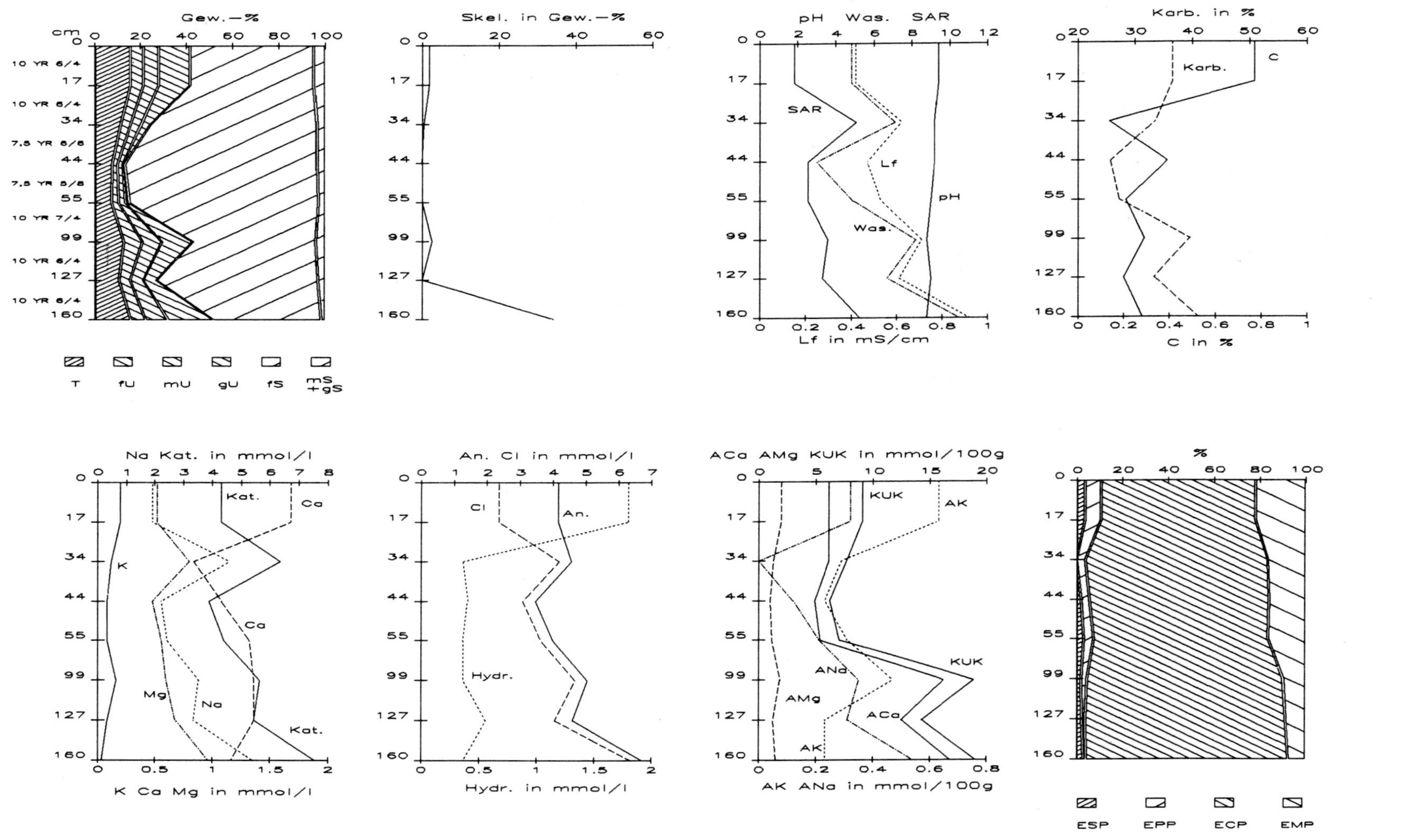

Gew.-%
cm 0 20 40 60 80 100
0
10 YR 6/4
17
10 YR 6/4
34
7,5 YR 6/6
44
7,5 YR 5/6
55
10 YR 7/4
99
10 YR 6/4
127
10 YR 6/4
160
T fU mU gU fS mS +gS

Skel. in Gew.-%
0 20 40 60
0 17 34 44 55 99 127 160

pH Was. SAR
0 2 4 6 8 10 12
0 17 34 44 55 99 127 160
SAR Lf pH Was.
0 0.2 0.4 0.6 0.8 1
Lf in mS/cm

Karb. in %
20 30 40 50 60
0 17 34 44 55 99 127 160
Karb. C
0 0.2 0.4 0.6 0.8 1
C in %

Na Kat. in mmol/l
0 1 2 3 4 5 6 7 8
0 17 34 44 55 99 127 160
Kat. Ca K Ca Mg Na Kat.
0 0.5 1 1.5 2
K Ca Mg in mmol/l

An. Cl in mmol/l
0 1 2 3 4 5 6 7
0 17 34 44 55 99 127 160
Cl An. Hydr.
0 0.5 1 1.5 2
Hydr. in mmol/l

ACa AMg KUK in mmol/100g
0 5 10 15 20
0 17 34 44 55 99 127 160
KUK AK KUK ANa AMg ACa AK
0 0.2 0.4 0.6 0.8
AK ANa in mmol/100g

%
0 20 40 60 80 100
0 17 34 44 55 99 127 160
ESP EPP ECP EMP

Quelle: Eigene Erhebungen

Entw.: C. Samimi 1989

Abbildung 17: *Profil 5 (unbewässert) [Berkoukess: Garten Elouardi]*

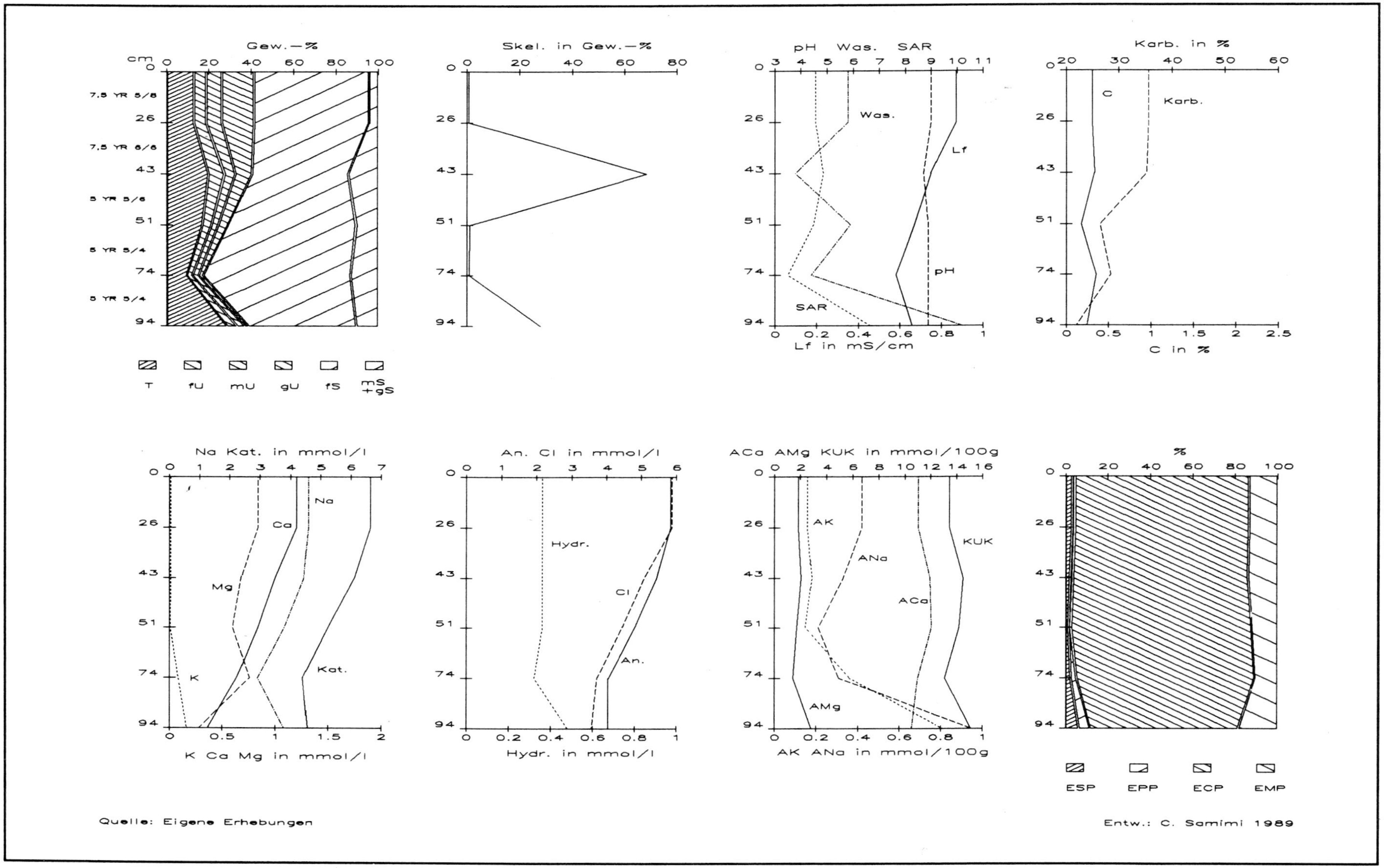

Quelle: Eigene Erhebungen

Entw.: C. Samimi 1989

Abbildung 18: *Profil 6 (bewässert) [Berkoukess: Garten Fenzar]*

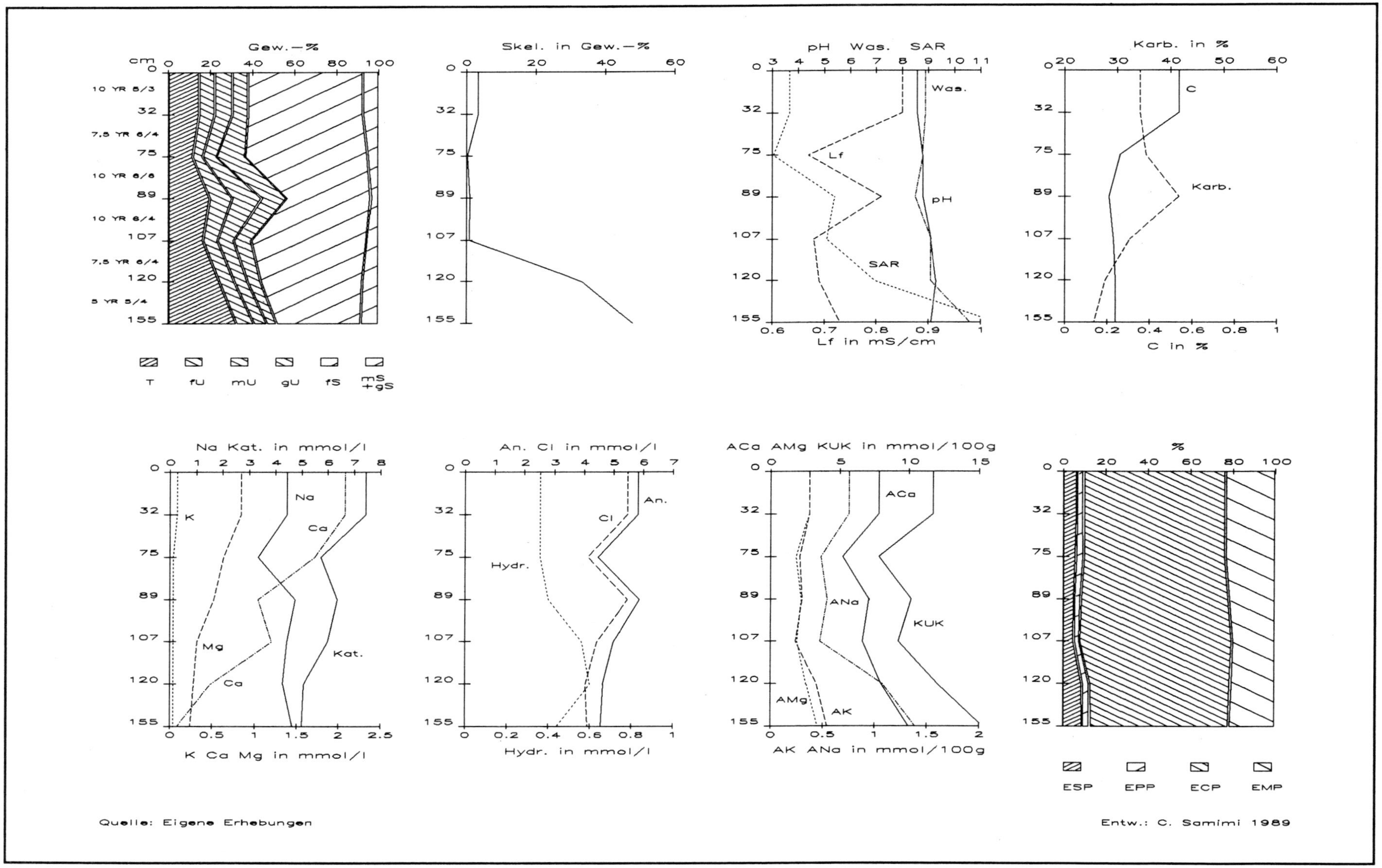

Quelle: Eigene Erhebungen

Entw.: C. Samimi 1989

Abbildung 19: *Profil 7 (bewässert) [Oussimane]*

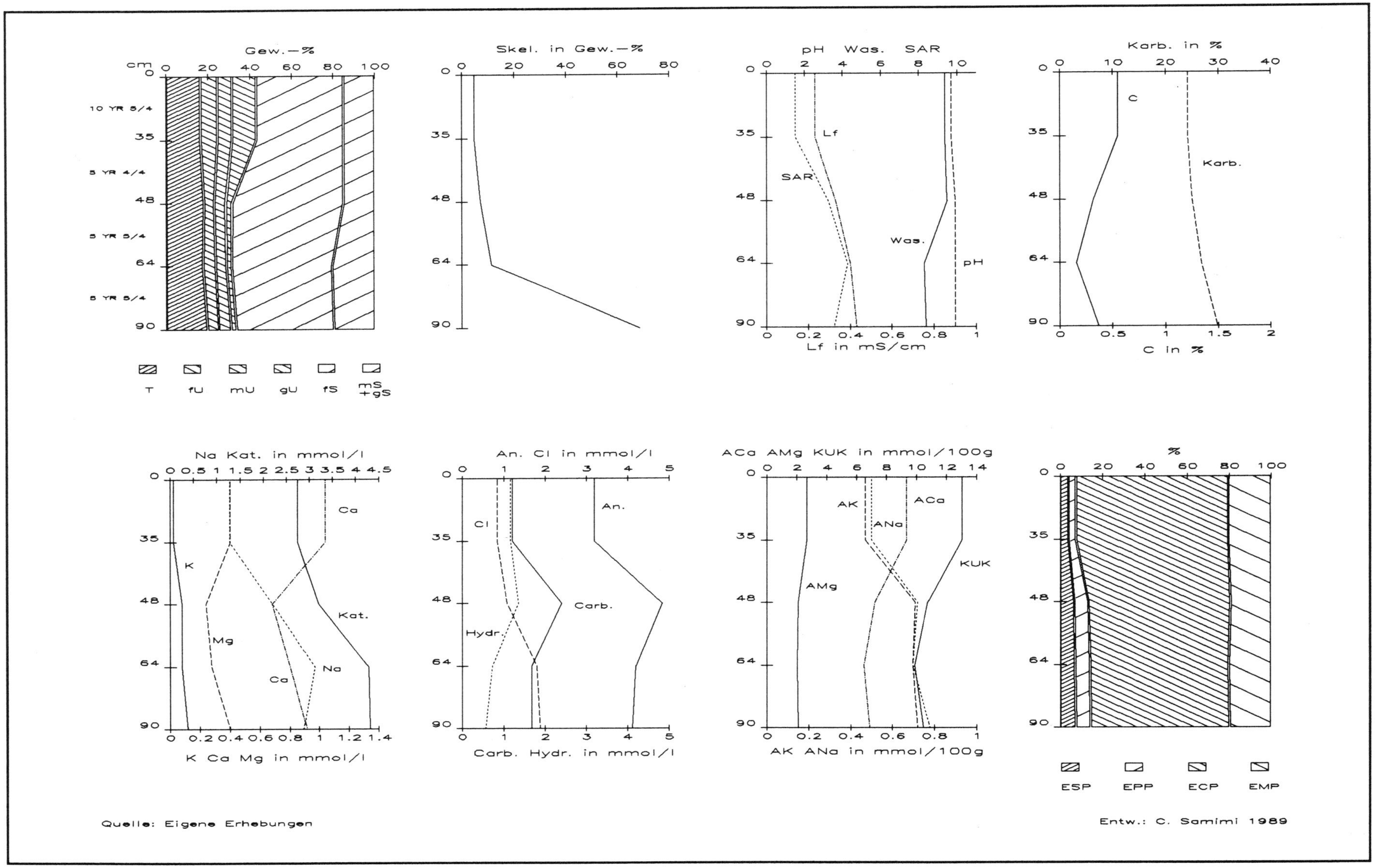

Quelle: Eigene Erhebungen

Entw.: C. Samimi 1989

Abbildung 20: *Profil 8 (bewässert) [Zenaga-Izarouane: Garten Sraïfi Brahim]*

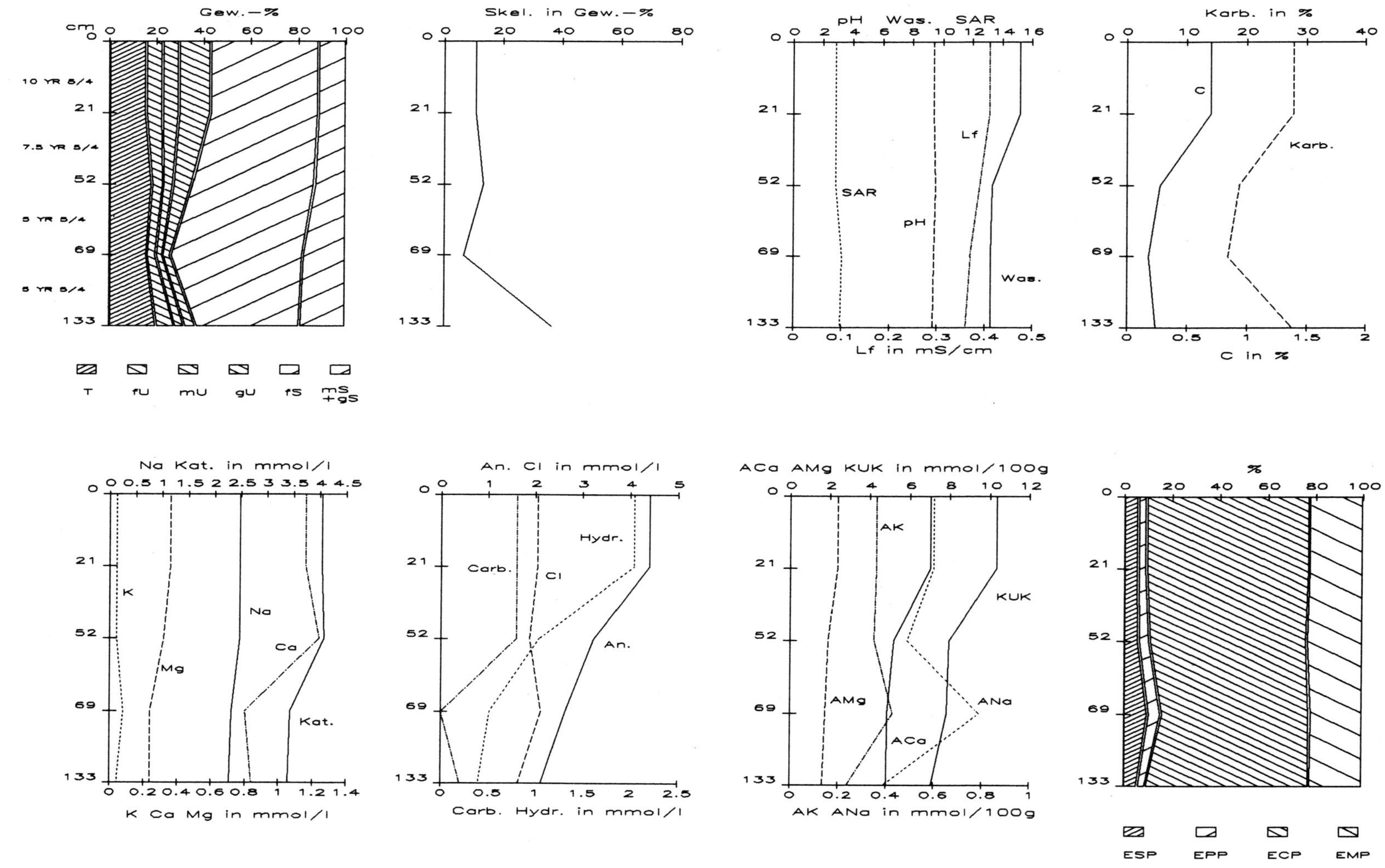

Quelle: Eigene Erhebungen

Entw.: C. Samimi 1989

Abbildung 21: *Profil 10 (unbewässert) [Wadi-Einschnitt westlich Berkoukess]*

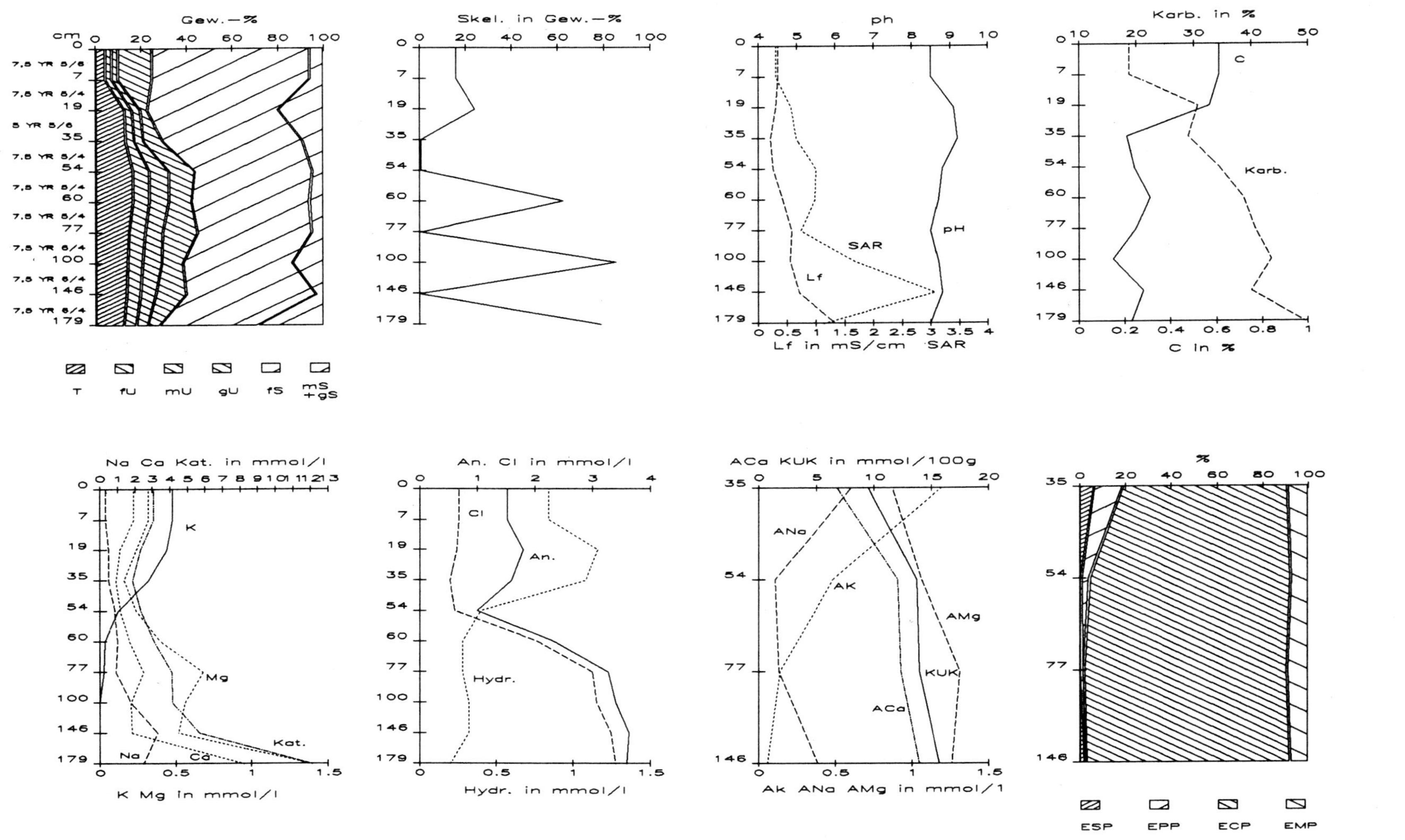

Quelle: Eigene Erhebungen

Entw.: C. Samimi 1989

Abbildung 22: *Profil 11 (bewässert) [Bagdad: Garten Otmane Abdelkader]*

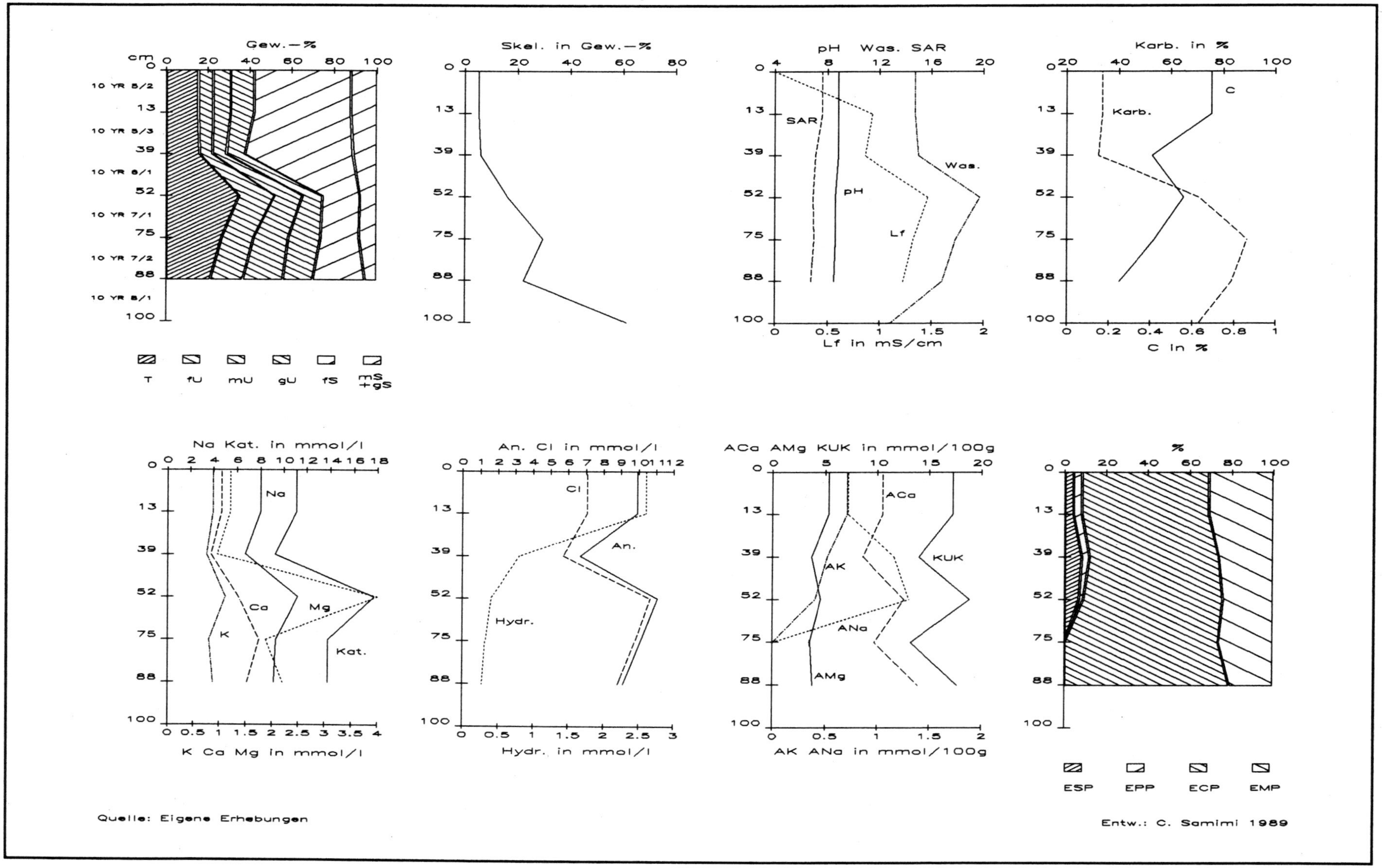

Gew.-%
cm
10 YR 5/2
10 YR 5/3
10 YR 6/1
10 YR 7/1
10 YR 7/2
10 YR 8/1
T fU mU gU fS mS +gS

Skel. in Gew.-%

pH Was. SAR
SAR
pH
Lf
Was.
Lf in mS/cm

Karb. in %
C
Karb.
C in %

Na Kat. in mmol/l
Na
Ca
Mg
K
Kat.
K Ca Mg in mmol/l

An. Cl in mmol/l
Cl
An.
Hydr.
Hydr. in mmol/l

ACa AMg KUK in mmol/100g
ACa
KUK
AK
ANa
AMg
AK ANa in mmol/100g

%
ESP EPP ECP EMP

Quelle: Eigene Erhebungen

Entw.: C. Samimi 1989

Abbildung 23: *Profil 12 (bewässert) [Badgad: westlich des Garten Otmane Abdelkader]*

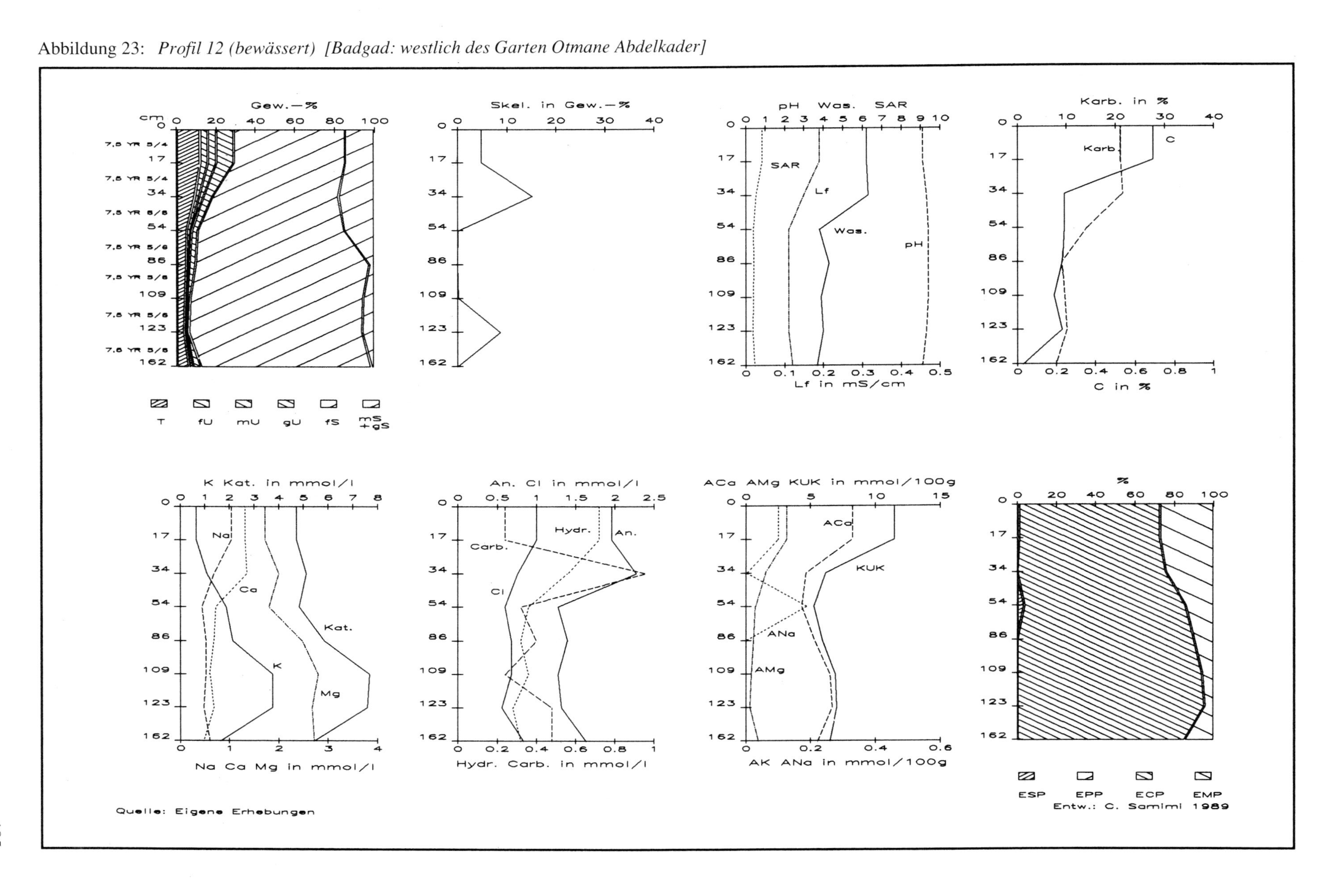

Abbildung 24: *Profil 13 (bewässert) [Berkoukess: Garten Lahiane Mohamed]*

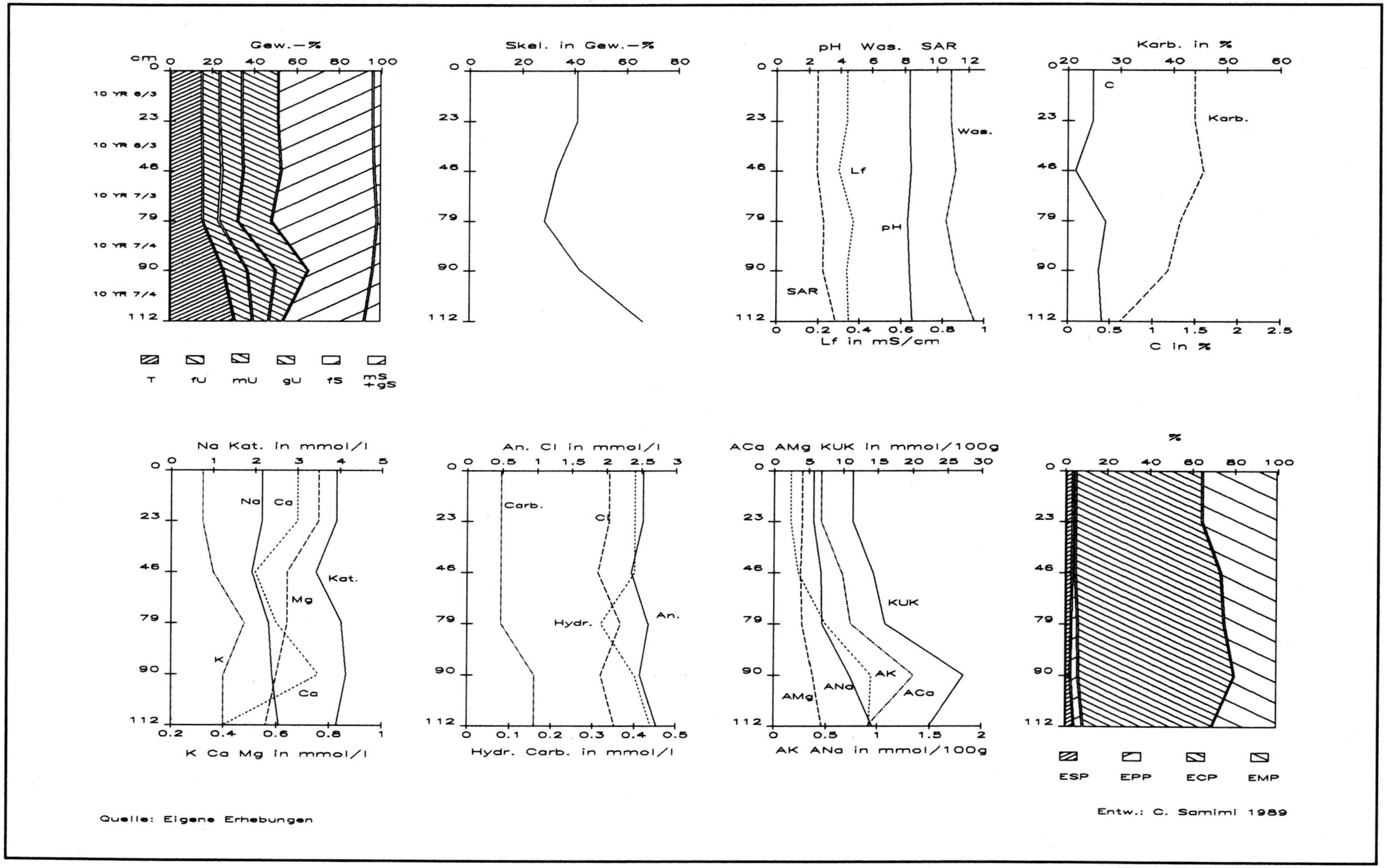

Quelle: Eigene Erhebungen

Entw.: C. Samimi 1989

PASSAUER SCHRIFTEN ZUR GEOGRAPHIE

HERAUSGEGEBEN VON DER UNIVERSITÄT PASSAU
DURCH KLAUS ROTHER UND HERBERT POPP
Schriftleitung: Ernst Struck

HEFT 1 Ernst Struck

- vergriffen -

Landflucht in der Türkei

Die Auswirkungen im Herkunftsgebiet – dargestellt an einem Beispiel aus dem Übergangsraum von Inner- zu Ostanatolien (Provinz Sivas)
1984. 136 Seiten, DIN A4 broschiert, 30 Abbildungen, 16 Tabellen, 10 Bilder. Summary, Sonuç. 26,- DM. ISBN 392201643 X

HEFT 2 Johann-Bernhard Haversath

- vergriffen -

Die Agrarlandschaft im römischen Deutschland der Kaiserzeit (1. - 4. Jh. n. Chr.)

1984. 114 Seiten, DIN A4 broschiert, 19 Karten, 5 Abbildungen. Summary. 22,- DM.
ISBN 3922016421

HEFT 3 Johann-Bernhard Haversath und Ernst Struck

Passau und das Land der Abtei in historischen Karten und Plänen

Eine annotierte Zusammenstellung
1986. 18 und 146 Seiten, DIN A4 broschiert, 30 Tafeln, 1 Karte. 38,- DM.
ISBN 3922016677

HEFT 4 Herbert Popp (Hrsg.)

Geographische Exkursionen im östlichen Bayern

1987. 120 Seiten, DIN A4 broschiert, mit zahlreichen Karten. 28,- DM.
ISBN 3922016693

HEFT 5 Thomas Pricking

Die Geschäftsstraßen von Foggia (Süditalien)

1988. 72 Seiten, DIN A4 broschiert, 28 Abbildungen (davon 19 Farbkarten), 23 Tabellen, 8 Bilder. Summary, Riassunto. 29,80 DM.
ISBN 3922016790

HEFT 6 Ulrike Haus

Zur Entwicklung lokaler Identität nach der Gemeindegebietsreform in Bayern

Fallstudien aus Oberfranken
1989. 120 Seiten, DIN A4 broschiert, mit 79 Abbildungen (davon 10 Farbkarten), 58 Tabellen. 29,80 DM.
ISBN 3922016898

HEFT 7 Klaus Rother (Hrsg.)

Europäische Ethnien im ländlichen Raum der Neuen Welt

1989. 136 Seiten, DIN A4 broschiert, 56 Abbildungen, 22 Tabellen, 10 Bilder. 28,- DM.
ISBN 3922016901

HEFT 8 Andreas Kagermeier

Versorgungsorientierung und Einkaufsattraktivität

Empirische Untersuchungen zum Konsumentenverhalten im Umland von Passau.
1991. 121 Seiten, DIN A4 broschiert, 20 Abbildungen und 81 Tabellen. 32,- DM.
ISBN 3922016979

HEFT 9 Roland Hubert

Die Aischgründer Karpfenteichwirtschaft im Wandel

Eine wirtschafts- und sozialgeographische Untersuchung
1991. 76 Seiten, DIN A4 broschiert, 19 Abbildungen, davon 4 Farbbeilagen,
19 Tabellen und 11 Bilder. 32,- DM.
ISBN 3922016987

HEFT 10 Herbert Popp (Hrsg.)

Geographische Forschungen in der saharischen Oase Figuig

1991. 186 Seiten, DIN A4 broschiert, 73 Abbildungen, davon 18 Farbbeilagen,
14 Tabellen und 27 Bilder. 49,80 DM.
ISBN 3922016995

PASSAUER UNIVERSITÄTSREDEN

HEFT 7 Klaus Rother

Der Agrarraum der mediterranen Subtropen Einheit oder Vielfalt?

Öffentliche Antrittsvorlesung
an der Universität Passau – 15. Dezember 1983

1984. 28 Seiten, DIN A5 geheftet, 8 Abbildungen, 13 Bilder. 7,50 DM.
ISBN 3922016456

PASSAUER MITTELMEERSTUDIEN

HEFT 1 Klaus Dirscherl (Hrsg.)

Die italienische Stadt als Paradigma der Urbanität

1989. 164 Seiten, 16 x 24 cm, 7 Abbildungen, 1 Tabelle, broschiert. 24,80 DM.
ISBN 3922016863

HEFT 2 Klaus Rother (Hrsg.)

Minderheiten im Mittelmeerraum

1989. 168 Seiten, 16 x 24 cm, 19 Abbildungen, 3 Tabellen, 12 Bilder, broschiert. 26,80 DM.
ISBN 3922016839

HEFT 3 Hermann Wetzel (Hrsg.)

Reisen ans Mittelmeer

1991. Ca. 220 Seiten, 16 x 24 cm. 34,- DM.
ISBN 3860360019

PASSAUER MITTELMEERSTUDIEN

Sonderreihe-Heft 1

Abdellatif Bencherifa und Herbert Popp (Hrsg.)

Le Maroc: espace et société

Actes du colloque maroco-allemand de Passau 1989

1990. 286 Seiten, DIN A4 broschiert, 38 Abbildungen, 63 Tabellen und 32 Fotos. 49,80 DM.
ISBN 3922016944

Sonderreihe-Heft 2

Abdellatif Bencherifa und Herbert Popp (Hrsg.)

L'oasis de Figuig

Persistance et changement

1990. 110 Seiten, DIN A4 broschiert, 18 Farbkarten, 26 Abbildungen und 10 Tabellen. 49,80 DM.
ISBN 3922016952

PASSAUER KONTAKTSTUDIM ERDKUNDE

Herbert Popp (Hrsg.)

Probleme peripherer Regionen

1987. 157 Seiten, DIN A4 broschiert, 76 Abbildungen, 36 Bilder, Tabellen und Materialien. 32,80 DM.
ISBN 3924905177

Johann-Bernhard Haversath und Klaus Rother (Hrsg.)

Innovationsprozesse in der Landwirtschaft

1989. 152 Seiten, DIN A4 broschiert, 42 Abbildungen, 43 Bilder, Tabellen und Materialien. 29,80 DM.
ISBN 3922016936